传感器原理及实际应用设计

Chuanganqi Yuanli ji Shiji Yingyong Sheji

（第 2 版）

(Di er Ban)

主　编　李艳红　李海华　冉　波
副主编　李　平　樊　姗
参　编　熊　文　尤　洋
主　审　李自成

北京理工大学出版社
BEIJING INSTITUTE OF TECHNOLOGY PRESS

内容简介

本书主要针对应用型人才培养及实际工程应用编写，系统地介绍了电阻式、电容式、电感式、压电式、霍尔式、光电式以及热电式等各类常用传感器，详细阐述了各类传感器的基本概念、工作原理、主要特性、测量转换电路及其典型应用。同时对测量的基本知识、传感器的特性与标定等内容进行了介绍。并且设置了部分实验，使读者可以更好地理解传感器技术的综合应用。

本书取材广泛，内容丰富，以便于理解和学习为前提，由浅入深，循序渐进，将传感器原理与应用技术紧密结合。

本书可作为高等院校自动化、电子与信息工程、电气工程及其自动化、测控技术与仪器、计算机应用技术以及机电类各专业的教材，也可供有关工程技术人员参考使用，或作为自学用书。

图书在版编目（CIP）数据

传感器原理及实际应用设计 / 李艳红，李海华，冉波主编. --2 版. --北京：北京理工大学出版社，2024.6.

ISBN 978-7-5763-4237-6

Ⅰ. TP212

中国国家版本馆 CIP 数据核字第 2024T4N606 号

责任编辑：陈莉华　　**文案编辑**：陈莉华
责任校对：刘亚男　　**责任印制**：李志强

出版发行 / 北京理工大学出版社有限责任公司
社　　址 / 北京市丰台区四合庄路 6 号
邮　　编 / 100070
电　　话 /（010）68944439（学术售后服务热线）
网　　址 / http://www.bitpress.com.cn

版 印 次 / 2024 年 6 月第 2 版第 1 次印刷
印　　刷 / 廊坊市印艺阁数字科技有限公司
开　　本 / 787 mm×1092 mm　1/16
印　　张 / 18.5
字　　数 / 435 千字
定　　价 / 52.00 元

前　言

传感器是机电一体化系统中各种各样设备和装置的“感觉器官”，它将各种各样的信息量转换成能够被直接检测的信息。在当今信息社会的时代，传感器技术被誉为“电子技术的五官”，也是信息采集和处理两个关键环节的基本技术，所有传感器在机电一体化系统中乃至整个现代科学技术领域占有极其重要的地位。

本书为第 2 版，共分 12 章，章节内容着重讲清原理，并与实际生活中具体应用相结合，较第 1 版而言，除在每个章节的后面添加实际生活中相关例子的具体设计之外，还进一步添加了与市场前沿相关的传感器案例，尤其突出了传感器在各种工业场景中的应用，使读者对所学传感器原理及相关应用更加思路清晰，做到理论与实际相结合。

第 1 章为传感器概述，包括传感器的基本概念、测量的概念、误差分析及数据处理；第 2 章为传感器的一般特性，包括传感器的静态特性和动态特性及传感器的静态标定和动态标定；第 3 章为电阻式传感器的原理及其应用，包括电阻式传感器和压阻式传感器的结构、工作原理、测量电路及实际应用的举例；第 4 章为电容式传感器的原理及其应用，包括电容式传感器的结构、工作原理、测量电路、性能和设计的改善措施以及具体的实际应用；第 5 章为电感式传感器的原理及其应用，包括自感式传感器的结构及测量原理与具体应用、差动变压器的结构及测量原理与具体应用、电涡流式传感器的结构及测量原理与实际应用；第 6 章为压电式传感器的原理及其应用，包括压电效应和压电材料，压电式传感器的工作原理、测量转换电路及其实际应用；第 7 章为霍尔式传感器的原理及其应用，包括霍尔式传感器的基本工作原理、霍尔式传感器的基本结构、霍尔式传感器的基本测量电路及补偿方法、霍尔式传感器的具体应用电路的分析；第 8 章为光电式传感器的原理及其应用，包括光电效应的原理、光电器件的类型、光电式传感器的结构及具体应用、热释电红外传感器的工作原理及其实际应用、光纤传感器的工作原理及其实际应用；第 9 章为温度传感器的原理及其应用，包括热电阻的工作原理及其实际应用电路、热电偶的工作原理及其实际应用电路、红外传感器的原理及其实际应用、集成温度传感器的原理及其实际应用；第 10 章为其他传感器的工作原理及其应用，包括气敏传感器的工作原理及其具体应用、湿度传感器的工作原理及其具体应用、超声波传感器的工作原理及其具体应用、智能传感器的工作原理及其具体应用；第 11 章为传感器技术的综合应用，包括传感器在家用电器及安全防范中的应用、传感器在现代汽车中的应用、传感器使用的几项关键技术；第 12 章为传感器及其应用技术实验，包括电阻应变片的认识与粘贴技术、电涡流式传感器的原理及应用实验、霍尔式传感器的原理及应用实验、光电式传感器的原理及应用实验和温度传感器的原理及应用实验。

本书由北京理工大学出版社约稿，由武汉工程大学邮电与信息工程学院机械与电气工程学院组织编写，参与编写的单位还有文华学院和武汉检安石化工程有限公司，由李艳红编写大纲和目录。李艳红、李海华和冉波担任主编，李平、樊姗担任副主编，参与编写的还有熊文和尤洋。李艳红负责全书的总体安排，其中李海华编写了第1章，李平编写了第2章，李艳红编写了第3章、第5章、第6章、第8章、第9章、第10章、第11章（11.1和11.2两节）和电路图的编辑工作（共计28.6万字），樊姗编写了第4章，尤洋编写了第7章，冉波编写了第11章（11.3和11.4两节）和第12章，熊文负责编写了附录和每一章节的习题。全书由李艳红组织并统稿。其中，李艳红、李平、尤洋和熊文所属单位为武汉工程大学邮电与信息工程学院，李海华和樊姗所属单位为文华学院，冉波所属单位为武汉检安石化工程有限公司。

在本书的编写过程中，得到了武汉工程大学邮电与信息工程学院领导的指导和支持，武汉检安石化工程有限公司董事长陈宜铭在传感器工业场景中的典型应用实际案例方面提供了很多丰富的素材，并由武汉工程大学电气信息学院李自成教授主审，他认真仔细地审阅了全部书稿，提出了大量的宝贵意见，在此一并表示感谢。

本书在编写过程中，参阅了以往其他版本的同类教材和相关的文献资料等，在此对其表示衷心的感谢。

由于编者水平有限，书中有不足或错误之处在所难免，敬请广大读者批评指正。

编　者

目　录

第1章

传感器概述

【课程教学内容与要求】

（1）教学内容：传感器的地位及作用、传感器的组成和分类、传感器的发展趋势、传感器的选用原则及测量技术基本知识。

（2）教学重点：传感器的组成和选用原则及测量技术基本知识。

（3）基本要求：了解传感器的地位及作用；掌握传感器的组成和分类；了解传感器的发展趋势；掌握传感器的选用原则及测量技术基本知识。

1.1 传感器的地位与作用

1. 传感器的地位

随着社会的进步、科学技术的发展，特别是近20年来，电子技术日新月异，计算机的普及和应用把人类带到了信息时代。信息技术对社会发展、科学进步起到了决定性的作用。现代信息技术的基础包括信息采集、信息传输与信息处理，如图1-1所示。

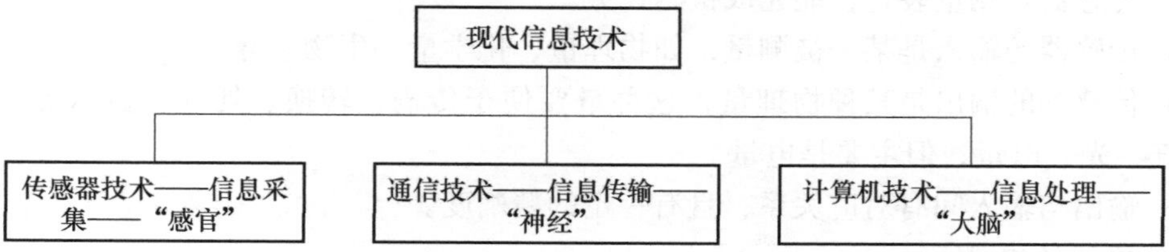

图1-1 现代信息技术

传感器技术是构成现代信息技术的三大支柱之一，人们在利用信息的过程中，首先要解决的问题是获取准确可靠的信息，而传感器是获取自然和生产领域中信息的主要途径与手段。

在现代工业生产尤其是自动化生产过程中，要用各种传感器来检测、监视和控制生产过程中的各个参数，使设备工作在正常状态或最佳状态，并使产品达到最好的质量。因此，没有众多种类的优良传感器，现代化生产也就失去了基础。

2. 传感器的作用

传感器相当于人体的感觉器官，它能将各种非电量（如机械量、化学量、生物量及光学量等）转换成电量，从而实现非电量的电测技术。在自动控制系统中，检测是实现自动控制的首要环节，没有对被控对象的精确检测，就不可能实现精确控制。如数控机床中的位移测量装置主要利用高精度位移传感器（光栅传感器或感应同步器）进行位移测量，从而实现对零部件的精密加工。

目前，传感器涉及的领域主要有现代工业生产、基础学科研究、宇宙开发、海洋探测、军事国防、环境保护、医学诊断、智能建筑、汽车、家用电器、生物工程等。

在工农业生产领域，工厂的自动流水生产线、全自动加工设备、许多智能化的检测仪器设备，都大量地采用了各种各样的传感器，它们在合理化地进行生产、减轻人们的劳动强度、避免事故发生等方面发挥了巨大的作用。在家用电器领域，像全自动洗衣机、电饭煲和微波炉都离不开传感器；在医疗卫生领域中，电子脉搏仪、血压仪、医用呼吸机、超声波诊断仪、断层扫描（CT）及核磁共振诊断设备，都大量地使用了各种各样的传感技术。这些技术对改善人们的生活水平，提高生活质量和健康水平起到了重要作用。在军事国防领域，各种侦测设备、雷达跟踪、武器的精确制导，没有传感器是难以实现的；在航空领域中，导航、飞机的飞行管理和自动驾驶，仪表着陆盲降系统，都需要传感器。人造卫星的遥感遥测都与传感器紧密相关。此外，在矿产资源、海洋开发、生命科学、生物工程等领域传感器都有着广泛的用途。

总而言之，在信息技术不断发展的今天，传感器将会在信息的采集和处理过程中发挥巨大的作用。传感器技术已受到各国的高度重视，并已发展成为一种专门的技术学科。

1.2 传感器的组成和分类

1. 传感器的定义

传感器是一种以一定精确度把被测量（主要是非电量）转换为与之有确定关系、便于应用的某种物理量（主要是电量）的测量装置。这一定义包含了以下几方面的含义。

（1）传感器是测量装置，能完成检测任务。

（2）传感器的输入是某一被测量，如物理量、化学量、生物量等。

（3）传感器的输出是某种物理量，这种量要便于传输、转换、处理、显示等，这种量可以是气、光、电量，但主要是电量。

（4）输出与输入间有对应关系，且有一定的精确度。

2. 传感器的组成

传感器一般由敏感元件、转换元件、测量电路3部分组成，组成框图如图1-2所示。

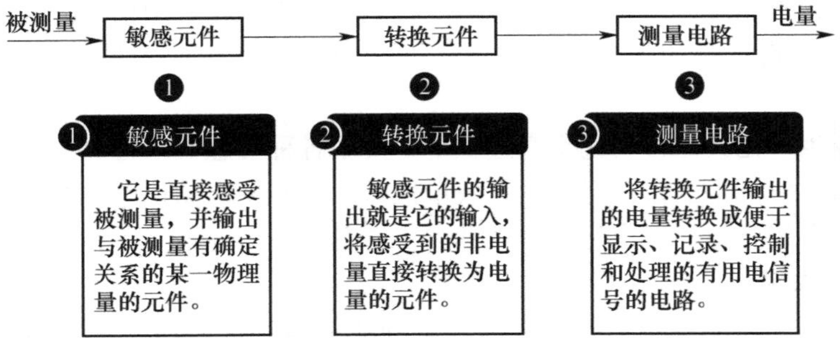

图1-2 传感器的组成

实际上，有些传感器很简单，有些较为复杂，大多数是开环系统，也有些是反馈的闭环系统。最简单的传感器由一个敏感元件（兼转换元件）组成，它感受被测量时直接输出电量，如热电偶传感器。有些传感器由敏感元件和转换元件组成，没有测量电路，如压电式加速度传感器。有些传感器，转换元件不止一个，需经过若干次转换。

3. 传感器的分类

传感器技术是一门知识密集型技术。传感器的原理各种各样，它与许多学科有关，因此种类繁多，分类方法也很多。目前，广泛采用的分类方法如表 1-1 所示。

表 1-1　传感器的分类

分类方法	传感器种类	说　明
按输入量	位移传感器、速度传感器、温度传感器、压力传感器等	传感器以被测物理量命名
按工作原理	应变式传感器、电容式传感器、电感式传感器、压电式传感器、热电式传感器	传感器以工作原理命名
按物理现象	结构型传感器	传感器依赖其结构参数变化实现信息转换
	特性型传感器	
按能量关系	能量转换型传感器	直接将被测量的能量转换为输出量的能量
	能量控制型传感器	由外部供给传感器能量，而由被测量来控制输出量的能量
按输出信号	模拟式	输出为模拟量
	数字式	输出为数字量

1.3　传感器的发展趋势

传感器技术所涉及的知识非常广泛，涵盖各个学科领域。但是它们的共性是利用物质的物理、化学和生物等特性，将非电量转换成电量。所以，采用新技术、新工艺、新材料以及探索新理论和高质量的转换效能，是总的发展途径。当前，传感器技术的主要发展动向表现在以下几个方面。

1. 努力实现传感器新特性

由于自动化生产速度的不断提高，必须研制出一批具有检测范围宽、灵敏度高、精度高、响应速度快的新型传感器，以确保自动化生产检测和控制的准确性。

2. 确保传感器的可靠性，延长其使用寿命

确保传感器工作可靠性的意义很直观，因为它直接关系到电子设备的抗干扰和误动作问题。可靠性主要体现在：具有较大的使用寿命，能在恶劣的环境下工作。

3. 提高传感器集成化及功能化的程度

集成化是实现传感器小型化、智能化和多功能化的重要保证，现已能将敏感元件、温度补偿电路、信号放大器、电压调制电路和基准电压等单元电路集成在同一芯片上。

4. 传感器微型化

微电机系统（Micro-Electro-Mechanical Systems，MEMS）是一种轮廓尺寸在毫米量级，组成元件尺寸在微米量级的可运动的微型机电装置，MEMS 技术借助于集成电路的制造技术来制造机械装置，可制造出微型齿轮、微型电机、阀门、各种光学镜片及各种悬臂梁，而它们的尺寸仅有 30 ~ 100 μm。

5. 新型功能材料开发

传感器技术的发展是与新材料的研究开发密切结合在一起的，可以说，各种新型传感器孕育在新材料中，例如半导体材料和新工艺的发展，促进了半导体传感器的迅速发展，研制和生产出一批新型半导体传感器；压电半导体材料促进了压电集成传感器的行程；高分子压电膜的出现，使机器人的触觉系统更加接近人的皮肤功能。可以预测，不久的将来，高分子材料、金属氧化物、超导体与半导体的结合材料、功能性薄膜等新型材料，将会导致一批新型传感器的出现。

6. 发展仿生物传感器

狗的嗅觉非常灵敏，蝙蝠的超声波可以测距，海豚良好的声呐系统可以发现水雷。如能发展以上生物所具有的感觉传感器，将有良好的应用前景。

7. 多传感器信息融合

多传感器信息融合是指对来自多个传感器的数据进行多级别、多方面、多层次的处理，从而产生具有新的意义的信息，而这种新信息是任何一种单一传感器所无法具备的。

1.4 传感器的选用原则

由于传感器技术的研究和发展非常迅速，各种各样的传感器应运而生，这对选用传感器带来了很大的灵活性。根据前面的介绍，对于同种被测物理量，可以用各种不同的传感器测量，为了选择适合测定目的的传感器，有必要讨论一下如何选择传感器，并定出几条选用传感器的准则。

虽然在选择传感器时应考虑的事项很多，但不必一一加以考虑，可以根据传感器的使用目的、指标、环境条件和成本等限制条件，从不同的侧重点，优先考虑几个重要的条件就可以了。例如，测量某一对象的温度适应性，要求适应 0 ~ 150 ℃ 温度范围，测量精度为 ±1 ℃，且要多点（128 点）测量，那么选用何种温度传感器呢？能胜任这一要求的温度传感器有：各种热电偶、热敏电阻、半导体 PN 结温度传感器等，它们都能满足测量范围、精度等条件。在这种情况下，则应侧重考虑成本、测量电路和相配设备等因素，相比之下选用半导体 PN 结温度传感器最为恰当。倘若上述测量范围为 0 ~ 400 ℃，其他条件不变，此时只能选用热电偶中的镍 - 考铜或铁 - 康铜等热电偶。又如，需要长时间连续使用传感器时，就必须重点考虑那些长期稳定性好的传感器；对化学分析等时间比较短的测量过程，则需要考虑灵敏度和动态特性均好的传感器。总之，选择使用传感器时，应根据几项基本标准，具体情况具体分析，选择性能价格比高的传感器。选择传感器时应从以下几个方面考虑。

（1）与测量条件有关的因素：测量的目的；被测量的选择；测量范围；输入信号的幅值，频带宽度；精度要求；测量所需要的时间。

（2）与传感器有关的技术指标：精度；稳定度；响应特性；模拟量与数字量；输出幅值；对被测物体产生的负载效应；校正周期；超标准过大的输入信号保护。

（3）与使用环境条件有关的因素：安装现场的条件及情况；环境条件（湿度、温度、振动等）；信号传输距离；所需现场提供的功率容量。

（4）与购买和维修有关的因素：价格；零配件的储备；服务与维修制度；交货日期。

以上是选择传感器时主要应考虑的因素。为了提高测量精度，应注意平常使用时的显示值应在满量程的50%左右来选择测量范围或刻度范围。选择传感器的响应速度，目的是适应输入信号的频带宽度，从而得到高信噪比、高精度的传感器。此外，还要合理选择和使用现场条件，注意安装方法，了解传感器的安装尺寸和重量等，还要注意从传感器的工作原理出发，联系被测对象中可能会产生的负载效应问题，从而选择最合适的传感器。

1.5　测量技术基本知识

1.5.1　测量概论

为了更好地掌握传感器的应用，有必要对测量的基本概念、测量系统的特性、测量误差及数据处理等方面的理论及工程方法进行学习和研究，只有掌握了这些基本理论，才能更有效地完成检测任务。

1. 测量的概念

测量是以确定被测量的值或获取测量结果为目的的一系列操作。所以，测量也就是将被测量与同种性质标准量进行比较，确定被测量对标准量的倍数。它们由下式表示：

$$x = nu \tag{1-1}$$

式中　x——被测量值；

u——标准量，即测量单位；

n——比值（纯数），含有测量误差。

由测量所获得的被测量的量值叫作测量结果，测量结果可用一定的数值表示，也可以用一条曲线或某种图形表示，但无论其表现形式如何，测量结果应包括比值和测量单位。测量结果仅仅是被测量的最佳估计值，而非真值。在报告测量结果时，必须对其质量给出定量的说明，即给出测量结果的可信程度。近年来，人们越来越普遍地认为，在测量结果的定量表述中，用“不确定度”和“误差”更合适。测量不确定度表征测量值的分散程度。因此，测量结果的完整表述包括估计值、测量单位和测量不确定度。

被测量值和比值等都是测量过程的信息，这些信息依托物质才能在空间和时间上进行传递。被测量作用到测量系统上，使其某些参数发生变化，参数承载了信息而成为信号。即测量过程就是传感器从被测对象获取被测量的信息，建立起测量信号，经过转换、传输、处理，从而获得被测量量值的过程。

2. 测量方法

将被测量与标准量进行比较得出比值的方法，称为测量方法。对于测量方法，从不同角度，有不同的分类方法。根据获得测量值的方法可分为直接测量、间接测量和组合测量；根据测量条件不同可分为等精度测量与不等精度测量；根据被测量变化快慢可分为静态测量与动态测量；根据测量敏感元件是否与被测介质接触可分为接触式测量与非接触式测量；根据系统是否向被测对象施加能量可分为主动式测量与被动式测量等。

1）直接测量、间接测量与组合测量

无须经过函数关系的计算，直接通过测量仪器得到测量值的测量方法称为直接测量。直接测量又可分为直接比较测量和间接比较测量两种。直接将被测量和标准量进行比较的测量方法称为直接比较测量，例如用钢皮尺测量圆钢的长度；间接比较测量是把原始形态的待测物理量的变化变换成与之有已知函数关系（通常是线性关系）的另一种物理量的变化，并以人的感官能接受的形式在测量系统的输出端显示出来。例如用弹簧测力、用直流电表测电流等。

间接测量是在直接测量的基础上，根据已知的函数关系，计算出所要测量的物理量的大小。例如在弹道实验中测量弹丸的初速，就是先用直接测量测出两靶之间的距离和弹丸通过这段距离需要的时间，然后由平均速度公式计算出弹丸的运动速度。间接测量手续较多，花费时间较长，一般用在直接测量不方便，或者缺乏直接测量手段的场合。

若被测量必须经过求解联立方程组求得，则这种测量方法称为组合测量。组合测量是一种特殊的精密测量方法，操作手续复杂，花费时间长，多适用于科学实验或特殊场合。

2）等精度测量与不等精度测量

在整个测量过程中，若影响和决定误差大小的全部因素（条件）始终保持不变，如由同一个测量者，用同一种仪器，以同样的方法，在同样的环境条件下，对同一被测量进行多次重复测量，称为等精度测量。在实际中，很难做到影响和决定误差大小的全部因素（条件）始终保持不变，所以一般情况下只是近似认为是等精度测量。

有时在科学研究或高精度测量中，往往在不同的测量条件下，用不同精度的仪器、不同的测量方法、不同的测量次数以及不同的测量者进行测量和对比，这种测量称为不等精度测量。

3）静态测量和动态测量

被测量在测量过程中被认为是固定不变的，对这种被测量进行的测量称为静态测量。静态测量不需要考虑时间因素对测量的影响。

若被测量在测量过程中是随时间不断变化的，对这种被测量进行的测量称为动态测量。

3. 测量系统

测量系统有开环测量系统和闭环测量系统之分。

1）开环测量系统

开环测量系统的全部信息只沿着一个方向传输，如图1-3所示，其中 x 为输入量，y 为输出量，k_1、k_2、k_3 为各个环节的传递函数。输入输出关系表示如下：

$$y = k_1 k_2 k_3 x \tag{1-2}$$

因为开环测量系统是由多个环节串联而成的，因此系统的相对误差等于各环节相对误差之和。即

图1-3 开环测量系统框图

$$\delta = \delta_1 + \delta_2 + \cdots + \delta_n = \sum_{i=1}^{n} \delta_i \tag{1-3}$$

式中　δ——系统的相对误差；

　　δ_i——各环节的相对误差。

采用开环方式构成的测量系统，虽然其结构简单，但每个环节特性的变化都会造成测量误差。

2）闭环测量系统

闭环测量系统有两个通道——正向通道和反馈通道，其结构如图 1-4 所示。

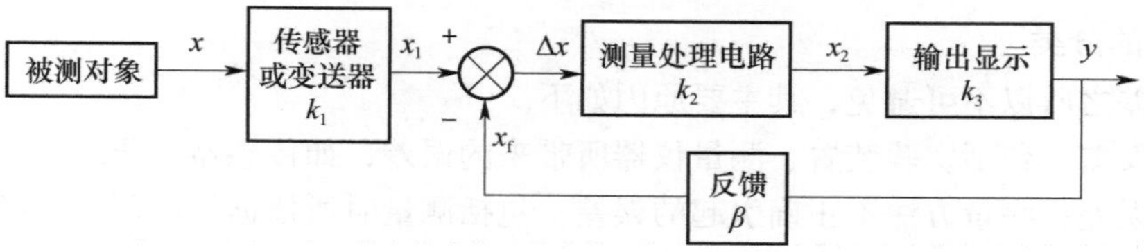

图 1-4　闭环测量系统框图

其中 Δx 为正向通道的输入量，β 为反馈通道的传递系数，正向通道的传递系数 $k = k_2 k_3$，由图 1-4 可知：

$$\Delta x = x_1 - x_f$$

$$x_f = \beta y$$

$$y = k\Delta x = k(x_1 - x_f) = kx_1 - k\beta y$$

于是得出

$$y = \frac{k}{1 + k\beta} x_1 = \frac{1}{\dfrac{1}{k} + \beta} x_1 \tag{1-4}$$

当 $k \gg 1$ 时，

$$y = \frac{k}{\beta} x_1 \tag{1-5}$$

显然，这时整个系统的输入输出关系由反馈环节的特性决定，测量处理等环节特性的变化不会造成测量误差，或者说造成的误差很小。

在构成测量控制系统时，应将开环系统与闭环系统巧妙地组合在一起加以应用，以能达到所期望的目的。

1.5.2　测量误差与不确定度

1. 误差的概念

1）真值

真值即实际值，是指在一定时间和空间条件下，被测物理量客观存在的实际值。真值通常是不可测量的未知量，一般说的真值是指理论真值、规定真值和相对真值。

2）误差

误差存在于一切测量中，误差的定义为测量结果减去被测量的真值。即

$$\Delta x = x - x_0 \tag{1-6}$$

式中 Δx——测量误差（又称真误差）；

x——测量结果（由测量所得到的被测量值）；

x_0——被测量的真值。

3）残余误差

残余误差为测量结果减去被测量的最佳估计值。即

$$v = x - \bar{x} \tag{1-7}$$

式中 v——残余误差（简称残差）；

$\bar{x}$——被测量的最佳估计值（即约定真值）。

2. 误差的分类

测量误差之所以不可避免，其主要原因如下。

①工具误差：包括实验装置、测量仪器所带来的误差，如传感器的非线性等。

②方法误差：测量方法不正确引起的误差，包括测量时所依据的原理不正确而产生的误差，这种误差被称为原理误差或理论误差。

③环境误差：在测量过程中，因环境条件的变化而产生的误差，环境条件主要指环境的温度、湿度、气压、电场、磁场及振动、气流、辐射等。

④人员误差：测量者生理特性和操作熟练程度的优劣引起的误差。

为了便于对测量误差进行分析和处理，按照误差的特点和性质可将误差分为以下几类。

1）随机误差

在相同测量条件下，多次测量同一物理量时，误差的绝对值与符号以不可预定的方式变化着。也就是说，产生误差的原因及误差数值的大小和正负是随机的，没有确定的规律性，这样的误差称为随机误差。随机误差就个体而言，从单次测量结果来看是没有规律的，但从整体来说，随机误差服从一定的统计规律。

2）系统误差

在相同的测量条件下多次测量同一物理量时，其误差不变或按一定规律变化，这样的误差称为系统误差。它是具有确定性规律的误差，可以用非统计的函数来描述。

3）粗大误差

粗大误差是指那些误差数值特别大，超出规定条件的预算值，测量结果中有明显错误的误差，也称粗差。出现粗大误差的原因是测量时仪器的错误、读数错误，或计算出现明显的错误等。粗大误差一般是由于测量者粗心大意或实验条件突变等问题造成的。

粗大误差由于误差数值特别大，容易从测量结果中发现，一经发现有粗大误差，应认为该测量无效，即可消除对测量结果的影响。

3. 误差的表示方法

1）绝对误差

绝对误差 Δx 是指测得值 x 与真值 x_0 之差，可表示为

$$\text{绝对误差} = \text{测得值} - \text{真值}$$

用符号表示，即

$$\Delta x = x - x_0 \tag{1-8}$$

2）相对误差

相对误差是指绝对误差与被测真值的比值，通常用百分数表示，即

$$相对误差 = \frac{绝对误差}{被测真值} \times 100\%$$

用符号表示，即

$$r = \frac{\Delta x}{x_0} \times 100\%$$

当被测真值为未知数时，一般可用测得值的算术平均值代替被测真值。对于不同的被测量值，用测量的绝对误差往往很难评定其测量精度的高低，因此通常采用相对误差来评定。

4. 测量不确定度

测量不确定度的定义：表征合理赋予被测量之值的分散性，与测量结果相联系的参数。从词义上理解，测量不确定度意味着结果的可靠性和有效性的怀疑程度或不能肯定的程度。我国于1999年颁布了《测量不确定度评定与表示》的技术规范（JJF 1059—1999）。

测量不确定度可用标准差 u 表示，用标准差表示的测量不确定度称为标准不确定度。一般测量不确定度包括若干个分量，将这些分量合成后的不确定度称为合成标准不确定度，用 u_c 表示。对正态分布而言，合成标准不确定度的置信概率只有68%，在一些重要的测量中，要求给出较高的置信概率，需采用扩展不确定度 U，可用表达式表示为：

$$U = ku_c$$

测量不确定度是一个与测量结果联系在一起的参数。在测量结果的完整表示中，应有测量值的估计值 y 和测量不确定度 U，即 $y = \pm U$。

评定不确定度实际上是对测量结果的质量进行评定。不确定度按其评定方法不同可分为A类评定和B类评定。

A类评定是用统计方法进行评定。即对某被测量进行等精度的独立多次重复测量，得到一系列的测得值。A类评定通常把算术平均值 $\bar{x}$ 作为被测量的估计值，以 $\bar{x}$ 的标准差 $S_{\bar{x}}$ 作为测量结果的A类标准不确定度 u_A。

B类评定采用非统计分析法，它不是由一系列的测得值确定，而是通过对影响测得值分布变化的有关信息和资料进行分析，并对测量值进行概率分布估计和分布假设的科学评定，得到B类标准不确定度 u_B。

B类评定的信息来源有以下几项：

①以前的观测数据。

②对有关技术资料和测量仪器特性的了解和经验。

③生产部门提供的技术说明文件。

④校准文件、检定证书或其他文件提供的数据、准确度的等级或级别，包括目前暂时在使用的极限误差等。

⑤手册或某些资料给出的参考数据及其不确定度。

B类评定在不确定度评定中占有很重要的地位，因为有时不确定度无法用统计方法来评定，或者可用统计法评定，但成本高，所以B类评定在实际工作中应用得很多。

A、B类不确定度与随机误差和系统误差的分类不存在对应关系。随机误差和系统误差表示测量误差的两种不同的性质，A、B类不确定度表示两种不同的评定方法。不确定度的基本含义是分散性，不能把它划分为随机性和系统性。

思考与练习

1. 传感器的定义是什么？
2. 传感器由哪几部分构成？每部分起什么作用？
3. 传感器有哪些分类方式，怎样分类？
4. 传感器的发展方向是什么？
5. 比较开环测量系统和闭环测量系统的区别。
6. 什么是测量不确定度？评定不确定度的方法有哪些？

第2章

传感器的一般特性

【课程教学内容与要求】

（1）教学内容：传感器的静态特性和动态特性、传感器的静态标定和动态标定。

（2）教学重点：衡量传感器静态特性和动态特性的指标。

（3）基本要求：了解传感器的功能模块；掌握衡量传感器静态特性与动态特性的指标；掌握传感器的静态标定和动态标定；了解压力传感器的静态标定和动态标定。

2.1 概 述

传感器一般要变换各种信息为电量，描述此种变换的输入与输出关系表达了传感器的基本特性。但对于不同的输入信号，其输出特性是不同的，如快变信号与慢变信号，由于受传感器内部储能元件（电感、电容、质量块、弹簧等）的影响，反应大不相同。对快变信号要考虑输出的动态特性，即随时间变化的特性，而对慢变或稳定信号，则要研究静态特性，即不随时间变化的输入与输出特性。对大信号和小信号，输入与输出特性也不同，前者有非线性，后者多半可看成是线性的。对输入的方向也有关，有时会出现死区或滞环。因此，一个高精度传感器，必须同时具有良好的静态特性和动态特性，这样它才能完成对信号（或能量）进行无失真的转换。

为探讨传感器的基本特性，用图2-1所示的方框图来描述传感器或测量系统的功能。图2-1中，$x(t)$ 表示输入量或称激励，$y(t)$ 表示与其对应的输出量或称响应，$h(t)$ 表示该系统的传输特性。

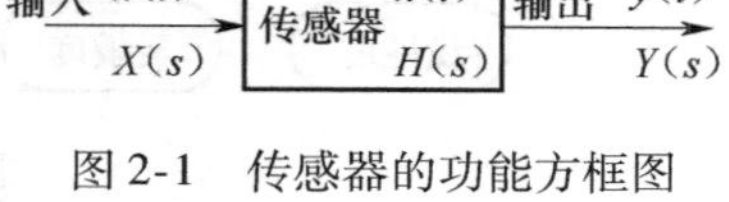

图2-1 传感器的功能方框图

图2-1表示输入量 $x(t)$ 经传输特性 $h(t)$ 转变为输出量 $y(t)$。在有些书中将此方框图称为“黑匣子”，后者比前者具有更明显的哲学含义。它意味着，当把任一传感器表示成如图2-1所示的方框图时，这时关心的是它的输入量和输出量之间的数学关系，而对其内部物理结构并无兴趣。基于此，本章首先假定传感器具有某种确定的数学功能，在此基础上研究给定的输入信号通过它能转换成何种输出信号，进而研究传感器或测量系统应具有什么样的特征，输出信号才能如实地反映输入信号，实现不失真测量。

一般的工程测试问题总是处理输入量 $x(t)$、系统的传输特性 $h(t)$ 和输出量 $y(t)$ 三者之间的关系。

（1）若 $x(t)$、$y(t)$ 是可以观察的量，则通过 $x(t)$、$y(t)$ 可推断传感器系统的传输特性或转换特性。

（2）若$h(t)$已知，$y(t)$可测，则可通过$h(t)$、$y(t)$推断导致该输出的相应输入量$x(t)$，这是工程测试中最常见的问题。

（3）若$x(t)$、$h(t)$已知，则可推断或估计系统的输出量$y(t)$。

这里所说的系统，是指从测量输入量的环节到测量输出量的环节之间的整个系统，既包括测量对象又包括测试仪器。

理想的传感器或测量系统应该具有单值的、确定的输入输出关系。其中以输出和输入呈线性关系为最佳。在静态测量中，传感器的这种线性关系虽然是被希望的，但不是必需的，因为在静态测量中可用曲线校正或输出补偿做非线性校正；在动态测量中，传感器及后续仪器本身应该力求是线性系统，这不仅因为目前只有对线性系统才能做比较完善的数学处理与分析，而且也因为目前在动态测试中做非校正还相当困难。一些实际测试系统不可能在较大的工作范围内完全保持线性，因此，只能在一定的工作范围内和一定的误差允许范围内做线性处理。

2.2 传感器的特性

在科学实验和生产过程中，需要对各种各样的参数进行检测和控制。这就要求传感器能感受到被测非电量的变化，并将其转换成与被测量成一定函数关系的电量。传感器所测量的非电量可分为静态量和动态量两类。静态量是指不随时间变化的信号或变化极其缓慢的信号（准静态）。动态量是指周期信号、瞬变信号或随机信号。

传感器能否将被测非电量的变化不失真地变换成相应的电量，取决于传感器的基本特性，即输出-输入特性，它是与传感器内部结构参数有关的外部特性。传感器的基本特性可用静态特性和动态特性描述。

2.2.1 传感器的静态特性

传感器的静态特性是指被测量的值处于稳定状态时，传感器的输出与输入的关系。衡量传感器静态特性的重要指标如图2-2所示。

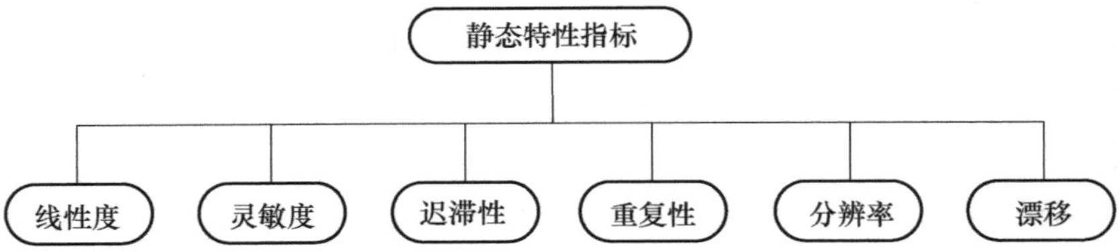

图2-2 传感器的静态特性指标

1. 线性度

传感器的线性度是指其输出量与输入量之间的实际关系曲线（即静特性曲线）偏离直线的程度，又称非线性误差。如果输出-输入关系是一条直线，即$y=a_1x$，那么称这种关系为线性输出-输入特性。实际使用中大多数传感器为非线性的，为了得到线性关系，常引入各种非线性补偿环节。

1）非线性输出-输入特性

传感器的输出-输入特性是非线性的，在静态情况下，如果不考虑滞后和蠕变等因素，

输出 - 输入特性可用式（2-1）来逼近。

$$y = a_0 + a_1 x + a_2 x^2 + a_3 x^3 + \cdots + a_n x^n \tag{2-1}$$

式中　y——输出量；

a_0——零点输出；

a_1——传感器线性灵敏度；

x——输入量；

$a_2 \sim a_n$——非线性项系数。

2）不同类型的传感器输出 - 输入特性

式（2-1）有以下 4 种情况，分别表示不同类型的传感器输出 - 输入特性。可以通过以输入量为横坐标，输出量为纵坐标的特性曲线来描述输出 - 输入特性，如图 2-3 所示。

（1）理想线性特性，如图 2-3（a）所示。

（2）输出 - 输入特性方程仅有偶次非线性项，如图 2-3（b）所示，具有这种特性的传感器，其线性范围窄，且对称性差，用两个特性相同的传感器差动工作，即能有效地消除非线性误差。

（3）输出 - 输入特性方程仅有奇次非线性项，如图 2-3（c）所示，具有这种特性的传感器在靠近原点的相当大范围内，输出 - 输入特性基本上呈线性关系。并且，当大小相等而符号相反时，y 也大小相等而符号相反，即相对坐标原点对称。

（4）输出 - 输入特性有奇次项，也有偶次项时的特性曲线，如图 2-3（d）所示。

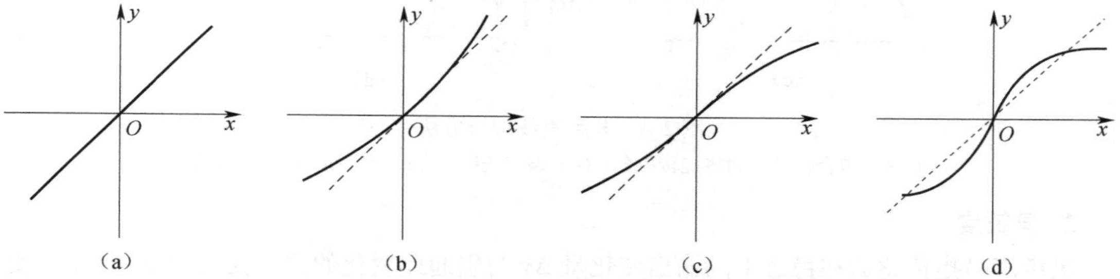

图 2-3　输出 - 输入特性曲线

（a）理想线性特性曲线；（b）仅有偶次非线性项的特性曲线；
（c）仅有奇次非线性项的特性曲线；（d）奇、偶次项都有时的特性曲线（实际特性曲线）

3）非线性特性的“线性化”

在实际使用非线性特性传感器时，如果非线性项次不高，在输入量不大的条件下，可以用实际特性曲线的切线或割线等直线来近似地代表实际特性曲线的一段，如图 2-4 所示，这种方法称为传感器的非线性特性的线性化，所采用的直线称为拟合直线。实际特性曲线与拟合直线之间的偏差称为非线性误差（或线性度），通常用相对误差表示，即

$$\gamma_{\mathrm{L}} = \pm (\Delta L_{\max} / Y_{\mathrm{FS}}) \times 100\% \tag{2-2}$$

式中　$\Delta L_{\max}$——最大非线性绝对误差；

Y_{FS}——满量程输出。

非线性误差是以拟合直线作基准直线计算出来的，基准线不同，计算出来的线性度也不相同。因此，在提到线性度或非线性误差时，必须说明其依据了怎样的基本直线。拟合直线的几种常见方法如下。

（1）理论拟合：拟合直线为传感器的理论特性，与实际测试值无关。方法十分简单，但一般情况下 ΔL_{max} 较大，如图2-4（a）所示。

（2）过零旋转拟合：曲线过零的传感器，拟合图像如图2-4（b）所示。

（3）端点连线拟合：把输出曲线两端点的连线作为拟合直线，如图2-4（c）所示。

（4）端点连线平移拟合：在端点连线拟合的基础上使直线平移，移动距离为原来的一半，如图2-4（d）所示。其中 x 为传感器的输入量，y 为传感器的输出量，x_m 为输入最大值。

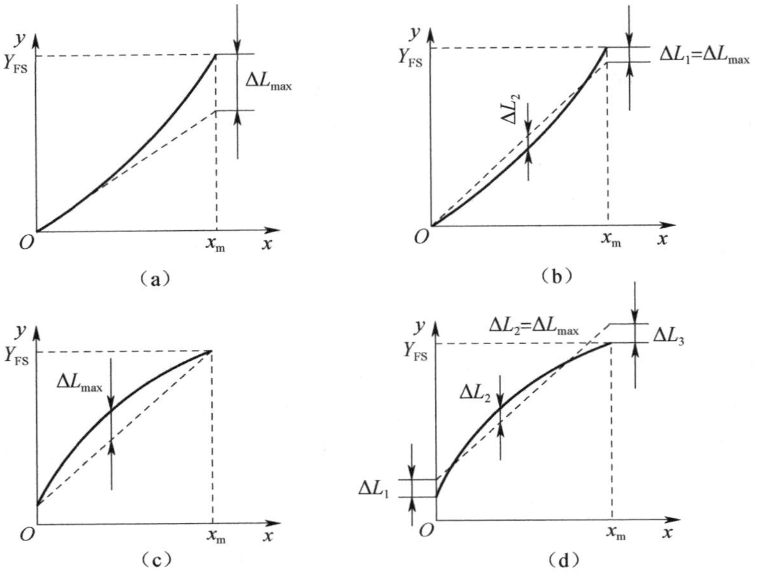

图2-4 几种直线拟合方法

（a）理论拟合；（b）过零旋转拟合；（c）端点连线拟合；（d）端点连线平移拟合

2. 灵敏度

灵敏度是指传感器在稳态下的输出变化量 Δy 与引起此变化的输入变化量 Δx 之比，用 k 表示，即

$$k = \frac{\Delta y}{\Delta x} \tag{2-3}$$

它表征传感器对输入量变化的反应能力。对于线性传感器，灵敏度就是其静态特性的斜率，即 $k=y/x$，且为常数；而非线性传感器的灵敏度为一变量，用 $k=\mathrm{d}y/\mathrm{d}x$ 表示。传感器的灵敏度如图2-5所示。一般来说，传感器的灵敏度高，在满量程范围内是恒定的，即传感器的输出－输入特性为直线。

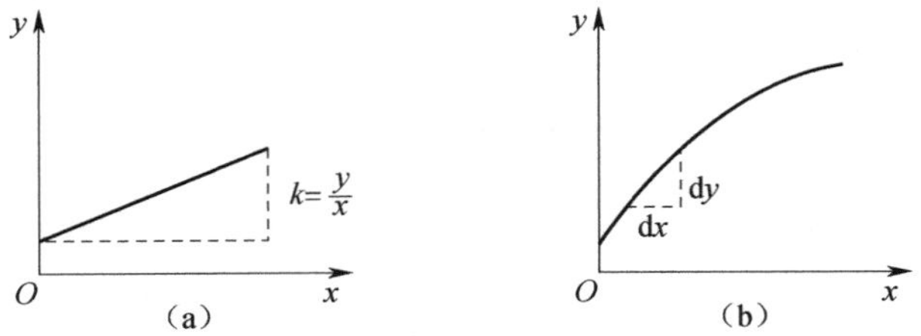

图2-5 传感器的灵敏度

（a）线性传感器；（b）非线性传感器

3. 迟滞性

传感器在正（输入量增大）反（输入量减小）行程期间，其输出 - 输入特性曲线不重合的现象称为迟滞，如图 2-6 所示。也就是说，对于同一大小的输入信号，传感器的正反行程输出信号大小不相等。产生这种现象的主要原因是传感器敏感元件材料的物理性质和机械零部件的缺陷，例如弹性滞后、运动部件的摩擦、传动机构的间隙、紧固件松动等。

迟滞 γ_H 的大小一般要由实验方法确定。用最大输出差值 ΔH_{max} 或其一半对满量程输出 Y_{FS} 的百分比表示，即

$$\gamma_H = \pm \frac{\Delta H_{max}}{Y_{FS}} \times 100\% \tag{2-4}$$

式中　ΔH_{max}——正反行程输出值间的最大差值。

4. 重复性

重复性是指传感器在输入按同一方向连续多次变动时所得特性曲线不一致的程度，如图 2-7 所示。正行程的最大重复性偏差为 ΔR_{max1}，反行程的最大偏差为 ΔR_{max2} 和 ΔR_{max1} 中的最大者。

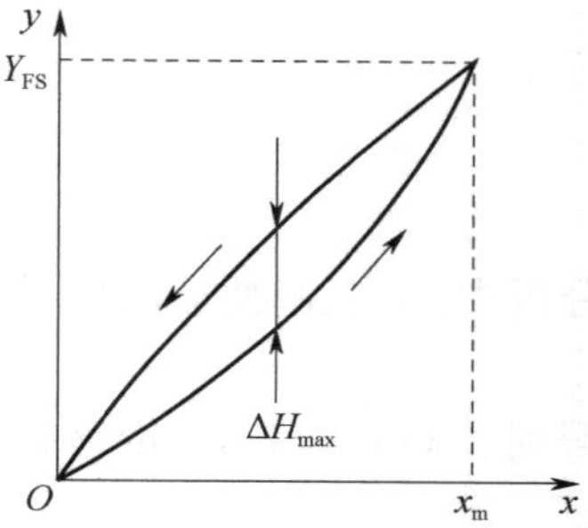

图 2-6　迟滞特性

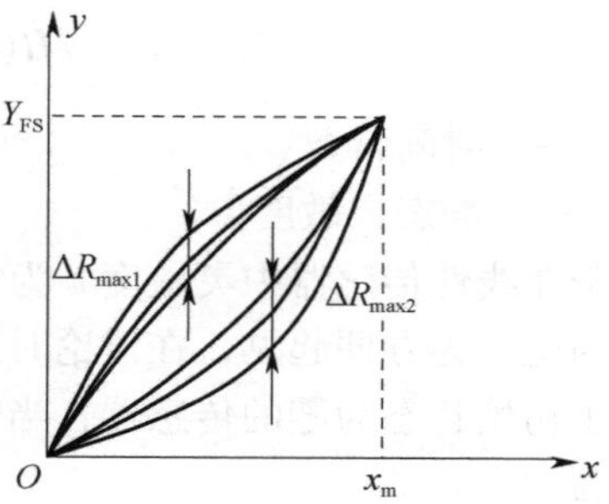

图 2-7　重复性特性

5. 分辨率

传感器的分辨率是指在规定测量范围内所能检测到的输入量的最小变化量 Δx_{min}，有时也用该值相对满量程输入值的百分数[$(\Delta x_{min}/x_{FS}) \times 100\%$] 表示。

6. 漂移

传感器的漂移是指在外界的干扰下，输出量发生与输入量无关的变化，包含零点漂移和灵敏度漂移等。

传感器在零输入时，输出的变化称为零点偏移。零点漂移或灵敏度漂移又可分为时间漂移和温度漂移。时间漂移是指在规定的条件下，零点或灵敏度随时间的变化发生缓慢的变化。温度漂移是指当环境温度变化时，引起的零点或灵敏度漂移。漂移一般可通过串联或并联可调电阻来消除。

2.2.2　传感器的动态特性

在实际测量中，大量的被测量是随时间变化的动态信号，这就要求传感器的输出不仅能精确地反映被测量的大小，还要正确地再现被测量随时间变化的规律。

传感器的动态特性是指传感器的输出对随时间变化的输入量的响应特性，反映输出值真实再现变化着的输入量的能力。一个动态特性好的传感器，其输出将再现输入量的变化规

律，即具有相同的时间函数。实际上除了具有理想的比例特性环节外，由于传感器固有因素的影响，输出信号将不会与输入信号具有相同的时间函数，这种输出与输入之间的差异就是所谓的动态误差。研究传感器的动态特性主要是从测量误差角度来分析产生动态误差的原因及改善措施两方面入手。

由于绝大多数传感器都可以简化为一阶或二阶系统，因此一阶和二阶传感器是最基本的。研究传感器的动态特性可以从时域和频域两个方面进行，并采用瞬态响应法和频率响应法来分析。

1. 瞬态响应特性

在时域内研究传感器的动态特性时，常用的激励信号有阶跃函数、脉冲函数和斜坡函数等。传感器对所加激励信号的响应称为瞬态响应。下面以传感器的单位阶跃响应评价传感器的动态性能。

1）一阶传感器的单位阶跃响应

设 $x(t)$ 和 $y(t)$ 分别为传感器的输入量和输出量，且均为时间的函数，则一阶传感器的传递函数为

$$H(s)=\frac{Y(s)}{X(s)}=\frac{k}{\tau s+1} \tag{2-5}$$

式中 τ——时间常数；

k——静态灵敏度。

由于在线性传感器中灵敏度 k 为常数，在动态特性分析中，k 只起使输出量增加 k 倍的作用。因此，为方便起见，在讨论时采用 $k=1$。

对于初始状态为零的传感器，当输入为单位阶跃信号时，$X(s)=1/s$，传感器输出的拉氏变换为

$$Y(s)=H(s)X(s)=\frac{1}{\tau s+1}\cdot\frac{1}{s} \tag{2-6}$$

则一阶传感器的单位阶跃响应为

$$y(t)=L^{-1}[Y(s)]=1-e^{-\frac{t}{\tau}} \tag{2-7}$$

一阶传感器单位阶跃响应曲线如图 2-8 所示。由图可见，传感器存在惯性，输出的初始上升斜率为 $1/\tau$，若传感器保持初始响应速度不变，则在 τ 时刻输出将达到稳态值。

在实际中响应速率随时间的增加而减慢。理论上传感器的响应在 t 趋于无穷时才达到稳态值，但实际上当 $t=4\tau$ 时其输出已达到稳态值的 98.2%，可以认为已达到稳态。τ 越小，响应曲线越接近于阶跃曲线，因此一阶传感器的时间常数 τ 越小越好。不带保护套管的热电偶是典型的一阶传感器。

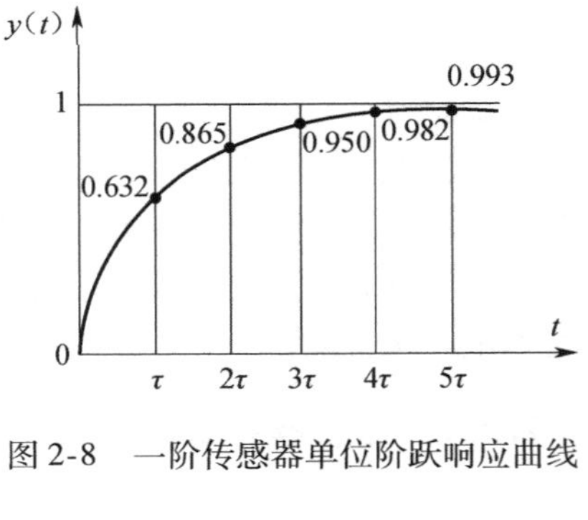

图 2-8 一阶传感器单位阶跃响应曲线

2）二阶传感器的单位阶跃响应

二阶传感器的传递函数为

$$H(s)=\frac{Y(s)}{X(s)}=\frac{\omega_n^2}{s^2+2\xi\omega_n s+\omega_n^2} \tag{2-8}$$

式中 ω_n——传感器的固有频率；

ξ——传感器的阻尼比。

在单位阶跃信号作用下，传感器输出的拉氏变换为

$$Y(s) = H(s)X(s) = \frac{\omega_n^2}{s(s^2 + 2\xi\omega_n s + \omega_n^2)} \tag{2-9}$$

对 $Y(s)$ 进行拉氏变换，即可得到单位阶跃响应。图2-9为二阶传感器的单位阶跃响应曲线。由图可知，传感器的响应在很大程度上取决于阻尼比 ξ 和固有频率 ω_n。ω_n 取决于传感器的主要结构参数，ω_n 的值越大传感器的响应越快。阻尼比直接影响传感器的超调量和振荡次数。

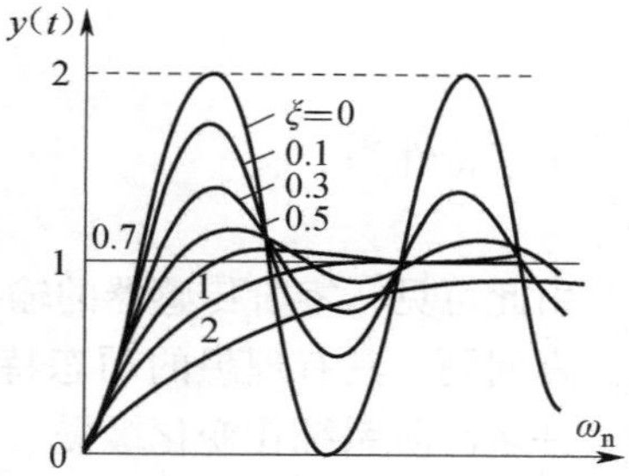

图2-9 二阶传感器单位阶跃响应曲线

（1）$\xi=0$ 时，为临界阻尼，超调量为100%，产生等幅振荡，达不到稳态。

（2）$\xi>1$ 时，为过阻尼，无超调也无振荡，但反应迟钝，动作缓慢，达到稳态所需时间较长。

（3）$\xi<1$ 时，为欠阻尼，衰减振荡，达到稳态所需时间随 ξ 的减小而加长。

（4）$\xi=1$ 时，响应时间最短。

在实际使用中，为了兼顾有短的上升时间和小的超调量的情况发生，一般传感器都设计成欠阻尼，阻尼比 ξ 一般取在0.6~0.8范围内。带保护套管的热电偶是一个典型的二阶传感器。

3）瞬态响应特性指标

时间常数 τ 是描述一阶传感器动态特性的重要参数，τ 越小，响应速度越快。

二阶传感器阶跃响应的典型性能指标可由图2-10表示，各指标定义如下。

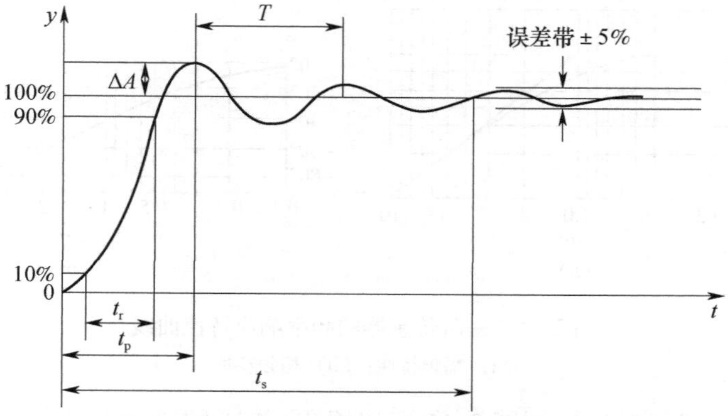

图2-10 二阶传感器的动态性能指标

（1）上升时间 t_r：输出由稳态值的10%变化到稳态值的90%所用的时间。

（2）响应时间 t_s：系统从阶跃输入开始到输出值进入稳态值所规定的范围内所需的时间。

（3）峰值时间 t_p：阶跃响应曲线达到第一个峰值所需的时间。

（4）超调量 σ：传感器输出超过稳态值的最大值 ΔA，常用相对于稳态值的百分比 σ 表示。

2. 频率响应特性

传感器对正弦输入信号的响应特性称为频率响应特性。频率响应法是从传感器的频率特性出发研究传感器的动态特性的方法。

1）零阶传感器的频率特性

零阶传感器的传递函数为

$$H(s)=\frac{Y(s)}{X(s)}=k \tag{2-10}$$

频率特性为

$$H(\mathrm{j}\omega)=k \tag{2-11}$$

由此可见，零阶传感器的输出和输入成正比，并且与信号频率无关。因此，无幅值和相位失真问题，具有理想的动态特性。电位器式传感器是零阶系统的一个例子。在实际应用中，许多高阶系统在变化缓慢、频率不高时，都可以近似地当作零阶系统处理。

2）一阶传感器的频率特性

将一阶传感器的传递函数中的 s 用 $\mathrm{j}\omega$ 代替，即可得到频率特性表达式。即

$$H(\mathrm{j}\omega)=\frac{1}{\tau(\mathrm{j}\omega)+1} \tag{2-12}$$

幅频特性：

$$A(\omega)=\frac{1}{\sqrt{1+(\omega\tau)^2}} \tag{2-13}$$

相频特性：

$$\phi(\omega)=-\arctan(\omega\tau) \tag{2-14}$$

图 2-11 所示为一阶传感器的频率响应特性曲线。

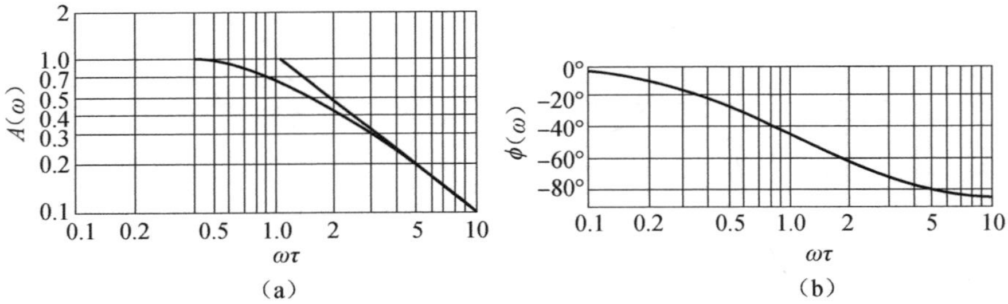

图 2-11　一阶传感器的频率响应特性曲线

（a）幅频特性；（b）相频特性

从式（2-13）、式（2-14）和图 2-11 可以看出，时间常数 τ 越小，频率响应特性越好。当 $\omega\tau \ll 1$，$A(\omega)\approx 1$，$\phi(\omega)\approx\omega\tau$ 时，表明传感器的输出与输入为线性关系，相位差与频率 ω 呈线性关系，输出 $y(t)$ 比较真实地反映了输入 $x(t)$ 的变化规律。因此，减小 τ 可以改善传感器的频率特性。

3）二阶传感器的频率特性

二阶传感器的频率特性表达式、幅频特性、相频特性分别为

$$H(\mathrm{j}\omega)=\left[1-\left(\frac{\omega}{\omega_{\mathrm{n}}}\right)^2+2\mathrm{j}\xi\frac{\omega}{\omega_{\mathrm{n}}}\right]^{-1} \tag{2-15}$$

$$A(\omega) = \left\{ \left[1 - \left(\frac{\omega}{\omega_n} \right)^2 \right]^2 + \left(2\xi \frac{\omega}{\omega_n} \right)^2 \right\}^{-\frac{1}{2}} \tag{2-16}$$

$$\phi(\omega) = -\arctan\left[\frac{2\xi \frac{\omega}{\omega_n}}{1 - \left(\frac{\omega}{\omega_n} \right)^2} \right] \tag{2-17}$$

图 2-12 所示为二阶传感器的频率响应特性曲线。从式（2-16）、式（2-17）和图 2-12 可以看出，传感器频率特性的好坏主要取决于传感器的固有频率 ω_n 和阻尼比 ξ。当 $\xi<1$，$\omega_n \gg \omega$ 时，$A(\omega) \approx 1$，$\phi(\omega)$ 很小。此时，传感器的输出 $y(t)$ 再现输入 $x(t)$ 的波形。通常固有频率 ω_n 至少应大于被测信号频率 ω 的 3 ~ 5 倍，即 $\omega_n \geqslant (3 \sim 5)\omega$。

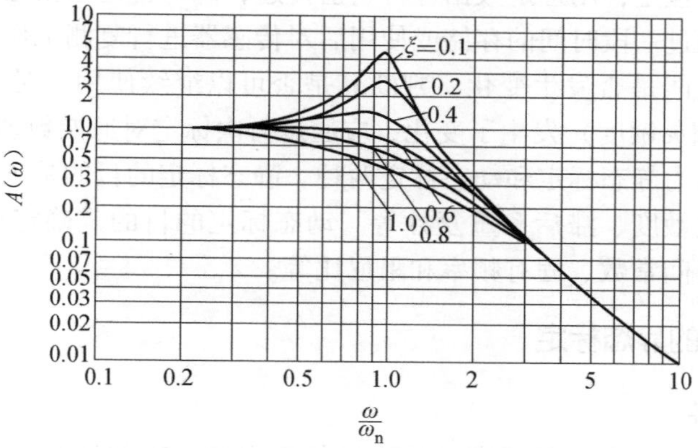

（a）

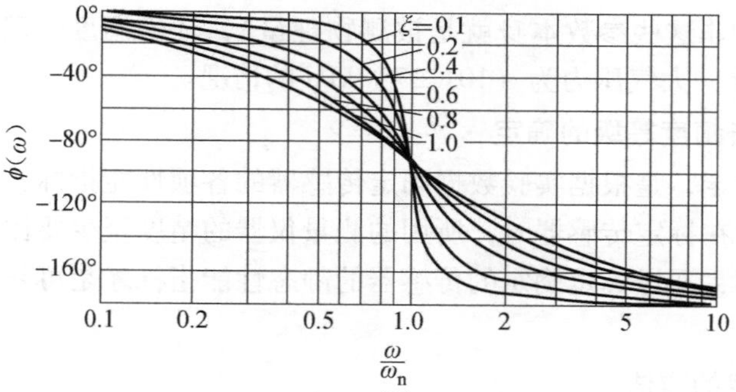

（b）

图 2-12 二阶传感器的频率响应特性曲线

（a）幅频特性；（b）相频特性

由以上分析可知，为了减小动态误差和扩大频率响应范围，一般可提高传感器的固有频率 ω_n，但可能会使其他指标变差。因此，在实际实用中，应综合考虑各种因素来确定传感器的各个特性参数。

4）频率响应特性指标

（1）频带：传感器增益保持在一定值内的频率范围，即对数幅频特性曲线上幅值衰减 3 dB 时所对应的频率范围，称为传感器的频带或通频带，对应有上、下截止频率。

（2）时间常数 τ：用时间常数 τ 表征一阶传感器的动态特性，τ 越小，频带越宽。

（3）固有频率 ω_n：二阶传感器的固有频率 ω_n 表征了其动态特性。

2.3 传感器的标定

任何一种新研制或生产的传感器在制造、装配完毕后都必须进行一系列实验，对其技术性能进行全面的检定，以确保传感器的实际性能。经过一段时间的存储或使用后需对其性能进行复测。通常，在明确输入-输出变换对应关系的前提下，利用某种标准或标准器具对传感器进行标度称为标定。

传感器的标定是通过实验以建立传感器输入量与输出量之间的关系。同时，确定出不同使用条件下的误差关系。传感器的标定工作可分为以下几个方面：第一是新研制的传感器需进行全面技术性能的检定，用检定数据进行量值传递，同时检定数据也是改进传感器设计的重要依据；第二是经过一段时间的存储或使用后对传感器进行复测工作。这种再次标定可以检测传感器的基本性能是否发生变化，判断其是否可以继续使用。对可以继续使用的传感器，若某些指标（如灵敏度）发生了变化，应通过再次标定对原始数据进行修正。

传感器的标定分为静态标定和动态标定两种。静态标定的目的是确定传感器的静态特性指标，如线性度、灵敏度、滞后和重复性等。动态标定的目的是确定传感器的动态特性参数，如频率响应、时间常数、固有频率和阻尼比等。

2.3.1 传感器的静态标定

1. 静态标准条件

传感器的静态特性是在静态标准条件下进行标定的。所谓静态标准条件是指没有加速度、振动、冲击（除非这些参数本身就是被测物理量），环境温度一般为室温（20±5）℃，相对湿度不大于85%，大气压力为（101±7）kPa的情况。

2. 标定仪器设备精度等级的确定

对传感器进行标定，是根据实验数据确定传感器的各项性能指标，实际上也是确定传感器的测量精度。所以在标定传感器时，所用的测量仪器的精度至少要比被标定的传感器的精度高一个等级。这样，通过标定确定的传感器的静态性能指标才是可靠的，所确定的精度才是可信的。

3. 静态特性标定的方法

对传感器进行静态特性标定，首先要创造一个静态标准条件，其次要选择与被标定传感器的精度要求相适应的一定等级的标准设备，然后才能对传感器进行静态特性标定。

标定过程步骤如下：

（1）将传感器全量程（测量范围）分成若干等间距点。

（2）根据传感器量程的分点情况，由小到大逐渐一点一点地输入标准量值，并记录下与各输入值对应的输出值。

（3）将输入值由大到小一点一点减小，同时记录下与各输入值相对应的输出值。

（4）按（2）、（3）所述过程，对传感器进行正、反行程往复循环多次测试，将得到的输出-输入测试数据用表格列出或作出曲线。

（5）对测试数据进行必要的处理，根据处理结果就可以确定传感器的线性度、灵敏度、滞后和重复性等静态特性指标。

2.3.2 传感器的动态标定

传感器的动态标定主要是研究传感器的动态响应，而与动态响应有关的参数，一阶传感器只有一个时间常数τ，二阶传感器有固有频率ω_n和阻尼比ξ两个参数。

对传感器进行动态标定，需要对它输入一个标准激励信号。为了便于比较和评价，常常采用阶跃变化和正弦变化的输入信号，即以一个已知的阶跃信号激励传感器，使传感器按自身的固有频率振动，并记录下运动状态，从而确定其动态参量；或者以一个振幅和频率均为已知、可调的正弦信号激励传感器，根据记录的运动状态，确定传感器的动态特征。

对于一阶传感器，外加阶跃信号，测得阶跃响应后，取输出值达到最终值的63.2%所经历的时间作为时间常数τ。但这样确定的时间常数实际上没有涉及响应的全过程，测量结果仅取决于某些个别的瞬时值，可靠性较差。如果用下述方法确定，可以获得较可靠的结果。

一阶传感器的单位阶跃响应函数为

$$y(t) = 1 - e^{-\frac{t}{\tau}} \tag{2-18}$$

令$z(t) = \ln[1 - y(t)]$，则上式可变为

$$z = -\frac{t}{\tau} \tag{2-19}$$

式(2-19)表明z和时间t呈线性关系，并且有$\tau = \Delta t/\Delta z$，如图2-13所示。因此，可以根据测得的$y(t)$值作出$z-t$曲线，并根据$\Delta t/\Delta z$的值获得时间常数τ，这种方法考虑了瞬态响应的全过程。

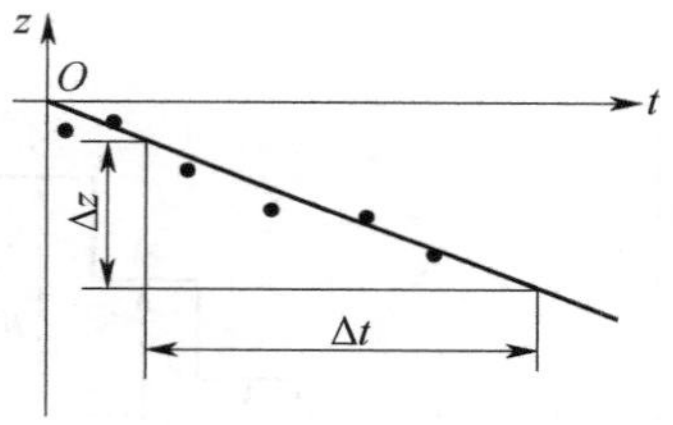

图2-13 一阶传感器时间常数的求法

2.3.3 压力传感器的静态标定

由于各种传感器的结构原理不同，所以标定方法也不相同，下面以压力传感器为例说明传感器的标定方法。

用于动态测量的压力传感器，首先要按前述进行静态标定。目前，常用的标定装置有活塞压力计、杠杆式和弹簧测力计式压力标定机。

图2-14是用活塞压力计对压力传感器进行标定的示意图。活塞压力计由压力发生系统和活塞部分组成。

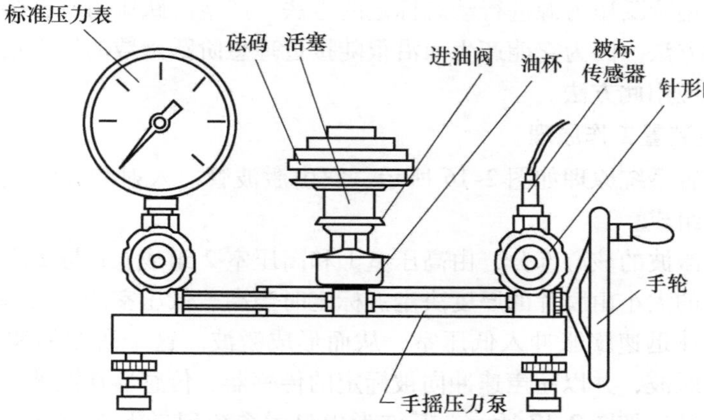

图2-14 活塞压力计标定压力传感器的示意图

活塞压力计是利用活塞和加在活塞上的砝码的重量所产生的压力与手摇压力泵所产生的压力相平衡的原理进行标定工作的，其精度可达±0.05%以上。

标定时，把传感器装在连接螺帽上，然后按照活塞压力计的操作规程，转动压力泵的手轮，使托盘上升到规定的刻线位置。按所要求的压力间隔，逐渐增加砝码重量，使压力计产生所需的压力，同时用数字电压表记下传感器在相应压力下的输出值。这样就可以得出标定传感器或测压系统的输出特性曲线，根据特性曲线可确定出所需要的各静态指标。

在实际测试中，为了确定整个测压系统的输出特性，往往需要进行现场标定。为了操作方便，可以不用砝码加载，而直接用标准压力表读取所加的压力，测出整个系统在各压力下的输出电压值或示波器上的光点位移量 h，就可得到图2-15所示的压力标定曲线。

上述标定方法不适合压电式压力测量系统，因为活塞压力计的加载过程时间太长，致使传感器产生的电荷有泄漏，严重影响其标定精度。所以对压电式测压系统，一般采用杠杆式压力标定机或弹簧测力计式压力标定机。

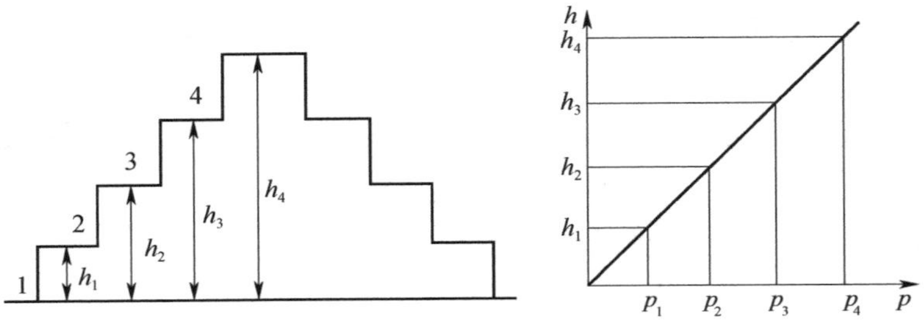

图2-15　压力标定曲线

为了保证压力传感器的测量准确度，需进行定期检定，检定周期最长不超过一年。

2.3.4　压力传感器的动态标定

压力传感器除进行静态标定外，还要进行某种形式的动态标定。对压力传感器进行动态标定，必须给传感器加一个特性已知的校准动压信号作为激励源，从而得到传感器的输出信号，经计算分析、数据处理即可确定传感器的频率特性。

这里只介绍利用阶跃压力源进行动态标定的方法。产生阶跃压力有许多方法，其中激波管法是比较常用的方法。因为它能产生前沿很陡接近理想阶跃函数的压力信号，所以压力传感器在标定时广泛应用此方法。

1. 激波管标定装置工作原理

激波管标定装置系统原理如图2-16所示。它由激波管、入射激波测速系统、标定测量系统及气源4部分组成。

激波管是产生激波的核心部分，由高压室1和高压室2组成。1与2之间由铝和塑料膜片隔开，激波压力的大小由膜片的厚度决定。标定时当高、低压室的压力差达到一定程度时膜片破裂，高压气体迅速膨胀冲入低压室，从而形成激波。这个激波的波阵面压力保持恒定，接近理想的阶跃波，并以超声速冲向被标定的传感器。传感器在激波的激励下按固有频率产生一个衰减振荡，如图2-17所示，其波形由显示系统记录下来用以确定传感器的动态特性。

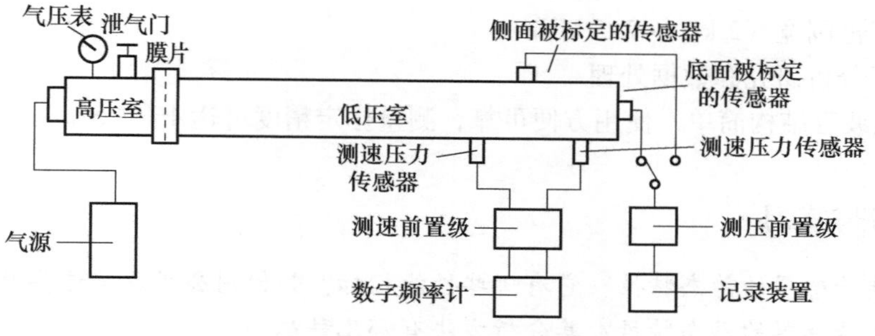

图 2-16　激波管标定装置系统原理框图

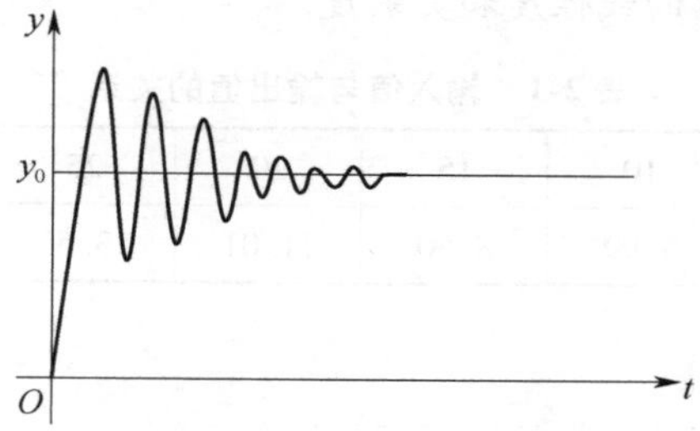

图 2-17　被标定传感器的输出波形

2. 激波管的压力波动

激波管中的压力波动情况如图 2-18 所示。图 2-18（a）为膜片爆破前的情况，p_4 为高压室的压力，p_1 为低压室的压力。图 2-18（b）为膜片爆破后稀疏波反射前的情况，p_2 为膜片爆破后产生的激波压力。p_3 为高压室爆破后形成的压力，p_2 和 p_3 的接触面称为温度分界面，p_2 与 p_3 所在区域的温度不同，但其压力值相等。稀疏波就是在高压室内膜片破碎时形成的波。图 2-18（c）为稀疏波反射后的情况，当稀疏波波头达到高压室端面时便产生稀疏波的反射，称为反射稀疏波，其压力减小为 p_6。图 2-18（d）为反射激波的波动情况，当 p_2 到达低压室端面时也产生反射，压力增大为 p_5，称为反射激波。p_2 与 p_5 都是在标定传感器时要用到的参数，视传感器安装装置而定，当被标定的传感器安装在侧面时要用 p_2，当装在端面时要用 p_5，二者不同之处在于 $p_5 > p_2$，但维持恒压时间 τ_5 略小于 τ_2。

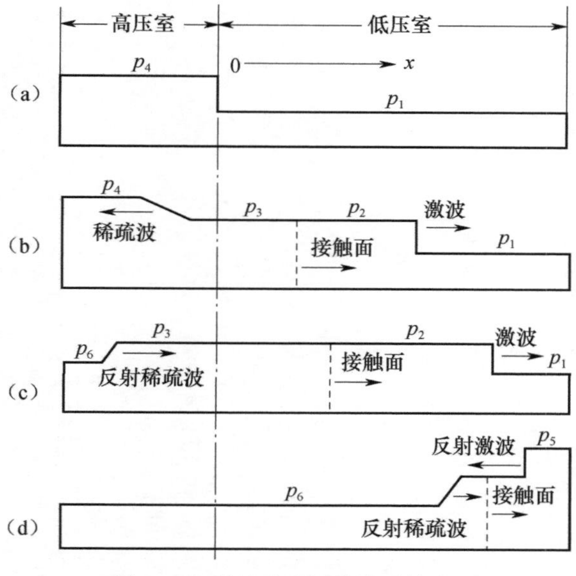

图 2-18　激波管中压力波动情况

（a）膜片爆破前的情况；（b）膜片爆破后稀疏波反射前的情况；（c）稀疏波反射后的情况；（d）反射激波的波动情况

3. 激波管法的特点

（1）压力幅度范围宽，便于改变压力值。

（2）频率范围宽（2 kHz ~2.5 MHz）。

（3）便于分析研究和数据处理。

此外，激波管结构简单，使用方便可靠，测量标定精度可达 4% ~5%。

思考与练习

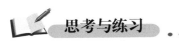

1. 什么是传感器的静态特性？它有哪些性能指标？如何用公式表征这些性能指标？

2. 什么是传感器的动态特性？其分析方法有哪几种？

3. 已知某一传感器的测量范围为 0 ~40 mm，静态测量时，输入值与输出值之间的关系如表 2-1 所示，试求该传感器的线性度和灵敏度。

表 2-1 输入值与输出值的关系 mm

输入值	1	5	10	15	20	25	30	35	40
输出值	1.48	3.50	5.99	8.50	11.01	13.52	16.03	18.54	21.15

4. 简述标定传感器的方法。

第3章

电阻式传感器的原理及其应用

【课程教学内容与要求】

(1) 教学内容：电阻应变式传感器和压阻式传感器的结构、工作原理、测量电路及应用。

(2) 教学重点：工作原理和测量电路。

(3) 基本要求：掌握电阻应变式传感器和压阻式传感器的结构和工作原理；了解电阻应变式传感器的粘贴方法；通过对电阻应变片的测量和电路分析，掌握惠斯登电桥电路的结构形式及特点；了解电阻式传感器的应用。

电阻式传感器就是利用一定的方式将被测量的变化转化为敏感元件电阻参数的变化，再通过电路转变成电压或电流信号的输出，从而实现非电量测量的一类传感器。可用于各种机械量和热工量的检测，主要用来测量力、压力、位移、应变、速度、加速度、温度和湿度等。它的结构简单，性能稳定，成本低廉，因此，在许多行业中得到了广泛应用。

由于构成电阻的材料及种类很多，引起电阻变化的物理原因也很多，这就构成了各种各样的电阻式传感元件以及由这些元件构成的电阻式传感器。本章按照构成电阻的材料的不同，分别介绍电阻应变式传感器和压阻式传感器。

3.1 电阻应变式传感器

电阻应变式传感器是根据电阻应变效应的原理制成的，将测量物体的变形转换成电阻的变化。主要用于机械量的检测，如力、压力等物理量的检测，其应用最为广泛的形式是电阻应变片。

通常是将应变片通过特殊的黏结剂紧密地黏结在产生力学应变的基体上，当基体受力发生应力变化时，电阻应变片也一起产生形变，使应变片的阻值发生改变，从而使加在电阻上的电压发生变化。这种应变片在受力时产生的阻值变化通常较小，一般这种应变片都会组成应变电桥，并通过后续的仪表放大器进行放大，再传输给处理电路（通常是 A/D 转换和 CPU）或执行机构显示。

3.1.1 电阻应变片的工作原理

电阻应变效应

电阻应变效应是在 1856 年由 W. Thomson 发现的。所谓电阻应变效应，就是导体或半导体材料在外力作用下会产生机械变形，其电阻值也发生相应改变，这种现象称为电阻应变效应。金属电阻应变片的工作原理就是电阻应变效应。

图3-1所示金属导体的电阻值可用下式表示。

$$R = \rho \frac{l}{s} \tag{3-1}$$

式中 ρ——金属导体的电阻率（$\Omega \cdot cm^2/m$）；

s——导体的截面积（cm^2）；

l——导体的长度（m）。

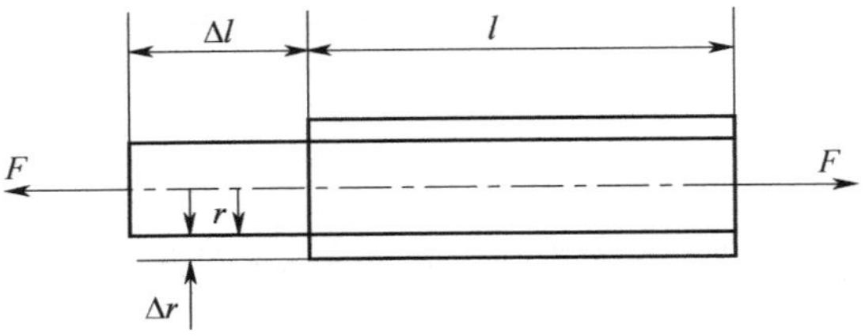

图3-1 金属电阻丝应变效应

当电阻丝受到拉力 F 的作用时，将伸长 Δl，由于横截面积 Δs 相应减小，电阻率因材料晶格发生变形等因素影响而改变了 $\Delta\rho$，从而引起电阻值相对变化量 ΔR 的变化。即对式（3-1）两边取对数再作微分，求得电阻相应变化为

$$\frac{dR}{R} = \frac{dl}{l} - \frac{ds}{s} + \frac{d\rho}{\rho} \tag{3-2}$$

式中 dl/l——长度相对变化量，即材料的轴向线应变，用应变 ε 表示，即 $\varepsilon = dl/l$；

ds/s——圆形电阻丝的截面积相对变化量。

对圆形横截面积的电阻丝，若其半径为 r，则 $s = \pi r^2$，所以有

$$\frac{ds}{s} = 2\frac{dr}{r} \tag{3-3}$$

由材料力学可知，在弹性范围内，金属丝受拉力时，沿轴向伸长，沿径向缩短，令 $dl/l = \varepsilon$ 为金属电阻丝的轴向应变，那么轴向应变和径向应变的关系可表示为

$$\frac{dr}{r} = -\mu\frac{dl}{l} = -\mu\varepsilon \tag{3-4}$$

式中 μ——电阻丝材料的泊松比，负号表示应变方向相反。

将式（3-4）代入式（3-3）可得

$$\frac{ds}{s} = 2\frac{dr}{r} = -2\mu\varepsilon \tag{3-5}$$

综上可得

$$\frac{dR}{R} = (1 + 2\mu)\varepsilon + \frac{d\rho}{\rho} = \left(1 + 2\mu + \frac{d\rho/\rho}{\varepsilon}\right)\varepsilon = K\varepsilon \tag{3-6}$$

其中 K——金属丝的应变灵敏度系数。

通常把单位应变能引起的电阻值变化称为电阻丝的灵敏度系数。其物理意义是单位应变所引起的电阻相对变化量，其表达式为

$$K = \frac{\frac{dR}{R}}{\varepsilon} = 1 + 2\mu + \frac{\frac{d\rho}{\rho}}{\varepsilon} \tag{3-7}$$

灵敏度系数K受两个因素影响：一个是应变片受力后材料几何尺寸的变化，即$1+2\mu$是由几何尺寸改变引起的，金属导体以此为主；另一个是应变片受力后材料的电阻率随应变所引起的变化，即$(\mathrm{d}\rho/\rho)/\varepsilon$，半导体材料以此为主。对金属材料来说，电阻丝灵敏度系数表达式中$1+2\mu$的值要比$(\mathrm{d}\rho/\rho)/\varepsilon$大得多，而半导体材料的$(\mathrm{d}\rho/\rho)/\varepsilon$项的值比$1+2\mu$大得多。大量实验证明，在电阻丝拉伸极限内，电阻的相对变化量与应变成正比，即K为常数。

以金属丝应变电阻为例，当金属丝受外力作用时，其长度和截面积都会发生变化，从式(3-1)中可以很容易看出，假如金属丝受外力作用而伸长，其长度增加，而截面积减少，电阻值便会增大。当金属丝受外力作用而压缩时，长度减小而截面积增大，电阻值则会减小。只要测出加在电阻上的变化（通常是测量电阻两端的电压），即可获得应变金属丝的应变情况。

常用的金属导体应变片的灵敏度系数约为2，不超过4~5，而半导体应变片为100~200。半导体应变片的灵敏度系数值比金属导体的灵敏度系数值大几十倍。

3.1.2 电阻应变片的结构和分类

1. 电阻应变片的结构

电阻应变片又称为电阻应变计，它的结构形式较多，但其主要组成部分基本相同，是由基底、敏感栅和覆盖层等组成，如图3-2所示。

（1）敏感栅——实现应变到电阻转换的敏感元件。通常由直径为0.015~0.05 mm的金属丝绕成栅状，或用金属箔腐蚀成栅状。

（2）基底——为保持敏感栅固定的形状、尺寸和位置，通常用黏结剂将其固结在纸质或胶质的基底上。基底必须很薄，一般厚度为0.02~0.04 mm。

（3）引线——起着敏感栅与测量电路之间的过渡连接和引导作用。通常取直径为0.1~0.15 mm的低阻镀锡铜线，并用钎焊与敏感栅端连接。

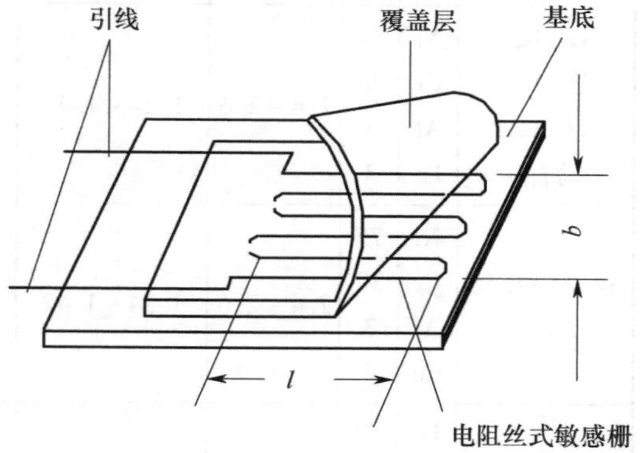

图3-2 金属电阻应变片的结构

（4）覆盖层——用纸、胶做成覆盖在敏感栅上的保护层，起着防潮、防蚀、防损等作用。

（5）黏结剂——制造应变计时，用它分别把覆盖层和敏感栅固定于基底上，使用应变计时，用它把应变计基底粘贴在试件表面的被测部位，它还起着传递应变的作用。

敏感栅是应变片的核心部分，它粘贴在绝缘的基底上，其上再粘贴起保护作用的覆盖层，两端焊接引出导线。覆盖层与基底将敏感栅紧密地粘贴在中间，对敏感栅起几何形状固定和绝缘、保护作用，基底要将被测体的应变准确地传递到敏感栅上，因此它很薄，一般为0.02~0.04 mm，使它与被测体及敏感栅能牢固地黏结在一起，此外它还应有良好的绝缘性能、抗潮性能和耐热性能。基底和覆盖层的材料有胶膜、纸、玻璃纤维布等。

图3-2所示为金属电阻应变片的内部基本结构，它是将金属丝按图示形状弯曲后用黏结剂贴在衬底上而成，基底可分为纸基、胶基和纸浸胶基等。电阻丝两端焊有引出线，使用时只要将应变片贴于弹性体上就可构成应变式传感器。它的结构简单，价格低，强度高，但允

许通过的电流较小，测量精度较低，适用于测量要求不是很高的场合。

对电阻丝材料应有如下要求。

（1）应变灵敏度系数大，且线性范围宽。

（2）电阻率 ρ 值大，即在同样长度、同样横截面积的电阻丝中具有较大的电阻值。

（3）电阻稳定性能好，温度系数小，其阻值随环境温度变化较小。

（4）易于焊接，对引线材料的接触电动势小。

（5）抗氧化能力高、耐腐蚀、耐疲劳，机械强度高，具有优良的机械加工性能。

常用金属电阻丝材料的性能如表 3-1 所示。

表 3-1 常用金属电阻丝材料的性能

材料	成分		灵敏度系数 K_0	电阻率/（$\mu\Omega \cdot mm^{-1}$）（20 ℃）	电阻温度系数（$\times 10^{-6}$/℃）（0～100 ℃）	最高使用温度/℃	对铜的热电动势/（$\mu V \cdot ℃^{-1}$）	线膨胀系数 $\times 10^{-6}$/℃
	元素	%						
康铜	Ni Cu	45 55	1.9～2.1	0.45～0.25	±20	300（静态） 400（动态）	43	15
镍铬合金	Ni Cr	80 20	2.1～2.3	0.9～1.1	110～130	450（静态） 800（动态）	3.8	14
镍铬铝铁合金（6J22，卡马合金）	Ni Cr Al Fe	74 20 3 3	2.4～2.6	1.24～1.42	±20	450（静态） 800（动态）	3	13.3
镍铬铝合金（6J23）	Ni Cr Al Cu	75 20 3 2	2.4～2.6	1.24～1.42	±20	450（静态） 800（动态）	3	
铁铬铝合金	Fe Cr Al	70 25 5	2.8	1.3～1.5	30～40	700（静态） 1000（动态）	2～3	14
铂	Pt	100	4～6	0.09～0.11	3900	800（静态）	7.6	8.9
铂钨合金	Pt W	92 8	3.5	0.68	227	100（动态）	6.1	8.3～9.2

康铜是目前应用最广泛的应变丝材料，这是由于它有很多优点：灵敏度系数稳定性好，不但在弹性变形范围内能保持为常数，进入塑性变形范围内也基本上能保持为常数；康铜的电阻温度系数较小且稳定，在采用合适的热处理工艺时，可使电阻温度系数保持在 $\pm 50 \times 10^{-6}$/℃的范围内；康铜的加工性能好，易于焊接，因而国内外多以康铜作为应变丝材料。

电阻应变片的规格通常以使用面积（敏感栅的宽度 $b \times$ 敏感栅的长度 l）和电阻值来表示。例如 3 mm × 10 mm，120 Ω。目前，关于电阻应变片的使用面积规范不一，电阻值也不同。电阻应变片的电阻值有 60 Ω、120 Ω、200 Ω 等多种规格，其中以 120 Ω 最为常用。几种常用的国产应变片的技术数据如表 3-2 所示。

表 3-2　几种国产应变片的技术数据

型号	形式	阻值/Ω	灵敏度系数 K	线栅尺寸 $b \times l$ /(mm×mm)
PZ-17	圆角线栅、纸基	120 ±0.2	1.95 ~2.1	2.8×17
8120	圆角线栅、纸基	118	2.0 ±0.01	2.8×18
PJ-120	圆角线栅、纸基	120	1.9 ~2.1	3×12
PJ-320	圆角线栅、纸基	320	2.0 ~2.1	11×11
PJ-5	箔式	120 ±0.5	2.0 ~2.2	3×5
2×3	箔式	87 ±0.4	2.05	2×3
2×1.5	箔式	35 ±0.4	2.05	2×1.5

2. 电阻应变片的分类

根据应变片的制作材料，可以把应变片分为金属电阻应变片和半导体应变片两大类。

按照金属电阻应变片的制造方法、工作温度以及用途，可以对金属电阻应变片进行不同的分类。依据制作方法和结构形式的不同，可以把金属电阻应变片分为丝式、箔式和薄膜式 3 种。

1）金属丝式应变片

金属丝式应变片有回线式和短接式两种，如图 3-3 所示。回线式最为常用，其制作简单，性能稳定，成本低，易粘贴，但横向效应较大。

金属丝式应变片的结构如图 3-4（a）所示，它由基体材料、金属应变丝或应变箔、绝缘保护片和引出线等部分组成。

金属丝式应变片的敏感栅由直径为 0.01 ~0.05 mm 的电阻丝平行排列而成。根据不同的用途，电阻应变片的阻值可以由设计者设定，但电阻的取值范围值得注意：阻值太小，所需的驱动电流太大，同时电阻应变片的发热会致使本身的温度过高，在不同的环境中使用，会使电阻应变片的阻值发生大幅度变化，输出零点漂移明显，调零电路过于复杂。而电阻太大，阻抗太高，抗外界的电磁干扰能力较差。电阻应变片的阻值一般均为几十欧至几十千欧。

2）金属箔式应变片

金属箔式应变片的结构如图 3-4（b）所示。它的敏感栅是通过光刻、腐蚀等工艺制成的。将合金先轧成厚度为 0.002 ~0.01 mm 的箔材，经过热处理后在某一面涂刷一层 0.03 ~0.05 mm 厚的树脂胶，再经聚合固化形成基底。在另一面经照相制版、光刻、腐蚀等工艺制成敏感栅，焊上引线，并涂上与基底相同的树脂胶作为覆盖片。

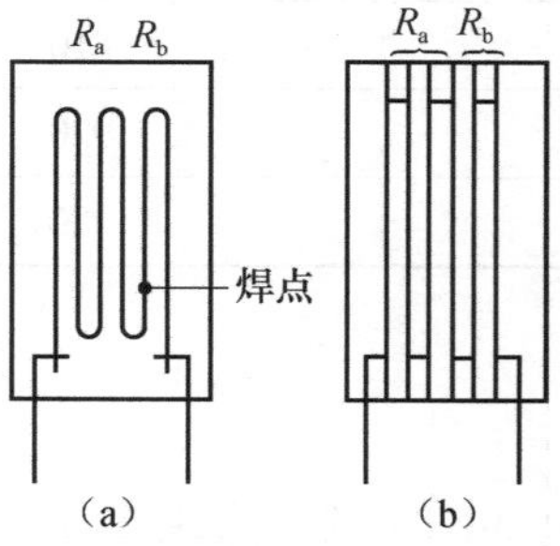

图 3-3　金属丝式应变片
（a）回线式；（b）短接式

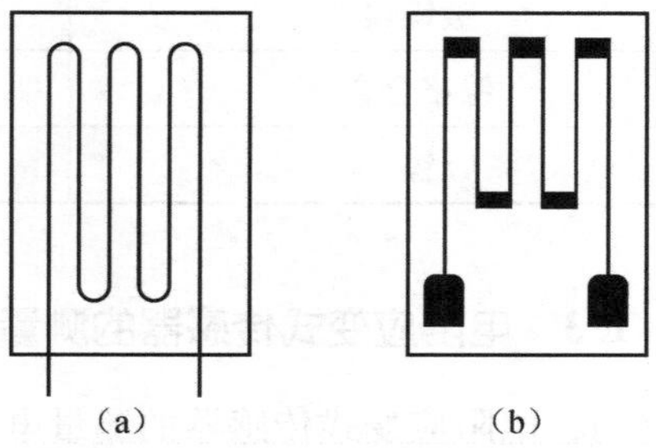

图 3-4　金属电阻应变片结构
（a）丝式；（b）箔式

箔材一般为康铜，箔材最薄可达0.35 μm。基底材料可用环氧树脂、缩醛、酚醛树脂、酚醛环氧、聚酰亚胺等树脂材料。

箔式应变计在多项技术性能方面均优于丝式应变计，它的主要特点如下。

（1）工艺上，它能保证敏感栅尺寸准确，线条均匀。大批量生产时，电阻值一致性好，离散程度小。

（2）箔式应变计的敏感栅的横截面积为矩形，表面积和截面积之比大，散热性能好，允许通过的电流较大，灵敏度系数较高。

（3）箔式应变计比丝式应变计厚度薄，其厚度一般为0.003～0.01 mm，由于它的厚度薄，具有较好的可绕性，因此可以根据需要制成任意形状的敏感栅（即应变花）和微型小基长（如基长为0.1 mm），有利于传递变形。

（4）由于箔式应变计的特殊工艺，适合批量生产，且生产效率高。

高阻值箔式应变计是当前箔式应变计发展的一个新方向。从发展的趋势来看，箔式应变计将取代丝式应变计。

3）金属薄膜式应变片

所谓薄膜，一般指厚度不超过0.1 μm的膜。金属薄膜式应变片是采用真空蒸镀、沉积或溅射式阴极扩散等方法，通过按规定图形制成的掩膜板，在很薄的绝缘基底材料上覆盖一层金属电阻材料薄膜以形成敏感栅，再加上保护层而制成。

金属薄膜式应变片的优点是有较高的灵敏度系数，允许的电流密度大，工作温度范围较广，易实现工业化生产，是一种很有前途的新型应变片。

金属薄膜式应变片不需要像箔式应变片那样要经过腐蚀工艺才能制成敏感栅，它可以采用一些高温材料制成可在高温条件下工作的电阻应变片。例如，采用铂或铬等材料沉积在蓝宝石薄片上或覆有陶瓷绝缘层的钼条上，工作温度范围在600～800 ℃。

若按照工作温度进行分类，可将电阻应变计分为低温（－30 ℃以下）、常温（－30～60 ℃）、中温（60～300 ℃）和高温（300 ℃以上）应变计。高温应变计所选用的引线材料的工作温度范围如表3-3所示。

表3-3　高温应变计引线的使用温度

高温应变计引线材料	稳定的工作温度/℃	最高工作温度/℃
镀镍紫铜	370	540
包不锈钢紫铜	420	700
镀镍银	540	810
镍铬合金	370	920
镍	420	480

3.1.3　电阻应变式传感器的测量电路

目前，电阻应变式传感器的测量电路常采用电桥电路。由于电阻应变片在工作时，应变片的电阻阻值发生了 $\pm\Delta R$ 的变化，且这种阻值变化量很小，用一般的电阻测量仪表不易准确地直接测出，因此，普通的测量电路是没办法准确测量的。

电阻应变式传感器的测量电路按照工作电源分为直流电桥电路和交流电桥电路两种。

1. 直流电桥电路

直流电桥电路如图 3-5 所示，它是由连接成环形的 4 个桥臂组成的，每个桥臂上是一个电阻，分别为 R_1、R_2、R_3 及 R_4，它们可以全部或部分是应变片。

U 为电源电压，给电桥供电，R_L 为负载电阻。当 $R_L \to \infty$ 时，可以求得电桥的输出电压为

$$U_o = U_B - U_D = \frac{R_2}{R_1 + R_2}U - \frac{R_3}{R_3 + R_4}U = -\frac{R_1R_3 - R_2R_4}{(R_1 + R_2)(R_3 + R_4)}U \tag{3-8}$$

当 $U_o = 0$ 时，电桥处于平衡状态，此时电桥无输出，则有

$$R_1R_3 = R_2R_4 \tag{3-9}$$

$R_1R_3 = R_2R_4$ 或 $\frac{R_1}{R_2} = \frac{R_4}{R_3}$ 称为电桥的平衡条件。这说明欲使电桥平衡，其相邻两臂电阻的比值应相等，或相对两臂电阻的乘积应相等。

电阻应变片工作时，其电阻值变化很小，电桥的相应输出电压也很小，一般需要加入放大器进行放大。由于放大器的输入阻抗比桥路输出阻抗高很多，所以此时仍视电桥为开路情况。这里仅讨论在负载 $R_L \to \infty$ 时电桥的电压输出特性，可分为以下几种情况。

1）不对称电桥

不对称电桥满足电桥平衡条件：$R_1R_3 = R_2R_4$，但 $R_1 \neq R_2 \neq R_3 \neq R_4$，若接入桥臂的 4 个电阻均为应变片，且受应力作用时，每个应变片电阻变化量分别为 ΔR_1、ΔR_2、ΔR_3 和 ΔR_4，此时电桥的输出电压变化为

$$\Delta U_o = -\frac{(R_1 + \Delta R_1)(R_3 + \Delta R_3) - (R_2 + \Delta R_2)(R_4 + \Delta R_4)}{(R_1 + \Delta R_1 + R_2 + \Delta R_2)(R_3 + \Delta R_3 + R_4 + \Delta R_4)}U \tag{3-10}$$

假如接入桥臂的 4 个电阻只有一个为应变片，如图 3-6 所示。不妨设 R_1 为应变片，且受力时产生的电阻增量为 $\Delta R_1 \neq 0$，其他 3 个为固定阻值电阻，即 $\Delta R_2 = \Delta R_3 = \Delta R_4 = 0$。在这种单臂工作状态下，电桥的输出电压变化为

$$\Delta U_o = -\frac{(R_1 + \Delta R_1)R_3 - R_2R_4}{(R_1 + \Delta R_1 + R_2)(R_3 + R_4)}U \tag{3-11}$$

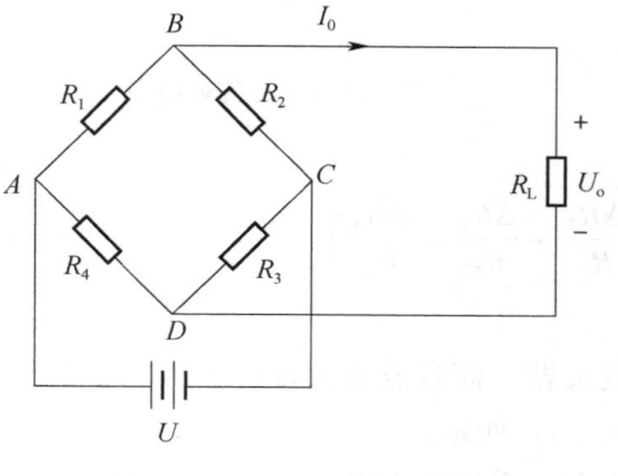

图 3-5　直流电桥电路

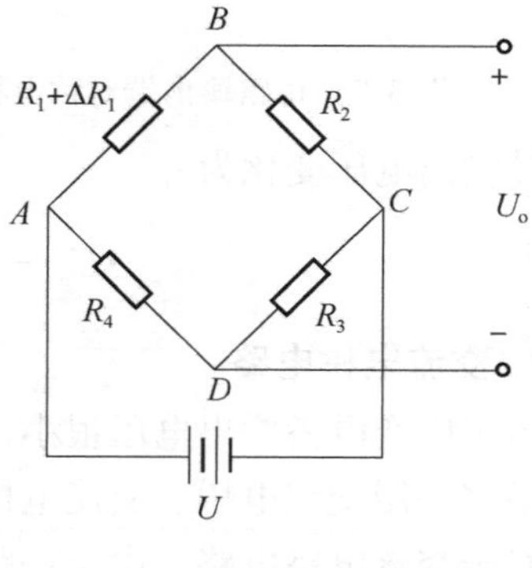

图 3-6　单臂电桥电路

把电桥平衡条件 $R_1R_3 = R_2R_4$ 代入式（3-11）进行化简，并忽略高阶无穷小量可得

$$\Delta U_o = \frac{-R_2}{(R_1+R_2)^2}\Delta R_1 U = \frac{-R_1R_2}{(R_1+R_2)^2}\left(\frac{\Delta R_1}{R_1}\right)U \tag{3-12}$$

2）对称电桥

对称电桥在满足电桥平衡的条件下可分为以下两种。

（1）桥路输出端对称电桥。满足条件 $R_1=R_2$，$R_3=R_4$。当接入桥臂的4个电阻只有一个为应变片时，电桥的输出电压变化为

$$\Delta U_o = \frac{-R_1R_2}{(R_1+R_2)^2}\left(\frac{\Delta R_1}{R_1}\right)U = -\frac{1}{4}U\frac{\Delta R_1}{R_1} = -\frac{1}{4}UK\varepsilon \tag{3-13}$$

当桥臂接入两个应变片时，如图3-7所示，若接入的两个应变片关于桥路输出端对称，且这两个应变片在工作时所产生的电阻增量大小相等、符号相反，即当 R_1 产生 $+\Delta R$ 的电阻增量时，R_2 产生的电阻增量为 $-\Delta R$，此时电桥的输出电压变化为

$$\Delta U_o = \frac{1}{2}UK\varepsilon \tag{3-14}$$

（2）电源输入端对称电桥。满足条件 $R_1=R_4$，$R_2=R_3$。若接入的两个应变片对于电源输入端对称，且满足两个应变片在工作时所产生的电阻增量大小相等、符号相反时，电桥的输出电压变化为

$$\Delta U_o = \frac{-2R_1R_2}{(R_1+R_2)^2}\left(\frac{\Delta R_1}{R_1}\right)U \tag{3-15}$$

3）全等臂电桥

当 $R_1=R_2=R_3=R_4=R$ 时，称为全等臂电桥，如图3-8所示。

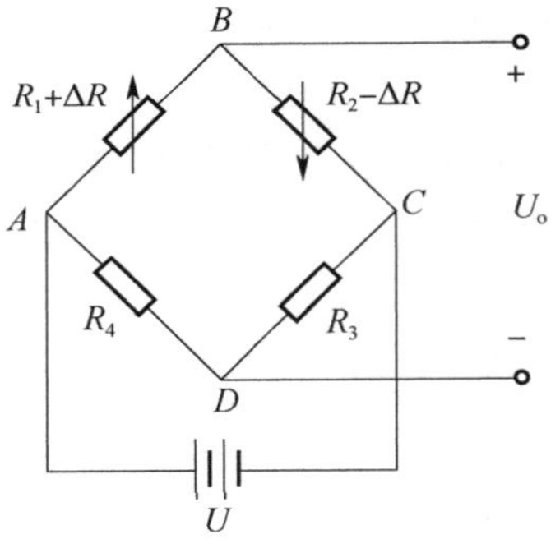

图3-7　桥路输出端对称电桥

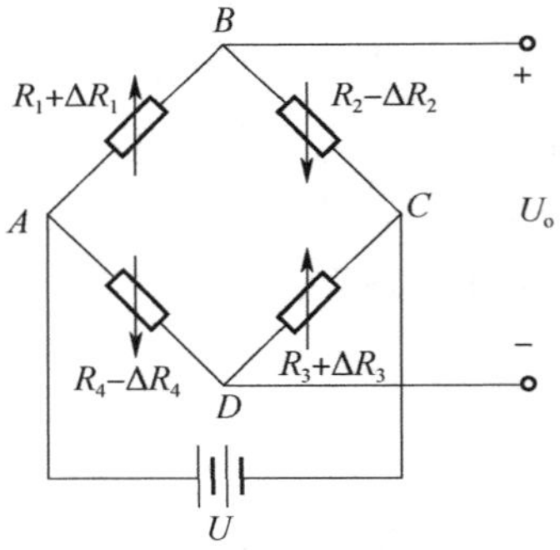

图3-8　全等臂电桥

其输出电压变化为

$$\Delta U_o = -\frac{U}{4}\left(\frac{\Delta R_1}{R_1}-\frac{\Delta R_2}{R_2}+\frac{\Delta R_3}{R_3}-\frac{\Delta R_4}{R_4}\right) \tag{3-16}$$

2. 交流电桥电路

由于应变电桥输出电压很小，一般都要加放大器，而直流放大器易于产生零漂，因此应变电桥多采用交流电桥。交流电桥电路如图3-9（a）所示。

对于交流电桥电路，由于桥路电源为交流电源，引线分布电容使得二桥臂应变片呈现复阻抗特性，即相当于两只应变片各并联了一个电容，如图3-9（b）所示。

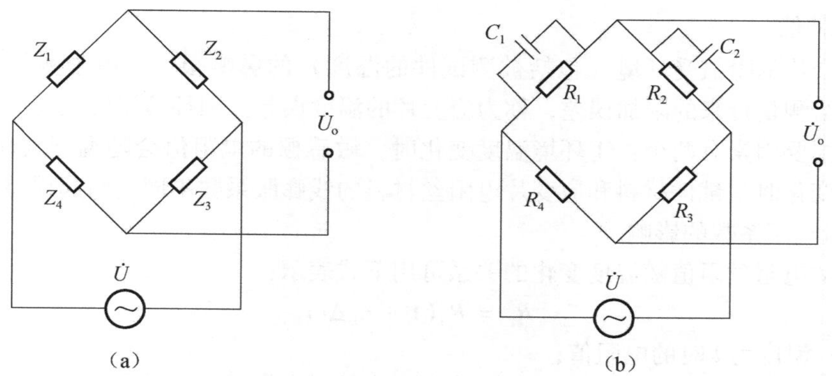

图 3-9 交流电桥电路

（a）应变式电桥电路；（b）电容式电桥电路

3. 电桥的调平衡

在电阻应变片工作之前必须对电桥进行平衡调节。对于直流电桥可采用串联或并联电位器法，对于交流电桥一般采用阻容调平衡法。常用的电桥调平衡电路如图 3-10 所示。图 3-10（a）为串联电阻调平衡法，R_5 为串联电阻；图 3-10（b）为并联电阻调平衡法，R_5 和 R_6 通常取相同电阻值；图 3-10（c）为差动电容调平衡法，C_3 和 C_4 为差动电容；图 3-10（d）为阻容调平衡法，R_5 和 C 组成 T 形电路，可通过对电阻、电容进行交替调节，使电桥达到平衡。

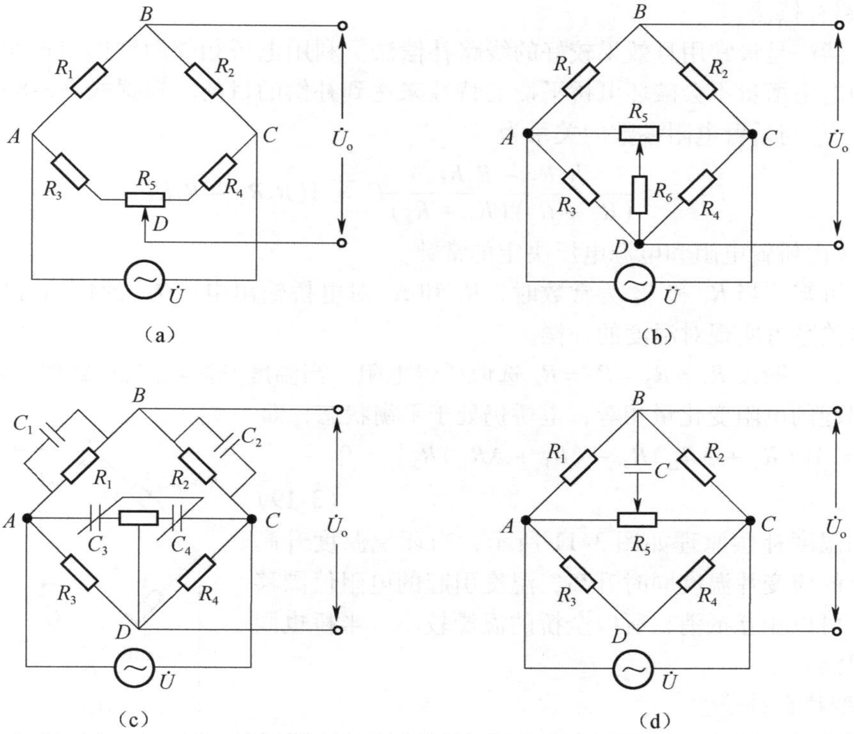

图 3-10 电桥的平衡调节方法

（a）串联电阻调平衡法；（b）并联电阻调平衡法；（c）差动电容调平衡法；（d）阻容调平衡法

4. 温度补偿

电阻应变片的阻值受环境（包括被测试件的温度）的影响很大。由于测量现场环境温度的改变而给测量带来的附加误差，称为应变片的温度误差。因环境温度改变而产生应变片温度误差的主要因素有两个：①环境温度变化时，敏感栅的电阻值会随温度变化引起误差；②环境温度变化时，试件材料和应变片电阻丝材料的线膨胀系数不同会引起误差。

1）电阻温度系数的影响

敏感栅的电阻丝阻值随温度变化的关系可用下式表示：

$$R_t = R_0(1 + \alpha_0 \Delta t) \tag{3-17}$$

式中 R_t——温度为 t 时的电阻值；

R_0——温度为 t_0 时的电阻值；

α_0——温度为 t_0 时金属丝的电阻温度系数；

Δt——温度变化值，$\Delta t = t - t_0$。

2）试件和电阻丝材料的线膨胀系数的影响

试件（弹性元件）与电阻丝（敏感栅）材料的线膨胀系数相同时，不论环境温度如何变化，电阻丝的变形都与自由状态一样，不会产生附加变形。试件与电阻丝材料的线膨胀系数不同时，由于环境温度的变化，电阻丝会产生附加变形，从而产生附加电阻值的变化。

由于温度变化会引起应变片电阻阻值变化，对测量造成误差，因此要消除误差或对桥路输出进行补偿，该措施叫作温度补偿。电阻应变片的温度补偿方法通常有线路补偿和应变片自补偿两大类。

1）线路补偿法

电桥补偿法是最常用且效果较好的线路补偿法。利用电桥相邻两臂同时产生大小相等、符号相同的电阻增量不会破坏电桥平衡的特性来达到补偿的目的。根据式（3-8）可得，电桥输出电压 U_o 与桥臂电阻参数的关系为

$$U_o = -\frac{R_1R_3 - R_2R_4}{(R_1 + R_2)(R_3 + R_4)}U = A(R_2R_4 - R_1R_3) \tag{3-18}$$

式中 A——由桥臂电阻和电源电压决定的常数。

由上式可知，当 R_3 和 R_4 为常数时，R_1 和 R_2 对电桥输出电压 U_o 的作用方向相反。利用这一基本关系可实现对温度的补偿。

工程上，一般按 $R_1 = R_2 = R_3 = R_4$ 选取桥臂电阻。当温度升高或降低 Δt 时，两个应变片因温度而引起的电阻变化量相等，电桥仍处于平衡状态，即

$$U_o = A[(R_2 + \Delta R_{2t})R_4 - (R_1 + \Delta R_{1t})R_3] = 0 \tag{3-19}$$

全桥的温度补偿原理如图3-11所示，当环境温度升高时，桥臂上的应变片温度同时升高，温度引起的电阻值漂移数值一致，可以相互抵消，所以全桥的温漂较小；半桥也同样能克服温漂。

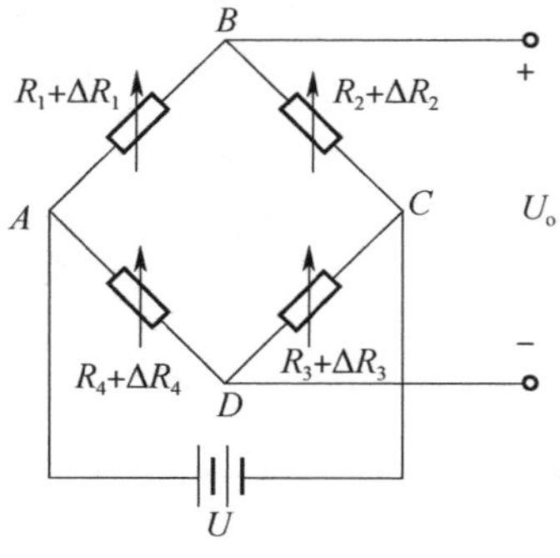

图3-11 全桥温度补偿法

2）应变片自补偿法

使用特殊的应变片，当温度发生变化时，应变片本身的电阻增量为零，这种应变片称为温度自补偿片。

(1) 单丝自补偿应变片：根据温度自补偿应变片的工作原理，由温度变化而引起的应变片总电阻相对变化量应为零。

(2) 双丝组合式自补偿应变片：由两种不同电阻系数（一种为正值，一种为负值）的材料串联在一起形成一个应变片，只要满足两段电阻丝随温度变化使应变片产生的电阻增量大小相等、符号相反的条件，在一定的温度范围内即可实现温度补偿。两段电阻丝的电阻大小可由下式来进行选择：

$$\frac{R_1}{R_2}=\frac{\dfrac{\Delta R_2}{R_2}}{\dfrac{\Delta R_1}{R_1}}=\frac{K_2\varepsilon}{K_1\varepsilon}=\frac{K_2}{K_1} \tag{3-20}$$

在制造应变计时，可以调节两段敏感栅的丝长，以实现对某种材料的试件在一定温度范围内获得较好的温度补偿。这种补偿方法主要补偿的是由于电阻丝的温度系数所带来的误差，而由于电阻丝和被测件材料的热膨胀系数不同所产生的测量误差则无法进行补偿。

3.1.4 电阻应变片的粘贴

应变片是用黏结剂粘贴到被测件上的，黏结剂形成的胶层必须准确迅速地将被测件的应变传递到敏感栅上。选择黏结剂时必须考虑应变片和被测件的材料性能，不仅要求黏结力强，黏结后机械性能可靠，而且黏合层要有足够大的剪切弹性模量，良好的电绝缘性，蠕变和滞后小，耐湿、耐油、耐老化，动态应力测量时耐疲劳等。还要考虑到应变片的工作条件，如温度、相对湿度、稳定性要求以及贴片固化时加热加压的可能性等。

应变片的常用材料有以下几种。

4YC3：它是高应变电阻合金，其电阻率高，电阻温度系数小，热稳定性好，主要用于工作温度低于 550 ℃的电阻应变计。

4YC4：它是高温应变电阻合金，其电阻率高，电阻温度系数小，尤其是在 600 ℃以上有较好的热输入和重现性低的零漂。该合金主要用作工作温度低于 750 ℃的电阻应变计，用于大型汽轮机、航空、原子反应堆等领域中的静态和准静态测量。

4YC8：它是铜镍锰钴合金精密箔材，专用于高精度箔式应变计，其温度自补偿性能及其他技术指标符合行业标准规定的 A 级产品质量要求。用它制成箔式应变计可以在钛合金、普通钢、不锈钢、铝合金、镁合金等多种材料制成的试件上达到良好的温度自补偿效果。

4YC9：它是自补偿应变电阻合金，其电阻率高，电阻温度系数小，热输出、热稳定性好，适用于制作在 500 ℃以内工作的自补偿电阻应变计。

若要把被测的应变（或应力）准确地测量出来，应变片的粘贴技术对测量系统的精度起着相当重要的作用。粘贴技术除要考虑上述应变片的材料之外，还要考虑以下两个问题。

1. 黏结剂的选取

黏结剂主要是用来将敏感栅固定于基底上，并将盖片与基底粘贴在一起。使用金属应变片时，也需用黏结剂将应变片基底粘贴在构件表面的某个方向和位置上，以便将构件受力后的表面应变传递给应变计的基底和敏感栅。

在选用黏结剂时应综合考虑应变片的工作条件、工作温度、潮湿度、有无化学腐蚀、稳定性、加温加压固化的可能性以及粘贴时间长短等因素，来选择合适的黏结剂。

常用的黏结剂分为有机和无机两大类。有机黏结剂用于低温、常温和中温环境中。常用的有聚丙烯酸酯、酚醛树脂、有机硅树脂、聚酰亚胺等。无机黏结剂用于高温环境中，常用的有磷酸盐、硅酸、硼酸盐等。

2. 粘贴工艺

在粘贴时，操作人员必须遵循正确的粘贴工艺流程，进行正确的操作，以保证粘贴的质量。

粘贴工艺包括被测件粘贴表面处理、贴片位置确定、涂底胶、贴片、干燥固化、贴片质量检查、引线的焊接与固定以及防护与屏蔽等。黏结剂的性能及应变片的粘贴质量直接影响应变片的工作特性，如零漂、蠕变、滞后、灵敏度系数、线性以及它们受温度变化影响的程度。可见，选择黏结剂和正确的黏结工艺与应变片的测量精度有着极其重要的关系。

应变片的粘贴步骤一般可分为以下几步。

（1）应变片的检查与选择。首先要对采用的应变片进行外观检查，观察应变片的敏感栅是否整齐、均匀，是否有锈斑以及短路和折弯等现象。其次要对选用的应变片的阻值进行测量，阻值选取得合适会为传感器的平衡调整带来方便。

（2）试件的表面处理。为了获得良好的黏合强度，必须对试件表面进行处理，如清除试件表面杂质、油污及疏松层等。一般的处理办法可采用砂纸打磨，较好的处理方法是采用无油喷砂法，能得到比抛光更大的表面积。为了表面的清洁，可用化学清洗剂如氯化碳、丙酮、甲苯等进行反复清洗，也可采用超声波清洗。值得注意的是，为避免氧化，应变片的粘贴应尽快进行。如果不立刻贴片，可涂上一层凡士林暂作保护。

（3）底层处理。为了保证应变片能牢固地贴在试件上，并具有足够的绝缘电阻，改善胶接性能，可在粘贴位置涂上一层底胶。

（4）贴片。将应变片底面用清洁剂清洗干净，然后在试件表面和应变片底面各涂上一层薄而均匀的黏结剂。待稍干后，将应变片对准划线位置迅速贴上，然后盖一层玻璃纸，用手指或胶辊加压，挤出气泡及多余的胶水，以保证胶层尽可能薄而均匀。

（5）固化。黏结剂的固化是否完全，会直接影响到胶的物理机械性能。关键是要掌握好温度、时间和循环周期。无论是自然干燥还是加热固化都要严格按照工艺规范进行。为了防止强度降低、绝缘破坏以及电化腐蚀，在固化后的应变片上应涂上防潮保护层，防潮层一般可采用稀释的黏结胶。

（6）粘贴质量检查。首先从外观上检查粘贴位置是否正确，黏结层是否有气泡、漏粘、破损等。然后测量应变片敏感栅是否有断路或短路现象以及测量敏感栅的绝缘电阻。

（7）引线焊接与组桥连线。检查合格后即可焊接引出导线，引线应适当加以固定。应变片之间通过粗细合适的漆包线连接组成桥路。连接长度应尽量一致，且不宜过多。

3.1.5 电阻应变式传感器的应用

电阻应变片的应用有两个方面：一方面作为敏感元件，可直接用于被测试件的应变测量；另一方面作为转换元件，通过弹性元件构成传感器，可用于对任何能转换成弹性元件应变的其他物理量的间接测量。

电阻应变式传感器的特点如下。

（1）应用和测量范围广。

（2）分辨率和灵敏度高，精度较高。

（3）结构轻小，对试件影响小，环境适应性强，频率响应好。

（4）选用方便，便于实现远距离、自动化测量。

应变片的选用应注意以下几个方面。

（1）选择类型——使用目的、要求、对象、环境等。

（2）材料考虑——使用温度、时间、最大应变量及精度。

（3）阻值选择——根据测量电路和仪器选定标称电阻。

（4）尺寸考虑——试件表面、应力分布、粘贴面积。

（5）其他考虑——特殊用途、恶劣环境、高精度。

总之，对应变片的选用必须根据实际使用情况来进行合理选择。用作传感器的应变片，应有更高的要求，尤其非线性误差要小（小于 0.05% ~0.1%），力学性能参数受环境温度的影响小，并与弹性元件匹配。

目前传感器的种类虽已繁多，但高精度的传感器仍以电阻应变式传感器应用最普遍。它广泛用于机械、冶金、石油、建筑、交通、水利和宇航等部门的自动测量与控制或科学实验中；近年来在生物、医学、体育和商业等部门也得到了开发和应用。

1. 电阻应变式传感器的实物

如图 3-12（a）为电阻式应变计的实物图，其特点为应变计阻值可以选择 120 Ω，350 Ω，1 kΩ、2 kΩ 等，使用温度适合常温、中温和高温。如图 3-12（b）所示为电阻式应变计的结构简图。

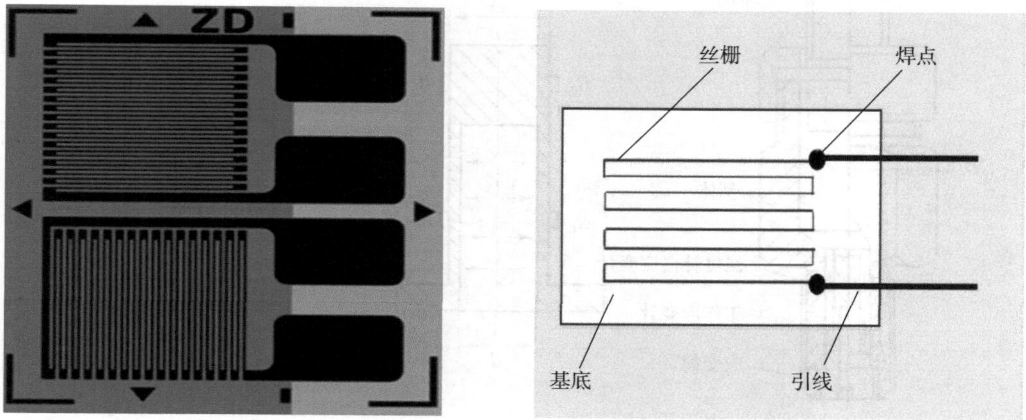

（a）　　（b）

图 3-12　电阻式应变计实物图和结构简图

（a）电阻式应变计的实物图；（b）电阻式应变计的结构简图

2. 测力传感器

应变式传感器最大的用途是测力和称重。这种测力传感器的结构由应变计、弹性元件和一些附件所组成。根据弹性元件结构形式（如柱形、筒形、环形、梁式、轮辐式等）和受载性质（如拉、压、弯曲和剪切等）的不同，应变式测力传感器可分为许多种类，其结构和测量电路如图 3-13 所示。

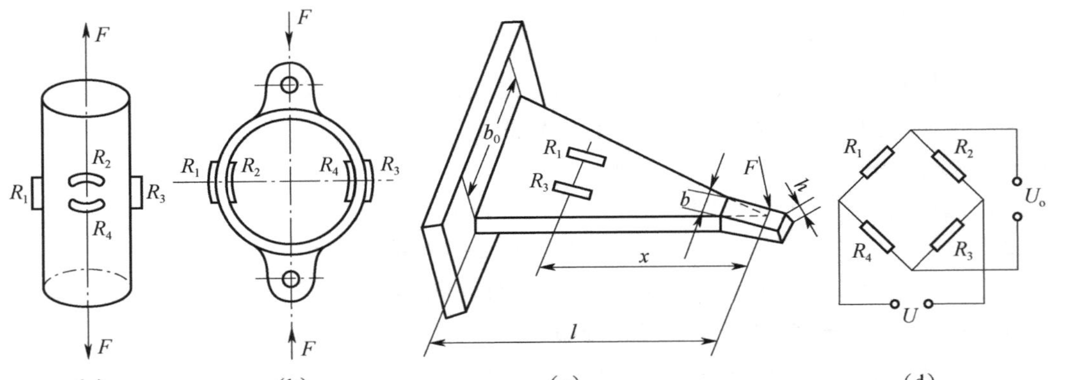

图 3-13　应变式测力传感器的结构和测量电路

(a) 柱式；(b) 环式；(c) 梁式；(d) 测量电路

3. 压力传感器

压力传感器主要用来测量流体的压力，根据弹性体的结构形式，压力传感器有单一式和组合式之分。单一式压力传感器是指应变计直接粘贴在受压弹性膜片或筒上。

图 3-14 为筒式应变压力传感器。图 3-14 (a) 为结构示意；图 3-14 (b) 为厚底应变筒弹性元件；图 3-14 (c) 为 4 片应变计布片。工作应变计 R_1、R_3 沿筒外壁周向粘贴，温度补偿应变计 R_2、R_4 贴在筒底外壁，并接成全桥。当应变筒内壁感受到压力 p 时，筒的外壁产生应变，应变片的电阻值发生改变，测量电路有输出信号，从而完成测量。

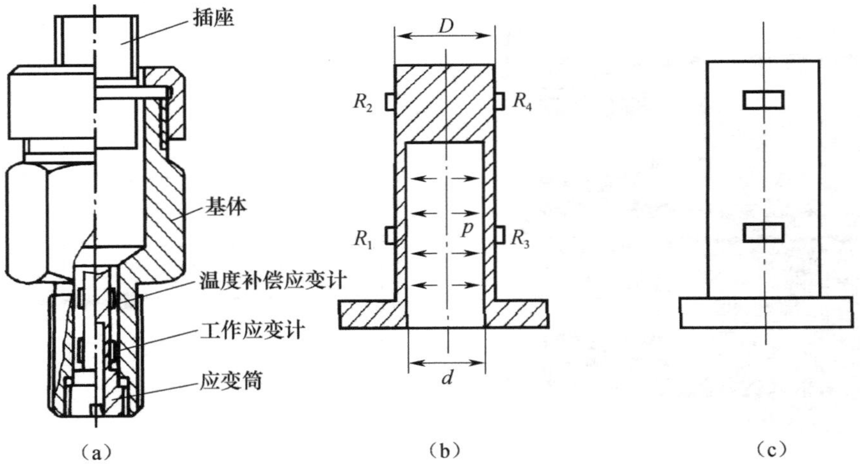

图 3-14　筒式应变压力传感器

(a) 结构示意；(b) 筒式弹性元件；(c) 应变计布片

组合式压力传感器则由受压弹性元件（膜片、膜盒或波纹管）和应变弹性元件（如各种梁）组合而成。前者承受压力，后者粘贴应变计。两者之间通过传力件传递压力作用。这种结构的优点是受压弹性元件能对流体高温、腐蚀等影响起到隔离作用，使应变计具有良好的工作环境。

4. 应变式位移传感器

应变式位移传感器是把被测位移量转变成弹性元件的变形和应变，然后通过应变计和应变电桥，输出正比于被测位移的电量。它可用来近测或远测静态与动态的位移量。因此，既要求弹性元件刚度小，对被测对象的影响反力小，又要求系统的固有频率高，动态频响特性好。

图 3-15（a）为国产的一种组合应变式位移传感器，其工作原理如图 3-15（b）所示。这种传感器由悬臂梁和拉伸弹簧两个线性元件串联组合在一起形成，拉伸弹簧的一端与测量杆连接，当测量杆随试件产生位移时，它会带动弹簧，使悬臂梁产生弯曲，在悬臂梁的根部正反两面粘贴 4 只应变片，并构成全桥电路。则悬臂梁的弯曲产生的应变与测量杆的位移呈线性关系，并由电桥的输出测得。它适用于较大位移（量程大于 10 ~ 100 mm）的测量。

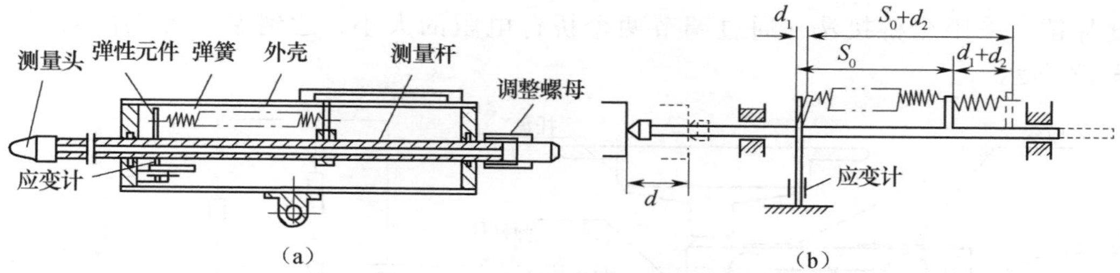

图 3-15　组合应变式位移传感器

（a）传感器结构；（b）工作原理

3.1.6　基于电阻应变式传感器的电子秤实例设计

电子秤是日常生活中常用的称重器，广泛应用于超市、大中型商场和物流配送中心。电子秤在结构和原理上取代了以杠杆平衡为原理的传统机械式称重工具。相比传统的机械式称量工具，电子秤具有称量精度高、装机体积小、应用范围广、易于操作使用等优点，在外形布局、工作原理、结构和材料上都是全新的计量衡器。

因此，利用应变式传感器制作的数显电子秤，具有易于制作、简单实用、成本低廉、体积小巧等多个优点，所以在市场上也有很大的上升和推广空间。

1. 电子秤的总体设计方案

电子秤的设计通过电阻应变式传感器采集到被测物体的重量并将其转换成电压信号。输出电压信号通常很小，需要通过前端信号处理电路进行准确的线性放大。放大后的模拟电压信号由 A/D 转换电路把接收到的模拟信号转换成数字信号，传送到显示电路，最后由显示电路显示数据。电子秤总体设计系统框图如图 3-16 所示。

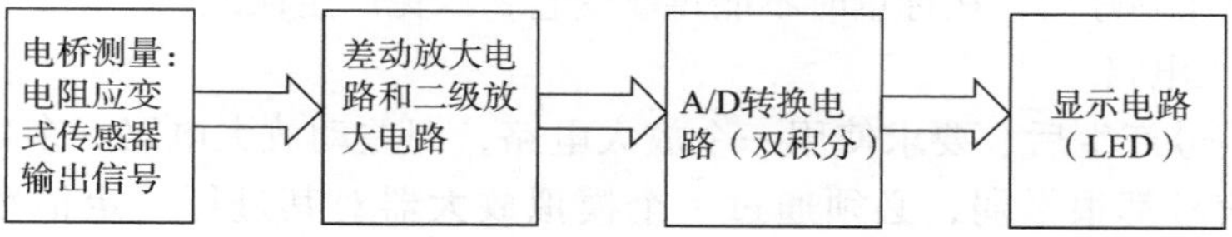

图 3-16　电子秤总体设计系统框图

2. 单元模块电路的设计

1）测量电路

电阻应变式传感器就是将被测物理量的变化转换成电阻值的变化，再经相应的测量电路而最后显示或记录被测量值的变化。在这里，采用电阻应变式传感器作为测量电路的核心，并应根据测量对象的要求，恰当地选择精度和范围度。

电阻应变式传感器简称电阻应变计。当将电阻应变计用特殊黏结剂黏结在被测构件的表面上时，则敏感元件将随构件一起变形，其电阻值也随之变化，而电阻的变化与构件的变形保持一定的线性关系，进而通过相应的二次仪表系统即可测得构件的变形。通过电阻应变计在构件上的不同粘贴方式及电路的不同连接，即可测得重力、变形、扭矩等机械参数。电子秤实物结构如图3-17所示。由图3-17可见，应变片、弹性体是电阻应变式传感器中不可缺少的部分。

由于室温的不确定性和机械间的不确定因素，应变片可能存在零点漂移，这就需要进行温度补偿，采用全桥接法，通过调节两个桥臂电阻的大小，达到温度补偿的效果，如图3-18所示。

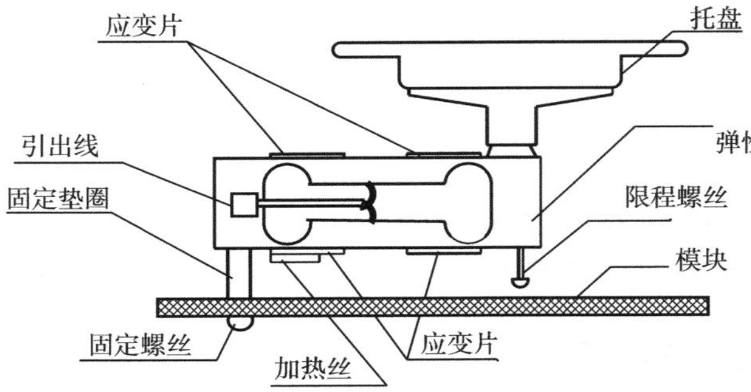

图3-17 电子秤实物结构示意图

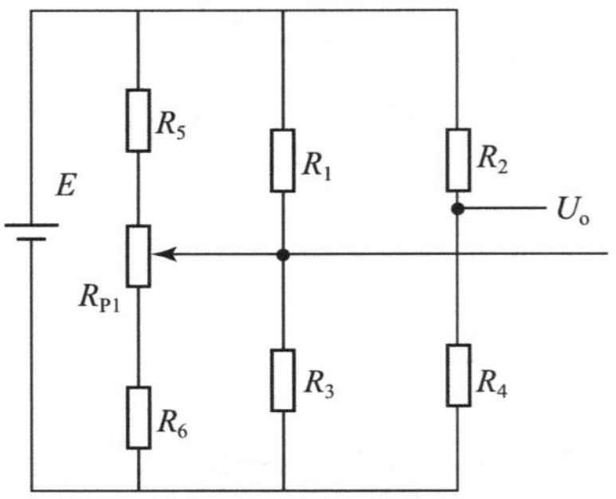

图3-18 全桥称重传感器

电阻应变片的电阻变化范围为0.000 5～0.1 Ω，所以测量电路应当能精确测量出很小的电阻变化，在电阻应变式传感器中常用桥式测量电路。桥式测量电路有4个电阻，在电桥的一条对角线上接入工作电压E，在另一条对角线上输出电压U_o。其特点是：当4个桥臂电阻达到相应的关系时，电桥输出为零，否则就有电压输出，可利用灵敏检流计来测量，所以电桥能够精确地测量微小的电阻变化。若加上R_{P1}，就可以调节零点漂移，达到温度补偿的效果，实验室温度大体恒定，调好后一段时间内可以保持不变。

由电阻应变片R_1、R_2、R_3、R_4组成测量电桥，测量电桥的电源由稳压电源E供给。物体的重量不同，电桥不平衡程度不同，指针式电表指示的数值也不同。滑动式线性可变电阻器R_{P1}作为物体重量弹性应变的传感器，组成零调整电路，当载荷为0时，调节R_{P1}使数码显示屏显示零。但在调好后，在称重时不能再改变它，以免产生误差。

2）差动放大电路

物体重量信号产生后，要求使用一个放大电路，即差动放大电路。多数情况下，传感器输出的模拟信号都很微弱，必须通过一个模拟放大器对其进行一定倍数的放大，为保证放大倍数足够，本方案中采用双放大模式，即前后分别对信号进行放大，才能满足A/D转换器对输入信号电平的要求。方案选用芯片为LM324四运放，连接组成两级差动放大电路。LM324是四运放集成电路，它采用14脚双列直插塑料封装，内部包含四组形式完全相同的运算放大器，除电源共用外，四组运放相互独立。LM324放大电路如图3-19所示。

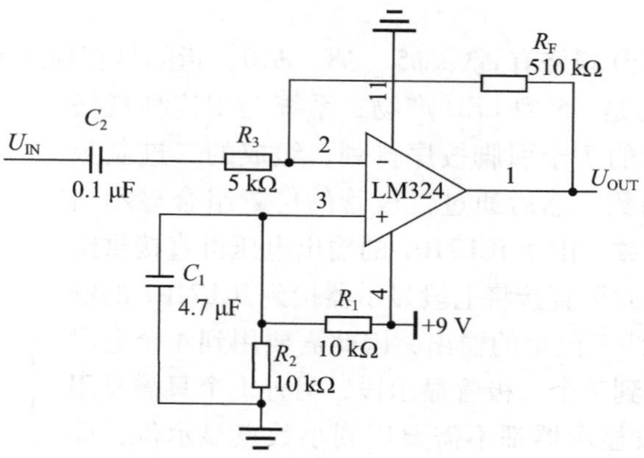

图 3-19　LM324 放大电路

LM324 四运放电路具有电源电压范围宽、静态功耗小、可单电源使用、价格低廉等优点，经常会被广泛应用在各种电路中。

3）A/D 转换电路

ICL7107 是高性能、低功耗的三位半数/模转换器，包含有七段译码器、显示驱动器、参考源和时钟系统。根据各个引脚的功能，加上一些简单的元器件，连接成 A/D 数显模块，最右端连接 4 个七段显示译码管，由下至上编号为 1、2、3、4，位数由低至高，显示物体实际重量。其中 ICL7107 集成块是核心部件，用以实现模/数转换。图 3-20 为 ICL7107 基本应用电路。

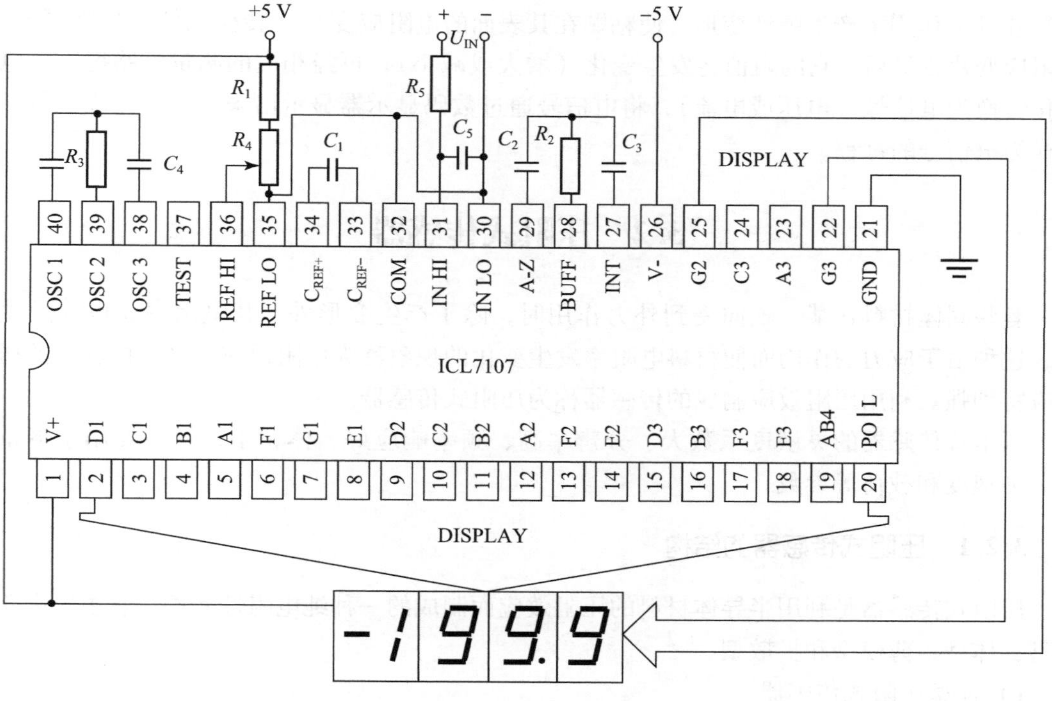

图 3-20　ICL7107 基本应用电路

4）数码显示模块

常用的直插封装 LED 规格有 $\phi3$、$\phi5$、$\phi8$、$\phi10$，指的是直插式 LED 的直径尺寸（单位是 mm）。其中最常见的是 $\phi5$ 型 LED 产物，系统选用这种规格大小进行布线。译码管的 7 个引脚按序排列，组成的二进制数再转化成相应的十进制数，然后通过二极管的位置组合显示出来，可以方便快速地读数。由于 ICL7107 的输出电压可直接供给七段显示器的输入，因此可直接将七段显示器接到 ICL7107 的输出端口上。ICL7107 支持三段半的输出，因此需要用到 4 个七段显示器，其中 3 个可用到 7 个二极管显示段，另外 1 个只需要用到 b、c 两段，4 个七段显示器都不需要用到小数点显示位，即 dp 显示位。图 3-21 为七段数码管的引脚分布图。

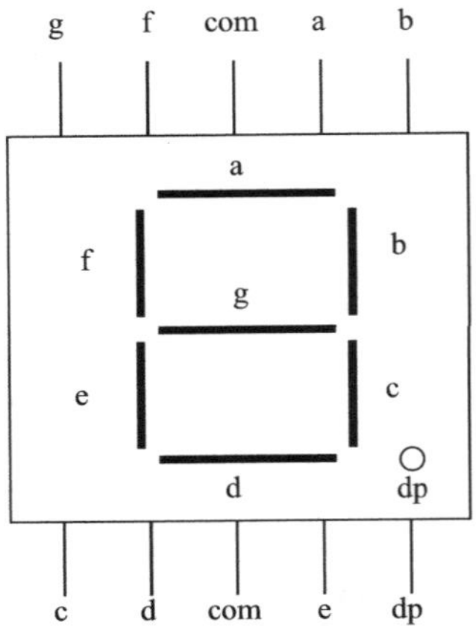

图 3-21　七段数码管的引脚分布

电阻应变式传感器具有测量范围广、精度高、误差小和线性特性等优点，且能在恶劣环境下工作，在力、压力和重要测试中有非常广泛的应用，力传感器具有结构简单、体积小、质量轻、使用寿命长等优异的特点。所以电阻应变式力传感器制作的数显电子秤具有准确度高、易于制作、简单实用、成本低廉、体积小巧、携带方便等特点。

此实例设计从数显电子秤的要求分析入手，将整个系统分成 4 个部分，分析和讨论了各个部分的电路原理、控制策略、实现方法。详细讨论了系统的各种工况及信号的传递情况，并得到了系统各个部分在不同工况的工作状态。数显电子秤根据弹性体（弹性元件、敏感梁）在外力作用下产生弹性变形，使粘贴在其表面的电阻应变片（转换元件）也随同变形，电阻应变片变形后，它的阻值将发生变化（增大或减小），再经相应的测量电路把这一电阻变化转换为电信号（电压或电流），将电信号通过数码显示器显示出来，从而完成了将外力变换为电信号的过程。

3.2　压阻式传感器

有些固体材料在某一轴向受到外力作用时，除了产生变形外，其电阻率 ρ 也要发生变化，这种由于应力的作用而使材料电阻率发生变化的现象称为压阻效应。半导体材料的压阻效应特别强。利用压阻效应制成的传感器称为压阻式传感器。

压阻式传感器的灵敏度系数大、分辨率高、频率响应好、体积小，它主要用于测量压力、加速度和载荷等参数。

3.2.1　压阻式传感器的结构

压阻式传感器是利用半导体材料的压阻效应而制成的一种纯电阻性元件。它主要有 3 种类型：体型、薄模型和扩散型。

1）体型压阻式传感器

体型压阻式传感器是利用半导体材料电阻制成粘贴式应变片（半导体应变片），再用此应变片制成的传感器，其工作原理是基于半导体材料的压阻效应。

这是一种将半导体材料硅或锗晶体按一定方向切割成的片状小条，经腐蚀压焊粘贴在基片上面制成的应变片，其结构如图 3-22 所示。

体型压阻式传感器的结构形式基本上与电阻应变式传感器相同，也是由弹性敏感元件等 3 部分组成，所不同的是应变片的敏感栅是用半导体材料制成的。

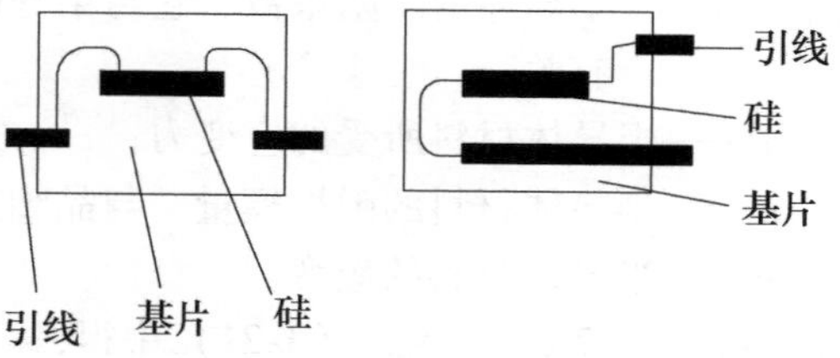

图 3-22　体型半导体应变片

2）薄膜型压阻式传感器

薄膜型压阻式传感器是利用真空沉积技术将半导体材料沉积在带有绝缘层的试件上而制成的传感器，其结构示意图如图 3-23 所示。

3）扩散型压阻式传感器

扩散型压阻式传感器是在半导体材料的基底上利用集成电路工艺制成扩散电阻，将 P 型杂质扩散到 N 型硅单晶基底上，形成一层极薄的 P 型导电层，再通过超声波和热压焊法接上引出线就形成了扩散型半导体应变片。它是一种应用很广的半导体应变片，其结构如图 3-24 所示。

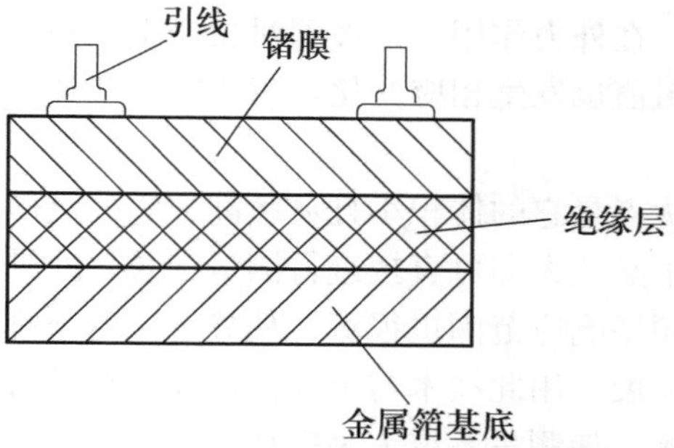

图 3-23　薄膜型半导体应变片

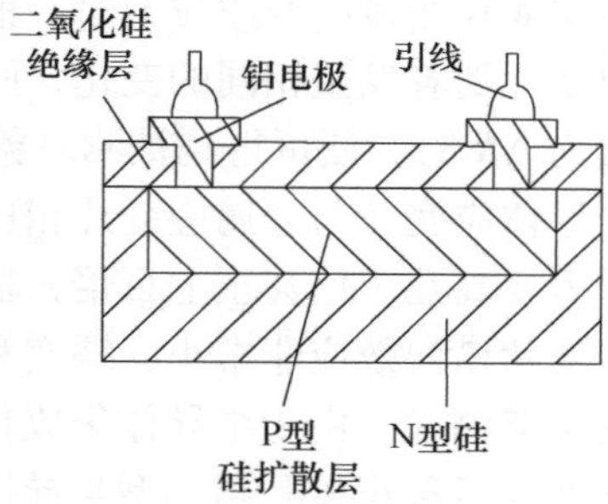

图 3-24　扩散型半导体应变片

扩散型压阻式传感器的基底是半导体单晶硅。单晶硅是各向异性材料，取向不同时特性不一样。因此必须根据传感器受力变形情况来加工制作扩散硅敏感电阻膜片。

3.2.2　压阻式传感器的工作原理

1. 工作原理

压阻式传感器是用半导体材料制成的，其工作原理是基于半导体材料的压阻效应，当半导体应变片受轴向力作用时，其电阻率 ρ 发生变化。其电阻相对变化为

$$\frac{\frac{\mathrm{d}R}{R}}{\varepsilon} = 1 + 2\mu + \frac{\frac{\mathrm{d}\rho}{\rho}}{\varepsilon} \tag{3-21}$$

式中，$\frac{\mathrm{d}\rho}{\rho}$为半导体应变片的电阻率相对变化量，其值与半导体敏感元件在轴向所受的应变力有关，其关系为

$$\frac{\mathrm{d}\rho}{\rho} = \pi \cdot \sigma = \pi \cdot E \cdot \varepsilon \tag{3-22}$$

式中 π——半导体的压阻系数，它与半导体材料的种类及应力方向与晶轴方向之间的夹角有关；

σ——半导体材料所受的应变力；

E——半导体材料的弹性模量，与晶轴方向有关；

ε——半导体材料的应变。

将式（3-22）代入式（3-21）中得：

$$\frac{dR}{R} = (1 + 2\mu + \pi E)\varepsilon \tag{3-23}$$

半导体材料的电阻值变化，主要是由电阻率变化引起的，而电阻率ρ的变化是由应变引起的，因而半导体应变片的灵敏度系数为：

$$K = \frac{\frac{dR}{R}}{\varepsilon} = \pi \cdot \varepsilon \tag{3-24}$$

半导体的应变灵敏度系数还与掺杂浓度有关，它随杂质的增加而减小。半导体应变片的灵敏度系数比金属丝高50~80倍，但半导体材料的温度系数大，应变时非线性比较严重，使它的应用范围受到一定的限制。

用应变片测量应变或应力时，根据上述特点，在外力作用下，被测对象产生微小机械变形，应变片随着发生相同的变化，同时应变片电阻值也发生相应变化。当测得应变片电阻值变化量为ΔR时，便可得到被测对象的应变值。

半导体应变片与金属应变片相比，最突出的优点是它的体积小且灵敏高。它的灵敏度系数比后者要高几十倍甚至上百倍，输出信号有时不必放大即可直接进行测量记录。此外，半导体应变片横向效应非常小，蠕变和滞后也小，频率响应范围也很宽，从静态应变至高频动态应变都能测量。由于半导体集成化制造工艺的发展，用此技术与半导体应变片相结合，可以直接制成各种小型和超小型半导体应变式传感器，使测量系统大为简化。

但是半导体应变片也存在着很大的缺点，它的电阻温度系数要比金属电阻变化系数大一个数量级，灵敏度系数随温度变化较大，温度稳定性较差。此外，它的线性度比金属电阻应变片差得多，它的电阻值和灵敏度系数分散性较大，不利于选配组合电桥等。

2. 温度误差及补偿

由于半导体材料对温度很敏感，压阻式传感器的电阻值及灵敏度系数随温度变化而发生变化，引起的温度误差分别为零漂和灵敏度温漂。

压阻式传感器一般在半导体基底上扩散4个电阻，当4个扩散电阻的阻值相等或相差不大、电阻温度系数也相同时，其零漂和灵敏度温漂都会很小，但工艺上难以实现。由于温度误差较大，压阻式传感器一般都要进行温度补偿。

1）零点温度补偿

零位温漂是由于4个扩散电阻的阻值及它们的温度系数不一致造成的。一般采用串、并联电阻的方法进行补偿，如图3-25所示。串联电阻R_s调节电桥在零位的不平衡输出，并联电阻R_p的阻值较

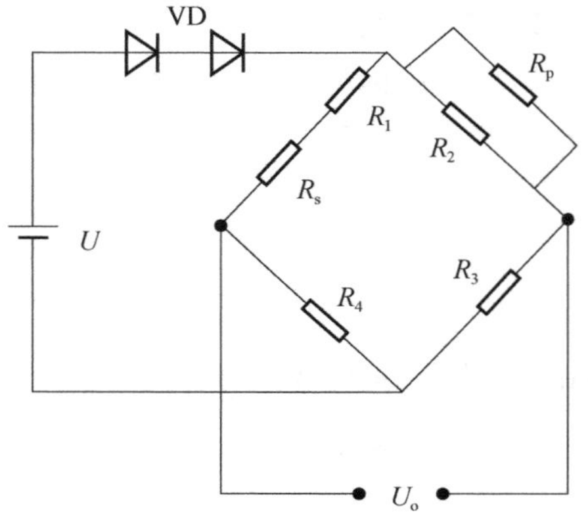

图3-25 温度误差补偿电路

大，一般采用负温度系数的热敏电阻补偿零位温漂。R_s 和 R_p 的阻值和电阻温度系数都要进行合适的选择。

2）灵敏度温度补偿

传感器的灵敏度温度漂移是由于压阻系数随温度的变化引起的。为补偿灵敏度温度漂移，可采用在电源回路中串联二极管的方法。因为二极管呈现负的温度特性，温度每升高 1 ℃，正向压降减小 1.9 ~2.4 mV。若将适当数量的二极管串联在电桥的供电回路中，供电电源采用恒压源，当温度升高时，应变片的灵敏度下降，使电桥的输出减小；但二极管的正向压降却随温度的升高而减小，于是供给电桥的电压增大，使电桥的输出也增大，补偿了因应变片温度变化引起的输出电压下降。反之，当温度降低时，应变片的灵敏度增大，电桥的输出也增大；但二极管的正向压降却随温度的降低而增大，于是供给电桥的电压降低，使电桥的输出也减小，补偿了应变片的温度误差。这种方法只需要根据温度变化的情况来计算所需二极管的个数，并将它们串入电源回路，就可以实现补偿的功能。

用这种方法对电路进行补偿时，必须考虑二极管的正向压降的阈值，硅管为 0.7 V，锗管为 0.3 V，采用恒压源供电时，还应把电源电压适当地提高。

随着技术的不断改进，现在利用半导体集成电路工艺不仅能实现将全桥压敏电阻与弹性膜片一体化，形成固态传感器；而且能将温度补偿电路与电桥集成在一起，使它们处于相同的温度环境中，以取得良好的补偿效果，甚至还能把信号放大电路与传感器集成在一起制成单片集成传感器。

3.2.3　压阻式传感器的应用

利用半导体压阻效应，可设计成多种类型的压阻式传感器。压阻式传感器体积小，结构比较简单，灵敏度高，能测量十几微帕的微压，动态响应好，长期稳定性好，滞后和蠕变小，频率响应高，便于生产，成本低。因此，它在测量压力、压差、液位、物位、加速度和流量等方面得到了普遍应用。广泛应用于电力、化工、石油、机械、钢铁、城市供热供水等行业和领域。它是目前发展和应用较为迅速的一种比较理想的压力传感器。

1. 压力测量

图 3-26 为压阻式压力传感器结构示意图。硅压阻式压力传感器由外壳、硅膜片（硅杯）和引线等组成。硅膜片是核心部分，其外形像杯状，故名硅杯。在硅膜上，用半导体工艺中的扩散掺杂法做成 4 个相等的电阻，经蒸镀金属电极及连线，接成惠斯登电桥，再用压焊法与外引线相连。膜片的一侧是与被测输入端相连接的高压腔，另一侧是低压腔，通常和大气相连，也有做成真空的。当膜片两边存在压力差时，膜片发生变形，膜片上各点产生应力。4 个扩散电阻在应力作用下，阻值发生变化，电桥失去平衡，输出相应的电压，电压与膜片两边的压力差成正比，其大小就反映了膜片所受压力差值。设计时，适当安排电阻的位置，可以组成差动电桥。

如图 3-27（a）为压阻式传感器的实物图，实际生活中用于气压、液压、水压的监测，适用于介质为与不锈钢不兼容介质，最大工作压力为 60 MPa，介质温度为 -20 - 85 ℃。图 3-27（b）为压阻式传感器的三线制电压输出接线图。

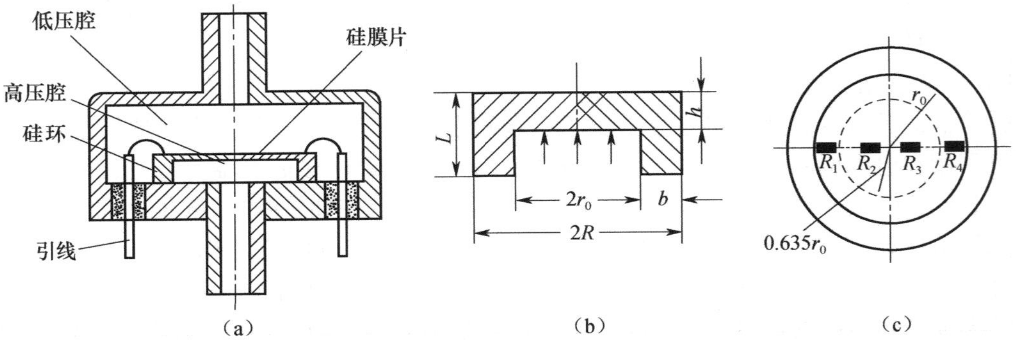

图 3-26　压阻式压力传感器结构示意图

(a) 结构图；(b) 硅环；(c) 电阻分布

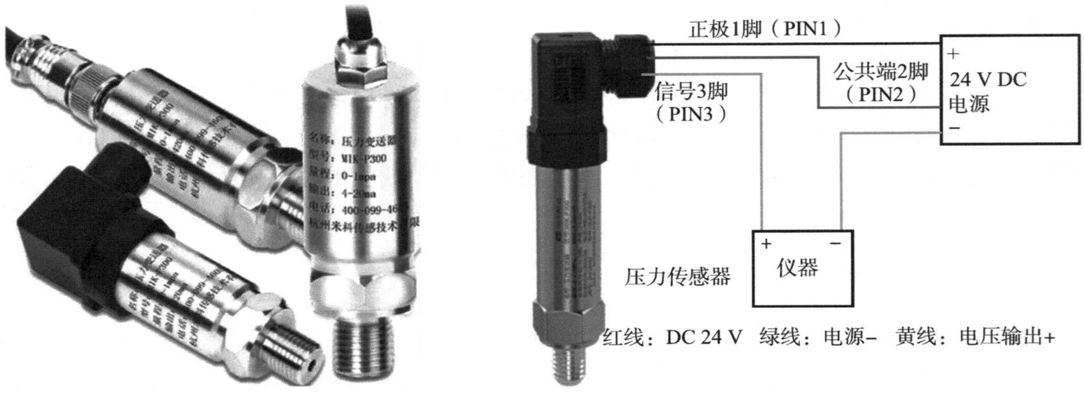

图 3-27　压阻式传感器的实物图和三线制电压输出接线图

(a) 压阻式传感器的实物图；(b) 压阻式传感器的三线制电压输出接线图

这种传感器的测量准确度会受到非线性和温度的影响，从而影响压阻系数的大小。现在出现的智能压阻压力传感器利用微处理器对非线性和温度进行补偿，它利用大规模集成电路技术，将传感器与计算机集成在同一块硅片上，兼有信号检测、处理、记忆等功能，从而大大提高了传感器的稳定性和测量准确度。图 3-28 为压阻式传感器在实际生活中的应用。

2. 液位测量

图 3-29 所示为投入式液位传感器。它是根据液面高度（液位）与液压成比例的原理工作的。传感器的高压侧进气孔与液体相通，安装深度 h_0 处的水压 $p_1=\rho g h_1$，式中 ρ 为液体密度，g 为重力加速度。则被测液位为

$$h = h_0 + h_1 = h_0 + \frac{p_1}{\rho g} \tag{3-25}$$

由式（3-25）可知，只要通过压差式传感器的输出得到压力 p_1 和 p_2，就可以推算出液位的高度 h，图 3-29（b）所示为投入式液位传感器实物图。

投入式液位传感器常用于水井测量以及河流深度测量和工业污水处理系统领域，它采用

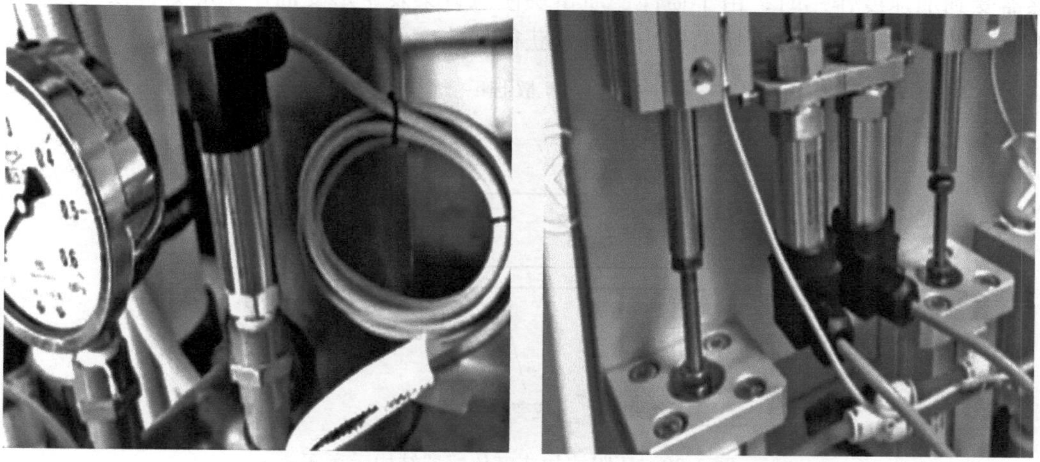

(a)　　　　(b)

图 3-28　压阻式传感器在实际生活中的应用

(a) 压阻式传感器在水处理方面的应用；(b) 压阻式传感器在压力检测方面的应用

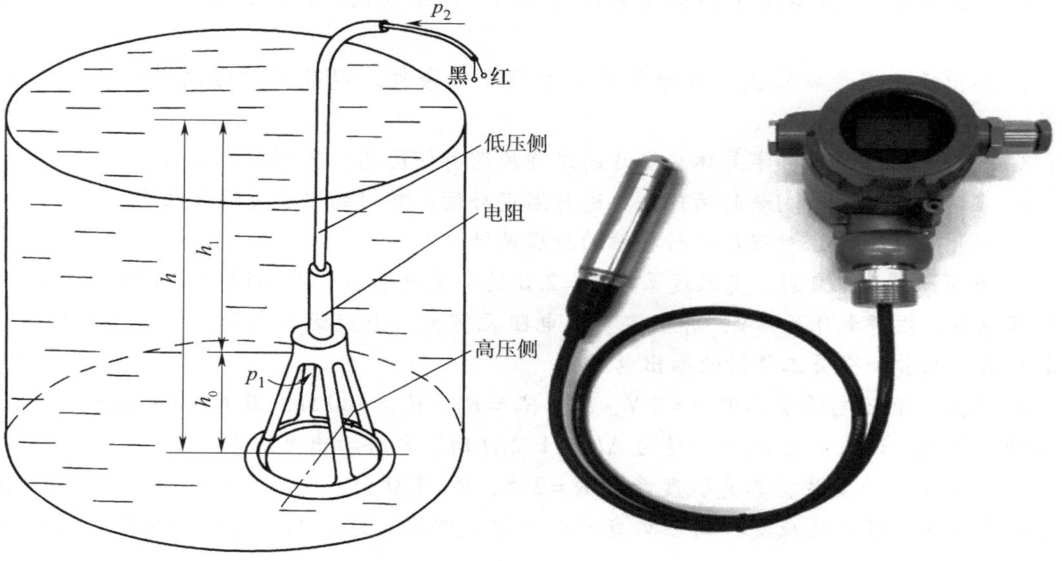

(a)　　　　(b)

图 3-29　投入式液位传感器结构示意图和实物图

(a) 投入式液位传感器结构示意图；(b) 投入式液位传感器实物图

硅压阻式压力传感器作为测量元件，产品精度高，体积小，直接投入液体中，即可测量出变送器末端到液面的液体高度，安装方便，可适用于深度为几米至几十米，特别适合混有大量污物、杂质的水或其他液体的液位测量。

3. 加速度测量

图 3-30 所示为压阻式加速度传感器的结构示意图。它的悬臂梁直接用单晶硅制成，在悬臂梁的根部扩散 4 个阻值相同的电阻，构成差动全桥。在悬臂梁的自由端装一质量块，当

传感器受到加速度作用时，由于惯性，质量块使悬臂梁发生形变而产生应力，该应力使扩散电阻的阻值发生变化，由电桥的输出信号可获得加速度的大小。

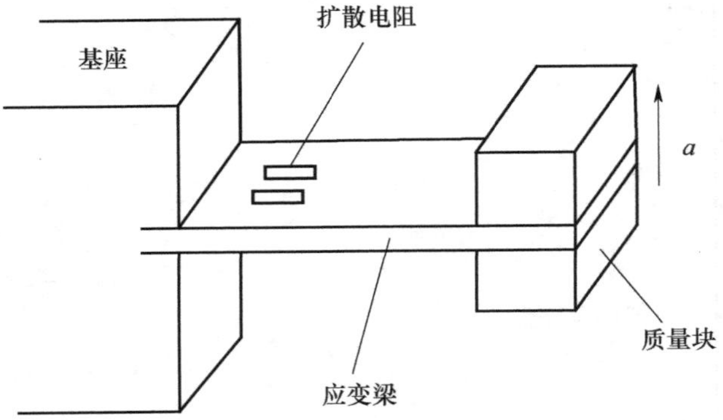

图 3-30　压阻式加速度传感器结构示意图

思考与练习

1. 什么叫电阻式传感器？什么是金属材料的电阻应变效应？什么是半导体材料的压阻效应？

2. 画出桥式测量电路图，并推导直流电桥平衡条件，以及不对称电桥的输出电压变化量。

3. 金属电阻应变片和半导体应变片的工作原理有何区别？各有何优缺点？

4. 采用应变片进行测量时为什么要进行温度补偿？常用的温度补偿方法有哪些？

5. 利用电桥补偿法对温度进行补偿的原理是什么？

6. 采用阻值为 120 Ω、灵敏度系数 $K=2.0$ 的金属电阻应变片和阻值为 120 Ω 的固定电阻组成电桥，供桥电压为 4 V，并假定负载电阻无穷大。当应变片上的应变为 1 000 时，试计算单臂、双臂和全桥工作时的输出电压。

7. 已知：直流电桥电路中 $U=4$ V，$R_1=R_2=R_3=R_4=120$ Ω，若 R_1 为金属应变片，其余为外接电阻。试求：当 R_1 的增量为 $\Delta R_1=1.2$ Ω 时，电桥输出电压 U_o 为多少？

8. 有一金属应变片，其灵敏度系数 $K=2.5$，$R=120$ Ω，设工作时其应变为 1 200 $\mu\varepsilon$，则 ΔR 是多少？若将此应变片与 2 V 直流电源组成回路，试求无应变时和有应变时回路的电流。

第4章

电容式传感器的原理及其应用

【课程教学内容与要求】

(1) 教学内容：电容式传感器的结构、工作原理、测量电路、性能和设计的改善措施以及应用。

(2) 教学重点：电容式传感器的结构、工作原理和测量电路。

(3) 基本要求：掌握电容式传感器的工作原理；掌握电容式传感器的分类及它们各自的特点；掌握电容式传感器的测量电路；了解电容式传感器的性能和设计的改善措施；了解电容式传感器的应用。

电容式传感器是利用非电信息量改变传感器的电容量输出来进行测量的器件。电容式传感器具有良好的温度稳定、动作能量低、响应快、结构简单、可在恶劣环境下工作，并可实现非接触式测量等优点，在位移、压力、厚度、液位、湿度、振动以及成分分析等非电量的测量中得到了广泛应用。

随着电子技术的发展和计算机水平的提高，电容式传感器所存在的易受干扰和易受分布电容影响等缺点不断得以克服，并开发出了很多新型的电容式传感器，电容式传感器有着很好的发展前景。

4.1 电容式传感器的工作原理及分类

1. 工作原理及结构形式

电容式传感器的基本原理是将被测量的变化转换成传感元件电容量的变化，再经过测量电路将电容量的变化转换成电信号输出。

电容式传感器实际上是一个可变参数的电容器，它的基本工作原理可用图4-1所示的平板电容器来说明。

平板电容器的电容量表达式为

$$C = \varepsilon A/d \tag{4-1}$$

式中 ε——极板间介质的介电常数；

A——两极板覆盖的有效面积；

d——两极板间隔的距离。

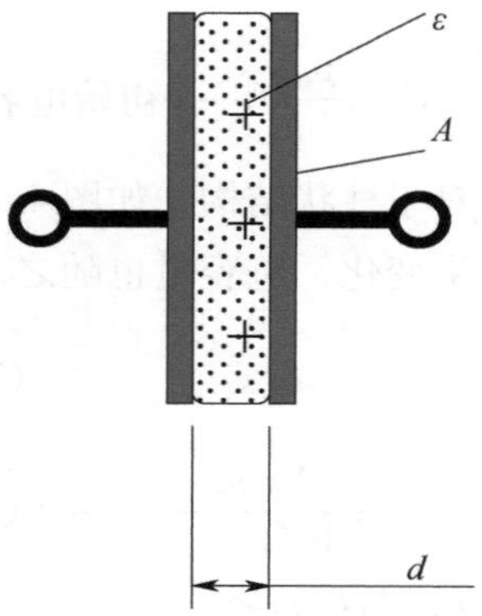

图4-1 电容式传感器工作原理图

由式（4-1）可知，ε、A、d 3个参数都直接影响着电容量 C 的大小。如果保持其中两个参数不变，而使另外一个参数改变，则电容量就将发生变化。如果变化的参数与被测量之间存在一定函数关系，那么电容量的变化可以直接反映被测量的变化情况，再通过测量电路将电容量的变化转换为电量输出，就可以达到测量的目的。

因此，电容式传感器通常可以分为3种类型：改变极板面积的变面积式；改变极板距离的变间隙式；改变介电常数的变介电常数式。

2. 变面积式电容传感器

变面积式电容传感器通常分为线位移型和角位移型两大类。

1）线位移型

常用的线位移型电容传感器又可分为平面线位移型和柱面线位移型两种结构，如图4-2所示。

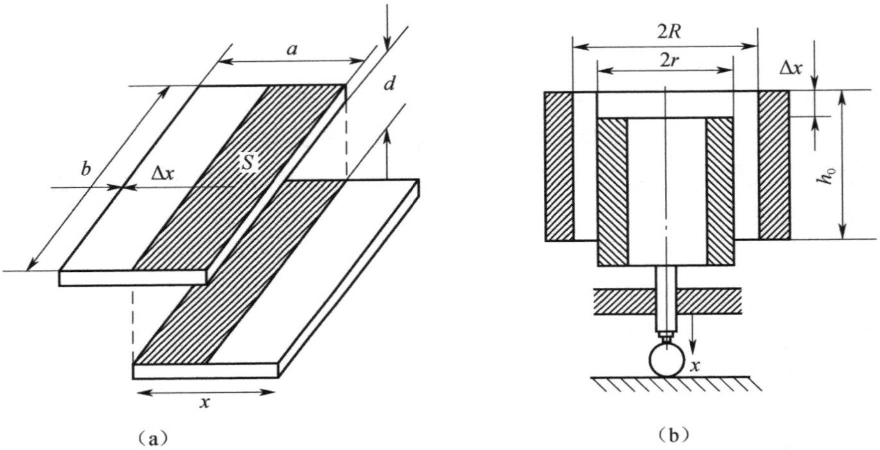

图4-2　线位移型电容传感器

（a）平面线位移型；（b）柱面线位移型

对于平板状结构，在图4-2（a）中，当宽度为 b 的动极板沿箭头 x 方向水平移动 Δx 后，两极板的有效覆盖面积就会发生变化，电容量也会随之改变，其值为

$$C = \frac{\varepsilon b(a-\Delta x)}{d} = C_0 - \frac{\varepsilon b}{d}\Delta x \tag{4-2}$$

式中　$C_0 = \dfrac{\varepsilon ab}{d}$——初始电容值。

对于柱状结构，如图4-2（b）所示，当动极筒沿箭头 x 方向垂直移动 Δx 时，覆盖面积就发生变化，电容量也随之改变，其值为

$$C = \frac{2\pi\varepsilon(h_0-\Delta x)}{\ln(R/r)} = C_0 - \frac{2\pi\varepsilon}{\ln(R/r)}\Delta x \tag{4-3}$$

式中　$C_0 = \dfrac{2\pi\varepsilon h_0}{\ln(R/r)}$——初始电容值。

2）角位移型

角位移型电容传感器是变面积式电容传感器的派生形式，其派生形式种类较多，如

图 4-3 所示。

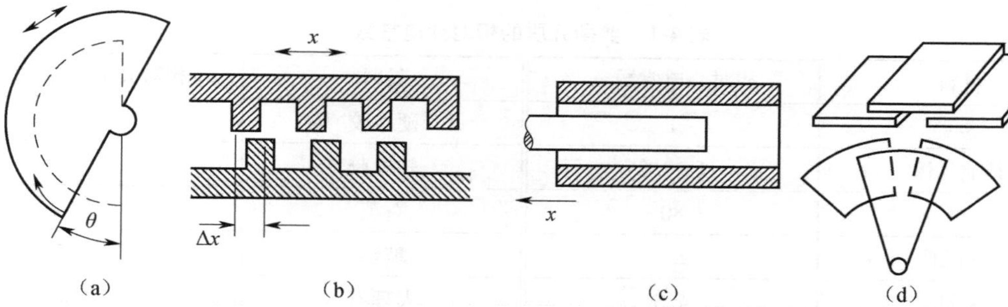

图 4-3　变面积式电容传感器的派生型

(a) 角位移型；(b) 齿形极板型；(c) 圆筒型；(d) 扇型

在图 4-3 (a) 中，当动极板有一个角位移 θ 时，它与定极板之间的有效覆盖面积就会发生变化，从而导致了电容量的变化，电容值可表示为

$$C = \frac{\varepsilon \cdot A_0}{d}\left(\frac{\pi - \theta}{\pi}\right) = C_0 - C_0 \frac{\theta}{\pi} \tag{4-4}$$

式中　$A_0 = \pi r^2/2$——两极板重叠时的有效覆盖面积；

$C_0 = \dfrac{\varepsilon \cdot A_0}{d}$——初始电容值。

3. 变间隙式电容传感器

当电容式传感器的面积和介电常数固定不变，只改变极板间距离时，称为变间隙式电容传感器，其结构原理如图 4-4 所示。

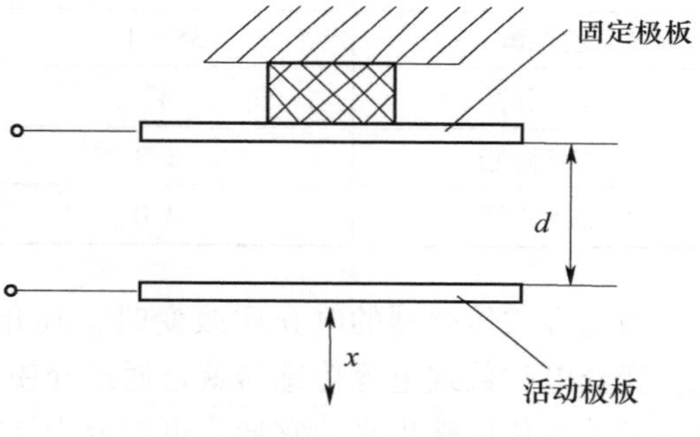

图 4-4　变间隙式电容传感器

当活动极板因被测参数的改变而引起移动时，电容量 C 随着两极板间的距离 d 的变化而变化，当活动极板移动 x 后，其电容量为：

$$C = \frac{\varepsilon A}{d - x} = \frac{\dfrac{\varepsilon A}{d}}{1 - \dfrac{x}{d}} = C_0 - \frac{1 + \dfrac{x}{d}}{1 - \dfrac{x^2}{d^2}} \tag{4-5}$$

式中　$C_0 = \dfrac{\varepsilon A}{d}$——初始电容值。

因此，这种类型的传感器一般用来对微小位移量进行测量，正常工作在 0.01 微米到几毫米的线位移。同时，变间隙式电容传感器要提高灵敏度，应减小极板间的初始间距 d。但是，当 d 过小时，又增加了加工难度，且容易造成电容被击穿。为了改善这种情况，一般是在极板间放置云母、塑料膜等介电常数较高的介质。

变间隙式电容传感器的起始电容一般在 20 ~ 100 pF 范围内，极板间距离在 25 ~ 200 μm 范围内，最大位移应小于间距的 1/10，故在微位移测量中应用最广。实际应用中，为了提高灵敏度，会减小非线性，变间隙式电容传感器通常采用差动形式。

4. 变介电常数式电容传感器

根据前面的分析可知，介质的介电常数也是影响电容式传感器电容量的一个因素。通常情况下，不同介质的介电常数各不相同，一些典型介质的相对介电常数如表4-1所示。

表4-1 典型介质的相对介电常数

材料	相对介电常数 ε_r	材料	相对介电常数 ε_r
真空	1	硬橡胶	4.3
其他气体	1～1.2	软橡胶	2.5
水	80	石英	4.5
普通纸	2.3	玻璃	5.3～7.5
硬纸	4.5	大理石	8
油纸	4	陶瓷	5.5～7.0
石蜡	2.2	云母	6～8.5
盐	6	三氧化二铝	8.5
聚乙烯	2.3	钛酸钡	1 000～10 000
聚丙烯	2.3	木材	2～7
甲醇	37	电木	3.6
乙醇	20～25	纤维素	3.9
乙二醇	35～40	米	3～5
丙三醇	47	硅油	2.7
环氧树脂	3.3	松节油	2.2
聚氯乙烯	4.0	变压器油	2.2

当电容式传感器的电介质改变时，其介电常数就会发生变化，也会引起电容量发生变化。变介电常数式电容传感器就是通过介质的改变来实现对被测量的检测，并通过传感器的电容量的变化反映出来。它通常可以分为柱式和平板式两种，如图4-5所示。

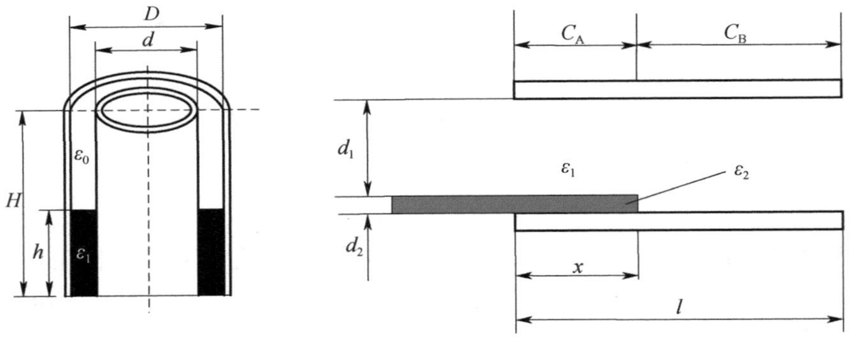

（a） （b）

图4-5 变介电常数式电容传感器

（a）柱式；（b）平板式

1）柱式变介电常数式电容传感器

柱式变介电常数式电容传感器如图4-5（a）所示，它可用来测量液位的高低。设容器总高度为H，外筒内径为D，内筒外径为d，被测介质的相对介电常数为ε_1，当液面高度为

h 时，相当于两个电容器的并联，若忽略电容的边缘效应，该电容器的总电容为

$$C = C_0 + \frac{2\pi h(\varepsilon_1 - \varepsilon_0)}{\ln \frac{D}{d}} \tag{4-6}$$

式中　$C_0 = \frac{2\pi\varepsilon_0 H}{\ln \frac{D}{d}}$——未注入液体时的初始电容。

2）平板式变介电常数式电容传感器

平板式变介电常数式电容传感器如图 4-5（b）所示。当厚度为 d_2、介电常数为 ε_2 的介质在电容中移动时，电容器中介质的介电常数的改变会使电容量发生变化，可用来测量介质的插入深度或位移 x。两极板间无 ε_2 介质时的电容量为

$$C_0 = \frac{\varepsilon_1 bl}{d} = \frac{\varepsilon_1 bl}{d_1 + d_2} \tag{4-7}$$

式中　ε_1——空气的介电常数；

b——极板的宽度；

l——极板的长度；

$d = d_1 + d_2$——两极板的间隙。

变介电常数式电容传感器的两极板间若存在导电物质，还应该在极板表面涂上绝缘层，如涂上聚四氟乙烯薄膜，以防止极板短路。

变介电常数式电容传感器除可以测量液位和位移之外，还可以用于测量电介质的厚度、物位，并可根据极板间介质的介电常数随温度、湿度、容量的变化而变化来测量温度、湿度、容量等参数。常见的一些变介电常数式电容传感器的结构原理图如图 4-6 所示。

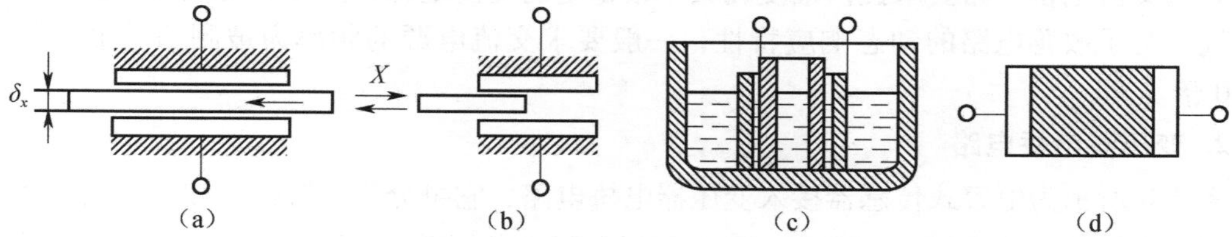

图 4-6　常见变介电常数式电容传感器

（a）测介质厚度；（b）测量位移；（c）测量液位；（d）测温度、湿度

4.2　电容式传感器的测量电路

电容式传感器输出的电容量以及电容变化量都非常微小，这样微小的电容量目前还不能直接被显示仪表所显示，也无法由记录仪进行记录，亦不便于传输，必须借助测量电路检出微小的电容变化量，并转换成与其成正比的电压、电流或者频率信号，才能进行显示、记录和传输。

用于电容式传感器的测量电路很多，常见的电路有：普通交流电桥电路、变压器电桥电路、双 T 形电桥电路、紧耦合电感臂电桥、运算放大器式测量电路、调频电路、差动脉冲宽度调制电路等。

1. 普通交流电桥电路

普通交流电桥电路如图4-7所示，C_x 为传感器电容，Z' 为等效配接阻抗，C_0 和 Z 分别为固定电容和固定阻抗。

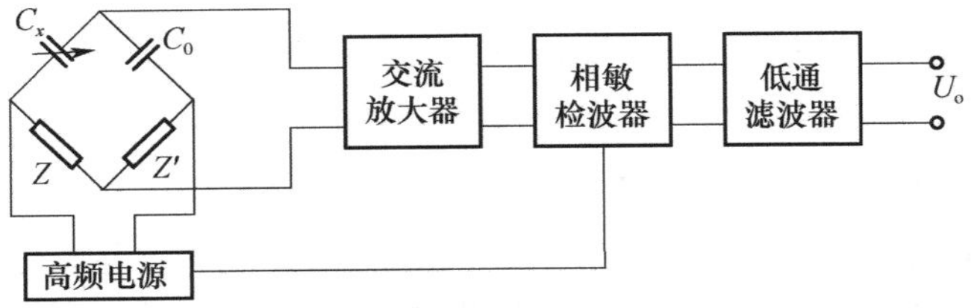

图4-7　普通交流电桥电路

传感器工作前，先将电桥初始状态调至平衡。当传感器工作时，电容 C_x 会发生变化，电桥失去平衡，从而输出交流电压信号。此信号先经过交流放大器将电压进行放大，再经过相敏检波器和低通滤波器检出直流电压，并滤掉交流分量，最后得到直流电压输出信号，它的幅值随着电容的变化而变化。

电桥的输出电压为

$$\dot{U}_o = \frac{\Delta Z}{Z} \frac{\frac{1}{2}}{1 + \frac{1}{2}\left(\frac{Z'}{Z} + \frac{Z}{Z'}\right) + \frac{Z + Z'}{Z_i}} \dot{U} \tag{4-8}$$

式中　ΔZ——传感器的电容变化 ΔC 时对应的阻抗增量；

Z_i——交流放大器的输入阻抗。

普通交流电桥电路要求提供幅度和频率很稳定的交流电源，并要求交流放大器的输入阻抗很高。为了改善电路的动态响应特性，一般要求交流电源的频率为被测信号最高频率的5～10倍。

2. 变压器电桥电路

图4-8所示为电容式传感器接入变压器电桥电路，它可分为单臂接法和差动接法两种。

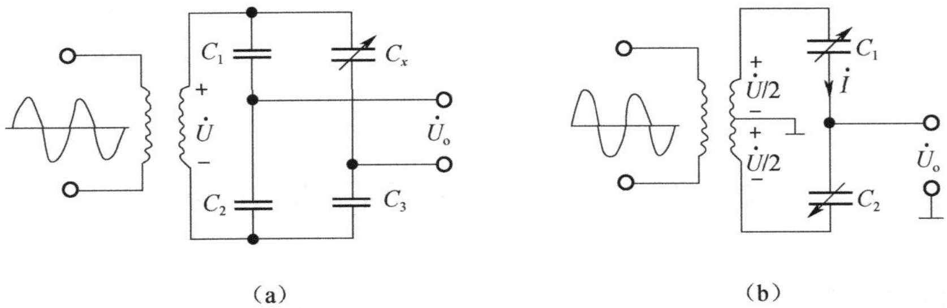

图4-8　变压器电桥电路

（a）单臂接法；（b）差动接法

1）单臂接法

图4-8（a）所示为单臂接法的变压器桥式测量电路，高频电源经变压器接到电容桥的一条对角线上，电容 C_1、C_2、C_3 和 C_x 构成电桥的4个臂，其中 C_x 为电容式传感器的电容。

在传感器未工作时，交流电桥处于平衡状态，则

$$\frac{C_1}{C_2} = \frac{C_x}{C_3} \tag{4-9}$$

此时，电桥输出电压 $\dot{U}_o = 0$。

当 C_x 改变时，$\dot{U}_o \neq 0$，电桥有输出电压，从而可测得电容的变化值。

2）差动接法

变压器电桥电路一般采用差动接法，如图 4-8（b）所示。C_1 和 C_2 以差动形式接入相邻两个桥臂，另外两个桥臂为次级线圈。在交流电路中，C_1 和 C_2 的阻抗分别为

$$Z_1 = \frac{1}{\mathrm{j}\omega C_1};\quad Z_2 = \frac{1}{\mathrm{j}\omega C_2}$$

则有

$$I = \frac{\dot{U}}{Z_1 + Z_2}$$

所以，当输出为开路时，电桥的空载输出电压为

$$\dot{U}_o = \dot{U}_{C_2} - \frac{\dot{U}}{2} = \frac{\dot{U}}{Z_1 + Z_2} Z_2 - \frac{\dot{U}}{2} = \frac{\dot{U}}{2}\frac{Z_2 - Z_1}{Z_1 + Z_2} = \frac{\dot{U}}{2}\frac{C_1 - C_2}{C_1 + C_2} \tag{4-10}$$

该电路的输出还应经过相敏检波电路才能分辨 $\dot{U}_o$ 的相位。这种传感器使用元件少，桥路内阻小，应用较多。

3. 双 T 形电桥电路

双 T 形电桥电路如图 4-9（a）所示，高频电源 u 提供幅值为 U 的方波。图中 VD_1 和 VD_2 为两个特性完全相同的理想二极管，R_1 和 R_2 为固定电阻，C_1、C_2 为差动式电容传感器的两个电容，对于单电容工作的情况，可以使其中一个为固定电容，另一个为传感器电容，R_L 为负载电阻。

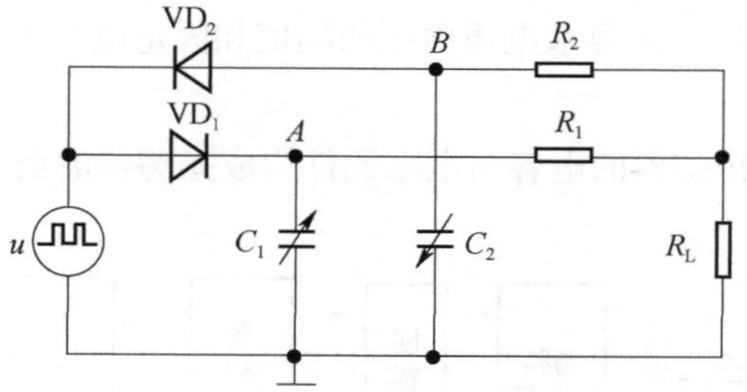

（a）

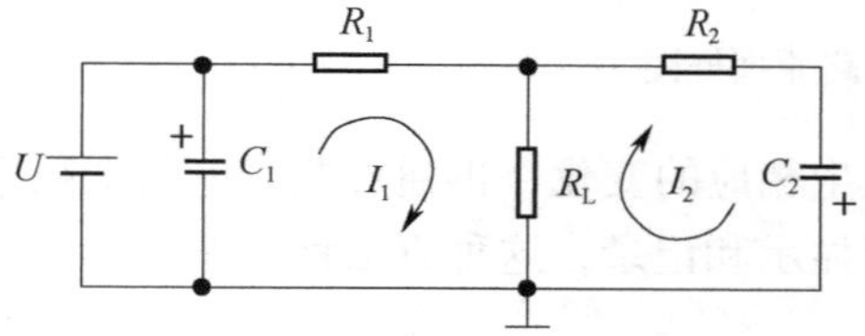

（b）

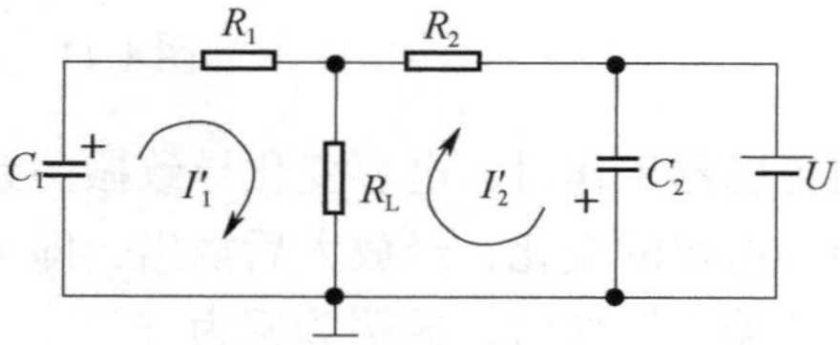

（c）

图 4-9　双 T 形电桥电路

（a）双 T 形电桥电路；（b）正半周；（c）负半周

当电源电压 u 处于正半周时，二极管 VD_1 导通，VD_2 截止，等效电路如图 4-9（b）所示。此时，C_1 被快速充电至电压 U，电源 U 经 R_1 以电流 I_1 向负载电阻 R_L 供电。如果电容 C_2 在初始时已充电，则 C_2 经电阻 R_2 和 R_L 放电，放电电流为 I_2，所以流经 R_L 的电流 I_L 为 I_1 和 I_2 的代数和。

当电源电压 u 处于负半周时，VD_1 截止，VD_2 导通，等效电路如图 4-9（c）所示。此时，C_2 被快速充电至电压 U，电源 U 经 R_2 以电流 I'_2 向负载电阻 R_L 供电。而电容 C_1 则经电阻 R_1 和 R_L 放电，放电电流为 I'_1，所以流经 R_L 的电流 I'_L 为 I'_1 和 I'_2 的代数和。

由于 VD_1 和 VD_2 特性相同，$R_1 = R_2 = R$，且在初始状态时 $C_1 = C_2$，则在电源电压的一个周期内流过负载 R_L 的电流 I_L 与 I'_L 的平均值大小相等，方向相反，即平均电流为零，在 R_L 上无信号输出。

4. 运算放大器式测量电路

运算放大器式测量电路的原理图如图 4-10 所示。电容式传感器跨接在高增益运算放大器的输入端与输出端之间。

由于运算放大器的放大倍数非常大，而且输入阻抗很高，因此可认为是一个理想运算放大器，则输出电压 u_o 为

$$u_o = -\frac{C_0}{C_x}u_i \tag{4-11}$$

式中 C_0——固定电容；

C_x——传感器的电容；

u_i——交流电源电压。

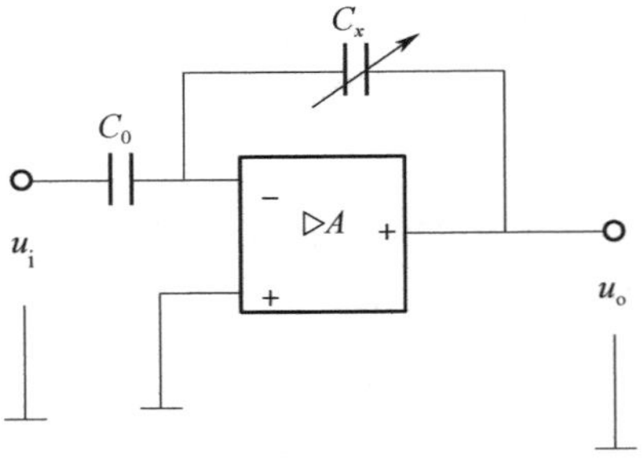

图 4-10 运算放大器式测量电路

运算放大器电路解决了单个变极板间距离式电容传感器的非线性问题，但要求运算放大器的开环放大倍数和输入阻抗都足够大。理想运算放大器的开环放大倍数 $A\to\infty$，且输入阻抗 $Z_i\to\infty$。为保证仪器精度，还要求电源电压的幅值和固定电容 C_0 值稳定。

5. 调频电路

调频电路是将电容式传感器的电容与电感元件构成振荡器的谐振回路。其测量电路原理框图如图 4-11 所示。

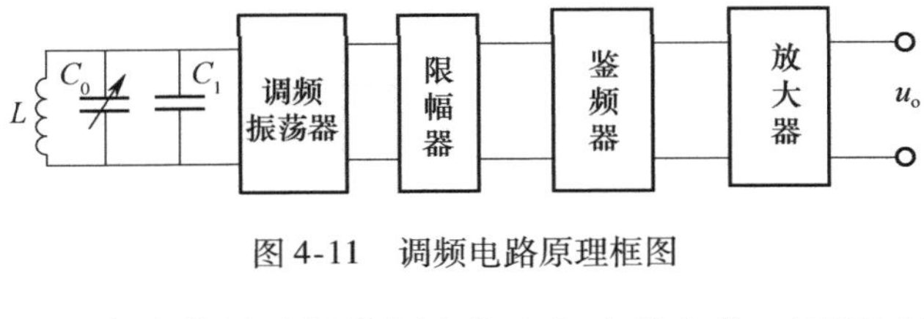

图 4-11 调频电路原理框图

当传感器工作时，电容变化导致振荡频率发生相应的变化，再通过鉴频电路把频率的变化转换为振幅的变化，经放大后输出，即可进行显示和记录，这种方法称为调频法。

传感器未工作时，振荡频率为

$$f_0 = \frac{1}{2\pi\sqrt{LC}} = \frac{1}{2\pi\sqrt{L(C_0 + C_1 + C_c)}} \tag{4-12}$$

式中 L——振荡回路的电感；

C——谐振回路的总电容；

C_0——传感器电容的初始值；

C_1——振荡回路的固有电容值；

C_c——传感器引线的分布电容。

用调频电路作为电容式传感器的测量电路具有下列特点。

（1）抗干扰能力强，稳定性好。

（2）灵敏度高，可以测量 0.01 μm 级的位移变化量。

（3）能获得高电平的直流信号，可达伏特数量级。

（4）由于输出为频率信号，易于用数字式仪器进行测量，并可以与计算机进行通信，可以发送、接收，能达到遥测遥控的目的。

6. 差动脉冲宽度调制电路

差动脉冲宽度调制电路如图 4-12 所示，它是利用对传感器电容的充放电使电路输出脉冲的宽度随传感器电容量的变化而变化，再通过低通滤波器得到相应被测量变化的直流信号。图中 IC_1 和 IC_2 是两个电压比较器，U_r 为其参考电压；C_1 和 C_2 为差动式电容传感器的两个电容，若用单组式，则其中一个为固定电容，且其电容值与传感器电容初始值相等；R_1 和 R_2 为固定电阻，且 $R_1=R_2$，与 C_1 和 C_2 构成两个充放电回路；双稳态触发器采用负电平输入，其输出由电压比较器控制。若 IC_1 的输出为负电平，则 Q 端为低电平，而 $\overline{Q}$ 端为高电平；若 IC_2 的输出为负电平，则 $\overline{Q}$ 端为低电平，而 Q 端为高电平。

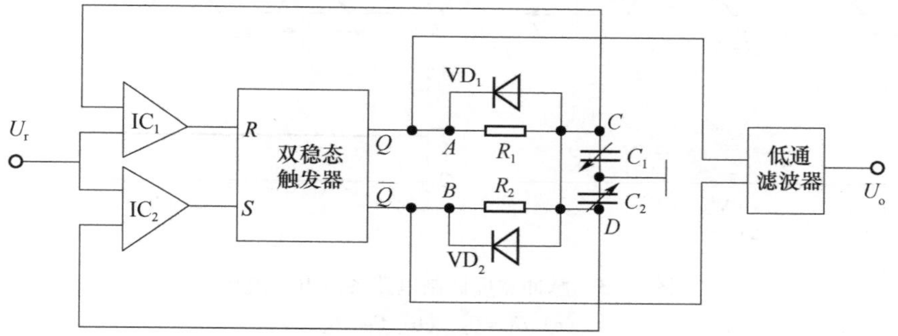

图 4-12　差动脉冲宽度调制电路

若接通电源后双稳态触发器的 Q 端（A 点）为高电平，$\overline{Q}$ 端（B 点）为低电平，即 $u_A=U$，$u_B=0$，此时，u_A 通过 R_1 对 C_1 充电，时间常数为 $\tau_1=R_1C_1$，C 点电位升高。当 C 点电位上升到 $u_C \geqslant U_r$ 时，比较器 IC_1 翻转，使双稳态触发器也跟着翻转，Q 端变为低电平，已被充电的电容 C_1 经二极管 VD_1 迅速放电至零（$u_C=0$），此时，$\overline{Q}$ 端为高电平，即 $u_B=U$，u_B 通过 R_2 对 C_2 充电，时间常数为 $\tau_2=R_2C_2$，D 点电位升高。当 D 点电位上升到 $u_D \geqslant U_r$ 时，比较器 IC_2 翻转，使双稳态触发器再次发生翻转，$\overline{Q}$ 端又变为低电平，Q 端恢复高电平，已被充电的电容 C_2 经二极管 VD_2 迅速放电至零（$u_D=0$）。周而复始重复上述过程，在 A、B 两点分别输出宽度受 C_1、C_2 调制的矩形脉冲，电路中各点电压波形如图 4-13 所示。

当 $C_1=C_2=C_0$，$R_1=R_2=R$ 时，由于 $\tau_1=\tau_2=RC_0$，此时，u_A 和 u_B 脉冲宽度相等，u_{AB} 为对称方波，所以低通滤波器输出电压的平均值为零，即 $u_o=0$。测量时，C_1、C_2 发生变化，导致 $C_1 \neq C_2$，由于是差动形式，不妨设 $C_1=C_0+\Delta C$，$C_2=C_0-\Delta C$，则 $\tau_1=R_1C_1=$

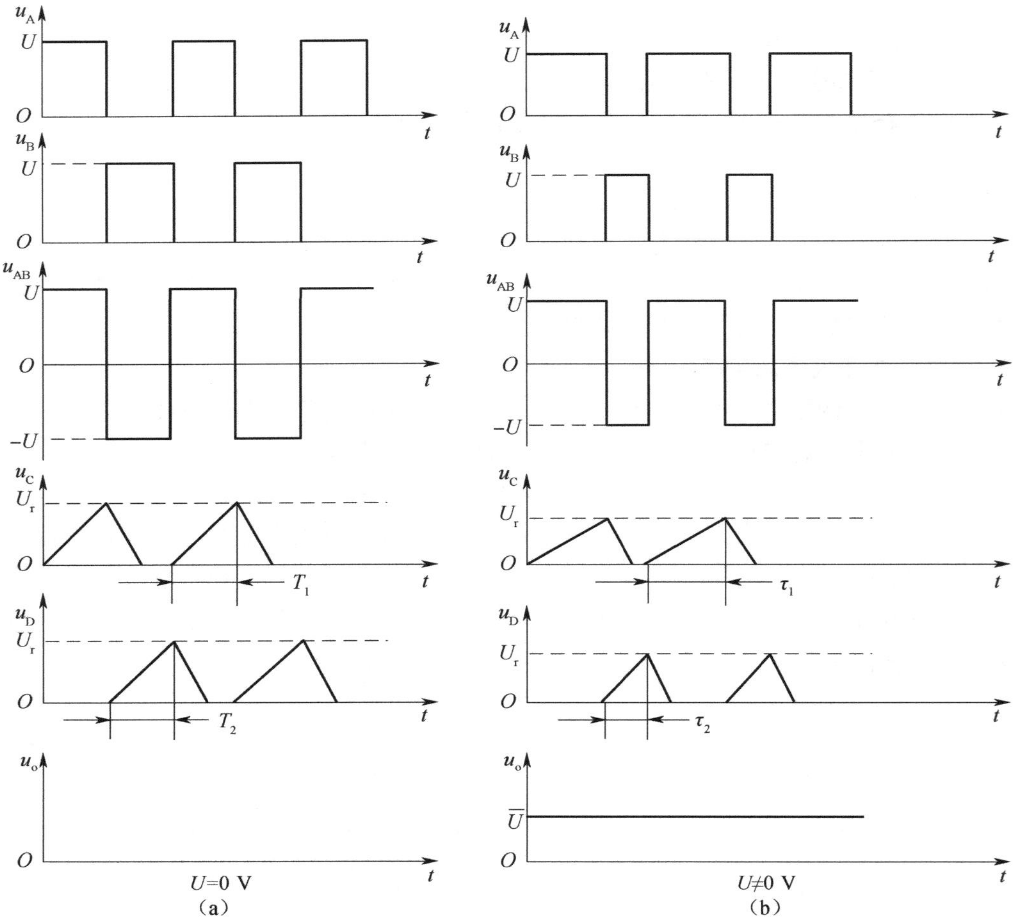

图 4-13　脉冲宽度调制电路各点电压波形

（a）$C_1=C_2$；（b）$C_1>C_2$

$R(C_0+\Delta C)$，$\tau_2=R_2C_2=R(C_0-\Delta C)$，此时，$u_A$ 和 u_B 脉冲宽度不再相等，一个周期（T_1+T_2）时间内其电压平均值不为零，低通滤波器有输出电压。

4.3　电容式传感器的特点及设计改善措施

4.3.1　电容式传感器的优缺点

1. 电容式传感器的优点

（1）温度稳定性好。电容式传感器常用空气等气体作为绝缘介质，介质本身的发热量非常小，可忽略不计。传感器的电容值一般与电极材料无关，仅取决于电极的几何尺寸，因此，只需要从强度、温度系数等机械特性进行考虑，来合理选择材料和几何尺寸。

（2）阻抗高、功率小，需要输入的动作能量低。电容式传感器由于带电极板间的静电吸引力极小，因此所需要的输入能量也极小，特别适宜用来解决低能量输入的测量问题。可测量极低的压力和力，很小的速度、加速度，并且灵敏度和分辨力都很高。

（3）动态响应好。电容式传感器由于它的可动部分可以做得很小很薄，即质量很轻，其固有频率很高，动态响应时间短，能在几兆赫的频率下工作，特别适合动态测量。

（4）结构简单，适应性强。电容式传感器结构简单，易于制造；能在高低温、强辐射及强磁场等各种恶劣的环境条件下工作，适应能力强。

2. 电容式传感器的缺点

（1）输出阻抗高，带负载能力差。电容的容抗大，要求传感器绝缘部分的电阻值极高（几十兆欧以上），否则绝缘部分将作为旁路电阻而影响传感器的性能，为此要注意温度、湿度、清洁度等环境对绝缘材料绝缘性能的影响。

（2）输出特性为非线性。虽可采用差动结构来改善，但不可能完全消除。其他类型的电容传感器只有忽略了电场的边缘效应时，输出特性才呈线性，否则边缘效应所产生的附加电容量将与传感器电容量直接叠加，使输出特性变为非线性。

（3）寄生电容影响大。电容式传感器的初始电容很小，而其引线电容、测量电路的杂散电容以及传感器极板与其周围导体构成的电容等导致的“寄生电容”较大。例如，将信号处理电路安装在非常靠近极板的地方可以削弱泄露电容的影响。

4.3.2　电容式传感器的设计改善措施

电容式传感器所具有的高灵敏度、高精度等独特的优点是与其正确设计、选材以及精细的加工工艺分不开的。在设计电容式传感器的过程中，应充分发扬它的优点，避开它的缺点，在所要求的测量范围内，应尽量降低成本，提高精度、分辨力、稳定性和可靠性。在电容式传感器的设计过程中，通常可以采取以下一些改善措施。

1）消除和减小边缘效应

边缘效应不仅能使电容式传感器的灵敏度降低，而且在测量中会产生非线性误差，应尽量减小或消除边缘效应。适当减小电容式传感器的极板间距，可以减小边缘效应的影响，但电容易被击穿且测量范围受到限制。一方面，可采取将电极做得很薄，使之远小于极板间距的措施来减小边缘效应的影响。另一方面，可在结构上增加等位保护环的方法来消除边缘效应，如图 4-14 所示。

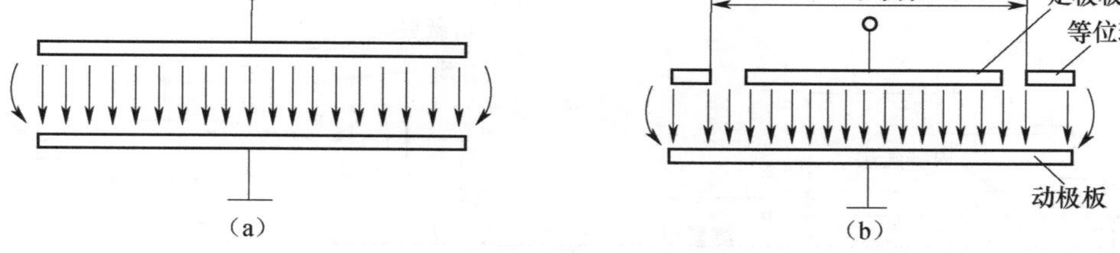

图 4-14　等位环消除电容边缘效应原理图

(a) 电容器的边缘效应；(b) 带有等位环的平板式电容器

2）保证绝缘材料的绝缘性能

保证绝缘材料的绝缘性能应从以下几个方面进行考虑。

（1）温度、湿度等环境的变化是影响传感器中绝缘材料性能的主要因素。温度的变化使传感器内各零件的几何尺寸、相互位置、阻值及某些介质的介电常数发生改变，从而改变传感器的电容量，产生温度误差。因此必须从选材、结构、加工工艺等方面来减小温度等误差。

（2）传感器的电极表面不便清洗，应加以密封，以防尘、防潮。还可在电极表面镀以极薄的惰性金属层，起保护作用，可防尘、防湿、防腐蚀，并在高温下可以减少表面损耗、降低温度系数，但成本较高。

（3）尽量采用空气、云母等介电常数的温度系数和几乎为零的电介质作为电容式传感器的电介质。

（4）传感器内所有的零件应先进行清洗、烘干后再装配。传感器要密封以防止水分侵入内部而引起电容值变化和绝缘性能下降。壳体的刚性要好，以免安装时变形。

（5）传感器电极的支架要有一定的机械强度和稳定的性能。应选用温度系数小、稳定性好，并具有高绝缘性能的材料，例如用石英、云母、人造宝石及各种陶瓷等材料做支架。虽然这些材料较难加工，但性能远高于塑料、有机玻璃等。

3）减小或消除寄生电容的影响

寄生电容可能比传感器的电容大几倍甚至几十倍，会影响传感器的灵敏度和输出特性，严重时会淹没传感器的有用信号，使传感器无法正常工作。因此，减小或消除寄生电容的影响是设计电容传感器的关键。通常可采用以下方法来解决这个问题。

（1）增加电容初始值。增加电容初始值可以减小寄生电容的影响。可采用减小电容式传感器极板之间的距离，增大有效覆盖面积来增加初始电容值。

（2）采用驱动电缆技术。驱动电缆技术又叫双层屏蔽等位传输技术，它实际上是一种等电位屏蔽法。如图4-15所示，在电容式传感器与测量电路之间的引线采用双层屏蔽电缆，其内屏蔽层与信号传输线（即电缆芯线）通过增益为1的驱动放大器成为等电位，从而消除了芯线对内屏蔽层的容性漏电，克服了寄生电容的影响，而内外屏蔽层之间的电容是1∶1放大器的负载。

因此，驱动放大器是一个输入阻抗很高、具有容性负载、放大倍数为1的同相放大器。该方法的难点在于要在很宽的频带上实现放大倍数等于1且输入输出的相移为零的功能。由于屏蔽线上有随传感器输出信号变化而变化的电压，因此称为“驱动电缆”。外屏蔽层接大地或接仪器地，用来防止外界电场的干扰。

（3）采用运算放大器法。运算放大器法的原理如图4-16所示。它利用运算放大器的虚地来减小引线电缆寄生电容 C_P。

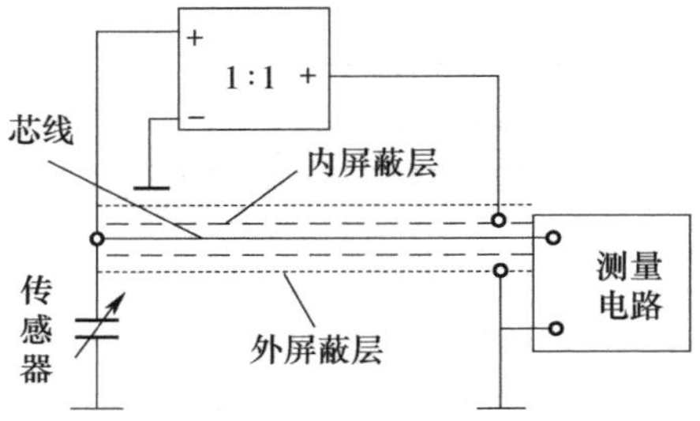

图4-15　驱动电缆技术原理图

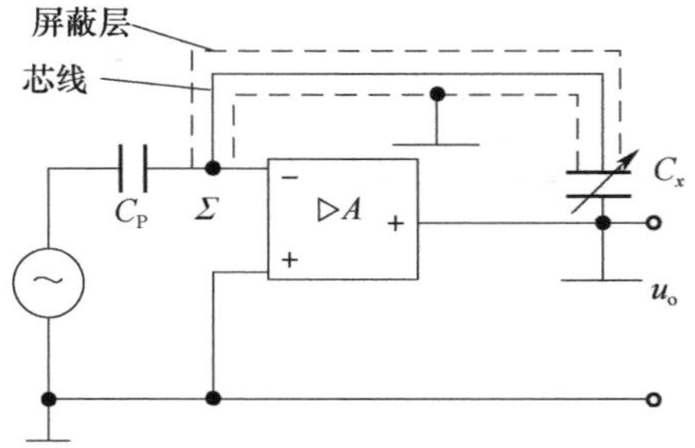

图4-16　运算放大器法

电容传感器的一个电极经电缆芯线接运算放大器的虚地 Σ 点，电缆的屏蔽层接仪器地，这时与传感器电容相并联的为等效电缆电容 $C_P/(1+A)$，A 为运算放大器的开环电压放大倍数，因而大大减小了电缆电容的影响。

4.4 电容式传感器的应用

电容式传感器的应用非常广泛，它可用来测量液位和物位、压力、加速度、直线位移、角度和角位移、厚度、振动和振幅、转速、温度、湿度及成分等参数。

例如，变间隙式电容传感器适用于较小位移的测量，量程在 0.01 微米至数百微米之间，精度可达 0.01 μm，分辨率可达 0.001 μm。变面积式电容传感器能测量零点几毫米至数百毫米之间的位移。电容式角位移传感器的动态范围为 0.1″至几十度，分辨率约 0.1″，零位稳定性可达角秒级，广泛用于精密测角，如用于高精度陀螺和摆式加速度计。电容式测振幅传感器可测峰值为 0～0.5 μm、频率为 10 Hz～2 kHz 的振动信号，其灵敏度高于 0.01 μm，非线性误差小于 0.05 μm。

1. 电容式压力传感器

图 4-17 所示是典型的差动电容式压力传感器。其主要结构为由一个膜片动电极和两个在凹形玻璃上电镀成的固定电极组成的差动电容器。当被测压力或压力差作用于膜片并使之产生位移时，形成的两个电容器的电容量，一个增大，一个减小。该电容值的变化经测量电路转换成与压力或压力差相对应的电流或电压的变化。

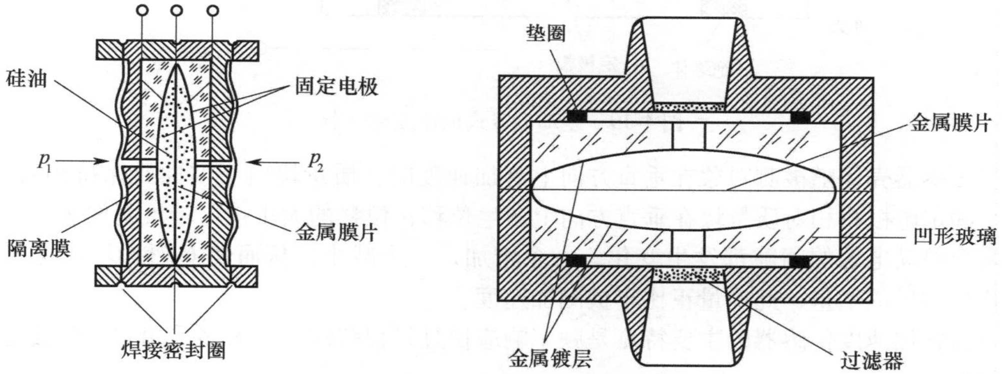

图 4-17　差动电容式压力传感器

电容式压力传感器常用来测量气体或液体的压力，其外形结构如图 4-18 所示。图 4-18（a）为压力变送器的外形图，如 CCPS32 型干式陶瓷电容压力传感器输出信号强，量程大，特别

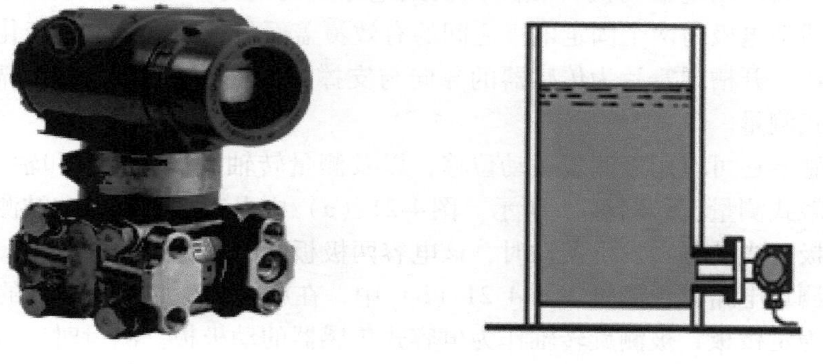

（a）　（b）

图 4-18　电容式压力传感器外形图

（a）压力变送器的外形图；（b）压力变送器的示意图

适合制造高性能的工业控制用压力变送器。大圆形膜片表面平整、易安装，是ABB、SIEMENS等公司压力变送器生产的首选传感器。FB0802型压力变送器采用先进的陶瓷电容式传感器，配合高精度电子元件，经严格的工艺过程装配而成。抗过载和抗冲击能力强，稳定性高，并有很高的测量精度。图4-18（b）为压力变送器的示意图。

2. 电容式加速度传感器

图4-19所示为差动电容式加速度传感器结构图。它主要由两个固定极板（与外壳绝缘）和一个质量块组成，中间的质量块采用弹簧片来进行支撑，它的两个端面经过磨平抛光后作为可动极板。

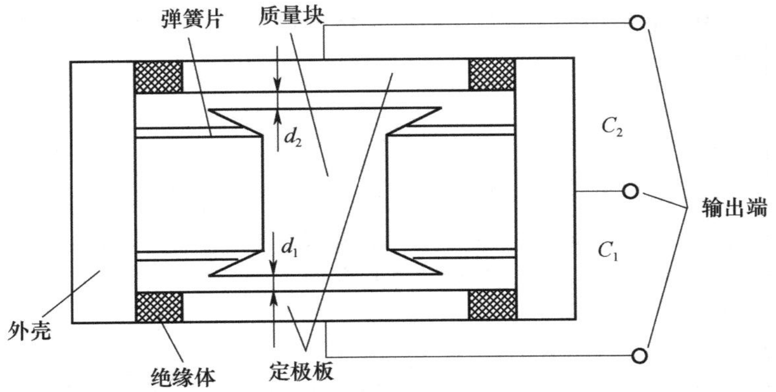

图4-19　差动电容式加速度传感器

当传感器壳体随被测对象在垂直方向上有加速度时，质量块由于惯性要保持相对静止，而两个固定电极将相对质量块在垂直方向上产生位移，位移的大小正比于被测加速度。此位移使两个差动电容的间隙都发生变化，一个增加，一个减小，从而使 C_1 和 C_2 产生大小相等，符号相反的增量，此增量正比于被测加速度。

电容式加速度传感器的主要特点是频率响应快且量程范围大，大多采用空气或其他气体作阻尼物质。

3. 电容式位移传感器

图4-20所示为一种圆筒式变面积型电容式位移传感器。它采用差动式结构，其固定电极与外壳绝缘，其活动电极与测杆相连并彼此绝缘。测量时，动电极随被测物发生轴向移动，从而改变活动电极与两个固定电极之间的有效覆盖面积，使电容发生变化，电容的变化量与位移成正比。开槽弹簧片为传感器的导向与支撑，无机械摩擦，灵敏度高，但行程小，主要用于接触式测量。

电容式传感器还可以用于测量振动位移，以及测量转轴的回转精度和轴心动态偏摆等，属于动态非接触式测量，如图4-21所示。图4-21（a）中电容式传感器和被测物体分别构成电容的两个电极，当被测物发生振动时，该电容两极板之间的距离发生变化，从而改变电容的大小，再经测量电路实现测量。图4-21（b）中，在旋转轴外侧相互垂直的位置放置两个电容极板，作为定极板，被测旋转轴作为电容式传感器的动极板。测量时，首先调整好电容极板与被测旋转轴之间的原始间距，当轴旋转时因轴承间隙等原因产生径向位移和摆动时，定极板和动极板之间的距离发生变化，传感器的电容量也相应地发生变化，再经过测量转换电路即可测得轴的回转精度和轴心的偏摆。

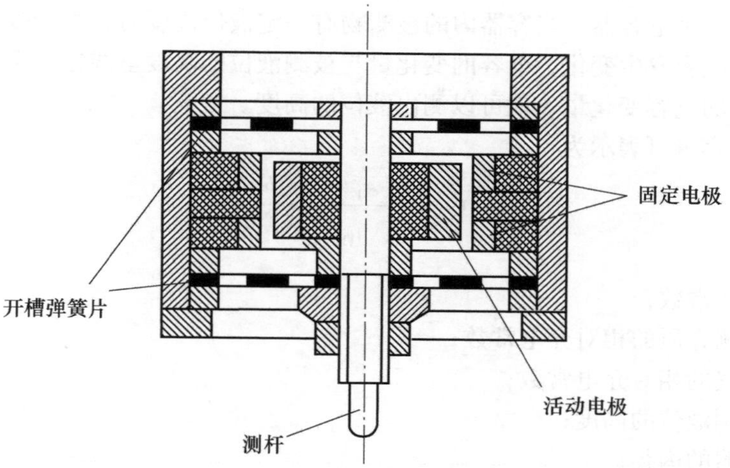

图 4-20 差动电容式位移传感器

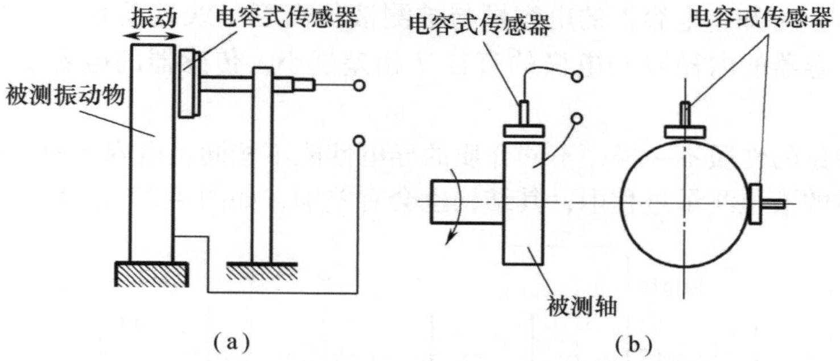

图 4-21 电容式传感器在振动位移测量中的应用

(a) 振幅测量；(b) 轴的回转精度和轴心偏摆测量

4. 电容式液位传感器

电容式液位传感器的结构如图 4-22 所示。测定电极安装在容器的顶部，容器壁和测定

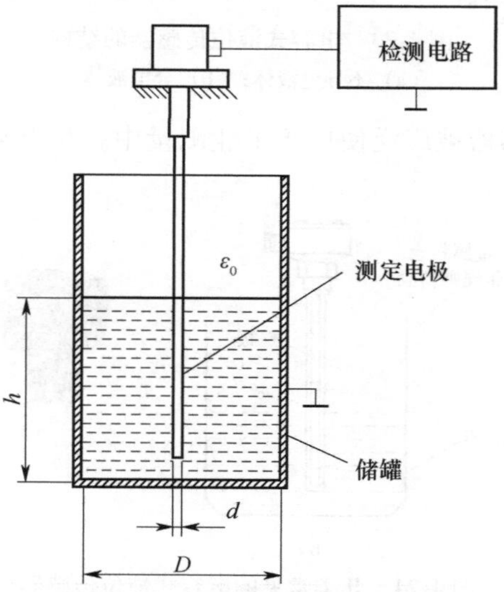

图 4-22 电容式液位传感器结构图

电极之间构成了一个电容器。当容器内的被测物有一定液位高度时，由于被测物介电常数的影响，传感器的电容发生变化，电容的变化量与被测液位的高度呈线性关系。只要通过测量转换电路检测出的电容变化量，就可以测出液位的高度。

传感器的电容量可表示为

$$C = \frac{k(\varepsilon_1 - \varepsilon_0)h}{\ln \frac{D}{d}} \tag{4-13}$$

式中 k——比例常数；

ε_1——被测介质的相对介电常数；

ε_0——空气的相对介电常数；

h——被测液位的高度；

D——容器的内径；

d——测定电极的直径。

由式（4-13）可知，电容器的电容量与被测液位高度呈线性关系，且两种介质的介电常数相差越大、容器的内径 D 与电极的直径 d 相差越小，传感器的电容变化量就越大，灵敏度就越高。

由于被测对象的性质不一样，不同介质的导电性能不相同，电容式液位传感器在不导电液体和导电液体的液位测量过程中，其结构也会有差别，如图4-23所示。

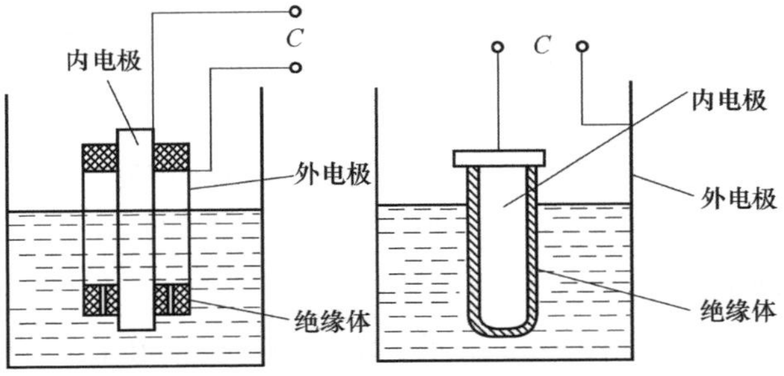

图4-23 电容式液位传感器的结构

(a) 不导电液体；(b) 导电液体

因此，电容式液位传感器被广泛使用于工业测量中。几类常见的电容式液位传感器如图4-24所示。

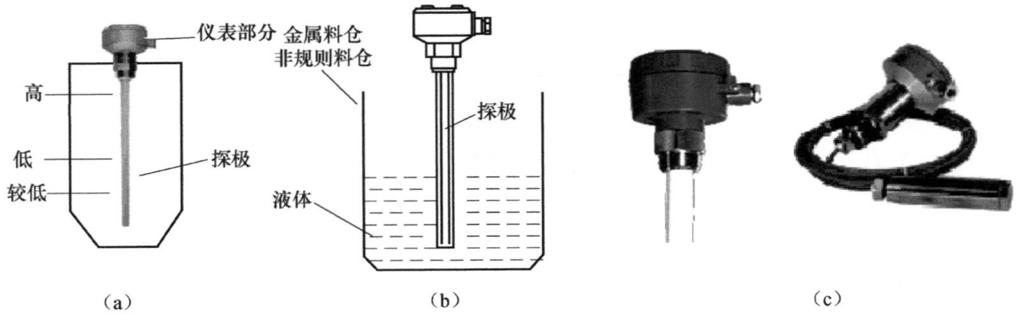

图4-24 几类常见的电容式液位传感器

(a) 棒式探极；(b) 同轴探极；(c) 缆式探极

4.5　基于电容式传感器在液位检测中的实例设计

电容式液位传感器系统利用被测体的导电率，通过传感器测量电路将液位高度变化转换成相应的电压脉冲宽度变化，再由单片机进行测量并转换成相应的液位高度进行显示，该系统对液位深度具有测量、显示与设定功能，并具有结构简单、成本低廉、性能稳定等优点。

1. 液位检测的总体设计方案

本设计采用筒式电容传感器采集液位的高度。主要利用其两电极的覆盖面积随被测液体液位的变化而变化，从而引起对应电容量变化的关系进行液位测量。由于从传感器得出的电压一般在 0 ~ 30 mV 之间，太小不易测量，所以要通过放大电路进行放大。从放大电路出来的是模拟量，因此送入 ADC0809 转换成数字量，ADC0809 连接于单片机，把信号送入单片机，通过单片机控制水泵的运转。显示电路连接于单片机用于显示水位的高度。该显示接口用一片 MC14499 和单片机连接以驱动数码管。液位检测总体设计系统框图如图 4-25 所示。

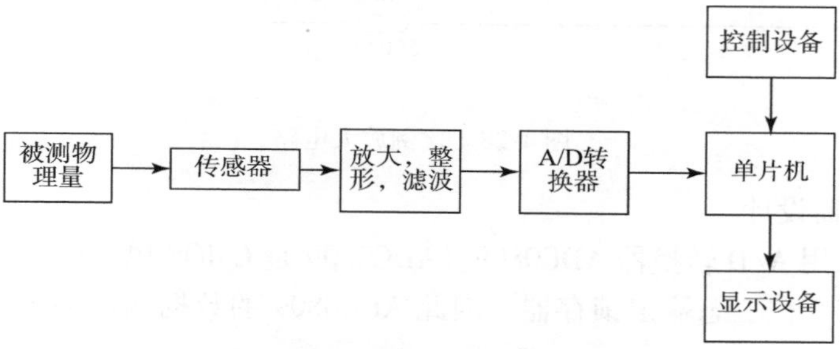

图 4-25　液位检测总体设计系统框图

2. 单元模块电路的设计

1）测量电路

系统所指的被测物理量主要是指非电的物理量，在本系统设计中指的是液体的水位。电容式传感器是将输入的物理量转换成相应的电信号输出，实现非电量到电量的变换。图 4-26 为电容式传感器部分的结构原理图。它主要是由细长的不锈钢管（半径为 R_1）、同轴绝缘导线（半径为 R_0）以及其被测液体共同构成的金属圆柱形电容器构成。该传感器主要利用其两电极的覆盖面积随被测液体液位的变化而变化，从而引起对应电容量变化的关系进行液位测量。

然后采用运算放大器的测量电路将电容量转换为电信号，该电路由传感器电容 C_x 和固定的标准电容 C_0 以及运算放大器 A 组成，如图 4-27 所示。

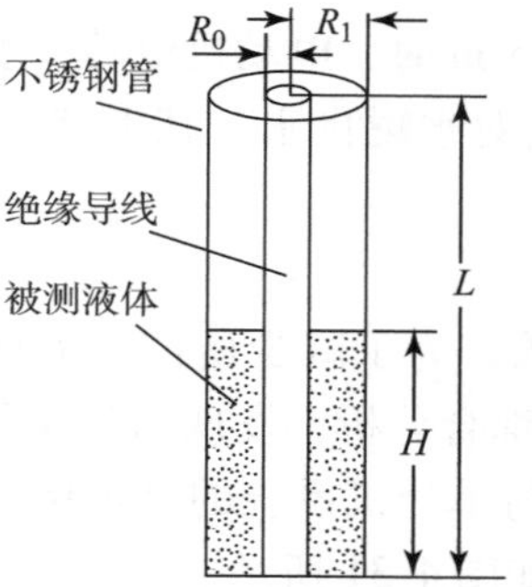

图 4-26　电容式传感器结构原理图

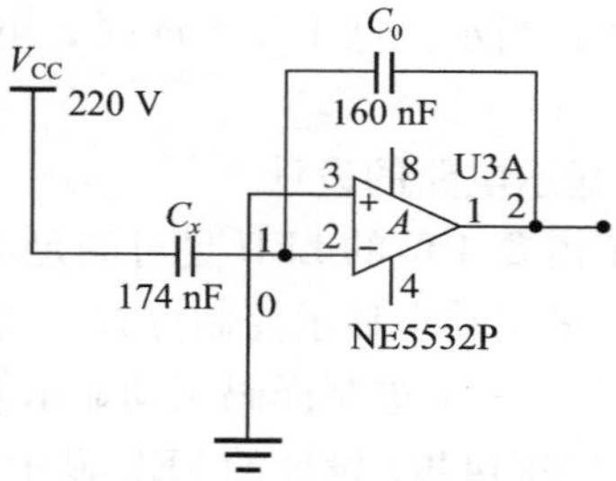

图 4-27　运算放大器测量电路原理图

2）放大电路

由于从传感器得出的电压一般在0～30 mV之间，太小不易测量，所以要通过放大电路进行放大，如图4-28所示，采用最基本的比例运算放大电路。要将30 mV电压放大成5 V，根据公式$U=-(R_1/R_2)U_o$，所以选择$R_1=500\ \text{k}\Omega$，$R_2=3\ \text{k}\Omega$，$R_4=R_1/\!/R_2$，后边的是一个反相器，把第一个运放得到的电压反相成正的电压，其中$R_3=R_5=1\ \text{k}\Omega$，$R_6=R_3/\!/R_5$。

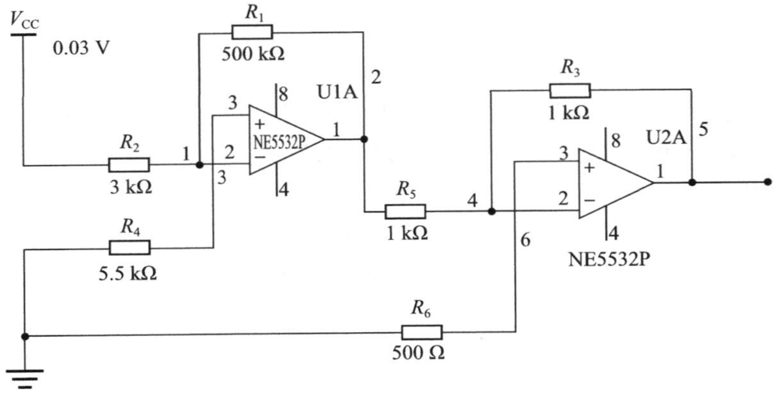

图4-28　比例放大电路

3）A/D转换器设计

本系统设计采用A/D转换器ADC0809。ADC0809是CMOS单片型逐次逼近型A/D转换器，由于输出级有8位三态输出锁存器，因此ADC0809的数据输出端可以直接与单片机的数据总线连接。

ADC0809的工作过程是：首先输入3位地址，并使ALE=1，将地址存入地址锁存器中。此地址经译码选通8路模拟输入之一到比较器。START上升沿将逐次逼近寄存器复位。下降沿启动A/D转换，之后EOC输出信号变低，指示转换正在进行。直到A/D转换完成，EOC变为高电平，指示A/D转换结束，结果数据已存入锁存器，这个信号可用作中断申请。

ADC0809转换是采用逐次比较的方式完成A/D转换的，由单一的+5 V供电，片内带有锁存功能的八选一模拟开关，由A、B、C引脚的编码来确定所选通道。ADC0809完成一次转换需要100 μs左右，输出具有TTL三态锁存缓冲器，可直接连到MCS-51的数据总线上，通过适当的外接电路，ADC0809可对0～5 V的模拟信号进行转换。ADC0809与单片机的接口电路如图4-29所示。

4）控制电路的设计

在水位测量中测量水罐中水位的高度，当水位高于2.5 m时，电动机停转，水泵停止对水罐供水；当水位低于2.5 m时，电动机起转，水泵开始对水罐供水。其电路图如图4-30所示。

5）显示电路的设计

系统需要4位的LED足可满足本设计的显示精度要求，为了减少所需的I/O数量，降低成本，采用动态显示控制方式。通过对显示接口电路的综合分析，发现测距仪利用串行输入BCD码——十进制译码驱动显示器件MC14499来完成与单片机系统的显示接口较为简单可靠。用MC14499设计的LED显示器动态显示接口电路如图4-31所示。

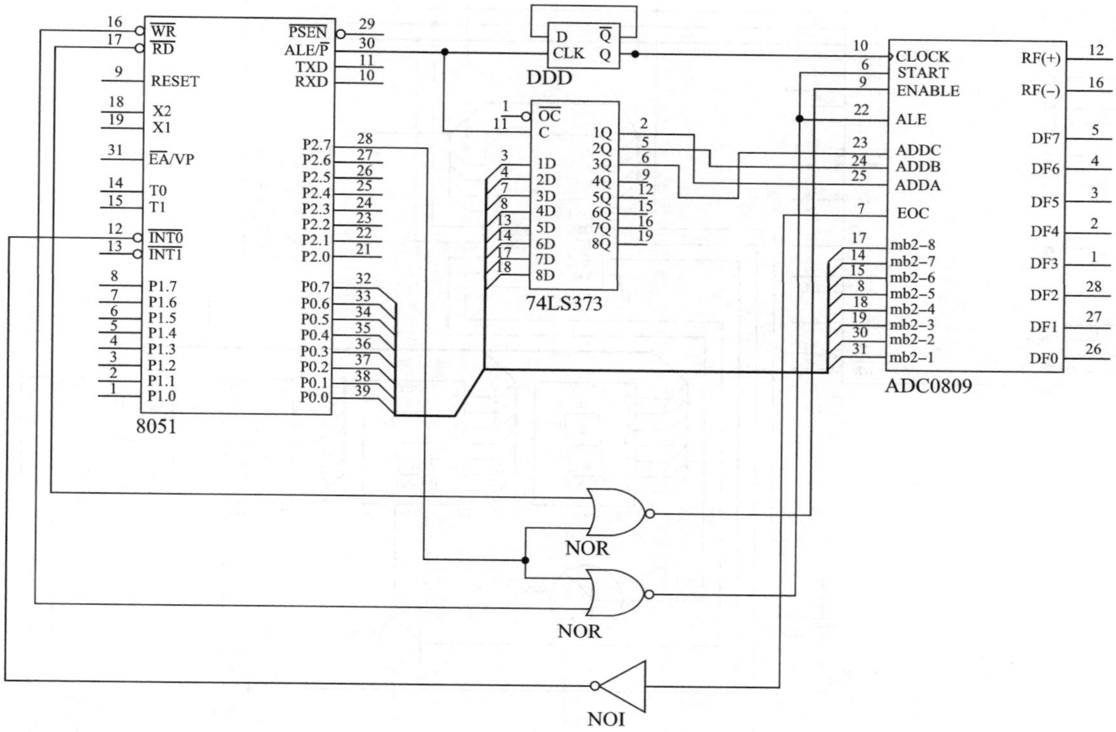

图 4-29　ADC0809 与单片机的接口电路

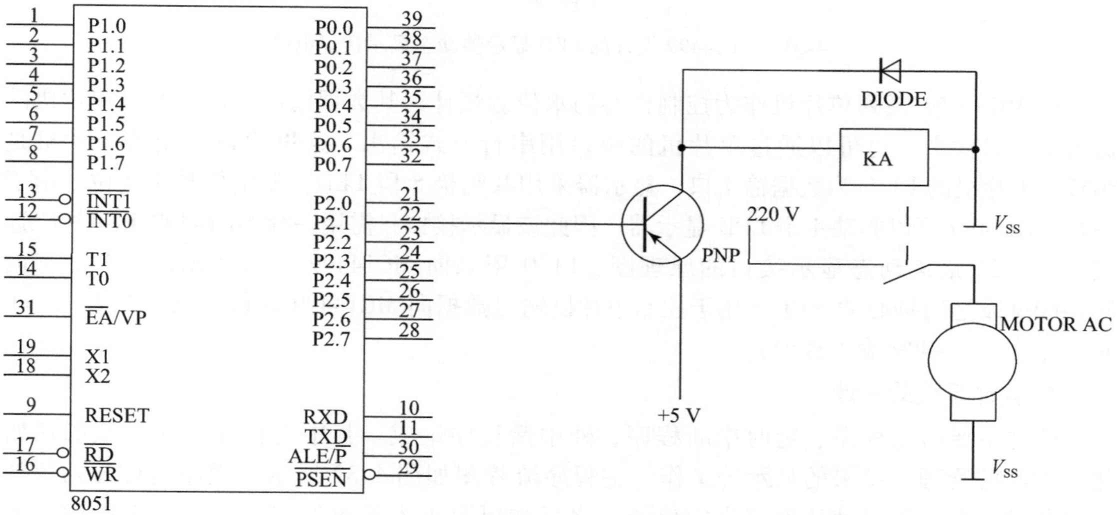

图 4-30　控制电路

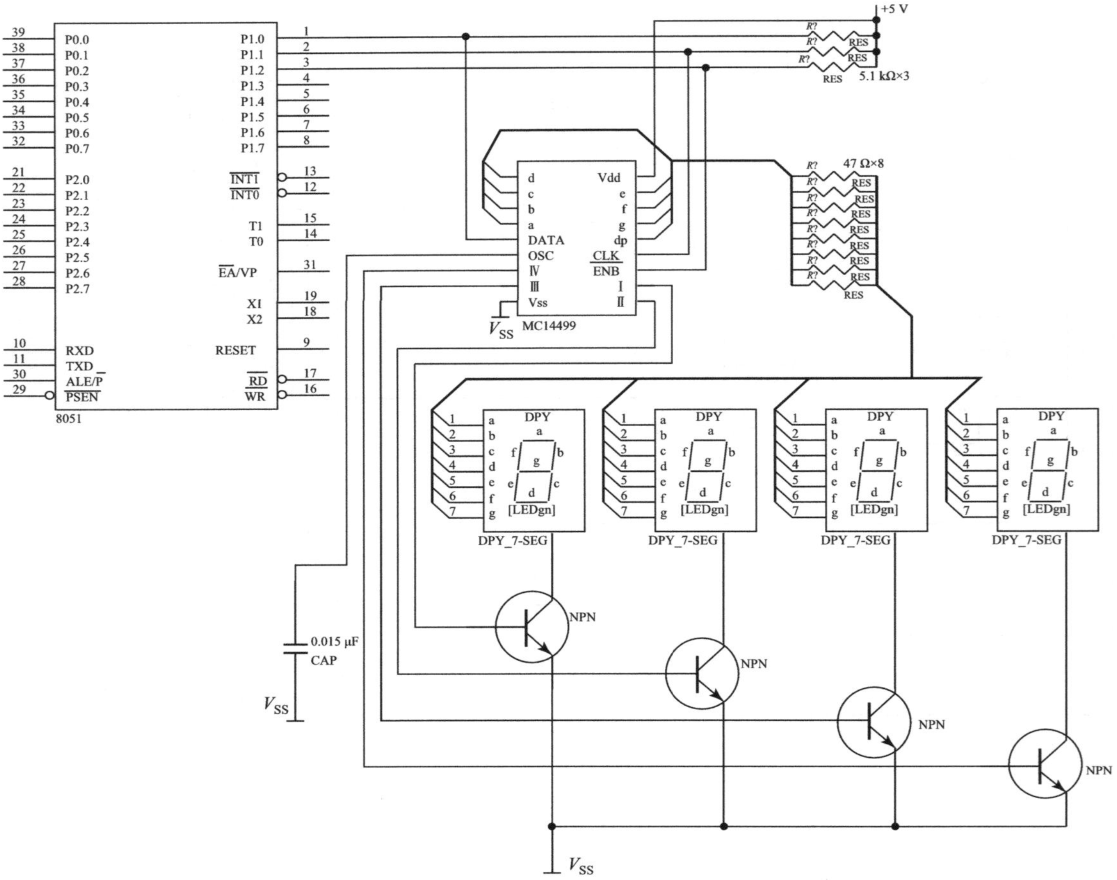

图 4-31　MC14499 设计的 LED 显示器动态显示接口电路

用 MCS－51 系列单片机作为控制核心的水位测量计，其数据输出既可以通过单片机的通用 I/O 口输出，也可以通过单片机的串口用串行方式输出。这里假设使用的单片机是 8051，单片机的 P1 口为数据输出口，显示器采用共阴极 8 段 LED，显示位数为 4 位，由于一片 MC14499 可以驱动 4 个 LED 显示器，因此该显示接口只需用一片 MC14499 和单片机连接。图 4-31 是该动态显示接口的原理图。P1.0 用来向 MC14499 发送数据，P1.1 用来向 MC14499 发送时钟脉冲，P1.2 用于控制单片机输出数据向 MC14499 串行输入（当 P1.2＝0 时，允许 MC14499 输入数据）。

3. 软件系统的设计

软件主要由主程序、定时中断程序、外中断程序组成。其中主程序完成参数的初始化、中断的管理、结果的显示等工作。主程序流程图如图 4-32 所示。程序运行开始要初始化各种参数，可以默认液位设定值等，之后如果要进入液位设定，就按 SET 按键进入液位设定模式，然后进行比较，看当前的液位有没有超过默认的极限值，如果超过了极限值，通过按键 UP 或 DOWN 进行液位调节，直至液位到达正常范围；没有超过极限值就正常显示。

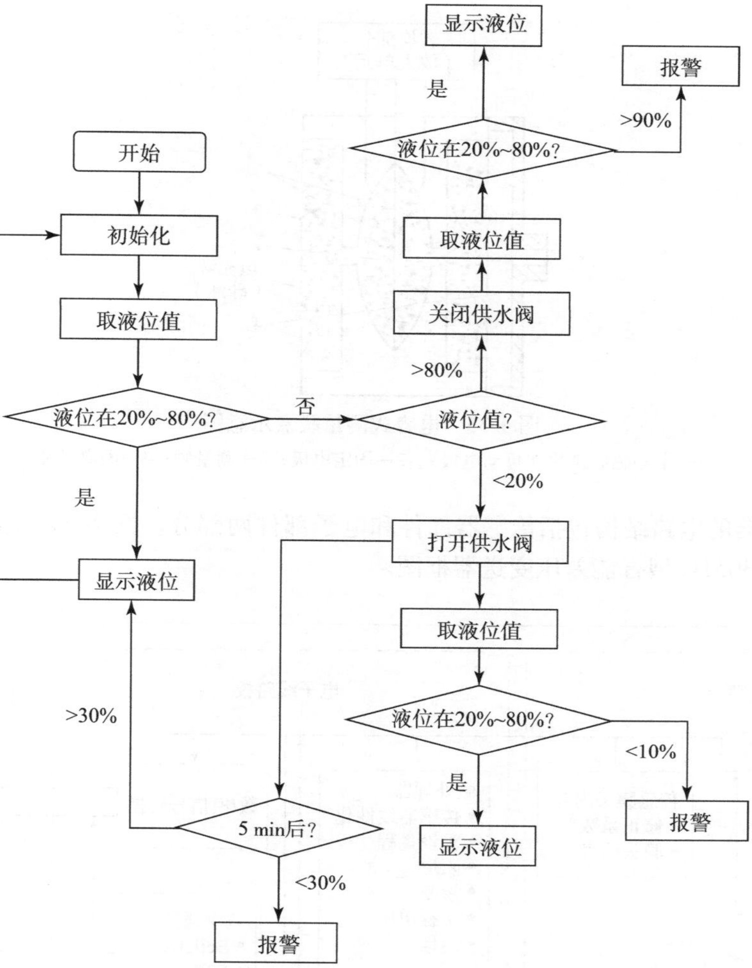

图 4-32　电容式传感器在液位检测中的软件设计流程

4.6　电容式压力变送器的实际应用

电容式压力变送器的工作原理是将压力的变化转换为电容量的变化，然后进行测量。智能型压力或差压变送器是在普通压力或差压传感器的基础上增加微处理器电路而形成的智能检测仪表。图 4-33 为电容式测量膜盒示意图。

智能变送器具备如下特点：

（1）性能稳定，可靠性好，测量精度高，基本误差仅为 ±0.1%。

（2）具有温度、静压的自动补偿功能，在检测温度时，可对非线性进行自动校正。

（3）具有数字、模拟两种输出方式，能够实现双向数据通信，可以与现场总线网络和上位计算机相连。

（4）可以进行远程通信，通过现场通信器，使变送器具有自修正、自补偿、自诊断及错误方式告警等多种功能，简化了调整、校准与维护过程，使维护和使用都十分方便。

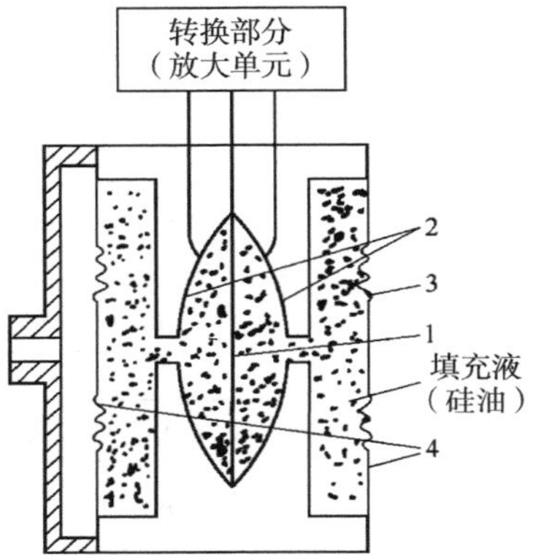

图4-33 电容式测量膜盒示意图

1—中心感应膜片（可动电极）；2—固定电极；3—测量侧；4—隔离膜片

智能变送器的电路结构包括传感器部件和电子部件两部分。图4-34为美国费希尔－罗斯蒙特公司的3051C型智能差压变送器框图。

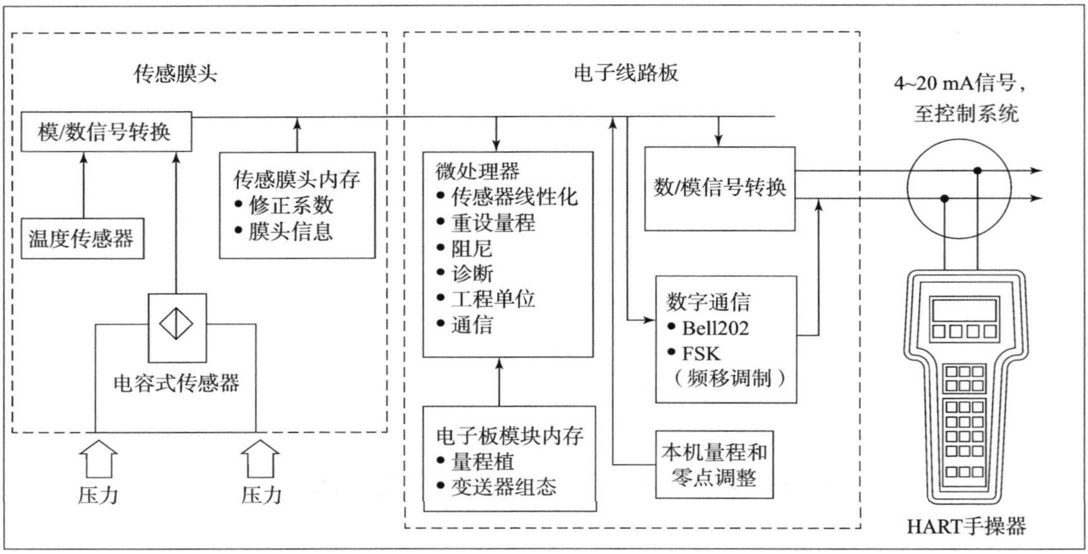

图4-34 3051C型智能差压变送器（4～20 mA）方框图

3051C型智能差压变送器所用的手持通信器为375型，带有键盘及液晶显示器，图4-35为3051C型智能差压变送器手持通信器的连接示意图。智能差压变送器可以接在现场变送器的信号端子上，就地设定或检测，也可以在远离现场的控制室中，接在某个变送器的信号线上进行远程设定及检测，实现组态、测量范围的变更、变送器的校准和自诊断的功能。

实际应用中，智能型差压变送器每五年校验一次。一般来说，智能型差压变送器与手持通信器结合使用，可远离生产现场，尤其是危险或不易到达的地方，给变送器的运行和维护带来了极大的方便。

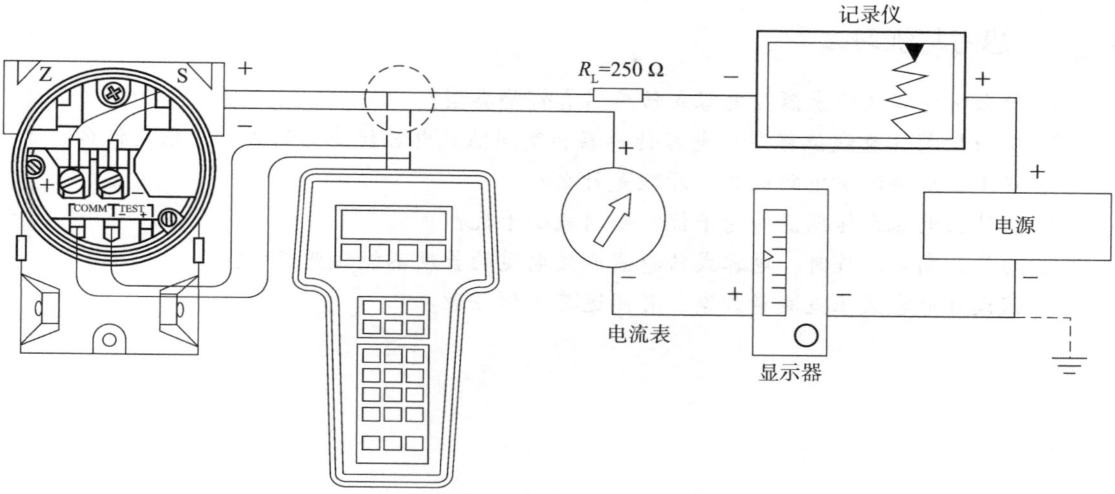

图 4-35　3051C 型智能差压变送器手持通信器的连接示意图

4.7　电容式指纹识别传感器

电容式指纹识别传感器是一种新型的传感器。它在一些防盗系统、高科技以及重要场合中得到了广泛应用，如用于笔记本电脑、手机及汽车等的指纹识别及防盗，如图 4-36 所示。

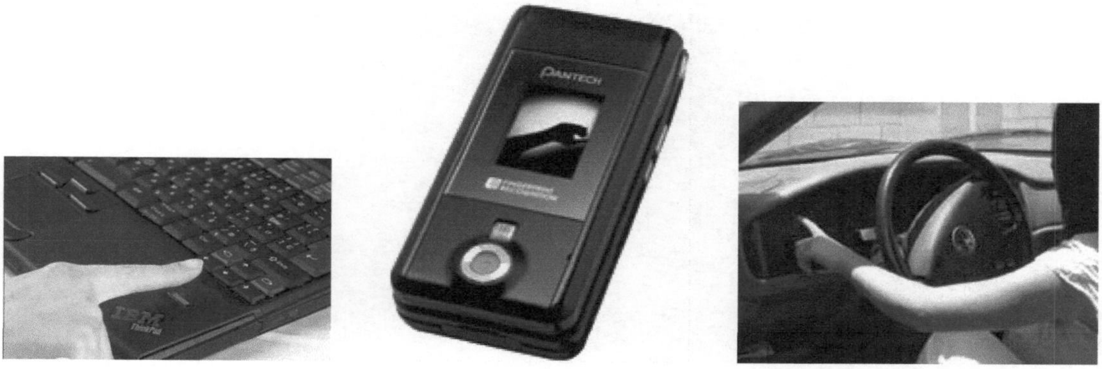

（a）　（b）　（c）

图 4-36　电容式指纹识别传感器

（a）笔记本指纹识别；（b）指纹识别手机；（c）汽车防盗指纹识别

（1）电容式键盘。常规的键盘有机械式按键和电容式按键两种。电容式键盘是基于电容式开关的键盘，电容式键盘的原理是通过按键改变电极间的距离产生电容量的变化，以实现信息的转换。

（2）指纹识别。指纹识别传感器中含有指纹传感芯片，指纹传感芯片表面由若干个电容式传感器组成。当人把手指放在传感器上时，手指充当电容器的另外一个电极。由于手指上存在指纹纹路，且深浅不一致，导致硅表面电容阵列的各个电容的电压不同，通过测量并记录各点的电压值就可以获得具有灰度级的指纹图像，从而达到辨别指纹的目的。

思考与练习

1. 什么叫电容式传感器？电容式传感器有哪些类型？
2. 变面积式（直线位移型）电容传感器和变间隙式电容传感器的工作原理是什么？
3. 双 T 形电桥测量电路的工作原理是什么？
4. 为什么电容式传感器易受干扰？如何减小干扰？
5. 为什么高频工作时，电容式传感器连接电缆的长度不能随意变化？
6. 试设计电容式压差测量方案，并简述其工作原理。

第5章

电感式传感器的原理及其应用

【课程教学内容与要求】

（1）教学内容：自感式传感器的结构、测量原理与应用；差动变压器的结构、测量原理与应用；电涡流式传感器的结构、测量原理与应用。

（2）教学重点：自感式传感器的结构、测量原理与应用；差动变压器的结构、测量原理与应用。

（3）基本要求：掌握自感式传感器的结构、测量原理与应用；掌握差动变压器的结构、测量原理与应用；了解电涡流式传感器的结构、测量原理与应用。

5.1 概述

1. 电感式传感器的定义

利用电磁感应原理将被测非电量（如位移、压力、流量、振动等）转换成线圈自感系数 L 或互感系数 M 的变化，再由测量电路转换为电压或电流的变化量输出，这种装置称为电感式传感器，其原理框图如图 5-1 所示。它是一种机电转换装置，被广泛应用于现代的工业生产和科学技术中。

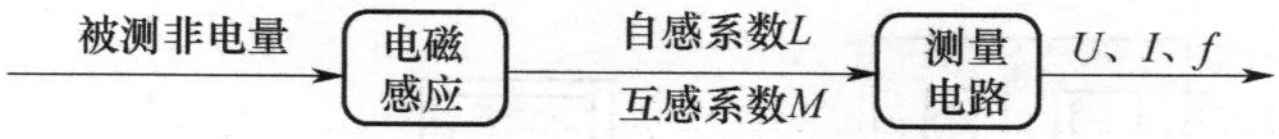

图 5-1 电感式传感器原理框图

2. 电感式传感器的分类

电感式传感器可分为自感式传感器、差动变压器式传感器和电涡流式传感器 3 种类型，如图 5-2 所示。

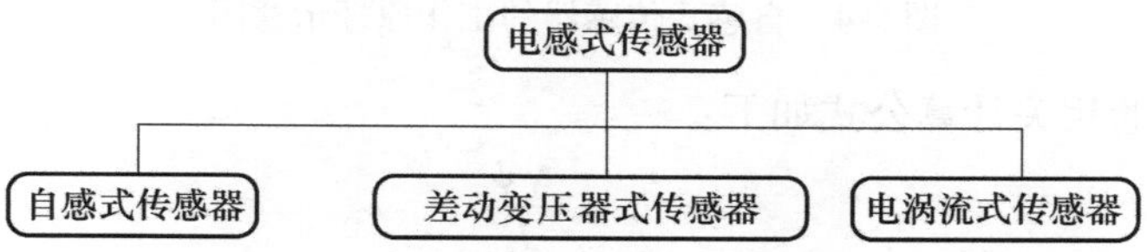

图 5-2 电感式传感器的分类

3. 电感式传感器的特点

（1）结构简单。没有活动的电触点，寿命长。

（2）灵敏度高。输出信号强，电压灵敏度每毫米能达到上百毫伏。

（3）分辨率大。能感受微小的机械位移与微小的角度变化。

（4）重复性与线性度好。在一定位移范围内，输出特性的线性度好，输出稳定。

（5）电感式传感器的缺点是存在交流零位信号，不适宜进行高频动态测量。

5.2 自感式传感器

5.2.1 自感式传感器的结构

自感式传感器的结构如图 5-3 所示。它由线圈、铁芯和衔铁 3 部分组成。铁芯与衔铁由硅钢片或坡莫合金等导磁材料制成。

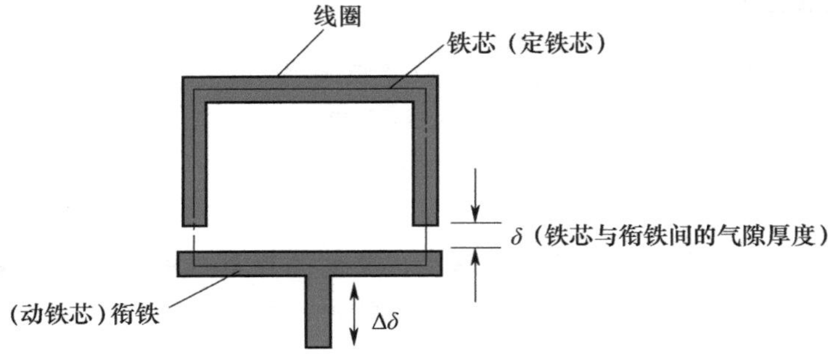

图 5-3 自感式传感器结构图

5.2.2 自感式传感器的工作原理

自感式传感器是把被测量的变化转换成自感 L 的变化，通过一定的转换电路转换成电压或电流输出。该传感器在使用时，其运动部分与动铁芯（衔铁）相连，当动铁芯移动时，铁芯与衔铁间的气隙厚度 δ 发生改变，引起磁路磁阻变化，导致线圈电感值发生改变，只要测量电感量的变化，就能确定动铁芯的位移量的大小和方向。其原理图如图 5-4 所示。

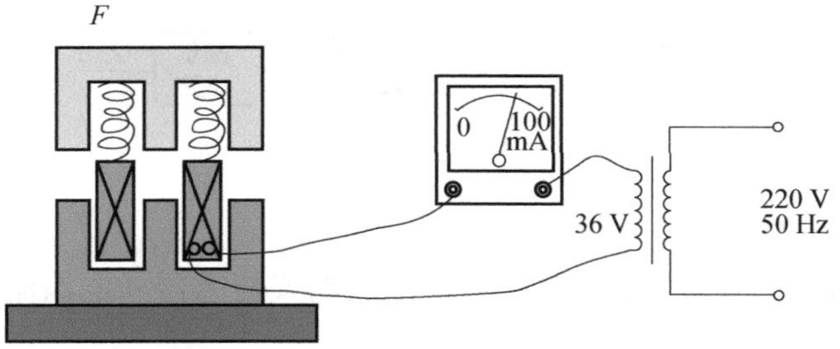

图 5-4 自感式传感器的工作原理示意图

自感式传感器的相关计算公式如下：

$$L = \frac{N\phi}{I} \tag{5-1}$$

$$\phi = \frac{NI}{R_M} \tag{5-2}$$

$$R_M = \frac{2\delta}{\mu_0 S} \tag{5-3}$$

式中　N——线圈匝数；

L——线圈自感系数；

I——线圈中所通交流电的有效值；

ϕ——线圈的磁通量；

R_M——总磁阻；

μ_0——空气的磁导率；

S——气隙的截面积；

δ——气隙的厚度。

将式（5-2）、式（5-3）代入式（5-1），可得

$$L = \frac{N^2}{R_M} = \frac{N^2\mu_0 S}{2\delta} \tag{5-4}$$

式（5-4）表明，当线圈匝数 N 为常数时，电感 L 仅仅是磁路中磁阻 R_M 的函数，只要改变 δ 或 S 均可导致电感变化，因此变磁阻式传感器又可分为变气隙 δ 厚度的传感器和变气隙面积 S 的传感器。

5.2.3　差动式自感传感器

由于线圈中通有交流励磁电流，因而衔铁始终承受电磁吸力，会引起振动和附加误差，而且非线性误差较大。外界的干扰、电源电压频率的变化、温度的变化都会使输出产生误差。在实际使用中，常采用两个相同的传感线圈共用一个衔铁，构成差动式自感传感器，两个线圈的电气参数和几何尺寸要求完全相同。这种结构除了可以改善线性、提高灵敏度外，对温度变化、电源频率变化等的影响也可以进行补偿，从而减少了外界影响造成的误差，可以减小测量误差。

1. 差动式自感传感器的结构

当衔铁移动时，一个线圈的电感量增加，另一个线圈的电感量减少，形成差动形式。当铁芯的结构和材料确定后，根据式（5-4）可知自感 L 是气隙厚度 δ 和气隙磁通截面积 S 的函数，即 $L=f(\delta, S)$。如果保持 S 不变，则 L 为 δ 的单值函数，可构成变气隙式自感传感器；如果保持 δ 不变，使 S 随位移而变，则可构成变截面式自感传感器；如果在线圈中放入圆柱形衔铁，当衔铁上下移动时，自感量将相应变化，就构成了螺线管式自感传感器。图 5-5 是变气隙式、变面积式及螺线管式 3 种类型的差动式自感传感器的结构示意图。

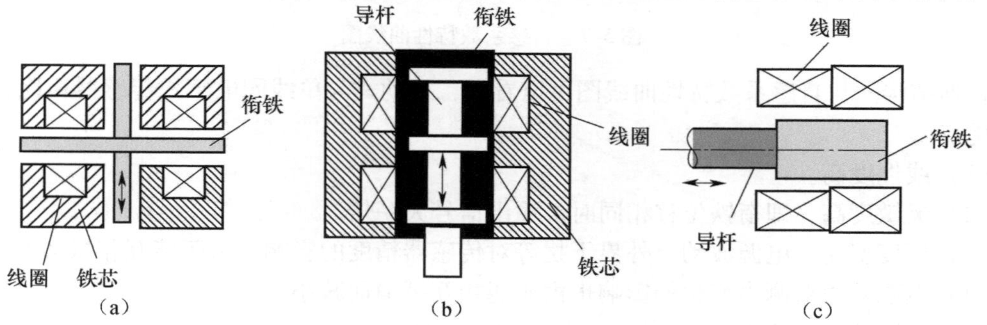

图 5-5　差动式自感传感器

（a）变气隙式；（b）变面积式；（c）螺线管式

2. 差动式自感传感器的特点

在 3 种形式的差动式自感传感器中以变气隙厚度 δ 式电感传感器的应用最广。其结构剖面图如图 5-6 所示。自感系数特性曲线图如图 5-7 所示。变气隙差动式自感传感器由两个相同的差动线圈 1、2 和磁路组成，测量时，衔铁通过测杆与被测位移量相连，当被测体上下移动时，导杆带动衔铁也以相同的位移上下移动，使两个磁回路中磁阻发生大小相等、方向相反的变化，导致一个线圈的电感量增加，另一个线圈的电感量减小，形成差动形式。

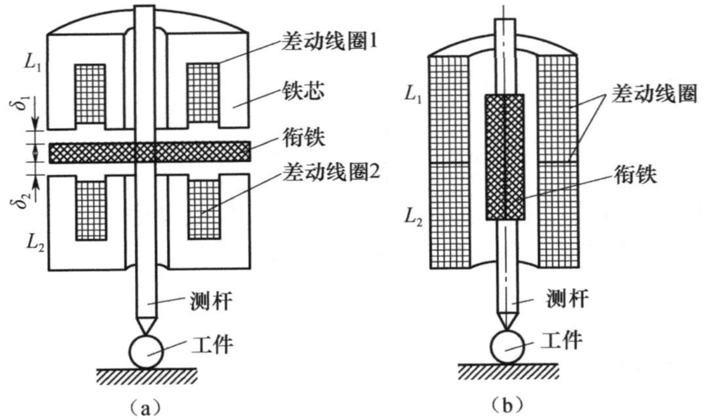

图 5-6　变气隙差动式自感传感器结构剖面图

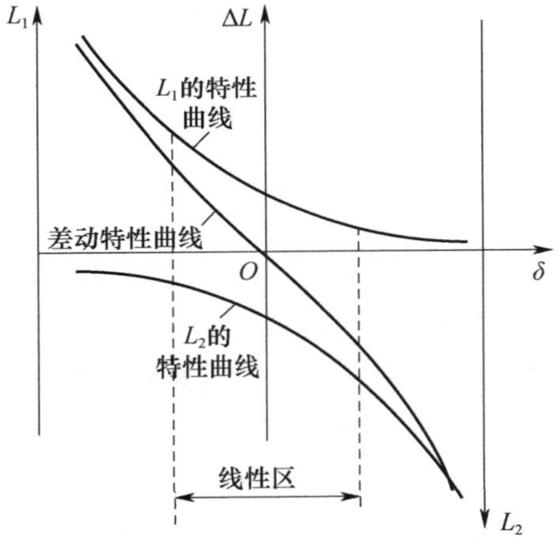

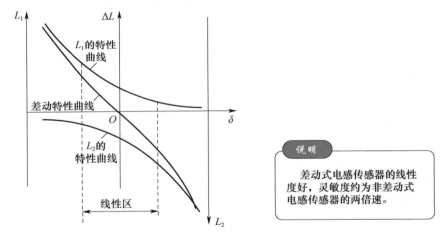

图 5-7　自感系数特性曲线图

说明

差动式电感传感器的线性度好，灵敏度约为非差动式电感传感器的两倍速。

根据结构图与自感系数特性曲线图可以看出，差动式与单线圈电感式传感器相比，具有以下优点。

（1）线性度高。

（2）灵敏度高，即衔铁位移相同时，输出信号大一倍。

（3）温度变化、电源波动、外界干扰等对传感器精度的影响，由于能互相抵消而减小。

（4）电磁吸力对测力变化的影响也由于能相互抵消而减小。

5.2.4　电感式传感器的测量电路

自感式传感器实现了把被测量的变化转换为电感量的变化。为了测出电感量的变化，就要用转换电路把电感量的变化转换成电压（或电流）的变化，最常用的转换电路有调幅、调频和调相电路。

1. 调幅电路

1）变压器电路

图 5-8 所示为变压器电桥，Z_1 和 Z_2 为传感器两个线圈的阻抗，另两臂为电源变压器二次侧线圈的两半，每半的电压为$\frac{u}{2}$。输出空载电压为

$$u_o = \frac{u}{Z_1 + Z_2}Z_1 - \frac{u}{2} \tag{5-5}$$

（1）当衔铁处于中间位置时，$Z_1 = Z_2 = Z$，$u_o = 0$。

（2）当衔铁偏离中间零点时，设 $Z_1 = Z + \Delta Z$，$Z_2 = Z - \Delta Z$，代入式（5-5），可得

$$u_o = \frac{u}{2}\frac{\Delta Z}{Z} \tag{5-6}$$

同理，当传感器衔铁移动方向相反时，则 $Z_1 = Z - \Delta Z$，$Z_2 = Z + \Delta Z$，代入式（5-5），可得

$$u_o = -\frac{u}{2}\frac{\Delta Z}{Z} \tag{5-7}$$

比较式（5-6）和式（5-7），说明这两种情况输出电压大小相等、方向相反，即相位相差 180°，而这两个式子所表示的电压都为交流电压，如果用示波器观察波形，结果是一样的。为了判别衔铁的移动方向，需要在后续电路中配相敏检波电路解决。

2）相敏检波电路

图 5-9 是相敏检波电路的原理图。电桥由差动式电感传感器线圈 Z_1 和 Z_2 及平衡电阻 R_1 和 R_2 组成。当 $R_1 = R_2$ 时，$VD_1 \sim VD_4$ 构成了相敏整流器，桥的一条对角线接有交流电源 u，另一条对角线接有电压表。

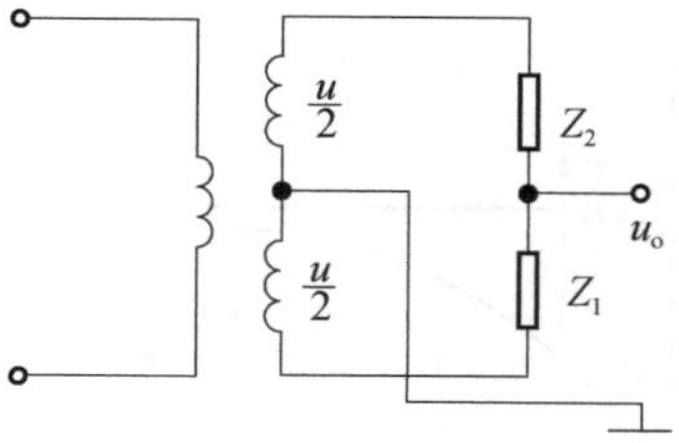

图 5-8　变压器电路

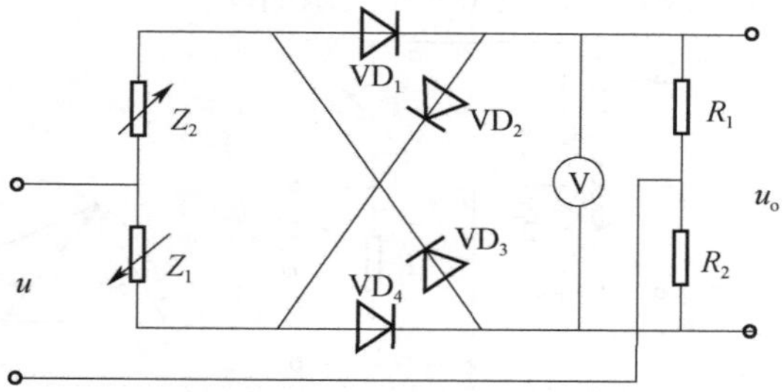

图 5-9　相敏检波电路

（1）当差动衔铁处于中间位置时，$Z_1 = Z_2 = Z$，输出电压 $u_o = 0$。

（2）当衔铁偏离中间位置而使 $Z_2 = Z + \Delta Z$ 增加时，$Z_1 = Z - \Delta Z$ 减少，当电源 u 上端为正，下端为负时，电阻 R_2 上的压降大于 R_1 上的压降；当电源 u 上端为负，下端为正时，电阻 R_2 上的压降小于 R_1 上的压降，则电压表的输出都是下端为正，上端为负。

（3）当衔铁偏离中间位置而使 $Z_2 = Z - \Delta Z$ 减少时，$Z_1 = Z + \Delta Z$ 增加，当电源 u 上端为正，下端为负时，电阻 R_2 上的压降小于 R_1 上的压降；当电源 u 上端为负，下端为正时，电阻 R_2 上的压降大于 R_1 上的压降，则电压表的输出都是下端为负，上端为正。

2. 调频电路

调频电路的基本原理是，传感器的电感 L 的变化引起输出电压频率 f 的变化。一般把传

感器电感线圈 L 和一个固定电容 C 接入一个振荡电路中，如图 5-10（a）所示。图中 G 表示振荡电路，其振荡频率 $f=\frac{1}{2\pi\sqrt{LC}}$。当 L 变化时，振荡频率随之变化，根据 f 的大小即可测出被测量的值。

图 5-10（b）所示为 $f-L$ 关系曲线，它们具有严重的非线性关系，因此要求后续电路做适当线性化处理。

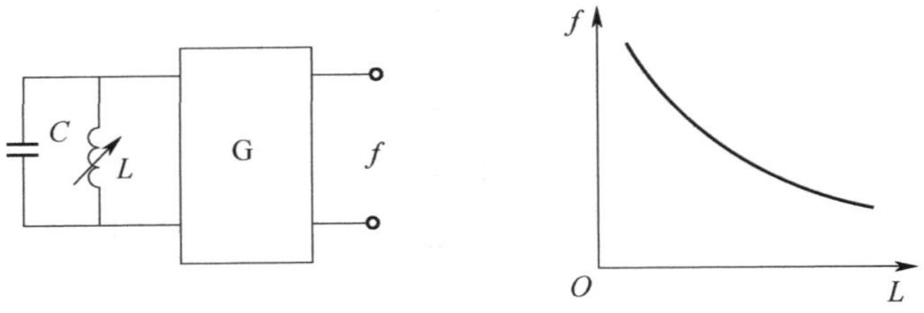

图 5-10 调频电路

（a）调频电路；（b）振荡频率曲线

3. 调相电路

调相电路的基本原理是，传感器的电感 L 的变化将引起输出电压相位 φ 的变化。图 5-11（a）所示是一个相位电桥，一臂为传感器，另一臂为固定电阻 R。设计时使线圈具有高品质因数。忽略其损耗电阻，则电感线圈与固定电阻上的压降 $\dot{U}_L$ 和 $\dot{U}_R$ 两个相量是垂直的，如图 5-11（b）所示。当电感 L 变化时，输出电压 $\dot{U}_o$ 的幅值不变，相位角 φ 随之变化。φ 与 L 的关系为

$$\varphi = 2\arctan\frac{\omega L}{R} \tag{5-8}$$

图 5-11（c）所示为 $\varphi-L$ 关系曲线。

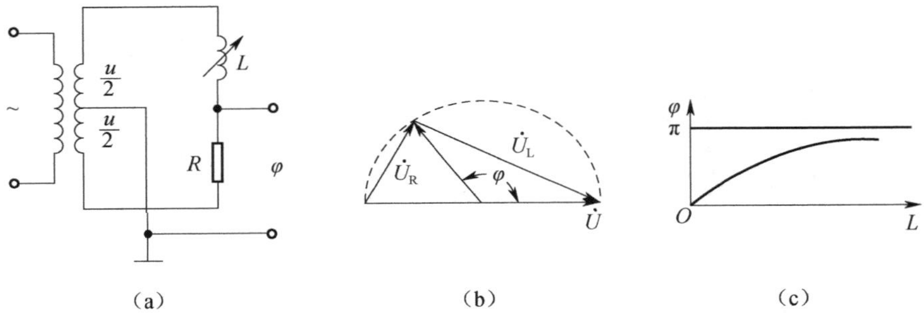

图 5-11 调相电路

（a）调相电路；（b）$\dot{U}_L-\dot{U}_R$ 关系；（c）$\varphi-L$ 关系曲线

5.2.5 电感式传感器的应用电路

1. 电感式滚柱直径分选装置

电感式滚柱直径分选装置的实物图如图 5-12 所示，其内部结构原理如图 5-13 所示。由机械排序装置送来的滚柱按顺序进入电感测微仪。电感测微仪的测杆在电磁铁的控制下，先提升到一定的高度，让滚柱进入其正下方，然后电磁铁释放。

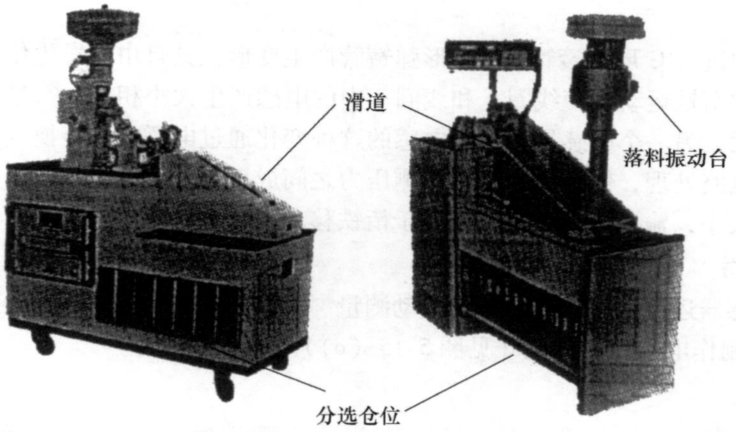

图 5-12　电感式滚柱直径分选装置实物

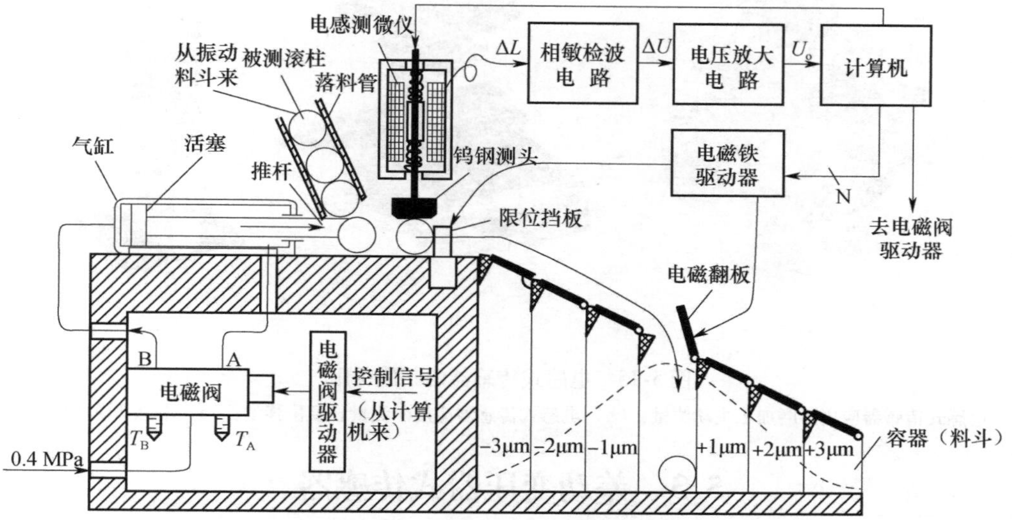

图 5-13　电感式滚柱直径分选装置结构原理图

电感式滚柱直径分选装置的工作流程为：

（1）衔铁向下压住滚柱，滚柱的直径决定了衔铁位置的大小。

（2）将电感式传感器的输出信号送到计算机，计算出直径的偏差值。

（3）完成测量的滚柱被机械装置推出电感测微仪，这时相应的翻板打开，滚柱落入与其直径偏差相对应的容器中。

（4）上述测量和分选步骤是在计算机控制下进行的。

2. 变气隙式差动电感压力传感器

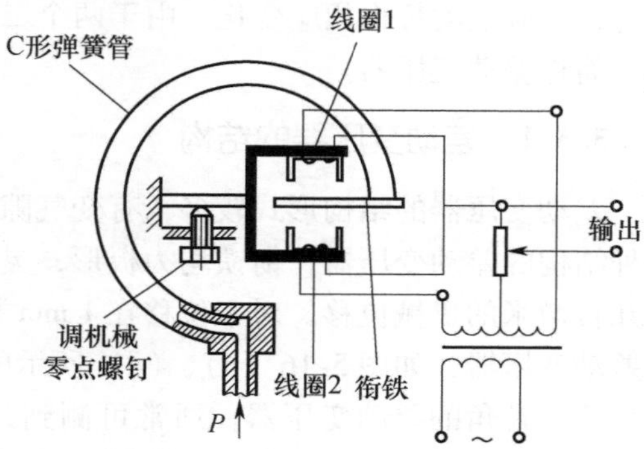

图 5-14　变气隙式差动电感压力传感器

图 5-14 所示为变气隙式差动电感压力传感器。它主要由 C 形弹簧管、衔铁、铁芯和线

圈等组成。

当被测压力进入 C 形弹簧管时，C 形弹簧管产生变形，其自由端发生位移，带动与自由端连接成一体的衔铁运动，使线圈 1 和线圈 2 中的电感产生大小相等、符号相反的变化，即一个电感量增大，另一个电感量减小。电感的这种变化通过电桥电路转换成电压输出。再通过相敏检波等电路处理，使输出信号与被测压力之间成正比例关系，即输出信号的大小取决于衔铁位移的大小，输出信号的相位取决于衔铁移动的方向。

3. 其他应用

电感式传感器还可以应用于磨加工主动测量（见图 5-15（a））、测量长度位移量（见图 5-15（b））和制作电子柱测微仪（见图 5-15（c））。

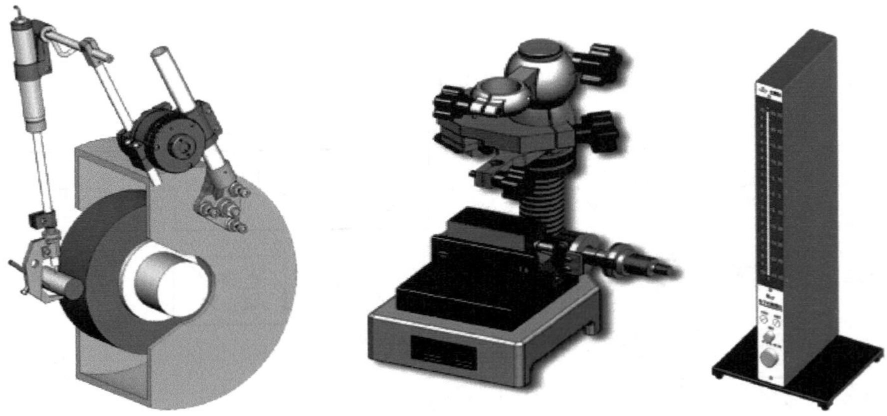

（a）　　（b）　　（c）

图 5-15　电感式传感器的其他应用

（a）电感式传感器应用于磨加工主动测量；（b）电感式传感器应用于测量长度位移量；（c）电感式电子柱测微仪

5.3　差动变压器式传感器

把被测的非电量变化转换为线圈互感量变化的传感器称为互感式传感器。这种传感器是根据变压器的基本原理制成，把被测位移量转换为一次线圈与二次线圈间的互感量 M 变化的装置。当一次线圈接入激励电源后，二次线圈就将产生感应电动势，当两者间的互感量变化时，感应电动势也相应变化。由于两个二次线圈采用差动接法，故称为差动变压器式传感器，简称差动变压器。

5.3.1　差动变压器的结构

差动变压器的结构形式较多，有变气隙式、变面积式和螺线管式等。图 5-16（a）、（b）两种结构的差动变压器，衔铁均为板形，灵敏度高，但测量范围较窄，一般用于测量几微米到几百微米的机械位移。对于位移在 1 mm 至上百毫米的测量，常采用圆柱形衔铁的螺线管式差动变压器，如图 5-16（c）、（d）所示的两种结构。如图 5-16（e）、（f）所示的两种结构是测量转角的差动变压器，通常可测到几秒的微小位移，输出线性范围一般在 ±10 ℃。非电量测量中，应用最多的是螺线管式差动变压器，它可以测量 1 ~ 100 mm 范围内的机械位移，并具有测量精度高、灵敏度高、结构简单、性能可靠等优点。

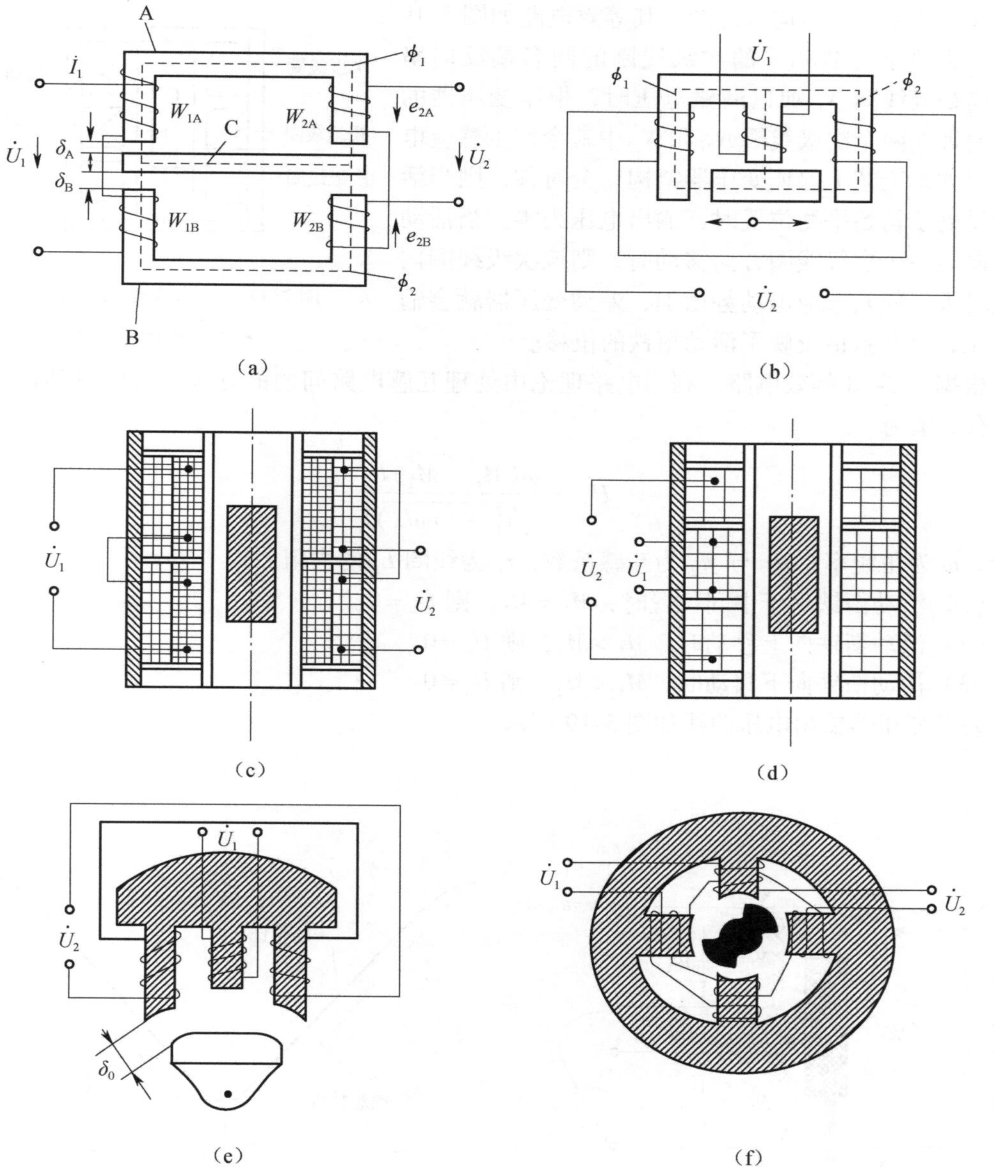

图5-16　差动变压器式传感器结构示意图

（a）变气隙式差动变压器1；（b）变气隙式差动变压器2；（c）螺线管式差动变压器1；（d）螺线管式差动变压器2；（e）变面积式差动变压器1；（f）变面积式差动变压器2

5.3.2 差动变压器的工作原理

差动变压器的结构虽有很多形式，但其工作原理基本相同。差动变压器的结构与差动式电感传感器一样，也是由铁芯、衔铁和线圈3部分组成。其不同之处在于，差动变压器上、下两只铁芯均有一个初级线圈1（又称激励线圈）和一个次级线圈2（也称输出线圈）。上、下两个初级线圈串联后接交流激励电压，两个次级线圈则按电动势反相串接。

以三段式螺线管式差动变压器为例，来叙述差动变压器的工作原理。图5-17为三段式螺线管式差动变压器结构示意图，其等效电路如图5-18所示。将两个匝数相等的次级线圈的同名端反向串联，向初级线圈N_1加以激磁电压时，根据变压器的作用原理在两个次级线圈N_{21}和N_{22}中就会产生感应电动势，如果工艺上保证变压器结构完全对称，则当活动衔铁处于初始平衡位置时，输出电压为零。当活动衔铁向某一个次级线圈方向移动时，则该次级线圈内磁通增大，使其感应电动势增加，差动变压器就会输出电压，且其数值反映了活动衔铁的位移。

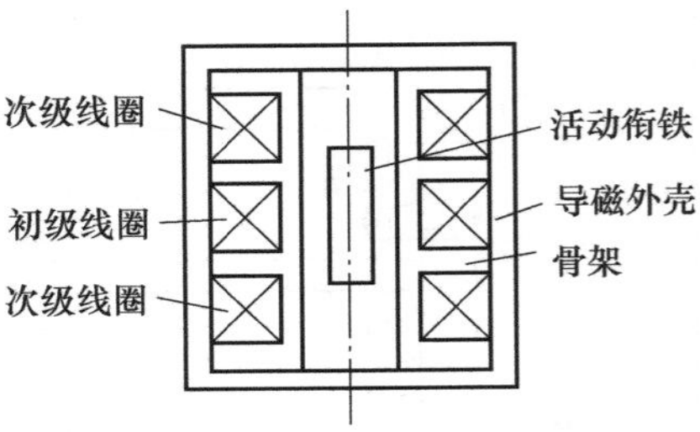

图5-17 三段式螺线管式差动变压器结构示意图

根据图5-18等效电路，利用电路理论中处理互感电路问题的方法，可以得到输出电压u_o的有效值为

$$\dot{U}_o = \frac{\omega(M_1 - M_2)\dot{U}_i}{\sqrt{r_1^2 + (j\omega L_1)^2}} \tag{5-9}$$

其中，ω为角频率；M_1与M_2为互感系数；r_1为线圈L_1的内阻。

（1）活动衔铁处于中间位置时，$M_1=M_2$，则$U_o=0$。

（2）活动衔铁向上移动时，$M_1>M_2$，则$U_o\neq0$。

（3）活动衔铁向下移动时，$M_1<M_2$，则$U_o\neq0$。

差动变压器输出电压曲线如图5-19所示。

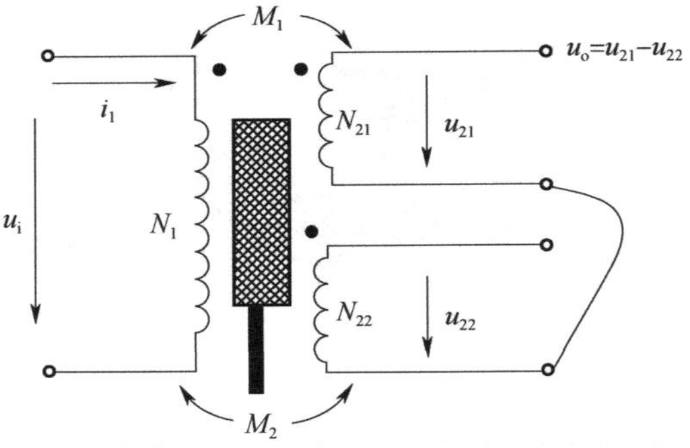

图5-18 三段式螺线管式差动变压器等效电路

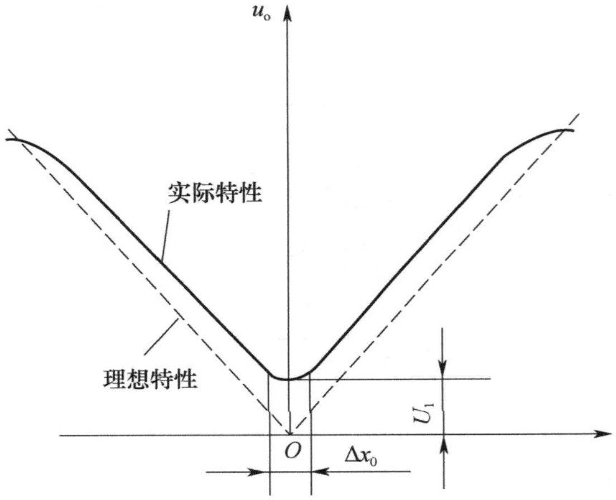

图5-19 差动变压器输出电压曲线

5.3.3 差动变压器的测量电路

差动变压器的输出电压是调幅波，为辨别衔铁的移动方向，要进行解调。常用解调电路有：差动相敏检波电路与差动整流电路。采用解调电路还可以消除零位电压。

1. 差动相敏检波电路

差动相敏检波的形式很多，图5-20所示是其中的两例。相敏检波电路要求参考电压与差动变压器次级输出电压的频率相同，相位相同或相反，因此常接入移相电路。为了提高检波效率，参考电压幅值取为输入信号的3~5倍。图中R_W是调零电位器。对测量小的位移的差动变压器，若输出信号过小，电路中可以接入放大器。

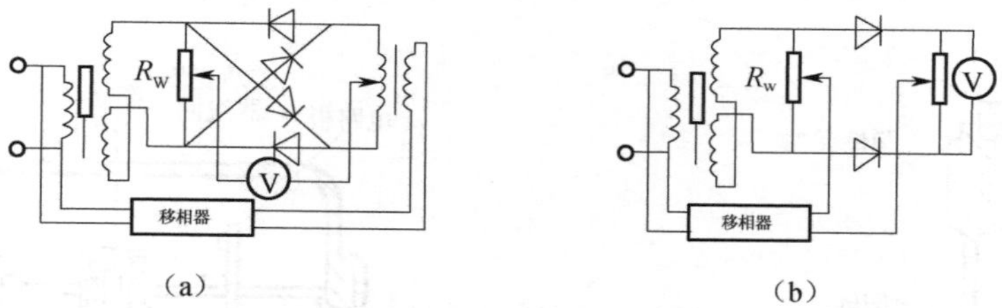

图 5-20　差动相敏检波电路
(a) 全波检波；(b) 半波检波

2. 差动整流电路

差动整流电路非常简单，不需参考电压，不需要考虑相位调整和零位电压的影响，对感应和分布电容影响不敏感。此外经差动整流后变成直流输出便于远距离输送。差动整流电路结构如图 5-21 所示。

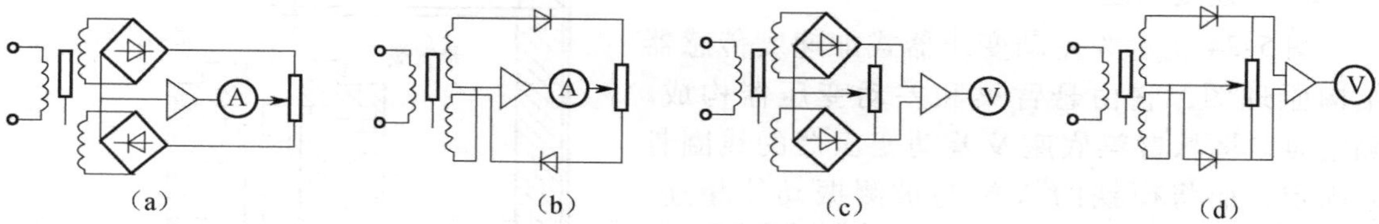

图 5-21　差动整流电路结构
(a) 全波电流输出；(b) 半波电流输出；(c) 全波电压输出；(d) 半波电压输出

应该指出，经相敏检波和差动整流输出的信号还需经低通滤波器消除高频滤波，才能得到与衔铁一致的有用信号。

5.3.4　差动变压器的应用电路

差动变压器式传感器可以直接用于位移测量，也可以测量与位移有关的任何机械量，如力、力矩、压力、压差、振动、加速度、应变、液位等。

1. 力和力矩的测量

图 5-22 所示为差动变压器式力传感器。具有缸体状空心截面的弹性元件发生形变，衔铁相对线圈移动，产生正比力的输出电压。这种传感器的优点是承受轴向力时，应力分布均匀；当长径比较小时，受横向偏心分力的影响较小。将这种传感器结构做适当改进，可在电梯载荷测量中应用。

如果将弹性元件设计成敏感圆周方向变形的结构，并配有相应的电感式传感器，就能构成力矩传感器。这种传感器已成功地应用于船模运动的测试分析中。

2. 压力测量

差动变压器式传感器与弹性敏感元件（膜片、膜盒和弹簧管等）相结合，可以组成开环压力传感器和闭环力平衡式压力计，可用来测量压力或压差。

图 5-23 所示为微压力变送器结构示意图。在无压力作用时膜盒处于初始状态，固连于膜盒中心的衔铁位于差动变压器线圈的中部，输出电压为零。当被测压力经接头输入膜盒后，推动衔铁移动，从而使差动变压器输出正比于被测压力的电压。这种微压力变送器可测

量（$-4\sim6$）$\times10^4$ Pa 的压力。

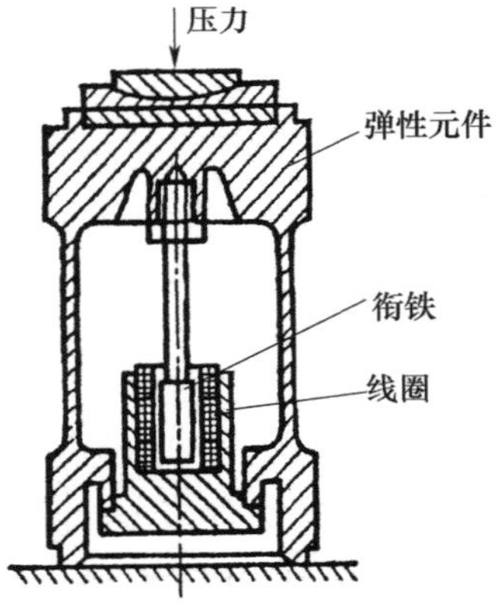

图 5-22 差动变压器式力传感器

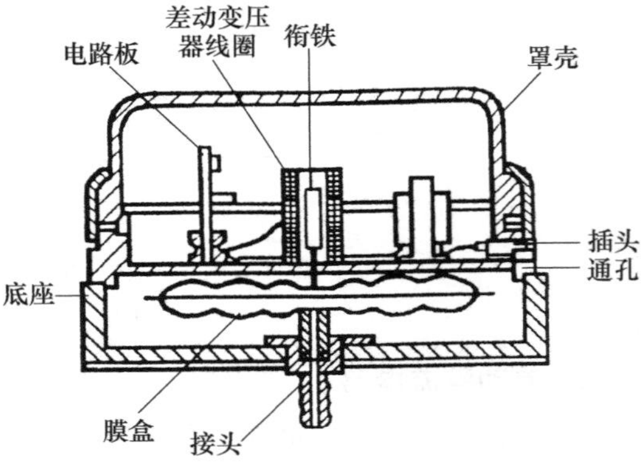

图 5-23 微压力变送器结构示意图

3. 加速度测量

图 5-24 所示为差动变压器式加速度传感器结构原理图，它由悬臂梁和差动变压器构成。测量时，将悬臂梁底座及差动变压器的线圈骨架固定，而将衔铁的 A 端与被测振动体相连，此时传感器作为加速度测量中的惯性元件，它的位移与被测加速度成正比，使加速度的测量转换为位移的测量。当被测体带动衔铁以 Δx 振动时，差动变压器的输出电压也按相同规律变化。通过输出电压值的变化间接地反映了被测加速度值的变化。

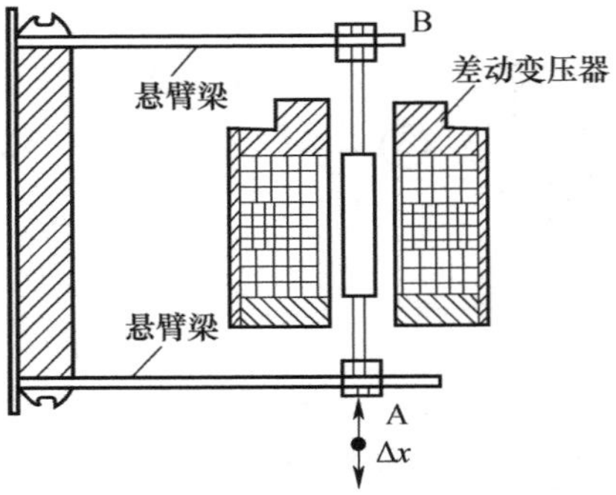

图 5-24 差动变压器式加速度传感器结构原理图

5.4 电涡流式传感器

5.4.1 电涡流式传感器的工作原理

根据法拉第电磁感应原理，块状金属导体置于变化的磁场中，导体内将产生呈涡旋状的感应电流，称之为电涡流或涡流，这种现象称为涡流效应。

电涡流式传感器是利用电涡流效应，将位移、温度等非电量转换为阻抗的变化或电感的变化从而进行非电量电测，目前生产的变间隙式位移传感器，其量程范围为 300～800 m。

图 5-25 是电涡流式传感器示意图。一个通有高频（1～2 MHz）变交电流 $\dot{I}_1$ 的传感器线圈，由于电流的变化，在线圈周围会产生一个交变磁场 H_1，当被测导体置于该磁场范围之内时，被测导体内便产生电涡流 $\dot{I}_2$，电涡流也将产生一个新磁场 H_2，H_2 和 H_1 方向相反，抵消部分原磁场，从而导致线圈的

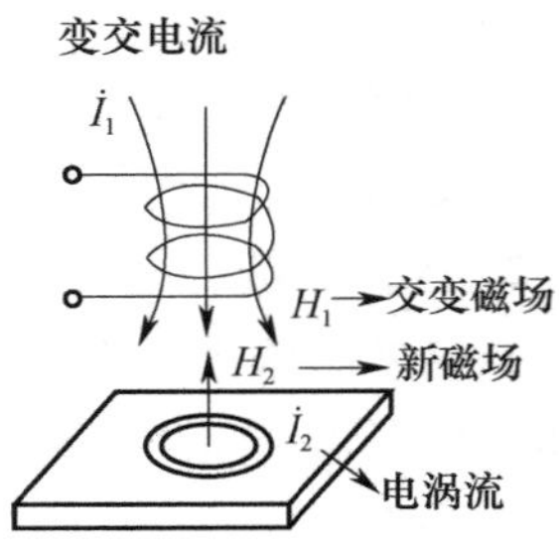

图 5-25 电涡流式传感器示意图

电感量、阻抗和品质因素发生变化。

一般来说，传感器线圈的阻抗、电感和品质因素的变化与导体的几何形状、电导率、磁导率有关，也与线圈的几何参数、电流的频率以及线圈到被测导体间的距离有关。如果只控制上述参数中的一个参数发生变化而其余皆不变，就可以构成位移、温度等各种传感器。

5.4.2　电涡流式传感器的结构

电涡流式传感器的结构比较简单，主要由一个安置在探头壳体的扁平圆形线圈构成。图 5-26 为电涡流式传感器的内部结构，图 5-27 为电涡流式传感器的实物图。

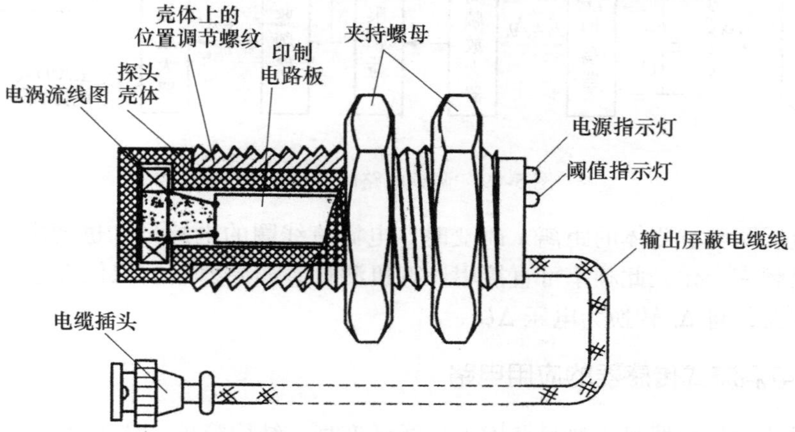

图 5-26　电涡流式传感器的内部结构

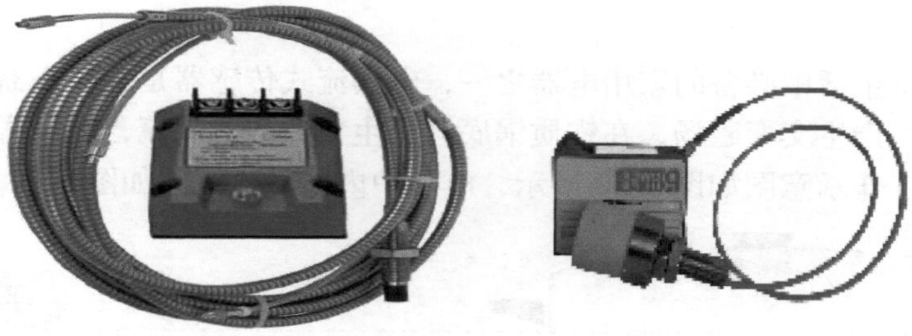

图 5-27　电涡流式传感器实物图

5.4.3　电涡流式传感器的测量电路

利用电涡流式变换元件进行测量时，为了得到较强的电涡流效应，通常使激磁线圈工作在较高频率下，所以信号转换电路主要有调幅电路和调频电路两种。

1. 调幅（AM）电路

调幅（AM）电路的原理框图如图 5-28 所示。

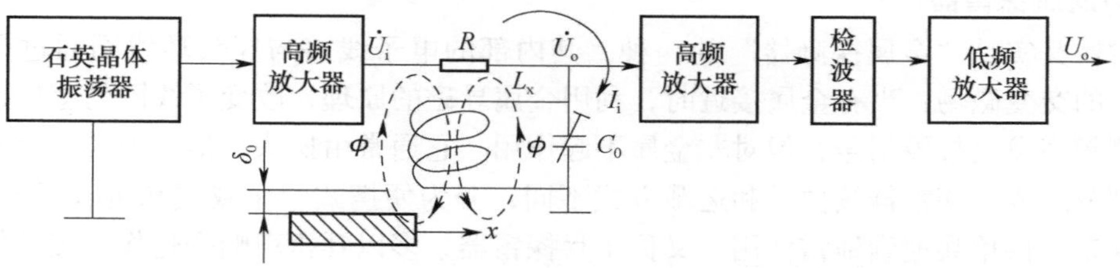

图 5-28　调幅电路的原理框图

石英晶体振荡器产生稳频、稳幅高频振荡电压（100 kHz ~ 1 MHz）用于激励电涡流线圈。金属材料在高频磁场中产生电涡流，引起电涡流线圈电压的衰减，再经高频放大器、检波器、低频放大器，最终输出的直流电压 U_o 反映了金属体对电涡流线圈的影响。

2. 调频电路

调频（FM）电路（100 kHz ~ 1 MHz）的原理框图如图 5-29 所示。

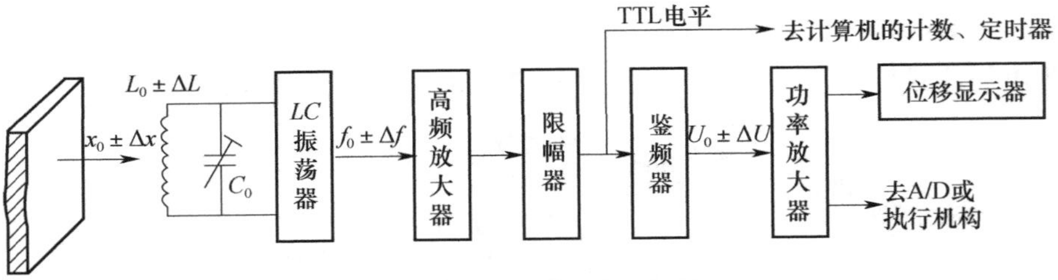

图 5-29　调频电路的原理框图

当电涡流线圈与被测体的距离 x 改变时，电涡流线圈的电感量 L 也随之改变，引起 LC 振荡器的输出频率变化，此频率可直接用计算机测量。如果要用模拟仪表进行显示或记录，必须使用鉴频器，将 Δf 转换为电压 ΔU。

5.4.4　电涡流式传感器的应用电路

由于电涡流式传感器具有测量范围大、灵敏度高、结构简单、抗干扰能力强和可以非接触测量等优点，所以被广泛应用于工业生产和科学研究的各个领域中。

1. 电磁炉

电磁炉是日常生活中必备的家用电器之一，电涡流式传感器是其核心器件之一，高频电流通过励磁线圈，产生交变磁场，在铁质锅底会产生无数的电涡流，使锅底自行发热，加热锅内的食物。其工作示意图如图 5-30 所示，电磁炉内部励磁线圈如图 5-31 所示。

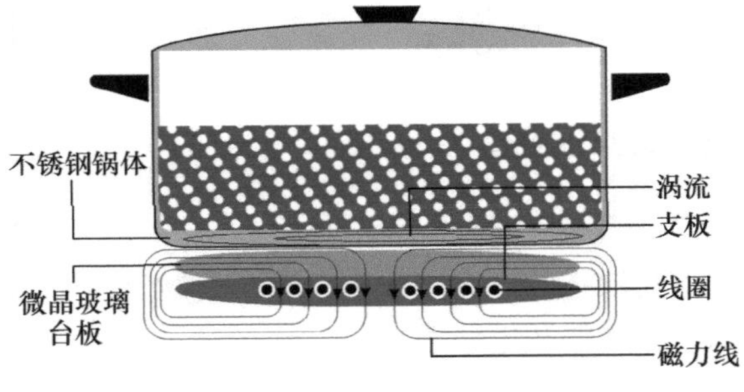

图 5-30　电磁炉工作示意图

图 5-31　电磁炉内部励磁线圈

2. 电涡流探雷器

探雷器其实是“金属探测器”的一种，其内部的电子线路与探头环线圈通过振荡形成固定频率的交变磁场，当有金属接近时，利用金属导磁的原理，改变了线圈的感抗，从而改变了振荡频率发出报警信号，但对非金属不起作用。它通常由探头、信号处理单元和报警装置三大部分组成。探雷器按携带和运载方式不同，分为便携式、车载式和机载式 3 种类型。便携式探雷器供单兵搜索地雷使用，又称单兵探雷器，多以耳机声响变化作为报警信号；车载式探雷器以吉普车、装甲输送车作为运载车辆，用于在道路和平坦地面上探雷，以声响、灯光和屏幕显示等方式报警，能在报警的同时自动停车，适于伴随和保障坦克、机械化部队行动；机载式探雷器使用直升机作为运载工具，用于在较大地域上对地雷场实施远距离快速探测。图 5-32 为大直径电涡流式传感器。

图 5-32　大直径电涡流式传感器

3. 电涡流式接近开关

接近开关又称无触点行程开关，它能在一定的距离（几毫米至几十毫米）内检测有无物体靠近。当物体接近到设定距离时，就可发出“动作”信号。接近开关的核心部分是“感辨头”，它对正在接近的物体有很高的感辨能力。图 5-33 为电涡流式接近开关的原理框图。这种接近开关只能检测金属。电涡流式接近开关的实物如图 5-34 所示。

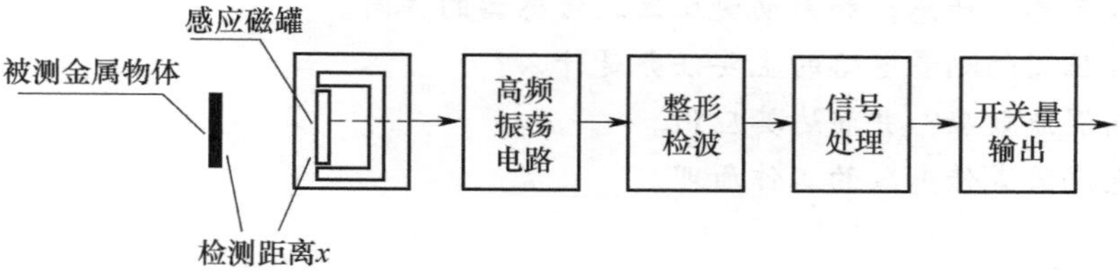

图 5-33　电涡流式接近开关的原理框图

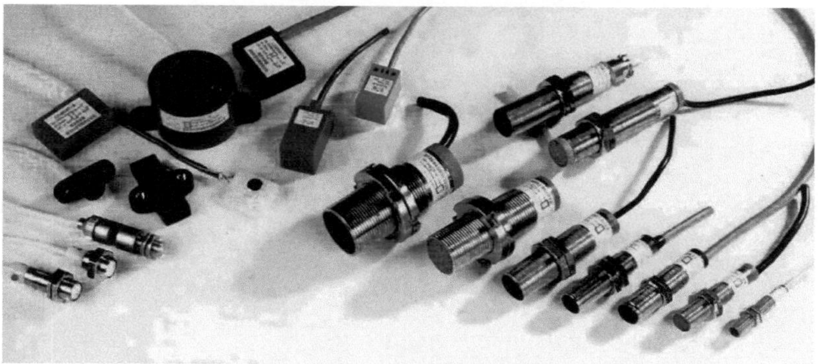

图 5-34　电涡流式接近开关实物

电涡流式接近开关的接线方式如图5-35所示。OUT端与GND端的压降U_{CES}约为0.3 V，流过K的电流$I_b=\frac{(V_{CC}-0.3)}{R_b}$。若$I_b$大于K的额定吸合电流，则K能够可靠吸合。

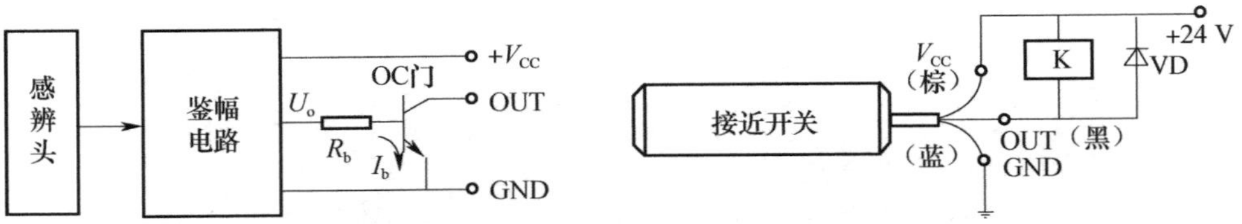

图5-35　电涡流式接近开关的接线方式

要点提示

（1）勿将电涡流式接近开关置于0.02 T以上的磁场环境下使用，以免造成误动作。

（2）为了保证不损坏电涡流式接近开关，用户接通电源前应检查接线是否正确。

（3）为了使电涡流式接近开关长期稳定工作，务必进行定期的维护。

（4）DC二线制接近开关具有0.5～1 mA的静态泄漏电流，在一些对泄漏电流要求较高的场合下，可改用DC三线制接近开关。

思考与练习

1. 电感式传感器分为几种类型？每种类型各有什么特点？

2. 自感式传感器测量电路的主要任务是什么？变压器式电桥和带相敏检波的交流电桥，哪个能更好地完成这一任务？为什么？

3. 请比较自感式传感器和差动变压器式传感器的异同。

4. 差动变压器的测量电路的主要任务是什么？

5. 什么叫涡流效应？并简述其应用。

6. 简述电涡流式传感器的工作原理。

第 6 章

压电式传感器的原理及其应用

【课程教学内容与要求】

（1）教学内容：压电效应和压电材料；压电式传感器的结构形式、工作原理、等效电路及测量转换电路；压电式传感器的应用。

（2）教学重点：压电式传感器的工作原理、结构形式和测量电路。

（3）基本要求：理解压电效应；了解压电材料；掌握压电式传感器的结构形式、工作原理、等效电路及测量转换电路；了解压电式传感器的应用。

压电式传感器的压电元件是利用压电材料制成的，它是一种电量型传感器。其工作原理是以某些电介质的压电效应为基础的，在外力的作用下，电介质的表面就会产生电荷，有电压输出，从而实现力－电信号的转换，再通过检测电荷量（或输出电压）的大小，即可测出作用力的大小。

压电元件是一种典型的力敏感元件，可用来测量最终可变换为力的各种物理量，如测量压力、应力、加速度等。由于压电元件具有体积小、质量轻、结构简单、可靠性高、频带宽、灵敏度和信噪比高等优点，压电式传感器也随之得到了飞速发展。在声学、力学、医学和航空航天等领域都得到了广泛应用。其缺点是无静态输出，要求有很高的输出阻抗，需用低电容的低噪声电缆等。

6.1　压电效应和压电材料

6.1.1　压电效应

某些电介质物质，在沿着一定方向上受到外力的作用而变形时，内部会产生极化现象，同时在它的相应表面上会产生极性相反的电荷；当外力撤销后，又重新回到不带电的状态；当作用力改变方向时，电荷的极性也随之改变，这种将机械能转变为电能的现象称为正压电效应，又称为顺压电效应。压电效应所产生的电荷量 q 与施加的外力 F 大小成正比，其压电方程为

$$q = d \cdot F \tag{6-1}$$

式中　d——压电系数。

相反地，在电介质物质的极化方向上施加电场，会产生机械变形，当外加电场撤销时，

电介质的变形也随之消失，这种将电能转变为机械能的现象称为逆压电效应，又称为电致伸缩效应。

正压电效应和逆压电效应统称为压电效应，即压电效应是可逆的。具有压电效应的电介质物质称为压电材料。压电材料有很多种，如石英（二氧化硅）是性能良好的天然压电晶体，钛酸钡、锆钛酸铅等系列压电陶瓷也具有很好的压电功能。

1. 石英晶体的压电效应

石英晶体是最常用的压电晶体，其天然结构是具有规则的几何形状，理想外形是一个正六面体，如图6-1(a) 所示。石英晶体的结构可用3 条相互垂直的晶轴来表示，如图6-1(b) 所示，纵向的 Z 轴是过锥形顶端的轴线，称为光轴；经过六面体的棱线且垂直于 Z 轴的为 X 轴，称为电轴；垂直于六面体的棱面且与 X 轴和 Z 轴同时垂直的 Y 轴称为机械轴。

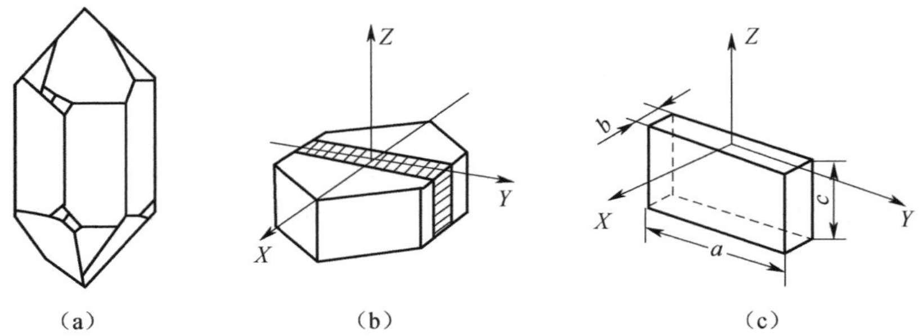

图6-1　石英晶体结构图

(a) 石英晶体的外形；(b) 坐标轴；(c) 晶体切块

在晶体上沿 Y 轴线切下一块平行六面体晶块，如图6-1(c) 所示。石英晶体的化学分子式为 SiO_2，每一个晶格单元中有3 个硅离子和6 个氧离子，硅离子和氧离子交替排列，它们在 XY 平面上的投影为正六边形，如图6-2(a) 所示。

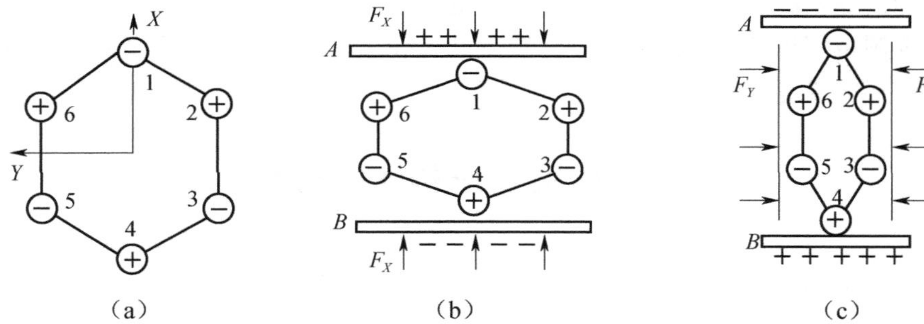

图6-2　石英晶体的压电效应

(a) 不受力时；(b) X 轴向受力时；(c) Y 轴向受力时

(1) 当石英晶体未受作用力时，正、负离子对称地分布在正六边形的顶角上，形成3 个互成120°夹角的电偶极矩，它们之间的相互作用力的矢量和等于零，整个晶体对外呈现电中性。

(2) 当沿 X 轴方向施加压力作用时，晶体沿 X 轴方向产生压缩形变，并出现极化现象，正负离子的相对位置发生变动，如图6-2(b) 所示。此时，正负电荷的重心不再重合，会在

YZ 平面上产生电荷，在 X 轴的正方向出现正电荷，在 X 轴的负方向出现负电荷。反之，若是施加拉力作用，则出现的电荷极性方向相反，即 X 轴的正方向出现负电荷，X 轴的负方向出现正电荷。

（3）当同一晶片受到沿 Y 轴方向上的力 F_Y 作用时，同样会产生极化现象，电荷仍然产生在垂直于 X 轴的表面上，如图 6-2(c) 所示。

在石英晶体中，下标 1、2、3 分别对应 X 轴、Y 轴、Z 轴，目的是方便描述石英晶体的物理特性和应用。具体来说：X 轴被称为电轴或 1 轴，沿这个轴方向的力作用会产生压电效应，即在电轴（X 轴）方向的力作用下，石英晶体表面会产生电荷集聚，这种效应称为纵向压电效应。Y 轴被称为机械轴或 2 轴，沿这个轴方向的力作用也会产生压电效应，但与 X 轴不同，Y 轴的压电效应称为横向压电效应。Z 轴被称为光轴或 3 轴，沿这个方向受力时不会产生压电效应。因此，Z 轴也被称为中性轴，因为在 Z 轴方向上，无论施加压力还是拉力，石英晶体都不会产生电荷。

综上所述，无论沿 X 轴方向，还是沿 Y 轴方向对石英晶体施加作用力时，都会产生压电效应。但沿 Z 轴方向对石英晶体施加作用力时，不会产生压电效应。因此，无论沿 X 轴方向，还是沿 Y 轴方向对石英晶体施加作用力，随着压电效应作用力的方向不同，其电荷的极性也不一样，如图 6-3 所示。

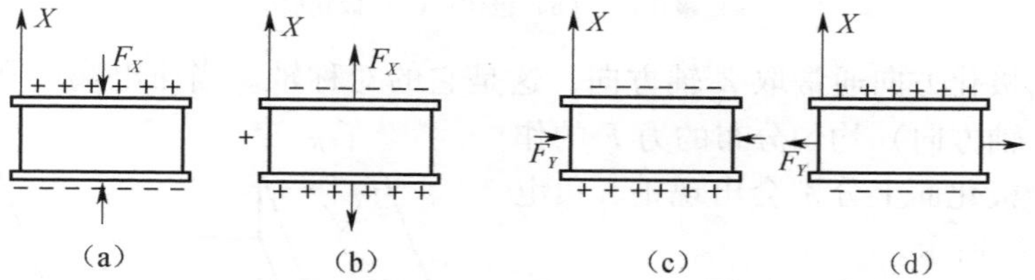

图 6-3　石英晶体上电荷极性与受力方向的关系

（a）X 轴向受压力；（b）X 轴向受拉力；（c）Y 轴向受压力；（d）Y 轴向受拉力

此外，当石英晶体受到沿 Z 轴方向的力作用时，无论是压缩应力，还是拉伸应力，都不会产生压电效应，因此不会有电荷产生。但压电晶体除了有纵向和横向压电效应外，在切向应力作用下也会产生电荷。

2. 压电陶瓷的压电效应

压电陶瓷是一种常见的压电材料。压电陶瓷与单晶体的石英晶体不同，它是人工制造的多晶体材料。压电陶瓷在没有极化之前不具有压电现象，在被极化后才有压电效应，并具有非常高的压电常数，是石英晶体的几百倍。

压电陶瓷是具有电畴结构的多晶体压电材料，其内部的晶粒有许多自发极化的电畴，它们是分子自发形成的区域，有一定的极化方向，从而存在电场。在无外电场作用时，电畴则在晶体中无规则排列，它们各自的极化效应相互抵消，压电陶瓷内极化强度为零。因此，在原始状态压电陶瓷呈现中性，不具有压电性质。

为了使压电陶瓷具有压电效应，必须进行极化处理。极化处理就是在一定温度下对压电陶瓷施加强电场（如 100 ~ 170 ℃，20 ~ 30 kV/cm 直流电场），这时电畴的极化方向发生转动，趋向于按外电场的方向排列，从而使材料得到极化，这个方向就是压电陶瓷的极化方向，经过 2 ~ 3 h 后，压电陶瓷就具备压电性能了。外电场越强，就有越多的电畴转向外电场方向。让外电场强度大到使材料的极化达到饱和的程度，即所有电畴极化方向都整齐地与外电场方向一致时，若去掉外电场，电畴的极化方向基本保持不变，其内部仍会存在很强的剩余极化强度，压电陶瓷就具有了压电特性。

这时若压电陶瓷受到外力作用，电畴的界限就会发生移动，电畴发生偏转，引起剩余极化强度发生变化，从而在垂直于极化方向的平面上将出现电荷的变化。这种因受力而产生的将机械能转变为电能的现象，就是压电陶瓷的正压电效应。压电陶瓷的极化过程与铁磁物质的磁化过程非常相似，如图6-4所示。

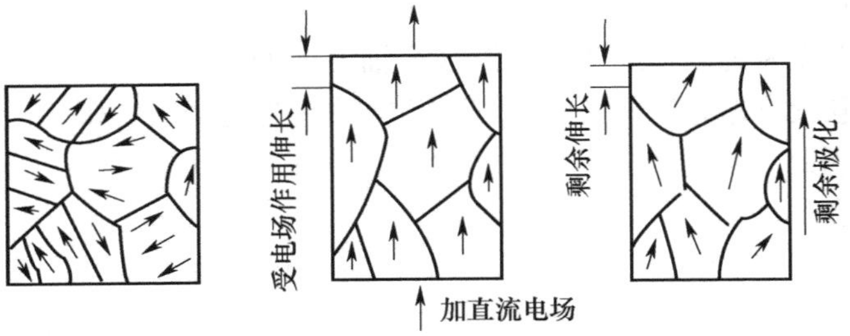

图6-4 压电陶瓷的极化

(a) 极化前；(b) 极化；(c) 极化后

压电陶瓷的极化方向通常取 Z 轴方向，这是它的对称轴。当压电陶瓷在极化面上受到沿极化方向（Z 轴方向）均匀分布的力 F 的作用时，它的两个极化面上分别会出现正、负电荷，如图6-5(a) 所示。

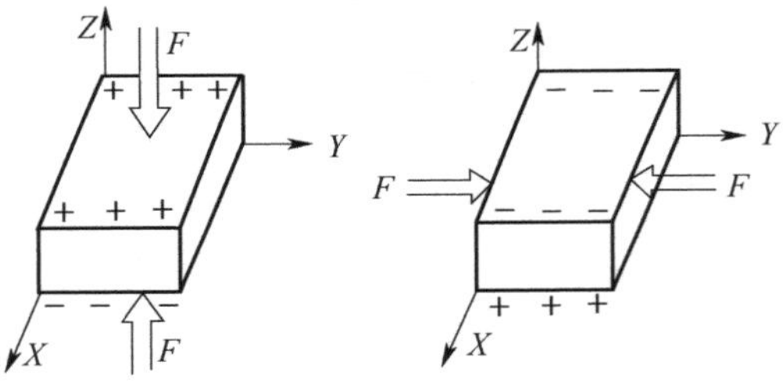

图6-5 压电陶瓷的压电效应

(a) 沿 Z 轴方向受力；(b) 沿 X 轴或 Y 轴方向受力

其电荷量 q 与作用力 F 成正比，且满足

$$q = d_{33}F \tag{6-2}$$

式中 d_{33}——压电陶瓷的纵向压电系数。

压电陶瓷的压电系数 d 的意义与石英晶体相同，但在与其 Z 轴垂直的平面上，可任意选择正交的 X 轴和 Y 轴，X 轴和 Y 轴的压电效应是等效的，因此下标1和2是可以互易的。

极化压电陶瓷的平面是各向同性的，其压电常数 $d_{31}=d_{32}$，它表明当沿着 Z 轴方向极化后，分别从 X 轴（下标为1）或 Y 轴（下标为2）方向施加作用力产生的压电效应是相同的。当极化压电陶瓷受到 X 轴或 Y 轴方向施加的均匀分布的力 F 作用时，在它的极化面上也会出现正负电荷，如图6-5(b) 所示。其电荷量为

$$q = d_{13}FA = d_{32}FA \tag{6-3}$$

式中 q——产生的电荷量（C）；

d_{13}，d_{32}——压电材料的压电系数（C/N）；

A——施加在压电材料上的力的面积（m^2）；

F——施加在压电材料上的力的大小（N）。

压电陶瓷除可通过厚度变形、长度变形和剪切变形获得压电效应外，还可以利用体积变形来获得压电效应。

压电陶瓷的压电系数比石英晶体的大得多，所以采用压电陶瓷制作的压电式传感器的灵敏度较高。极化处理后的压电陶瓷材料的剩余极化强度和特性与温度有关，它的参数也随时间变化，从而使其压电特性减弱。

6.1.2　压电材料

压电材料的种类很多，从取材方面可分为天然的和人工合成的，无机的和有机的。目前应用于压电式传感器中的压电材料大致可分为三类：第一类是压电晶体（属单晶体），它包括石英晶体和其他压电单晶；第二类是压电陶瓷（属多晶半导瓷），如钛酸钡（$BaTiO_3$）、锆钛酸铅（PZT）等；第三类是新型压电材料，主要有压电半导体和高分子压电材料两种，已经有良好的应用前景。

1. 压电晶体

压电晶体的种类很多，除了天然和人工石英晶体外，钾盐类压电和铁电单晶，如铌酸锂（$LiNbO_3$）、钽酸锂（$LiTaO_3$）、锗酸锂（$LiGeO_3$）、镓酸锂（$LiGaO_3$）和锗酸铋（$Bi_{12}GeO_{20}$）等都是较好的压电材料，近年来已在传感器技术中得到日益广泛的应用。

1）石英晶体

石英晶体是一种性能优良的压电材料，有天然和人工培养两种类型。压电效应最早就是在天然石英晶体中发现的，人工培养的石英晶体的物理和化学性质几乎与天然石英晶体无多大区别，因此目前广泛应用成本较低的人造石英晶体。它的压电系数 $d_{11}=2.3\times10^{-12}$ C/N，其压电系数和介电常数具有良好的温度稳定性，在几百摄氏度的温度范围内，这两个参数几乎不随温度变化。石英晶体的居里温度为 573 ℃，即当温度升高到 573 ℃时，它将完全丧失压电特性。它的熔点为 1 750 ℃，密度为 2.65×10^3 kg/m^3，具有很大的机械强度和稳定的机械特性，还有自振频率高、动态性能好、绝缘性能好、迟滞小、重复性好、线性范围宽等优点，曾被广泛应用。但由于其灵敏度很低、压电系数很小，因此正逐渐被其他压电材料所代替。

2）铌酸锂晶体

铌酸锂是一种无色或浅黄色透明铁电晶体，从结构看，它是一种多畴单晶，必须通过极化处理后才能成为单畴单晶，从而呈现出类似单晶体的特点，即机械性能各向异性。它的时间稳定性好，居里点高达 1 200 ℃，熔点为 1 250 ℃，在高温、强辐射条件下，仍具有良好的压电特性，在耐高温传感器上有广泛的应用前景。此外，它还具有良好的光电、声光效应，因此在光电、微声和激光等器件方面都有重要应用。不足之处是质地脆、抗机械和热冲击性差。

3）水溶性压电晶体

水溶性压电晶体有酒石酸钾钠（$NaKC_4H_4O_6\cdot4H_2O$）、硫酸锂（$Li_2SO_4\cdot H_2O$）、磷酸二氢钾（KH_2PO_4）等。最早发现的是酒石酸钾钠，压电系数为 $d_{11}=2.3\times10^{-9}$ C/N，具有较高的压电系数和介电常数，且灵敏度高。但由于易受潮、机械强度低、电阻率低等缺点，使用条件受到限制，只适合在室温和湿度低的环境下使用。

2. 压电陶瓷

1）钛酸钡压电陶瓷

钛酸钡是最早使用的压电陶瓷材料，它是由碳酸钡（$BaCO_3$）和二氧化钛（TiO_2）在高温下合成的。具有较高的压电系数和介电常数，其压电系数约为石英的50倍，但其居里点较低，仅为120 ℃，机械强度不如石英，稳定性也较差。

2）锆钛酸铅压电陶瓷

锆钛酸铅是钛酸铅（$PbTiO_3$）和锆酸铅（$PbZrO_3$）组成的固熔体，具有较高的压电系数和介电常数，其居里点在300 ℃以上，且稳定性好，是目前使用最普遍的一种压电材料。在锆钛酸铅中添加一两种微量元素，如铌（Nb）、锑（Sb）、锡（Sn）、钨（W）或锰（Mn）等，可获得不同性能的压电陶瓷。

3）铌酸盐压电陶瓷

铌酸盐压电陶瓷由铁电体铌酸钾（$KNbO_3$）和铌酸铅（$PbNb_2O_3$）组成。铌酸铅具有较高的居里点（570 ℃），但介电常数较低，铌酸钾的居里点较低，常用于水声传感器中。

3. 压电半导体

1968年以来出现了多种压电半导体，如硫化锌（ZnS）、碲化镉（CdTe）、氧化锌（ZnO）、硫化镉（CdS）、碲化锌（ZnTe）和砷化镓（GaAs）等。这些材料既具有压电特性，同时又具有半导体特性。因此既可利用其压电特性研制传感器，又可利用其半导体特性以微电子技术制成电子器件，也可以将两者结合起来，集压电元件与转换电子线路于一体，研制成新型集成压电式传感器测试系统，其具有非常远大的应用前景。

4. 高分子压电材料

高分子材料属于有机分子半结晶或结晶聚合物，其压电效应较复杂。高分子压电材料在压电式传感器中的应用主要有以下两个方面。

（1）某些合成高分子聚合物薄膜，经延展拉伸和电场极化后，具有一定的压电性能，这类薄膜称为高分子压电薄膜。目前出现的压电薄膜有聚氟乙烯（PVF）、聚偏二氟乙烯（PVF_2）、聚氯乙烯（PVC）等。这些材料的优点是质轻柔软，抗拉强度较高、蠕变小、热稳定性好、耐冲击、不易破碎，可以大量生产或制成较大的面积。

（2）如果将压电陶瓷（如PZT或$BaTiO_3$）粉末掺入高分子化合物中，可以制成高分子压电陶瓷薄膜。这种复合压电材料既可以保持高分子压电薄膜的柔软性，又具有较高的压电系数，是一种很有发展前途的压电材料。

总之，不同材料的压电陶瓷压电性能各不一样，选用合适的压电材料是设计、制作高性能传感器的关键。压电材料的选取一般应从以下几个方面进行考虑。

（1）具有较大的压电系数和较高的耦合系数。

（2）压电元件的机械强度高、刚度大，有较高的固有振动频率和较宽的线性范围。

（3）具有较高的电阻率和较大的介电常数，以减少电荷的泄漏和外部分布电容的影响，获得良好的低频特性。

（4）温度、湿度稳定性好，具有较高的居里点。所谓居里点是指压电性能破坏时的温度转变点。居里点高可以得到较宽的工作温度范围。

（5）压电材料的压电特性不随时间蜕变，具有较好的时间稳定性。

在传感器技术中，目前国内外普遍应用的是压电单晶中的石英晶体和压电多晶中的钛酸钡与钛酸铅系列压电陶瓷。

6.2　压电元件的常用结构

由于单片压电元件工作时产生的电荷量很少，测量时要产生足够的表面电荷就要很大的作用力。因此，在压电元件的实际应用中，为了提高灵敏度，一般将两片或两片以上同型号的压电元件组合在一起使用。从受力角度分析，元件是串接的，每片压电元件受到的作用力相同，产生的变形和电荷数量大小都与单片时相同。

压电元件是有极性的，其连接方式有两种：并联和串联，如图 6-6 所示。压电元件的结构如图 6-7 所示。

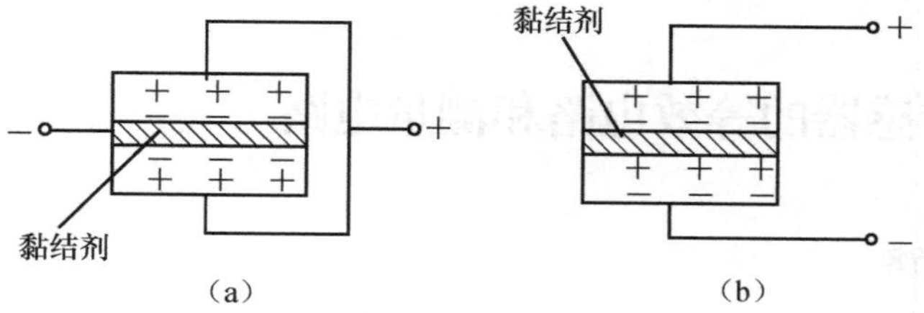

图 6-6　压电元件的连接方式
（a）并联；（b）串联

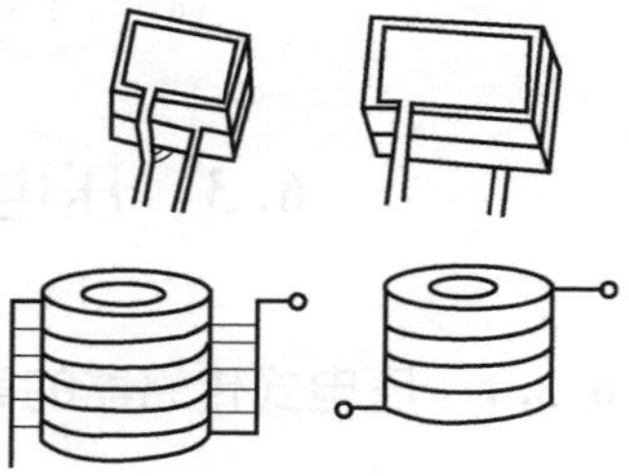

图 6-7　压电元件的常见结构

1） 并联

并联方式如图 6-6(a) 所示，两压电元件的负极共同连接在中间电极上，正极在上下两边并联接在一起，类似于两个电容的并联。

并联时在外力作用下正负电极上的电荷量增加了一倍，电容量也增加了一倍，输出电压与单片时相同。即

$$q' = 2q,\ C' = 2C,\ U' = U \tag{6-4}$$

该类传感器的电容量大，输出电荷量大，时间常数也大，常用于测量缓慢变化的信号，也适用于以电荷作为输出的场合。

2） 串联

串联方式如图 6-6(b) 所示，将一个元件的正极与另一个元件的负极相连接，正电荷集中在上极板，负电荷集中在下极板，两压电片中间黏结处所产生的正负电荷相互抵消。上、下极板的电荷量与单片时相同，输出电压增加了一倍，总电容量减为单片时的一半。即

$$q' = q,\ C' = C/2,\ U' = 2U \tag{6-5}$$

该类传感器本身电容小，输出电压大，适用于以电压作为输出信号的场合，并要求测量电路有较高的输入阻抗。

当把若干个压电元件组合在一起使用时，若组合压电元件受力，则会产生变形，根据受力与变形方式的不同，一般可分为厚度变形、长度变形、体积变形和剪切变形等几种形式，如图 6-8 所示。其中，厚度变形和剪切变形是最常用的两种形式。

在压电式传感器中，其压电片上必须有一定的预应力。一方面可以保证在作用力变化时，压电片始终受到压力；另一方面也可以保证压电材料的电压与作用力呈线性关系。由于压电片在加工过程中很难保证两个压电片的接触面绝对平坦，如果不施加足够的压力，就不能保证均匀接触，因此接触电阻在初始阶段将不是常数，而是随压力不断变化的。但预应力不能太大，否则会影响其灵敏度。

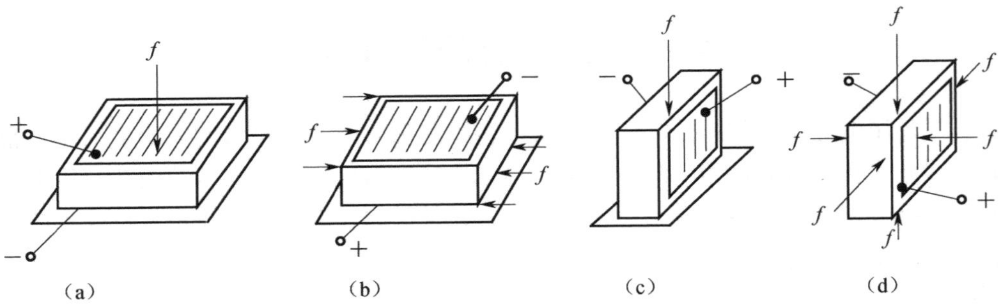

图 6-8　压电元件的变形方式

（a）厚度变形；（b）剪切变形；（c）长度变形；（d）体积变形

6.3　压电式传感器的等效电路和测量电路

6.3.1　压电式传感器的等效电路

压电式传感器对非电量的测量是通过其压电元件产生的电荷量的大小来反映的。压电元件受外力作用时，在两个电极表面就会聚集电荷，且电荷量大小相等，极性相反，因此，它相当于一个电荷源。而压电元件电极表面聚集电荷时，它又相当于一个以压电材料为电介质的电容器。其电容量为

$$C_a = \frac{\varepsilon A}{h} = \frac{\varepsilon_r \varepsilon_0 A}{h} \tag{6-6}$$

式中　A——压电元件电极面的面积；

h——压电元件的厚度；

ε_r——压电材料的相对介电常数；

ε_0——真空的介电常数。

故压电式传感器还可以等效为电压源与电容串联组成的电压源等效电路。其等效电路如图 6-9 所示。

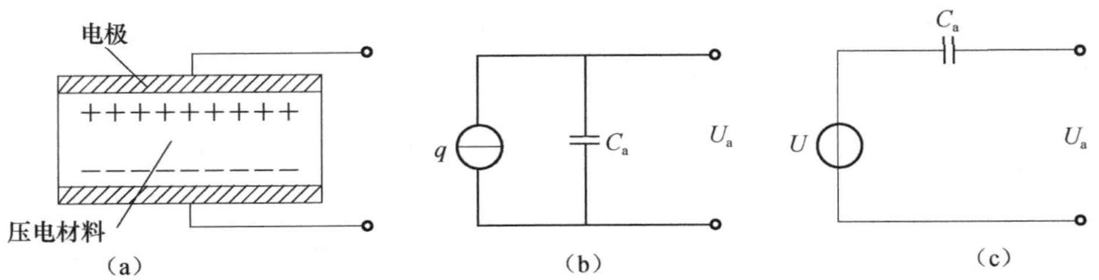

图 6-9　压电式传感器的等效电路

（a）压电片电荷聚集；（b）电荷等效电路；（c）电压等效电路

图 6-9（b）、（c）的等效电路是在压电式传感器的外电路负载无穷大，且内部无漏电，即空载时得到的两种简化模型。理想情况下，压电式传感器所产生的电荷及其形成的电压能长期保持，如果负载不是无穷大，则电路将以一定的时间常数按指数规律放电。

利用压电式传感器进行实际测量时，由于压电元件与测量电路相连接，必须考虑电缆电

容 C_C、放大器输入电阻 R_i、输入电容 C_i 以及传感器的泄漏电阻 R_a 等因素，从而可以得到压电式传感器的完整等效电路，如图 6-10 所示。

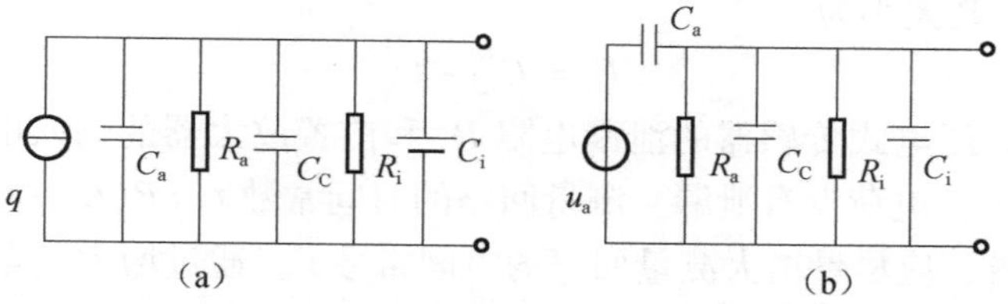

图 6-10　压电式传感器的完整等效电路

(a) 电流源等效电路；(b) 电压源等效电路

压电式传感器的灵敏度有两种表示方式：一种是电压灵敏度 K_u，即单位力的电压；另一种是电荷灵敏度 K_q，即单位力的电荷。两者的关系为

$$K_u = \frac{K_q}{C_a},\ K_q = C_a K_u \tag{6-7}$$

6.3.2　压电式传感器的测量电路

压电式传感器所产生的电荷量很小，信号非常微弱，而自身又有极高的绝缘电阻，因此在使用压电式传感器时，为了减小测量误差，要求接很大的负载电阻。因此，在对电路进行阻抗变换和信号放大时，要求测量电路输入端必须有足够高的阻抗和较小的分布电容，以防止电荷迅速泄漏，电荷泄漏将引起测量误差。

为了使压电元件能够正常工作，通常先将压电元件的输出信号送到具有高输入阻抗的前置放大器。该前置放大器有两个作用：一是放大压电式传感器输出的微弱信号；二是把压电式传感器的高输出阻抗变换为低阻抗输出。

根据压电式传感器的工作原理，其输出可以是电压信号也可以是电荷信号，与其对应的前置放大器也有两种形式：一种是电压放大器，其输出电压与输入电压（即压电元件的输出电压）成正比；另一种是电荷放大器，其输出电压与输入电荷（即压电元件的输出电荷）成正比。

1）电压放大器

压电式传感器与电压放大器连接的等效电路如图 6-11 所示，图 6-11（b）为图 6-11（a）的简化电路。

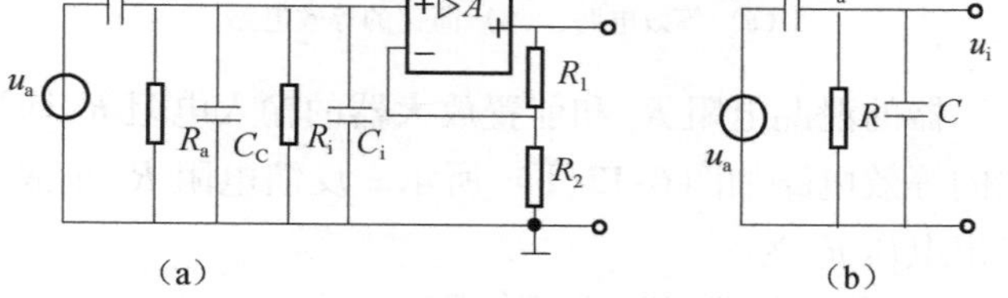

图 6-11　压电式传感器与电压放大器连接的等效电路

(a) 等效电路；(b) 简化的等效电路

在图 6-11(b) 中，R 为等效电阻，可表示为

$$R=\frac{R_aR_i}{R_a+R_i} \tag{6-8}$$

C 为等效电容，其大小为

$$C=C_C+C_i \tag{6-9}$$

在理想情况下，压电式传感器的泄漏电阻 R_a 和前置放大器的输入电阻 R_i 均为无穷大，即等效电阻 R 无穷大，电荷没有泄漏。测量回路的时间常数 $\tau=R(C_C+C_i+C_a)$。

为了扩展低频端，应尽量增大测量回路的时间常数 τ。通过增大测量回路的电容来提高 τ 值是不合适的，切实可行的办法是提高测量回路的电阻。由于压电式传感器本身的泄漏电阻 R_a 一般都很大，所以测量回路的电阻主要取决于前置放大器的输入电阻 R_i。因此，常采用输入电阻很大的前置放大器。前置放大器的输入电阻越大，测量回路的时间常数就越大，压电式传感器的低频响应也就越好。为了满足阻抗匹配要求，压电式传感器一般都采用专门的前置放大器。

前置放大器为电压放大器的电路简单、元器件少、价格低廉、工作可靠。但由于电压放大器的输入阻抗很高，很容易通过杂散电容拾取外界的50 Hz交流等的干扰，因此实际使用时引线要短，并且要进行屏蔽。解决电缆问题的办法是将放大器装入传感器中，组成一体化传感器，这样引线非常短，且其电容值几乎为零，对传感器灵敏度的影响可忽略不计。

2）电荷放大器

为了改善压电式传感器的低频特性，常采用电荷放大器。压电式传感器与电荷放大器连接的等效电路如图6-12(a）所示。它由一个反馈电容 C_f 和高增益运算放大器构成。反馈电容 C_f 用来改变放大器的输入阻抗；R_f 为反馈电阻，为放大器提供直流负反馈，以减小零点漂移，使工作点稳定。

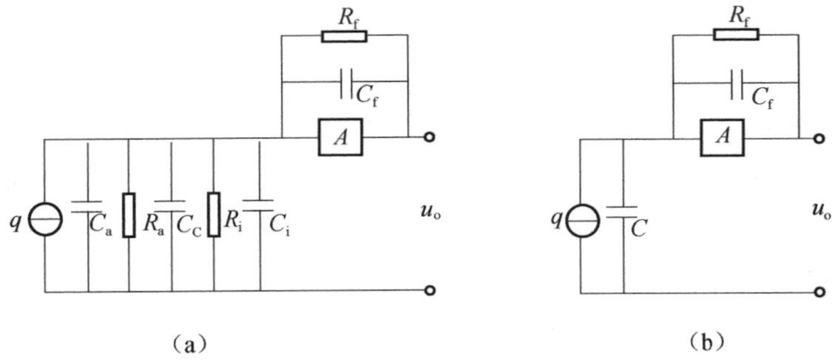

图6-12 压电式传感器与电荷放大器连接的等效电路

（a）等效电路；（b）简化的等效电路

理想情况下，传感器的泄漏电阻 R_a 和前置放大器的输入电阻 R_i 均为无穷大，忽略两个并联电阻，可得简化的等效电路如图6-12(b）所示。反馈电阻 R_f 非常大，可视为开路。此时，电荷放大器的输出电压 u_o 为：

$$u_o=-Au_i=\frac{-Aq}{C_C+C_i+C_a+(1+A)C_f} \tag{6-10}$$

式中 A——放大器的开环增益。

在电荷放大器的实际电路中，对反馈电容 C_f 的选择通常是采用可变电容，变化范围一般在100～10 000 pF，以便改变前置级输出的大小。另外，由于电容负反馈支路在直流工作时相当于开路，对电缆噪声比较敏感，使放大器的零点漂移也会较大。在实际电路中为了减小零点漂移，提高放大器工作的稳定性，可在反馈电容的两端并联一个很大的反馈电阻 R_f（10^{10} ~ 10^{14} Ω），以提供直流反馈通路。

6.4 压电式传感器的应用

凡是利用压电材料各种物理效应构成的传感器，都可称为压电式传感器。压电式传感器结构简单、体积小、质量轻；工作频带宽；灵敏度高；信噪比高；工作可靠；测量范围广。它可以把加速度、压力、位移、温度等许多非电量转换为电量。

压电式传感器主要用于与力相关的动态参数测试，如力、压力、速度、加速度、机械冲击、振动等许多非电量的测量，可做成力传感器、压力传感器、振动传感器等。目前它们在工业、军事和民用等各个领域均已得到了广泛的应用。

6.4.1 压电式测力传感器

压电元件本身就是力敏感元件，测力传感器主要利用压电元件纵向压电效应的厚度变形实现力 - 电转换，结构上大多采用机械串联而电气并联的两片晶片。

图 6-13 是单向压电式测力传感器结构图，由石英晶体、盖板、绝缘套、基座等部分组成，主要用于机床动态切削力的测量。盖板为传力元件，当外力作用时，它产生弹性形变，将力传递到压电元件上。压电元件采用 XY 切型石英晶体，利用其纵向压电效应，通过 d_{11} 实现力 - 电荷的转换。绝缘套大多由聚四氟乙烯材料做成，起绝缘和定位作用。基座内外底面对其中心线的垂直度、盖板及晶片上下表面的平行度与粗糙度都有严格的要求。为了提高绝缘阻抗，传感器装配前要经过多次净化，然后在超净环境下进行装配，加盖后再用电子束封焊。

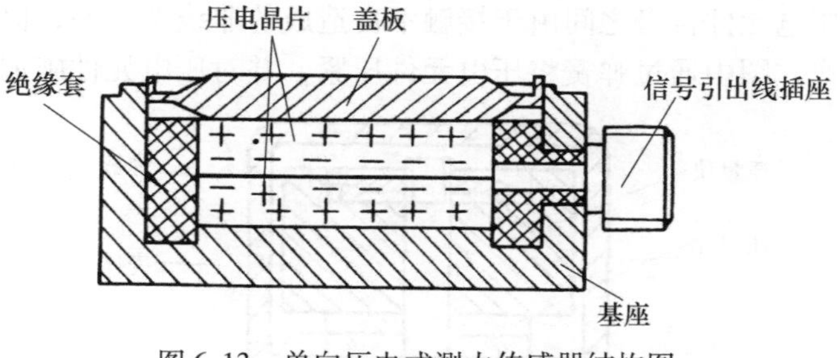

图 6-13 单向压电式测力传感器结构图

这种结构的单向测力传感器体积小、质量轻（仅 10 g 左右）、固有频率高（50 ~ 60 kHz），最大可测 5 000 N 的动态力，分辨率可达 0.001 N，且非线性误差小。

6.4.2 压电式压力传感器

图 6-14(a)、(b) 分别是压电式压力传感器结构图。拉紧的薄壁管对晶片提供预应力，而感受外部压力的是由挠性材料做成的很薄的膜片。预压圆筒外的空腔可以连接冷却系统，以保证传感器工作在一定的环境温度下，避免因温度变化造成预应力变化而引起的测量误差。

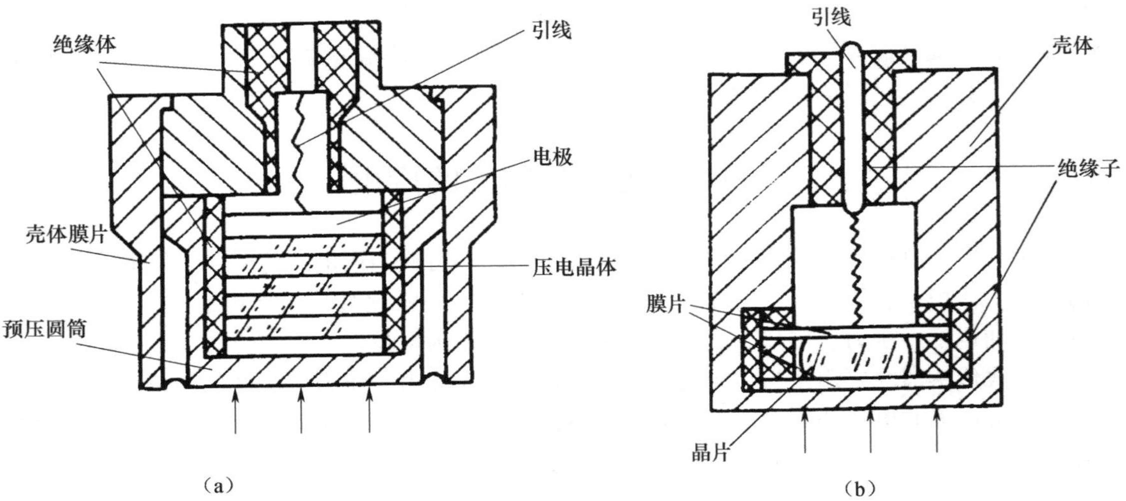

图6-14 压电式压力传感器结构图

图6-14(b) 是另一种结构的压力传感器，它采用两个相同的膜片对晶片施加预应力，从而可以消除由振动加速度引起的附加输出。

6.4.3 压电式加速度传感器

通过压电元件与质量块的结合，可以构成压电式加速度传感器，压电式加速度传感器常见的结构形式有基于压电元件厚度变形的压缩型和基于剪切变形的剪切型。

图6-15所示为一种压缩型压电式加速度传感器的结构原理图。压电元件一般由两块压电片并联组成，输出信号的一极从两块压电片中间的金属薄片上直接引出，另一极由传感器基座上引出。压电片上放置一块由密度较大的金属材料制成的质量块，为了消除质量块与压电元件之间，以及压电元件自身之间由于接触不良造成的非线性误差，保证传感器在交变力的作用下能正常工作，图中通过弹簧将压电元件压紧，并对压电元件施加预应力。

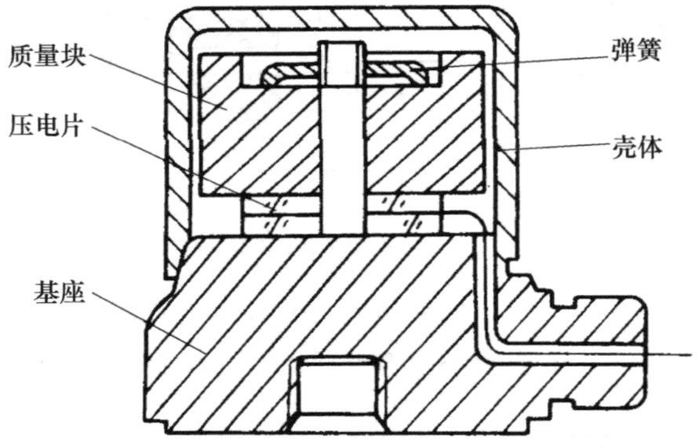

图6-15 压缩型压电式加速度传感器的结构原理图

传感器的整个组件装在一个厚基座上，一般要用加厚基座或选用刚度较大的材料来制造基座，外面用金属壳体封罩起来。测量时，通过基座底部的螺孔将传感器与被测物刚性地固定在一起，使传感器感受与被测物同频率的振动，并受到与加速度方向相反的惯性。所以，质量块上就有一个与加速度成正比的交变力作用在压电元件上。根据压电效应，压电片的两个表面上就会产生电荷，从而有信号输出。传感器的输出信号与作用力成正比，即与被测物的加速度成正比，从而可以测出加速度。

例如，我国研制生产的YD型压电式加速度传感器如图6-16所示。它以压电晶体作为敏感件，是一种典型的加速度传感器，有端面引出和侧面引出两种基本形式。

压电式加速度传感器是一种常用的加速度计。它具有灵敏度高、体积小、质量轻、测量频率上限较高、输出信号大、动态范围大等优点，主要用于各种机械振动、冲击等信号的测量。但它易受外界干扰，在测试前需进行各种校验。

图6-17所示HZ－9508型测振表是利用YD型压电式加速度传感器作为表头制成的。它是对旋转机械进行振动测量、简易故障诊断的一种便携式数字显示测振表。除可测量一般机械振动产生的加速度、速度、位移等参数外，还具有测量因齿轮、轴承故障产生的高频加速度值的功能，并具有低电压监测功能。

图6-16　YD型压电式加速度传感器外形图

图6-17　HZ－9508型测振表

图6-18所示为一种弯曲型压电式加速度传感器，它由特殊的压电悬臂梁构成，具有很高的灵敏度和很低的频率响应，主要用于医学和其他低频响应很重要的领域，如测量地壳和建筑物的振动等。

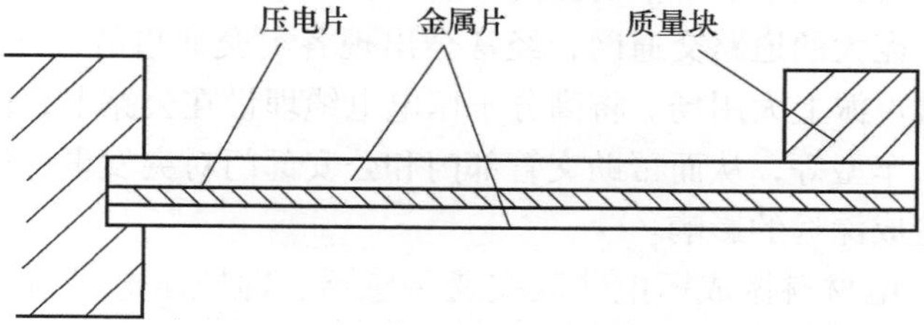

图6-18　弯曲型压电加速度传感器结构图

6.4.4　新材料压电式传感器及其应用

聚偏二氟乙烯（PVDF）是一种新型的高分子压电材料，它具有压电效应，可以制成高分子压电薄膜或高分子压电电缆等新型传感器。

1）高分子压电薄膜振动感应片

高分子压电薄膜振动感应片如图6-19所示，用聚偏二氟乙烯高分子材料制成，厚度约为0.2 mm、大小为10 mm×20 mm。其制作流程是先在其正反两面各喷涂透明的二氧化锡导电电极，也可以用热印制工艺制作铝薄膜电极，再用超声波焊接上两根柔软的电极引线，最后用保护膜覆盖。

高分子压电薄膜振动感应片可用作玻璃破碎报警装置。使用时，将感应片粘贴在玻璃上。在玻璃被打碎的瞬间，会产生几千赫兹至超声波（高于20 kHz）振动，压电薄膜感受到该剧烈振动信号时，表面会产生电荷，经放大处理后，传送到报警装置，从而发出报警信号。由于感应片很小，且透明，不易察觉，所以可安装于贵重物品柜台、展览橱窗、博物馆及家庭等玻璃窗角落处，作防盗报警之用。

2）高分子压电电缆

高分子压电电缆结构如图6-20所示，主要由芯线、绝缘层、屏蔽层和保护层组成。铜芯线充当内电极，铜网屏蔽层作外电极，管状PVDF高分子压电材料为绝缘层，最外层是橡胶保护层，为承压弹性元件，当管状高分子压电材料受压时，其内外表面产生电荷，可达到测量的目的。

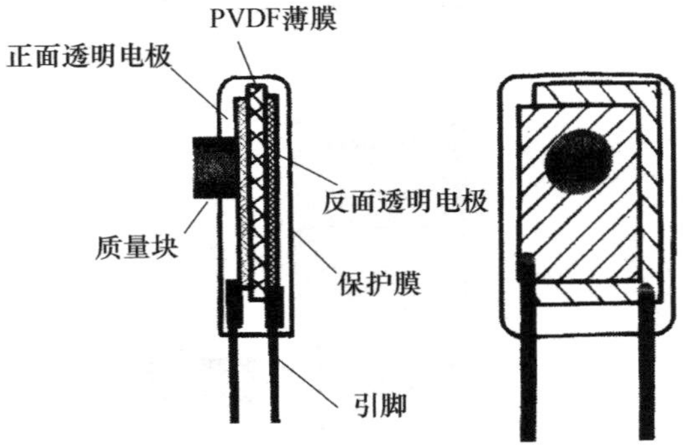

图6-19 高分子压电薄膜振动感应片

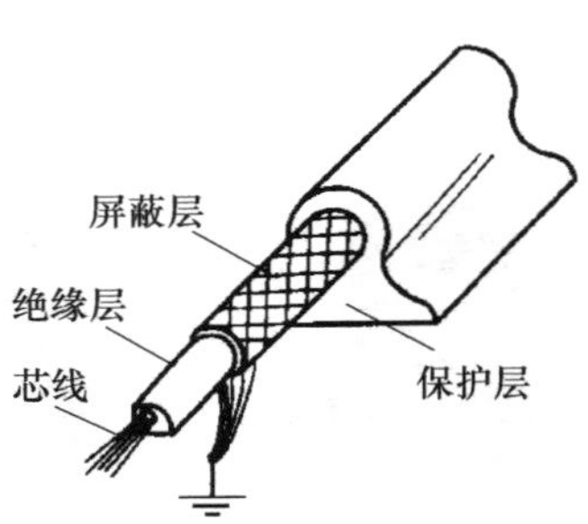

图6-20 高分子压电电缆结构

6.4.5 高分子压电电缆的典型应用

1）高分子压电电缆测速系统

近十几年来，随着国民生活水平的提高，购买私家车的人越来越多，驾车出行的人也越来越多，形成了一个庞大的道路交通网，经常会出现各类交通事故，尤其是恶性逃逸事件，此时交通监控系统就可派上大用场。将高分子压电电缆埋设在公路上，就可以判定肇事车辆的车速、载荷分布、车型等，从而帮助交管部门和公安部门对突发事件作出快速反应，避免对人民的安定生活造成深远的影响。

（1）将高分子压电材料做成压电薄膜交通传感器，即把压电材料、金属编织芯线、金属外壳做成同轴结构，将压电材料置于一个强电场中极化，数量级为每一毫米厚的压电材料大约为100 000 V，极化场使非结晶的聚合体变成半晶体的形式，同时又保留了聚合体的柔韧性。当有压力施加到高分子压电交通传感器上时，就产生了电荷，而当去掉负载时，就会产生一个相反极性的信号，它产生的电压可以相当高，但传感器产生的电流却比较小。

（2）高分子压电交通传感器的检测原理是在轮胎经过传感器时采集信息，产生一个与施加到传感器上的压力成正比的模拟信号，并且输出的周期与轮胎停留在传感器上的时间相同。每当一个轮胎经过传感器时，传感器就会产生一个新的电子脉冲。它的优点在于感测冲击或振动范围宽，从地表振动造成的微弱压力信号到高速重型卡车轴的冲击均可测量。

（3）把压电传感器产生的这些电子脉冲送给配套的仪器仪表，分析其波形情况，得到车速、车型数据，再将车速、车型数据与国家标准的车辆分类数据表作一个比对，转换为可靠的分类数据。车辆的类型是根据轴数和轴距确定的。这样就可以判定车辆的车速、载荷分布、车型。

轴距：由于车速在 3 m 或 <3 m 的距离内基本上是匀速，用车轴经过传感器时建立的信号时间差乘以车速，就得出轴距。

轴数：由于传感器是检测压过轮胎的力，因此即使在车辆靠得很近时也很容易测出轴数，但在车流密集、低速及车型相似时，不能区分所计轴数是同一辆车还是两辆车，而电感线圈不能计轴数，因而用电感线圈加上压电式传感器的方案既可测得轴数又可测得车数。

（4）通常在每条车道上安装两条传感器，便于分别地采集每条车道的数据。使用两个传感器可计算出车辆的速度。当轮胎经过传感器 A 时，启动电子时钟，当轮胎经过传感器 B 时，时钟停止。两个传感器之间的距离一般是 3 m，或比 3 m 短一些（可根据需要确定）。传感器之间的距离已知，将两个传感器之间的距离除以两个传感器信号的时间周期，就可得出车速。压电式传感器可以区分差别很小的车辆，这一点使其可与速度相机触发器在固定地点一同使用。当轮胎经过传感器时，根据从 A 到 B，再从 B 到 C，最终从 A 到 C 的时间，计算出车速。然后对这几个车速进行对比，它们都应在规定的范围内，通常不超过 2%。如果车辆超过了规定的时速，前轮经过最后一个传感器时，立刻给车辆拍照，并计算出车速。在第一张照片拍摄后的固定时间进行第二次拍照，这样观测仪可以校验车速。即使在车流量很高的情况下，也可得到各个车道的信息。传感器可以交错安装，以便照相机有稳定的焦点，从而使得照片清晰可读。

（5）如图 6-21 所示，两根高分子压电电缆相距 $L = 2$ m，平行埋于柏油公路的路面下约 50 mm，可以用来测量车速，判定载荷情况，并根据存储在计算机内部的国家标准的车辆分类数据表，判定出汽车的车型。

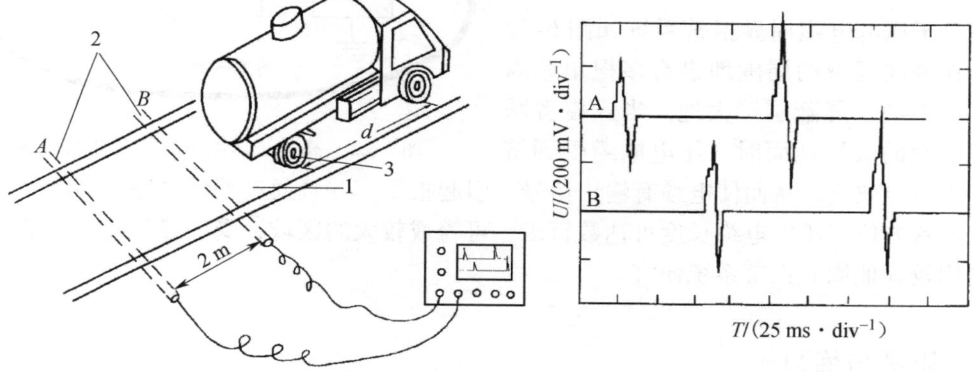

（a）　　　　　　　　　　　　（b）

图 6-21　高分子压电电缆测速原理图

（a）PVDF 压电电缆埋设示意图；（b）A、B 压电电缆的输出信号波形

1—公路；2—压电电缆；3—车轮

测速的计算：现在有一辆肇事车辆冲过测速传感器，在两根 PVDF 压电电缆上输出信号。假设图中波形的横轴上每格表示 25 ms 的时间，纵轴上每格表示 200 mV 的电压。汽车前轮经过第一根压电电缆时，产生 A 波的第一个脉冲，前轮经过第二根压电电缆时，产生 B 波的第一个脉冲，汽车后轮经过第一根压电电缆时，产生 A 波的第二个脉冲，后轮经过第二根压电电缆时，产生 B 波的第二个脉冲。因此，车速就等于两根压电电缆的间距 L 除以前轮由第一根压电电缆走到第二根压电电缆所用的时间或后轮由第一根压电电缆到第二根压

电电缆所用的时间，即车速 $v = L/(\text{A 波两峰之间格子数} \times \text{TIME/div}) = 2 \times 10^{-3}/(3 \times 25 \times 10^{-3}/3\,600) = 96$ (km/h)。

估算汽车前后轮间距 d：在已估算出车速的情况下，前后轮的间距就等于车速乘以前轮压第一根压电电缆开始到后轮压第一根压电电缆结束所用的时间或前轮压第二根压电电缆开始到后轮压第二根压电电缆结束所用的时间。即 A 波两脉冲信号之间的时间或 B 波两脉冲信号之间的时间。按前者计算，即

$$\begin{aligned} \text{汽车前后轮间距 } d &= \text{车速 } v \times \text{A 波前后轮脉冲波峰之间格子数} \times \text{TIME/div} \\ &= 6 \times 25 \times 10^{-3} \times 96 \times 10^{3}/3\,600 = 4 \text{ (m)} \end{aligned}$$

汽车载荷判定：从图 6-21 可知，载重量越大，压电式传感器输出脉冲的电压幅值越大，同一辆车，前后轮经过同一根压电电缆产生的两个脉冲电压幅值也是不一样的。前轮经过压电电缆时产生的电子脉冲信号电压幅值较小，后轮经过压电电缆时产生的电子脉冲信号电压幅值较大，由此可观察车辆的载荷情况。

因此，通过高分子压电电缆对行驶在高速公路上车辆的车速监测，既可以对超速车辆进行提示，又可以根据车流量建立可变限速标志和可变情报板。在车流量较高时、设置较低限速和流量较低时、设置较高限速时，可建立动态的管理系统，从而实现路面管理智能化。

2）高分子压电电缆周界报警系统

周界报警系统又称线控报警系统，它主要用来对边界包围的重要区域进行警戒，当入侵者进入警戒区内时，系统便发出报警信号。

高分子压电电缆周界报警系统如图 6-22 所示。在警戒区域的周围埋设有多根单芯高分子压电电缆，屏蔽层接大地。当入侵者踩到电缆上面的柔性地面时，压电电缆受到挤压，产生压电效应，从而使电缆有输出信号，引起报警。并且通过编码电路，还能够判断入侵者的大致方位。压电电缆长度可达数百米，可警戒较大的区域，受环境等外界因素的干扰小，费用较其他周界报警系统便宜。

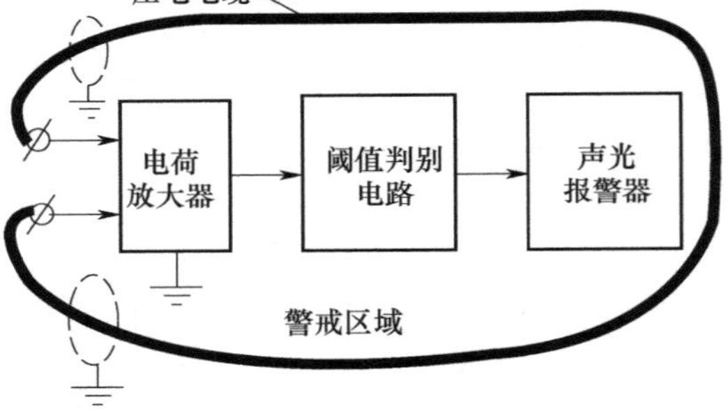

图 6-22　高分子压电电缆周界报警系统

思考与练习

1. 什么是压电效应？
2. 石英晶体 X、Y、Z 轴的名称及其特点是什么？
3. 简述压电式传感器的工作原理。
4. 试分析压电式传感器的等效电路。
5. 简述压电式压力传感器的工作原理。

第7章

霍尔式传感器的原理及其应用

【课程教学内容与要求】

(1) 教学内容：霍尔式传感器的基本工作原理；霍尔式传感器的基本结构、技术指标；霍尔式传感器基本测量电路及补偿方法；霍尔式传感器的应用电路分析。

(2) 教学重点：霍尔式传感器的基本工作原理和霍尔式传感器的基本测量电路及补偿方法。

(3) 基本要求：掌握霍尔式传感器的基本工作原理；了解霍尔式传感器的基本结构、技术指标；掌握霍尔式传感器的基本测量电路及补偿方法；了解霍尔式传感器的应用电路分析。

7.1 概 述

霍尔式传感器是基于霍尔效应的一种传感器。1879 年美国物理学家霍尔首先在金属材料中发现了霍尔效应，但由于金属材料的霍尔效应太弱而没有得到应用。随着半导体技术的发展，开始用半导体材料制成霍尔元件，由于它的霍尔效应显著而得到应用和发展。

霍尔式传感器是基于霍尔效应将被测量（如电流、磁场、位移、压力、压差、转速等）转换成电动势输出的一种传感器。虽然它的转换率较低、温度影响大、要求转换精度较高时必须进行温度补偿，但因霍尔式传感器具有结构简单、体积小、坚固、频率响应宽（从直流到微波）、动态范围（输出电动势的变化）大、非接触、使用寿命长、可靠性高、易于微型化和集成化等优点，因此在测量技术、自动化技术和信息处理等方面得到了广泛的应用。

7.1.1 霍尔元件的结构

霍尔元件是霍尔式传感器的主要构成元件。霍尔元件的外形如图 7-1(a) 所示，它是由霍尔片、4 根引线和壳体组成。霍尔片是一块矩形半导体单晶薄片（一般为 4 mm × 2 mm × 0.1 mm），在它的长度方向两端面上焊有 a、b 两根引线，称为控制电流端引线，通常用红色导线，其焊接处称为控制电流极（或称激励电流极），要求焊接处接触电阻

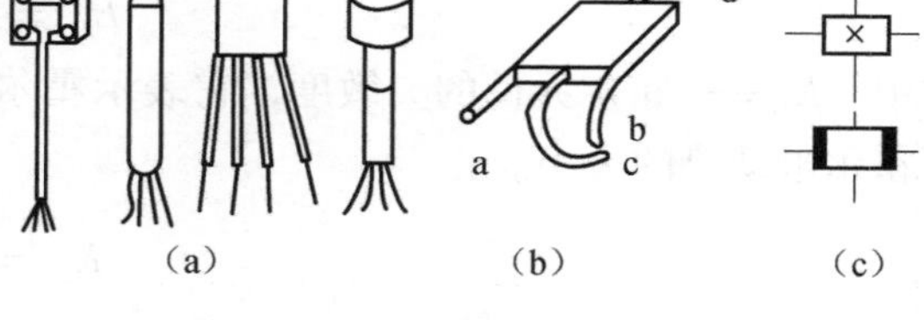

图 7-1 霍尔元件

(a) 霍尔元件的外形；(b) 霍尔元件结构示意图；(c) 霍尔元件符号

很小，并呈纯电阻，即欧姆接触（无 PN 结特性）。在薄片的另两侧端面的中间以点的形式对称地焊有 c、d 两根霍尔输出引线，通常用绿色导线，其焊接处称为霍尔电极，要求欧姆接触，且电极宽度与基片长度之比小于 0. 1，否则影响输出。霍尔元件的壳体上用非导磁金属、陶瓷或环氧树脂封装。图 7-1(b) 为霍尔元件结构示意图，图 7-1(c) 是霍尔元件符号。

目前，最常用的霍尔元件材料是锗（Ge）、硅（Si）、锑化铟（InSb）、砷化铟（InAs）和不同比例亚砷酸铟和磷酸铟组成的 In 型固熔体等半导体材料。值得一提的是，20 世纪 80 年代末出现了一种新型霍尔元件——超晶格结构（砷化铝/砷化镓）的霍尔器件，它可以用来测量 10^{-11} T 的微磁场。可以说，超晶格霍尔元件是霍尔元件的一个质的飞跃。

7.1.2 霍尔式传感器的命名方法

国产霍尔元件型号命名的方法，如图 7-2 所示。

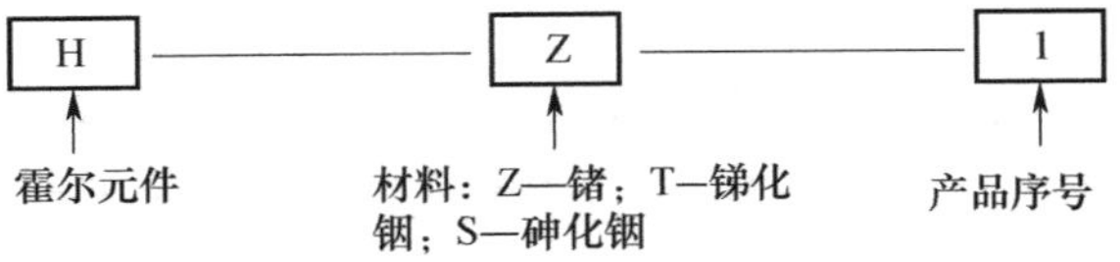

图 7-2 霍尔元件命名方框图

7.1.3 霍尔式传感器的工作原理

半导体薄片置于磁场中，当它的电流方向与磁场方向不一致时，半导体薄片上平行于电流和磁场方向的两个面之间会产生电动势，这种现象称为霍尔效应，该电动势称为霍尔电动势，半导体薄片称为霍尔元件。

如图 7-3 所示，在垂直于外磁场 B 的方向上放置半导体薄片，当有电流 I 流过薄片时，在垂直于电流和磁场方向上将产生霍尔电动势 E_H。作用在半导体薄片上的磁场强度 B 越强，霍尔电动势 E_H 也就越高。

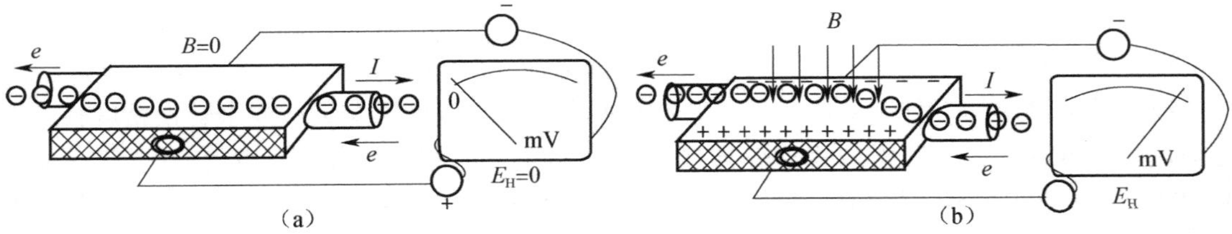

图 7-3 霍尔效应原理图

(a) $B=0$；(b) $B\neq 0$

霍尔电动势 E_H 可用下式表示。

$$E_H = K_H I B \tag{7-1}$$

式中 K_H——霍尔元件的灵敏度，它表示霍尔元件在单位磁感应强度和单位激励电流作用下霍尔电动势的大小。

$$K_H = \frac{1}{nde} \tag{7-2}$$

式中 n——电子浓度；

d——薄片厚度；

e——电子的电荷量。

7.1.4　霍尔式传感器的特性参数

由式（7-1）看出，当磁场和环境温度一定时，霍尔元件输出的霍尔电动势 E_H 与控制电流 I 成正比。同样，当控制电流和环境温度一定时，霍尔元件的输出电动势与磁感应强度 B 成正比。用上述的一些线性关系可以制作多种类型的传感器。但是，只有磁感应强度小于 0.5 T 时，上述的线性关系才较好。

霍尔元件的主要特性参数如下。

1. 额定控制电流 I_C 与最大控制电流 I_{CM}

霍尔元件在空气中产生 10 ℃的温升时所施加的控制电流值称为额定控制电流 I_C。在相同的磁场感应强度下，I_C 值较大时则可获得较大的输出电压。在霍尔元件做好之后，限制 I_C 的主要因素是散热条件。一般锗元件的最大允许温升 $\Delta T_m < 80$ ℃，硅元件的最大允许温升 $\Delta T_m < 175$ ℃。当霍尔元件的温升达到 ΔT_m 时，I_C 就是最大控制电流 I_{CM}。

2. 输入电阻 R_i 和输出电阻 R_o

霍尔片中两个控制电极间的电阻称为输入电阻 R_i，两个霍尔电极间的电阻称为输出电阻 R_o。一般 R_i、R_o 为几欧姆到几百欧姆，通常 $R_o > R_i$，但二者相差不大，使用时不能搞错。

3. 乘积灵敏度 K_H

霍尔元件的乘积灵敏度定义为单位控制电流和单位磁感应强度下，霍尔电动势输出端开路时的电动势值，其单位为 V/(A · T)，它反映了霍尔元件本身所具有的磁电转换能力，一般希望它越大越好。其公式为

$$K_H = \frac{E_H}{IB} \tag{7-3}$$

除 K_H 以外，霍尔元件还有磁灵敏度、电路灵敏度和电动势灵敏度等技术指标。

4. 不等位电动势 E_M 和不等位电阻 R_M

当 $I \neq 0$ 而 $B = 0$ 时，理论上应有 $E_H = 0$。但在实际中由于两个霍尔电极安装位置不对称或不在同一等电位面上，半导体材料的电阻率不均匀或几何尺寸不均匀，以及与霍尔式传感器相连的控制电路接触不良等原因，使得当 $I \neq 0$、$B = 0$ 时，$E_H \neq 0$。此时，E_H 值为不等位电动势 E_M，即 $E_H = E_M$。

不等位电动势 E_M 与额定控制电流 I_C 之比，称为不等位电阻 R_M。

$$R_M = \frac{E_M}{I_C} \tag{7-4}$$

7.2　霍尔式传感器的测量电路和误差分析

7.2.1　霍尔式传感器的测量电路

霍尔元件的基本测量电路如图 7-4 所示。控制电流 I 由电压源 E 供给，R 是调节电阻，用以根据要求改变 I 的大小，霍尔电动势输出的负载电阻 R_L，可以是放大器的输入电阻或表头内阻等。所施加的外电场 B 一般与霍尔元件的平面垂直。控制电流也可以是交流电。由于建立霍尔效应所需的时间短，所以控制电流的频率可高达 10^9 Hz 以上。

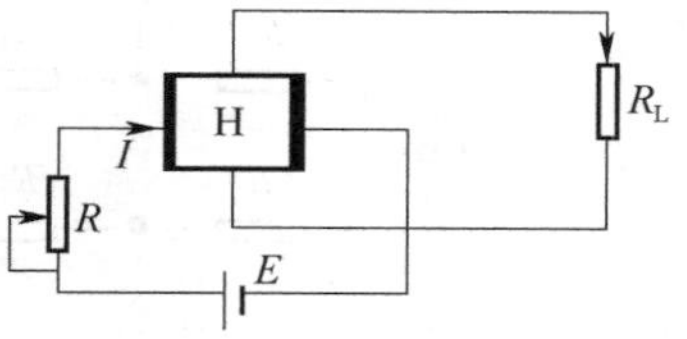

图 7-4　霍尔元件的基本测量电路

7.2.2 霍尔式传感器的误差分析

霍尔元件对温度的变化很敏感，因此，霍尔元件的输入电阻、输出电阻、乘积灵敏度等将受到温度变化的影响，从而给测量带来较大的误差。为了减少测量中的温度误差，除选用温度系数小的霍尔元件或采取一些恒温措施外，还可使用以下的温度补偿方法。

1. 恒流源供电

恒流源温度补偿电路，如图7-5所示。

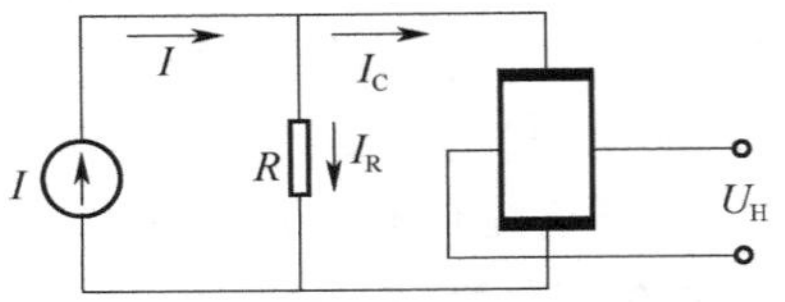

图7-5 恒流源温度补偿电路

2. 采用热敏元件

对于由温度系数较大的半导体材料制成的霍尔元件，采用图7-6所示的温度补偿电路，图中 R_t 是热敏元件（热电阻或热敏电阻）。图7-6(a) 是在输入回路进行温度补偿的电路，即当温度变化时，用 R_L 的变化来抵消霍尔元件的乘积灵敏度 K_H 和输入电阻 R_i 变化对霍尔输出电动势 U_H 的影响。图7-6(b) 则是在输出回路进行温度补偿的电路，即当温度变化时，用 R_L 的变化来抵消霍尔电动势 U_H 和输出电阻 R_o 变化对负载电阻 R_L 上的电压 U_L 的影响。在安装测量电路时，热敏元件最好与霍尔元件封装在一起或尽量靠近，以使二者的温度变化一致。

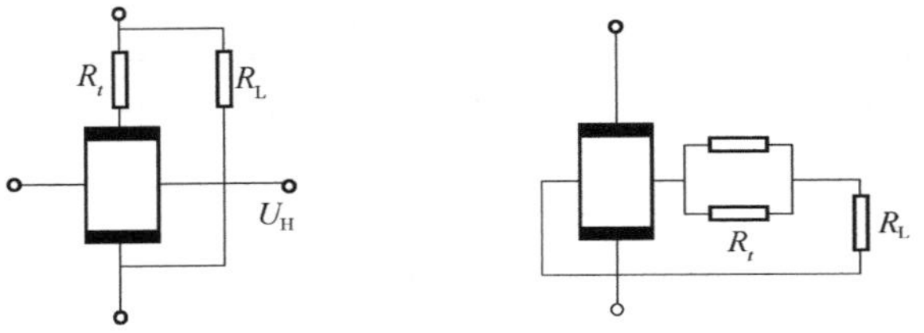

（a） （b）

图7-6 采用热敏元件的温度补偿电路
（a）在输入回路进行温度补偿的电路；（b）在输出回路进行温度补偿的电路

3. 不等位电动势的补偿

不等位电动势与霍尔电动势具有相同的数量级，有时甚至会超过霍尔电动势。实用中，若想消除不等位电动势是极其困难的，因而只有采用补偿的方法。由图7-7可看出，不等位电动势由不等位电阻产生，因此可以用分析电阻的方法找到一个不等位电动势的补偿方法。

一个矩形霍尔片有两对电极，各个相邻电极之间有4个电阻 R_1、R_2、R_3、R_4，因而可以把霍尔元件视为一个四臂电阻电桥，如图7-8所示，这样不等位电动势就相当于电桥的初

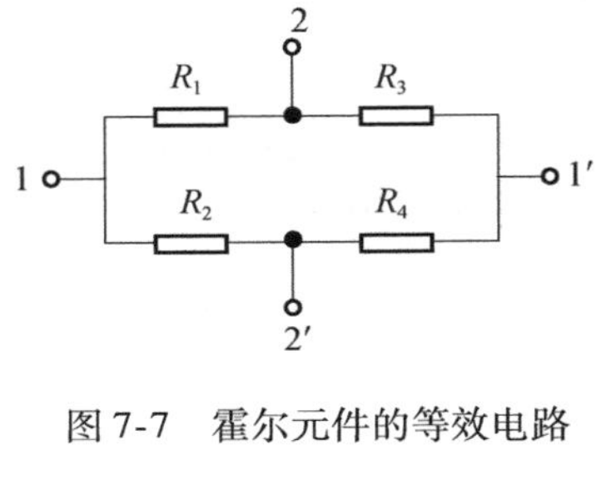

图7-7 霍尔元件的等效电路

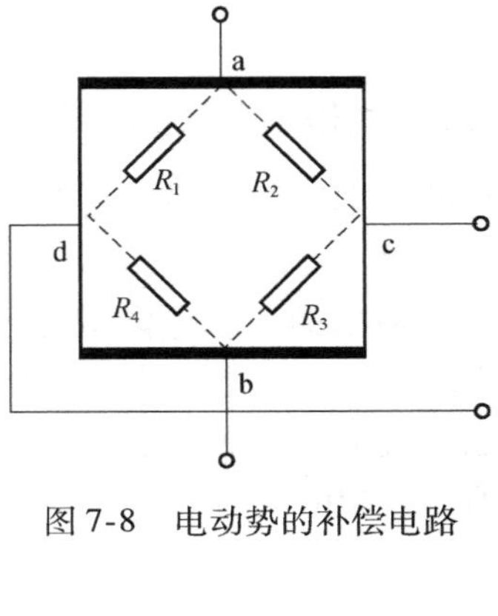

图7-8 电动势的补偿电路

始不平衡输出电压。理想情况下，不等位电动势为零，即电桥平衡，相当于 $R_1=R_2=R_3=R_4$，则所有能够使电桥达到平衡的方法均可用于补偿不等位电动势，使不等位电动势为零。

1）基本补偿电路

霍尔元件的不等位电动势补偿电路有很多形式，图 7-9 为两种常见电路，其中 R_P 是调节电阻。图 7-9(a) 是在造成电桥不平衡的电阻值较大的一个桥臂上并联 R_P，通过调节 R_P 使电桥达到平衡状态，称为不对称补偿电路；图 7-9(b) 则相当于在两个电桥臂上并联调用电阻，称为对称补偿电路。

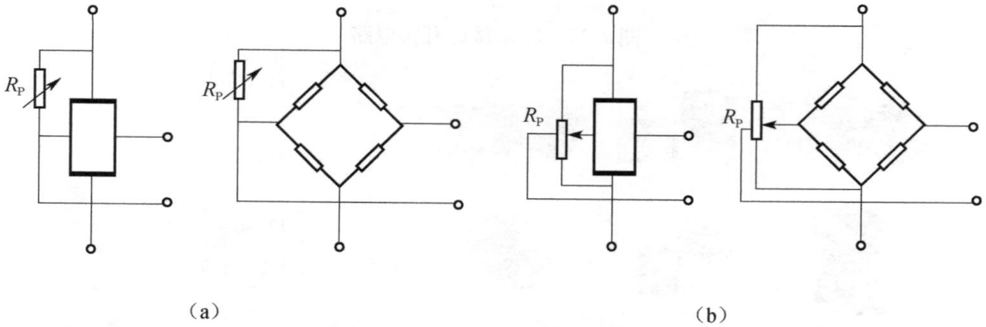

图 7-9　不对称电动势的基本补偿电路
(a) 不对称补偿电路；(b) 对称补偿电路

2）具有温度补偿的补偿电路

图 7-10 是一种常见的具有温度补偿的不等位电动势补偿电路。其中选择图 7-10 中桥臂 R_1 为热敏电阻 R_t，并且 R_t 与霍尔元件的等效电路的温度特性相同。在磁感应强度 B 为零时调节 R_{P1} 和 R_{P2}，使补偿电压抵消霍尔元件，此时输出不等位电动势，从而使 $B=0$ 时的总输出电压为零。

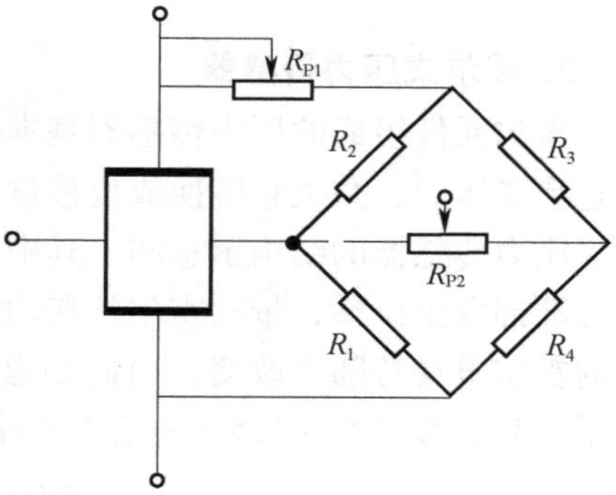

图 7-10　不等位电动势的桥式补偿电路

在霍尔元件的工作温度下限 T_1 时，通过调节电位器 R_{P1} 来调节补偿电桥的工作电压 U_{ML}。当工作温度由 T_1 升高到 $T_1+\Delta T$ 时，热敏电阻的阻值为 $R_t(T_1+\Delta T)$。R_{P1} 保持不变，通过调节 R_{P2}，使补偿电压此时的不等位电动势为 $U_{ML}+\Delta M$。

7.3　霍尔式传感器的应用电路

霍尔元件具有结构简单、体积小、质量轻、频带宽、动态性能好和寿命长等许多优点，因而得到广泛应用。在电磁测量中，可用它测量恒定的或交变的磁感应强度、有功功率、无功功率、相位、电能等参数；在自动检测系统中，多用于位移、压力的测量。

1. 霍尔接近开关

霍尔接近开关电路如图 7-11 所示。它是一个无接触磁控开关，磁铁靠近时，开关接通；磁铁离开后，开关断开。图 7-12 为常见霍尔接近开关的实物图。

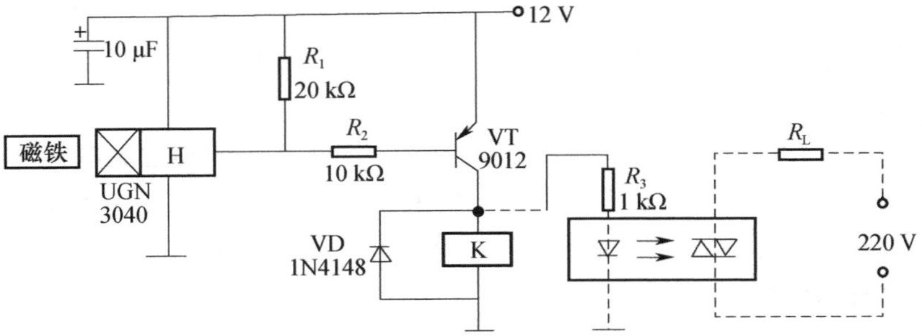

图 7-11　霍尔接近开关电路

图 7-12　常见霍尔接近开关实物图

2. 霍尔式压力传感器

霍尔元件组成的压力传感器基本包括两部分：一部分是弹性元件，如弹簧管或膜盒等，用它感受压力，并把它转换成位移量；另一部分是霍尔元件和磁路系统。图 7-13 所示为霍尔式压力传感器的结构示意图。其中，弹性元件是一个弹簧管，当被测压力发生变化时，弹簧管端部发生位移，带动霍尔片在均匀梯度磁场中移动，作用在霍尔片的磁场发生变化，输出的霍尔电动势随之改变，由此知道压力的变化。并且霍尔电动势与位移（压力）呈线性关系，其位移量在 ±1.5 mm 范围内输出的霍尔电动势值约为 ±20 mV。

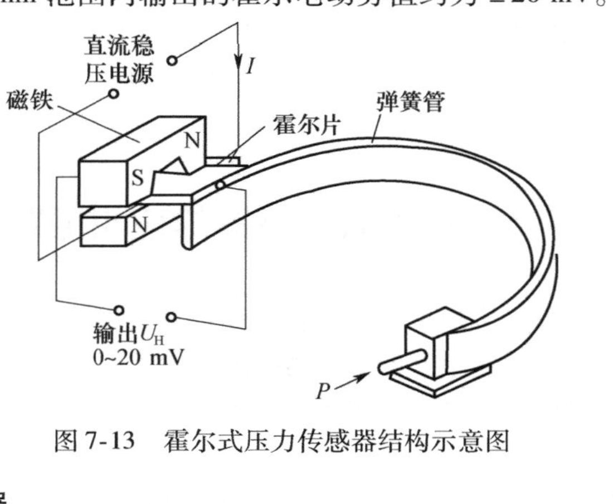

图 7-13　霍尔式压力传感器结构示意图

3. 霍尔式转速传感器

图 7-14 是几种不同结构的霍尔式转速传感器。转盘的输入轴与被测转轴相连，当被测

转轴转动时，转盘随之转动，固定在转盘附近的霍尔式传感器便可在每一个小磁场通过时产生一个相应的脉冲，检测出单位时间的脉冲数，便可知道被测转速。根据磁性转盘上小磁铁的数目就可确定传感器测量转速的分辨率。

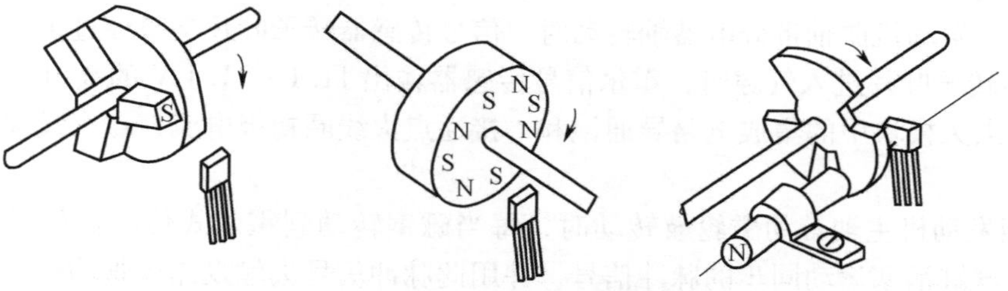

图 7-14　霍尔式转速传感器

4. 电动机停转报警器

电动机停转报警电路如图 7-15 所示，该电路主要由霍尔检测和报警电路两个部分组成。其工作原理如下：

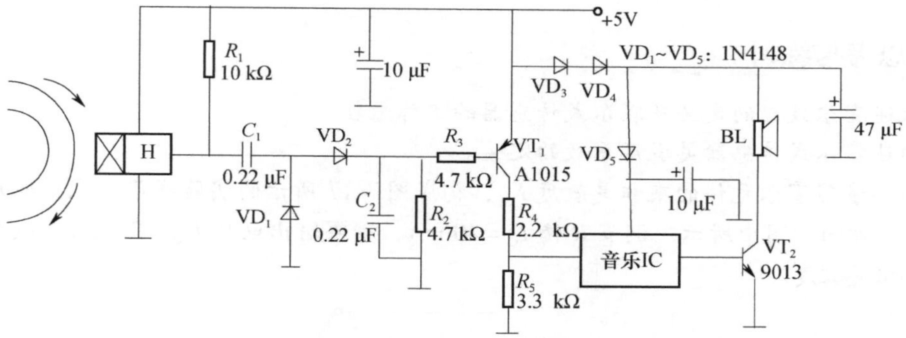

图 7-15　电动机停转报警电路

（1）当电动机转动时，安装在电动机转轴上的磁铁以一定的频率经过霍尔式传感器，霍尔式传感器不断地输出脉冲信号，该信号经 C_1 耦合，二极管 VD_1、VD_2 整流，在 C_2 上形成直流高电平，晶体管 VT_1 截止，音乐 IC 无触发信号，无声音输出。

（2）当电动机停止转动时，霍尔式传感器无脉冲信号输出。C_2 为低电平，VT_1 导通，音乐 IC 触发，扬声器 BL 发出声音。VD_3 ~ VD_5 起降压作用（因为音乐 IC 的电源电压一般为 3 V）。

5. 霍尔式汽车无触点点火装置

传统的机电气缸点火装置使用机械式的分电器，存在着点火时间不准确、触点易磨损等缺点。采用霍尔开关无触点晶体管点火装置可以克服上述缺点，并提高燃烧效率。四气缸汽车点火装置如图 7-16 所示，图中的磁轮鼓代替了传统的凸轮及白金触点。

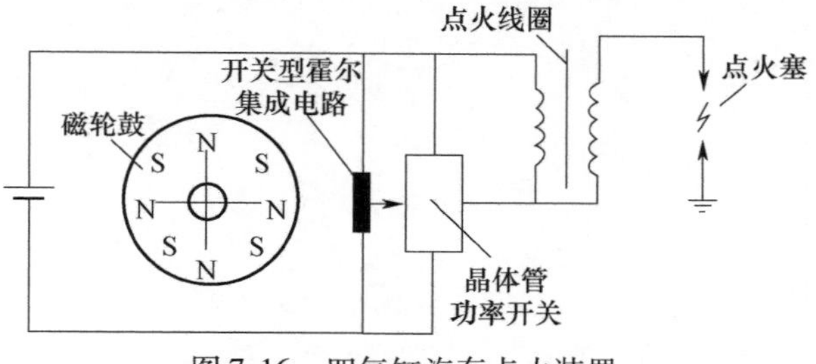

图 7-16　四气缸汽车点火装置

霍尔式无触点电子点火系由磁轮鼓、开关型霍尔集成电路、晶体管功率开关、点火线圈和点火塞等部件构成。其系统工作原理如下：

（1）接通点火开关 ON 挡或 ST 挡，在与发动机主轴连接的磁轮鼓上装有与气缸数相应的四块磁钢。发动机曲轴带分电器轴转动时，信号传感器转子叶片交替穿过霍尔元件气隙。

（2）当转子叶片进入气隙时，霍尔信号传感器输出 11.1 ~ 11.4 V 的高电位，高电位信号通过电子点火模块中的集成电路导通饱和，接通点火线圈初级电流，点火线圈铁芯存储磁场能。

（3）当发动机主轴带动磁轮鼓转动时，每当磁钢转动到霍尔式传感器处时，传感器即输出一个与气缸活塞运动同步的脉冲信号，并用此脉冲信号去触发晶体管功率开关，转子叶片离开霍尔元件间隙时，霍尔信号传感器输出 0.3 ~ 0.4 V 的低电位，低电位信号通过电子点火模块使大功率晶体管功率开关截止。

（4）骤然消失使次级感应出大于 20 000 V 高压电，配电器将高压电按点火顺序准时地送给各工作缸火花塞跳头，火花塞产生火花放电。

思考与练习

1. 试述霍尔效应的定义及霍尔式传感器的工作原理。

2. 简述霍尔式传感器灵敏度系数的定义。

3. 为测量某霍尔元件的乘积灵敏度 K_H，构成图 7-17 所示的实验线路。现施加 $B=0.2$ T 的外磁场，方向如图中所示。调节 R 使 $I_C=40$ mA，测得输出电压 $U_H=28$ mA。试求该霍尔元件的乘积灵敏度。

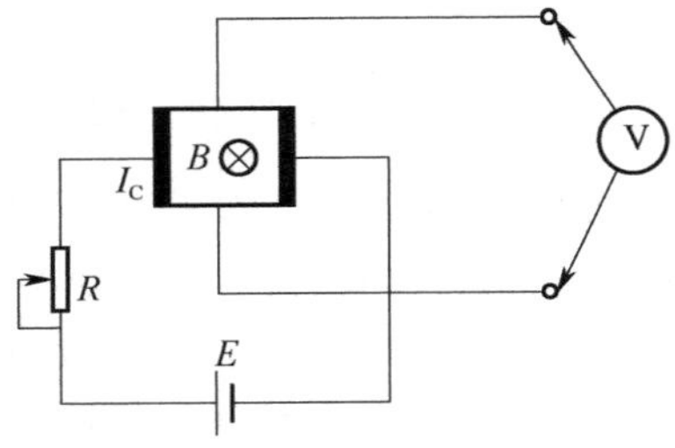

图 7-17 测量霍尔元件乘积灵敏度的实验线路

4. 霍尔式传感器中不等位电动势产生的原因有哪些？有哪些补偿的方法？

第8章

光电式传感器的原理及其应用

【课程教学内容与要求】

（1）教学内容：光的产生、光源、光电器件；光电式传感器的结构、类型及应用；图像传感器、红外传感器和光纤传感器。

（2）教学重点：光电效应、光电器件及光电式传感器的应用。

（3）基本要求：通过学习要求理解光电效应；掌握几种常见的光电器件及其工作原理；了解图像传感器、红外传感器和光纤传感器等的工作原理；了解光电式传感器的应用，能用其组成测量系统。

光电式传感器以光电效应为基础，采用光电元件作为检测元件，是一种将光信号转换为电信号的传感器。它首先把被测量的变化转换成光信号的变化，然后借助光电元件进一步将光信号转换成电信号。

光电式传感器是以光电器件作为转换元件的传感器。光电检测的方法具有精度高、响应快、非接触、性能可靠等优点，而且可测参数多，传感器的结构简单，形式灵活多样，因此，光电式传感器在工业自动化检测装置和控制系统中得到了广泛应用。

光电式传感器一般由光源、光学通路、光电元件和测量电路等部分组成。光电式传感器可用于检测直接引起光量变化的非电量，如光强、光照度、辐射测温、气体成分分析等；也可用来检测能转换成光量变化的其他非电量，如零件直径、表面粗糙度、应变、位移、振动、速度、加速度，以及物体的形状、工作状态的识别等。

光电式传感器按其工作原理可分为光电效应传感器、固体图像传感器、热释电红外探测器、光纤传感器等几大类。近年来，新的光电器件不断涌现，特别是固态图像传感器的诞生，为光电式传感器的进一步应用开创了新的一页。

8.1 概 述

光是电磁波谱中的一员，不同波长的光的频率（波长）各不相同，但都具有反射、折射、散射、衍射、干涉和吸收等性质。

8.1.1 光的产生和常见光源

工程检测中遇到的光，可以由各种发光器件产生，也可以是物体的辐射光。对光电技术领域来说，光辐射还包括红外、紫外等不可见波段的辐射。众所周知，自然界中的任何物体，只要其温度高于绝对零度，都能辐射红外线。发光常分为由于温度高于绝对零度而产生的热辐射和物体在特定环境下受外界能量激发的辐射。前者称为热辐射，后者称为激发辐射，激发辐射的光源常被称为冷光源。

1. 光的产生

通常人们把物体向外发射出可见光的现象称为发光。光是从实物中发射出来的，是以电磁波形式传播的物质。发光物质受激发而发光包括两个过程：激励和复合。

在正常分布状态下，原子多处于稳定的低能级，如无外界的作用，原子可长期保持此状态。但在外界光子作用下，赋予原子一定的能量，原子就从低能级跃迁到高能级，这个过程称为光的受激吸收。处在高能级的原子在外来光的诱发下，跃迁至低能级而发光，这个过程称为光的受激辐射。受激辐射发出的光子与外来光子具有完全相同的频率、传播方向、偏振方向。

激励可以使发光物质发光，外界所提供的激励有多种形式，常用的有电致发光、光致发光、化学发光、热发光等形式。

2. 常见光源

光源的种类很多，分类方式各异，根据光源的特征可以分为自然光源与电光源两大类。常见的光源主要有以下几种。

1）发光二极管

固体发光材料在电场激发下产生的发光现象称为电致发光，它是将电能直接转换成光能的过程。利用这种现象制成的器件称为电致发光器件，主要有发光二极管、半导体激光器、电致发光屏等。

发光二极管（LED）最早出现在19世纪60年代，它是一种典型的电致发光的半导体器件，能直接把电能转变成光能。现在可以经常在电器和电子设备上看到将这些二极管作为指示灯来使用。它的种类很多，发出的光的波长也各不相同。LED能发射人眼看不到的红外光，也能发射可见的绿光、黄光、红光、蓝光、蓝绿光或白光。如GaP、SiC等发出的是可见光，而GaAs、Si、Ge发出的是红外光。

发光二极管与钨丝白炽灯相比具有体积小、功耗低、寿命长、响应快、机械强度高、便于与集成电路相匹配等优点，因此，广泛应用于计算机、仪器仪表和自动控制设备中。由于LED是固态的，所以能延长传感器的使用寿命。使用LED的光电传感器能做得很小，且比白炽灯传感器可靠。LED抗震动抗冲击能力强，并且没有灯丝。LED所发出的光能只相当于同尺寸白炽灯所产生的光能的一部分（激光二极管除外，它与普通LED的原理相同，但能产生几倍的光能，并能达到更远的检测距离）。

发光二极管是一种半导体元件，其电气性能与普通二极管相似，不同之处在于在给LED通电时，它会发光。但随材料禁带宽度的不同，开启（点燃）电压略有差异。如砷磷化镓发光二极管，红色约为1.7 V开启，绿色约为2.2 V开启。一般情况下（在几十毫安电流范围内），LED单位时间发射的光子数与单位时间内注入二极管导带中的电子数成正比，即输出光强与输入电流成正比。电流的进一步增加会使LED输出产生非线性，甚至导致器件损坏。

1970年，人们发现LED还有一个比寿命长还好的优点，就是它能够以非常快的速度来开关，开关速度可达到 kHz。将接收器的放大器调制到发射器的调制频率，那么它就只能将以此频率振动的光信号进行放大，可以将光波的调制比喻成无线电波的传送和接收。将收音机调到某台，就可以忽略其他的无线电波信号。经过调制的 LED 发射器就类似于无线电波发射器，其接收器就相当于收音机。

如果一个金属发射出的光比周围的光强很多，那么它就可以被周围光源接收器可靠检测到。红外光 LED 是效率最高的光束，同时也是在光谱上与光电三极管最匹配的光束。但是有些传感器需要用颜色来区分（如色标检测），这就需要用可见光源。

2）激光

某些物质的分子、原子、离子能吸收外界特定能量，从低能级跃迁到高能级上，如果处于高能级的粒子数大于低能级上的粒子数，就形成了粒子数反转，在特定频率的光子激发下，高能粒子集中地跃迁到低能级上，发射出与激发光子频率相同的光子。由于单位时间受激发射光子数远大于激发光子数，因此上述现象称为光的受激辐射放大。具有这种功能的器件称为激光器。

激光是新颖的高亮度光，它是由各类气体、固体或半导体激光器产生的频率单纯的光。激光与普通光线相比具有能量高度集中、方向性好、频率单纯、相干性好等优点，是很理想的光源。激光具有以下特点。

（1）方向性强、亮度高。激光束的发散角很小，一般约为 0.18°，比普通光和微波小 2 ~ 3 个数量级。它的立体角也极小，一般可小至 10^{-8} rad，其能量高度集中，亮度比普通光源高百万倍。

（2）单色性好。激光源发射出的光的频率单纯，且光的光谱范围越窄，光的单色性就越好。普通光中单色性最好的是同位素 Kr 灯所发出的光，其中心波长 $\lambda = 605.7$ nm，$\Delta\lambda = 4.7 \times 10^{-4}$ nm；氦氖激光器发出的光，$\lambda = 632.8$ nm，$\Delta\lambda = 10^{-6}$ nm。可见，激光具有很好的单色性。

（3）相干性好。光的相干性是指两光束相遇，并在相遇区域内发生叠加时，能形成较清晰的干涉图样或能接收到稳定的拍频信号。由同一光源在相干时间 Δt 内不同时刻发出的光，经过不同路程相遇，将产生干涉。这种相干性，称为时间相干性。同一时间，由空间不同点发出的光的相干性，称为空间相干性。激光是受激辐射形成的，对于各个发光中心发出的光波，其传播方向、振动方向、频率和相位均完全一致，因此激光具有良好的时间和空间相干性。

常见的激光器主要有以下几种类型。

（1）固体激光器。固体激光器的工作物质是固体。这类激光器结构大致相同，共同特点是小而坚固，脉冲功率高。

（2）气体激光器。工作物质是气体。气体激光器的特点是能连续工作，单色性好，但输出功率不及固体激光器。工作波长为 0.638 pm 或 1.15 μm 的氦氖激光器是一种最常用的气体激光器，它使用方便，亮度很高。工作波长为 10.6 μm 的二氧化碳激光器是工作在远红外波段的功率较高的光源，常用于探测大气成分的光雷达中。工作波长为 0.516 μm 的氩离子激光器具有很高的亮度。

（3）液体激光器。工作物质是液体，其中较重要的是有机染料激光器。液体激光器的最大特点是发出的激光波长可以在一定范围内连续调节，而不降低效率。

（4）半导体激光器。半导体激光器的特点是效率高、体积小、质量轻、结构简单；缺点是输出功率较小。半导体激光器增益带宽特别高，但使用时需注意其输出特性的非线性，以及输出随光学负载（返回到激光器的外部反射率）的变化而变化。

（5）光纤激光器。所谓光纤激光器，就是在光纤材料中含增益介质并用光纤构成光学谐振腔的激光器。其主要特点如下：

➢ 由于光纤激光器的谐振腔内无光学镜片，所以具有免调节、免维护、高稳定性的优点。

➢ 由于光纤激光器的工作光纤可以盘绕，所以可以把体积做得非常小。

➢ 光纤导出，使得激光器能轻易胜任各种多维任意空间加工利用，大大简化了机械系统的设计。

➢ 对工作环境要求低，对灰尘、振荡、冲击、湿度、温度等具有很高的容忍度。

➢ 由于光纤激光系统的散热性能非常好，易于达到轻小便携的目的。

➢ 电光效率高，综合电光效率高达 20% 以上，极大地节约了工作时的电耗，节约了运行成本。

➢ 超长的工作寿命和免维护时间，平均免维护时间在 10 万小时以上。

➢ 光纤激光器可以实现从 1 000 ~ 2 000 nm 的不同波长输出，使得它可以应用于更广泛的领域。

3）白炽灯

白炽灯是一种最常用的光源，白炽光源中最常用的是钨丝灯。它产生的光，谱线较丰富，包含可见光与丰富的红外线，使用时常用滤色片来获得不同窄带频率的光。如果选用的光电元件对红外光敏感，构成传感器时可加滤色片将钨丝灯泡的可见光滤除，而仅用它的红外线做光源，这样，可有效防止其他光线的干扰。

4）卤钨灯

卤钨灯是一种改进的钨丝白炽灯。钨丝在高温下蒸发使灯泡变黑，如果降低白炽灯的灯丝温度，则发光效率降低。在灯泡中充入 6 价元素氟、氯、溴或碘等卤族元素，使它们与蒸发在玻璃壳上的钨形成卤化物。当这些卤化物回到灯丝附近时，遇到高温便会分解，钨又会回到钨丝上。这样，灯丝的温度可以大大提高，而玻璃壳也不会发黑。因此，灯丝发光亮度高、效率高，使卤钨灯具有形体小，成本低的特点。

常用的卤钨灯有碘钨灯和溴钨灯。在光电式传感器技术中应用最多的卤钨灯为溴钨灯。

5）气体放电光源

气体放电光源通过高压使气体电离放电产生很强的光辐射，而不像钨丝灯那样通过加热灯丝使其发光，即电流通过气体会产生发光现象，利用这种原理制成的光源称为气体放电光源，也称气体放电灯，且为冷光源。气体放电灯的共同特点是发出的光谱为线光谱或带状光谱，因为它们的发光机理属于等离子体发光。气体放电光源辐射的光谱是不连续的，要持续向外辐射光，不仅要维持其温度，而且有赖于气体的原子或分子的激发过程。

常见的气体放电光源有低压汞灯、氢灯、钠灯、镉灯、氦灯等，统称为光谱灯，常用作单色光源。

6）红外辐射

红外辐射又称红外光，随着频率和波长的不同，从紫光到红光热效应逐渐增大，而热效应最大的为红外光。在自然界中只要物体本身具有一定温度（高于绝对零度），都能辐射红外光。例如电机、电器、炉火，甚至冰块都能产生红外辐射，又称之为热辐射。

红外光和所有电磁波一样，具有反射、折射、散射、干涉、吸收等特性。能全部吸收投射到它表面的红外辐射的物体称为黑体；能全部反射的物体称为镜体；能全部透过的物体称为透明体；能部分反射、部分吸收的物体称为灰体。严格地讲，在自然界中，不存在黑体、镜体与透明体。

8.1.2 光电效应及分类

根据爱因斯坦光子假设学说，光可以看作是一串具有一定能量的运动着的粒子流，这些粒子称为光子，每个光子所具有的能量等于普朗克常数 h 乘以频率 γ。即

$$\varepsilon = h\gamma \tag{8-1}$$

式中 h——普朗克常数，$h = 6.626 \times 10^{-34}$ J·s。

由于光子的能量与其频率成正比，故光的频率越高（即波长越短），光子的能量就越大。

用光照射某一物体时，可看作是物体受到一连串能量为 $h\gamma$ 的光子的不断轰击，物体由于吸收光子能量后产生相应电效应的物理现象称为光电效应。

光线照射到物体上所产生的光电效应通常可以分为外光电效应（也称光电发射）、光电导效应和光伏特效应三类。根据光电效应的不同可以制成不同的光电元件。

1）外光电效应

在光线作用下能使电子逸出物体表面的现象称为外光电效应。根据外光电效应制成的光电元件类型很多，主要有光电管、光电倍增管、光电摄像管等。

当入射光照射在阴极上时，阴极受到光子轰击，由于一个光子的能量只能传给一个电子，因此，单个光子就把它的全部能量传递给阴极材料中的一个自由电子，从而使自由电子的能量增加 $h\gamma$。当自由电子获得的能量大于阴极材料的逸出功 A 时，它就可以克服金属表面束缚而逸出，形成电子发射，这种电子称为光电子。光电子逸出金属表面后的初始动能为 $\frac{1}{2}mv^2$。根据能量守恒定律可知

$$h\gamma = \frac{1}{2}mv^2 + A \tag{8-2}$$

该式称为爱因斯坦光电效应方程。

结论：（1）光电子能否产生，取决于光电子的能量是否大于该物体的表面电子逸出功 A。不同的物质具有不同的逸出功，即每一个物体都有一个对应的光频阈值，当光电子能量 $h\gamma$ 恰好等于逸出功 A 时，光电子获得的初速度 $v = 0$，此时光电子对应的单色光频率为 γ_0，且有 $h\gamma_0 = A$，γ_0 为该物体产生光电效应的最低频率，称为红限频率。当入射光频率高于红限频率时，光子能量 $h\gamma$ 大于逸出功 A，即使光线微弱，也会有光电子射出，能够产生光电效应。当光线频率低于红限频率时，光子能量 $h\gamma$ 小于逸出功 A，不足以使物体内的电子逸出，因而小于红限频率的入射光，光强再大也不会产生光电子发射，也不能产生光电效应。

（2）当入射光的频谱成分不变时，产生的光电流与光强成正比。即光强越大，意味着入射光子数目越多，逸出的电子数也就越多。

（3）光电子的初动能取决于入射光的频率 γ。因为对于某种物质而言，其电子的逸出功

是一定的。入射光频率 γ 越高，则电子吸收的能量 $h\gamma$ 越大，即电子的初动能越大。电子的初动能与频率成正比。

（4）因为一个光子的能量只能传给一个电子，所以电子吸收能量不需要积累能量的时间，光一照到物体上，就立即有光电子发出，据测该时间不超过 10^{-9} s。

2）内光电效应

光线照射在半导体材料上时，材料中处于价带的电子吸收光子能量，通过禁带跃入导带，使导带内电子浓度和价带内空穴增多，但这些被释放的电子并不能逸出物体表面，而是停留在物体内部，使其导电能力发生变化，或产生光生电动势，这种现象称为内光电效应。内光电效应按其工作原理可分为两种：光电导效应和光伏特效应。

半导体材料受到光线照射时会产生电子－空穴对，使导电性能增强，光线越强，阻值越低，这种光照后电阻率发生变化的现象称为光电导效应。硫化镉、硒化镉、硫化铅、硒化铅等材料在受到光照时均会出现电阻下降的现象。

半导体材料的导电能力取决于半导体内部载流子的数目，如果载流子的数目增加，则半导体的导电率会增加。半导体中参与导电的载流子有自由电子和空穴两种。通常情况下，半导体原子中的价电子被束缚在价带中，当价电子从外界获取了足够的能量后，它会受到激发而从价带跃迁到导带，成为一个自由电子，与此同时价带原来价电子的位置上会形成空穴。由于自由电子和空穴都参与导电，所以使半导体的电导率增加了。基于光电导效应的光电器件有光敏电阻、光敏二极管、光敏三极管和光敏晶闸管等。

在光线作用下，物体两端产生一定方向的电动势，这种现象称为光伏特效应。具有该效应的材料有硅、硒、氧化亚铜、硫化镉、砷化镓等。例如，当一定波长的光照射 PN 结时，就产生电子－空穴对，在 PN 结内电场的作用下，空穴移向 P 区，电子移向 N 区，于是 P 区和 N 区之间产生电压，即光生电动势。根据光伏特效应制成的光电元件主要是光电池等。

8.2 光电器件

8.2.1 光电管

光电管和光电倍增管同属于根据外光电效应制成的光电转换器件。

1）光电管

光电管有多种类型，最典型的是真空光电管。光电管是装有光阴极和阳极的真空玻璃管，其外形结构和测量电路如图 8-1 所示，它是利用外光电效应制成的光电元件。

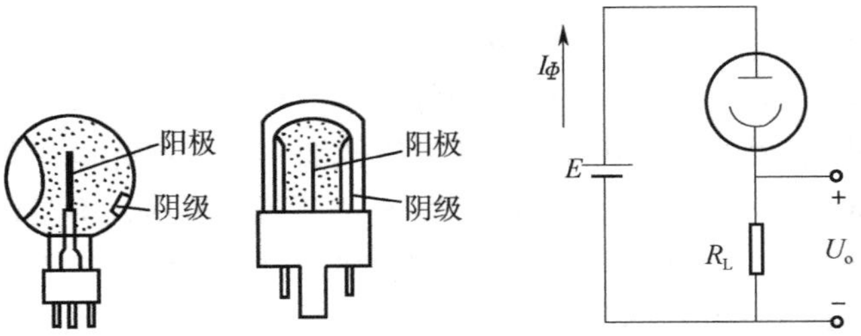

图 8-1 光电管结构示意图和测量电路

光阴极由在玻璃管内壁涂上阴极涂料构成，阳极为置于光电管中心的环形金属板或置于柱面中心线的金属柱。正常工作时，阳极电位高于阴极电位。在入射光频率大于红限频率的前提下，光电管的阴极表面受到光照射后便发射光电子，从阴极逸出的光电子被具有正电位的阳极所吸引，在光电管内形成空间电子流。如果在外电路中串入电阻，则电阻上就会产生电压降，该电压和电流随光照强度而变化，与光强成一定函数关系，从而实现光电转换。

阴极材料不同的光电管，具有不同的红限频率，适用于不同的光谱范围。即使入射光的频率大于红限频率，并保持其强度不变，但阴极发射的光电子数量仍会随着入射光频率的变化而变化，即同一种光电管对不同频率的入射光灵敏度不同。人们根据光电管的这种光谱特性，针对检测对象是红外光、紫外光，还是可见光，应当选择阴极材料不同的光电管，以便获得满意的灵敏度。

2）光电倍增管

由于真空光电管的灵敏度低，光照很弱时，光电管产生的电流很小，为提高灵敏度，常常使用光电倍增管。光电倍增管是利用二次电子释放效应，高速电子撞击固体表面，发出二次电子，将光电流在管内进行放大，其工作原理如图 8-2 所示。

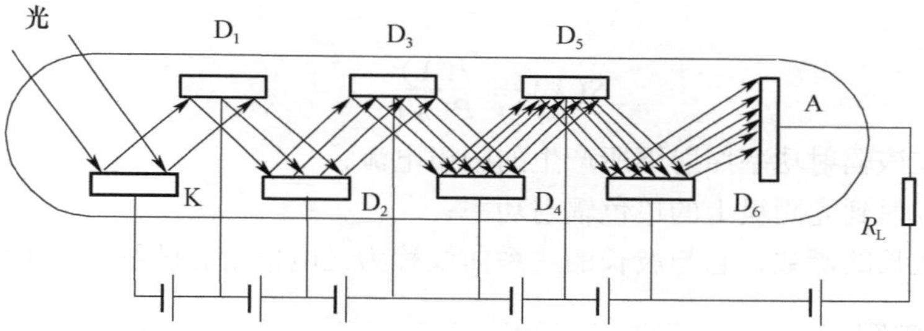

图 8-2　光电倍增管工作原理示意图

光电倍增管主要由光阴极 K、倍增极 D 和阳极 A 组成，并根据要求采用不同性能的玻璃壳进行真空封装。依据分装方法，可分成端窗式和侧窗式两大类。端窗式光电倍增管的阴极通常为透射式阴极，通过管壳的端面接收入射光。侧窗式阴极则是通过管壳的侧面接收入射光，它的阴极通常为反射式阴极。

光阴极接负高压，各倍增极的加速电压由直流高压电源经分压电阻分压供给，灵敏检流计或负载电阻接在阳极 A 处，当有光子入射到光阴极 K 上时，只要光子的能量大于光阴极材料的逸出功，就会有电子从阴极的表面逸出而成为光电子。光阴极的量子效率是一个重要的参数。波长为 λ 的光辐射入射到光阴极时，一个入射光子产生的光电子数，定义为光阴极的量子效率。

在光阴极 K 和倍增极 D_1 之间的电场作用下，光电子被加速后轰击倍增极 D_1，从而使 D_1 产生二次电子发射。每一个电子的轰击可产生 3 ~ 5 个二次电子，这样就实现了电子数目的放大。D_1 产生的二次电子被 D_2 和 D_1 之间的电场加速后轰击 D_2，依此类推。这样的过程一直持续到最后一级倍增极 D_n。每经过一级倍增极，电子数目被放大一次，倍增极的数目一般有 8 ~ 13 个，最后一级倍增极 D_n 发射的二次电子被阳极 A 收集。若倍增电极有 n 级，各级的倍增率为 σ，则光电倍增管的倍增率可以认为是 σ^n，因此，光电倍增管有极高的灵敏度。

光电倍增管在输出电流小于 1 mA 的情况下，其光电特性在很宽的范围内具有良好的线性关系，多用于微光测量。若将灵敏检流计串接在阳极回路中，则可直接测量阳极输出电流。若在阳极串接电阻 R_L 作为负载，则可测量 R_L 两端的电压，此电压正比于阳极电流。

一般在使用光电倍增管时，必须把管子放在暗室里避光使用，使其只对入射光起作用。但是由于环境温度、热辐射和其他因素的影响，光电倍增管接上工作电压后，在没有光照的情况下阳极仍会有一个很小的电流输出，这种电流称为暗电流。它是热发射所致或场致发射造成的，这种暗电流通常可以用补偿电路消除。如果光电倍增管与闪烁体放在一处，在完全避光情况下，出现的电流称为本底电流，其值大于暗电流。增加的部分是由于宇宙射线对闪烁体的照射而使其激发，被激发的闪烁体照射在光电倍增管上而造成的，本底电流具有脉冲形式。

光电倍增管在工作时，其阳极输出电流由暗电流和信号电流两部分组成。当信号电流比较大时，暗电流的影响可以忽略，但是当光信号非常弱，以至于阳极信号电流很小甚至和暗电流在同一数量级时，暗电流将严重影响对光信号测量的准确性。所以暗电流的存在决定了光电倍增管可测量光信号的最小值。一只好的光电倍增管，要求其暗电流小，并且稳定。

光电倍增管对不同波长的光入射的响应能力是不相同的，这一特性可用光谱响应率表示。在给定波长的单位辐射功率照射下所产生的阳极电流的大小称为光电倍增管的绝对光谱响应率，表示为

$$S(\lambda) = \frac{I(\lambda)}{P(\lambda)} \tag{8-3}$$

式中 $I(\lambda)$——在该辐射功率照射下所产生的阳极电流；

$P(\lambda)$——入射到光阴极上的单色辐射功率；

$S(\lambda)$——波长的函数，它与波长的关系曲线称为光电倍增管的绝对光谱响应曲线。

8.2.2 光敏电阻

光敏电阻是一种光电效应半导体器件，应用于光存在与否的感应（数字量）以及光强度的测量（模拟量）等领域。它的电阻率随着光照强度的增强而减小，允许更多的光电流流过。这种阻性特征使它具有很好的品质，即通过调节供电电源就可以从探测器上获得信号流，且有着很宽的范围。

1）光敏电阻的结构

光敏电阻是薄膜元件，它是在陶瓷底衬上覆设一层光电半导体材料，常用的半导体有硫化镉和硒化银等。在半导体光敏材料两端装上电极引线，金属接触点盖在光电半导体的下部，将其封装在带有透明窗的管壳里就构成了光敏电阻。这种光电半导体材料薄膜元件有很高的电阻，所以两个接触点之间，做得狭小、交叉，使其在适度的光线下产生较低的阻值。光敏电阻的灵敏度易受湿度的影响，因此要将导光电导体严密封装在玻璃壳体中。如果把光敏电阻连接到外电路中，在外加电压的作用下，用光照射就能改变电路中电流的大小，其电路连接如图8-3所示。

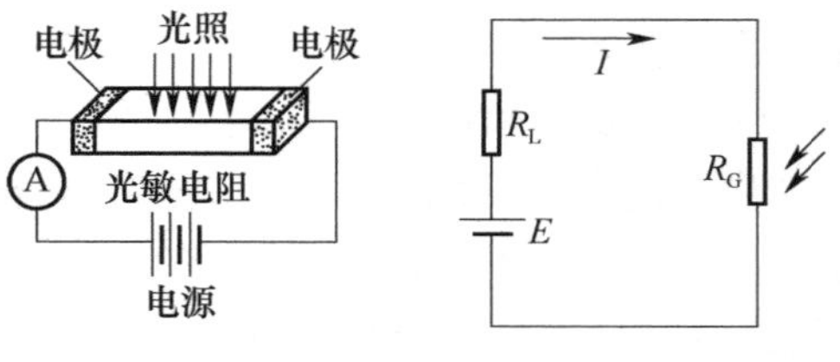

图8-3 光敏电阻的电路连接

2）光敏电阻的工作原理

光敏电阻由半导体材料构成，利用内光电效应而工作。光敏电阻没有极性，纯粹是电阻器件，工作时既可以加直流电压，也可以加交流电压。光线照射光敏电阻时，若光电导体为

本征半导体材料，而且光辐射能量又足够强时，光电导材料价带上的电子将激发到导带上去，从而使导带的电子和价带的空穴增加，因材料中的电子－空穴对增加，其电导率变大，电阻值会急剧减小，电路中电流增加；光照消失时，电阻会恢复原值。根据电路中电流值的变换即可推算出光照强度的大小。

光敏电阻中光电导作用的强弱是用其电导的相对变化来标志的。禁带宽度较大的半导体材料，在室温下热激发产生的电子－空穴对较少，无光照时的电阻（暗电阻）较大。因此光照引起的附加电导就十分明显，可表现出很高的灵敏度。

检测光敏电阻好坏的方法如下。

（1）用一张黑纸片将光敏电阻的透光窗口遮住，此时万用表的指针基本保持不动，阻值接近无穷大。此值越大，说明光敏电阻性能越好。若此值很小或接近为零，说明光敏电阻已烧穿损坏，不能再继续使用。

（2）将一光源对准光敏电阻的透光窗口，此时万用表的指针应有较大幅度的摆动，阻值明显减小。此值越小，说明光敏电阻性能越好。若此值很大甚至无穷大，表明光敏电阻内部电路损坏，也不能再继续使用。

（3）将光敏电阻透光窗口对准入射光线，用小黑纸片在光敏电阻的遮光窗上部晃动，使其间断受光，此时万用表指针应随黑纸片的晃动而左右摆动。如果万用表指针始终停在某一位置不随纸片晃动而摆动，说明光敏电阻的光敏材料已经损坏。

3）光敏电阻的主要参数

光敏电阻的主要参数和基本特性如下。

（1）光电流：光敏电阻在室温、无光照的全暗条件下，经过一定稳定时间之后，测得的电阻值称为暗电阻，或称暗阻，此时流过光敏电阻的电流称为暗电流。光敏电阻在室温且受到某一光线照射时测得的电阻值称为亮电阻，或称亮阻，此时流过的电流称为亮电流。光敏电阻接在电路上，亮电流（大）与暗电流（小）之差称为光电流。

光敏电阻的暗电阻越大越好，亮电阻越小越好；即暗电流要小，亮电流要大，这样光电流才可能大，光敏电阻的灵敏度才会高。为了提高光敏电阻的灵敏度，应尽量减小电极间的距离。对于面积较大的光敏电阻，通常会采用在光敏电阻薄膜上蒸镀金属的方法形成梳状电极。

（2）光敏电阻的伏安特性。在一定光照强度下，光敏电阻两端所加的电压和流过的光电流之间的关系曲线，称为光敏电阻的伏安特性。光敏电阻的伏安特性曲线如图 8-4 所示，光照强度越大，光电流就越大；电压越大，产生的光电流也就越大。

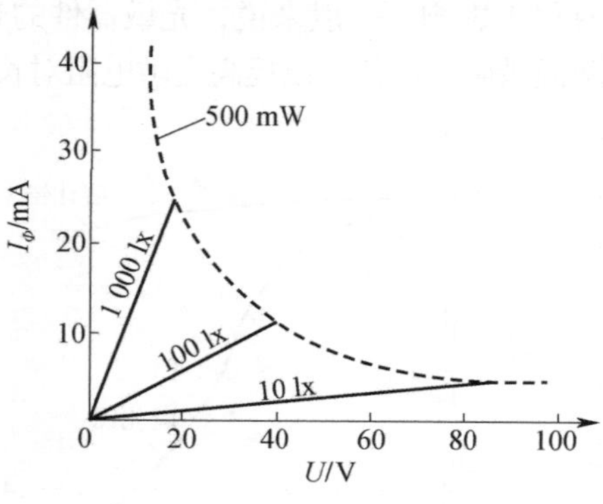

图 8-4　光敏电阻的伏安特性曲线

（3）光敏电阻的光照特性。光电器件的灵敏度可用光照特性来表征，它反映了光电器件输入光量与输出光电流（光电压）之间的关系。光敏电阻的光电流 I 和光强（光通量）F 之间的关系曲线，称为光敏电阻的光照特性曲线。不同类型的光敏电阻，其光照特性是不同的，但大多数的光敏电阻的光照特性曲线类似，如图 8-5 所示。

由于光敏电阻的光照特性曲线呈现非线性，因此它不适宜作为线性检测元件，这是光敏电阻的一个缺点。在自动控制系统中，光敏电阻一般被用作开关式光电信号传感元件。

（4）光敏电阻的光谱特性。光敏电阻的相对灵敏度与入射光波长之间的关系，称为光谱特性。对于不同波长的入射光，其灵敏度是不相同的，如图8-6所示。为提高光电式传感器的灵敏度，对包含光源与光电器件的传感器，应根据光电器件的光谱特性选择相匹配的光源和光电器件。对于被测物体本身可以作光源的传感器，则应该按被测物体辐射的光波波长选择光电器件。

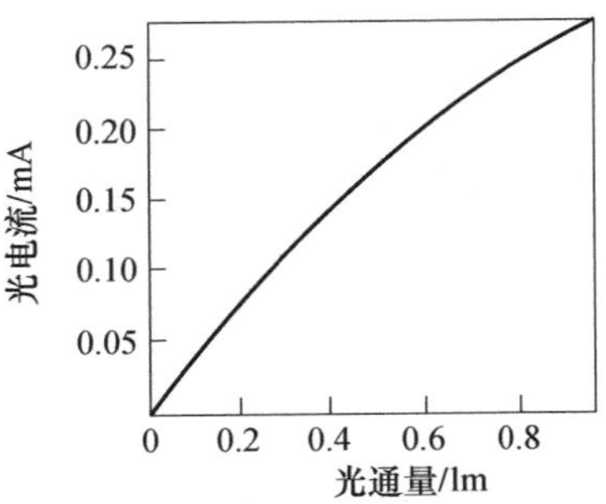

图8-5 光敏电阻的光照特性曲线

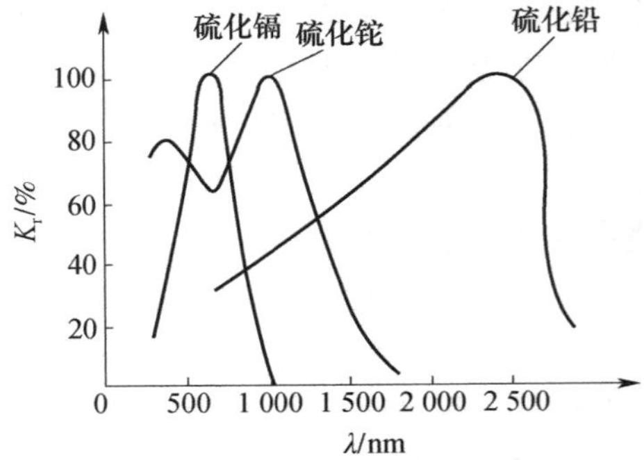

图8-6 光敏电阻的光谱特性曲线

（5）光敏电阻的频率特性。光频率与相对灵敏度之间的关系称为光敏电阻的频率特性。对于采用调制光的光电式传感器，调制频率上限受响应时间的限制。光电器件的响应时间反映了它的动态特性，响应时间小，表示动态特性好。

当光敏电阻受到脉冲光照射时，光电流要经过一段时间才能达到稳定值，而在停止光照后，光电流也不立刻为零，这就是光敏电阻的时延特性。由于不同材料的光敏电阻的时延特性不同，所以它们的频率特性也不同。如图8-7所示，硫化铅的使用频率比硫化镉高得多。由于多数光敏电阻的时延都比较大，所以，它不能用在要求快速响应的场合。光敏电阻的响应时间一般为$10^{-3}\sim10^{-1}$ s。

（6）光敏电阻的温度特性。温度变化不仅影响光电器件的相对灵敏度，同时对光谱特性也有很大影响。一般来说，光敏器件的光谱响应峰值随温度升高而向短波方向移动。因此，采取降温措施，往往可以提高光敏电阻对长波长的响应。光敏电阻的温度特性曲线如图8-8所示。

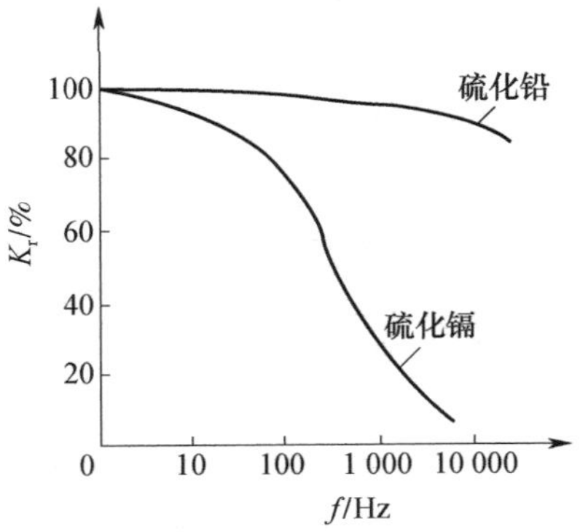

图8-7 光敏电阻的频率特性曲线

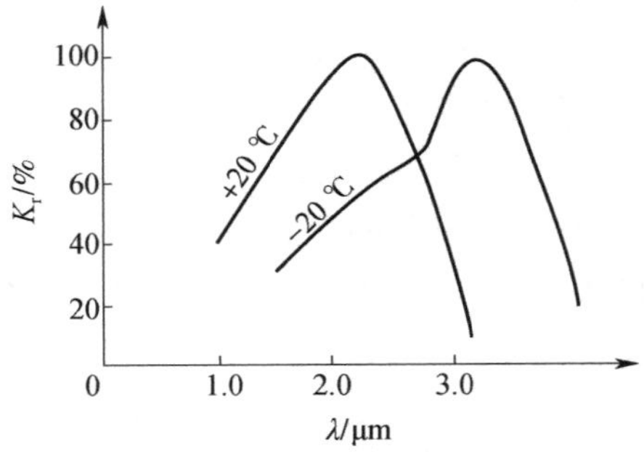

图8-8 光敏电阻的温度特性曲线

在室温条件下工作的光电器件由于灵敏度随温度而变化，因此高精度检测时有必要进行温度补偿或者使它在恒定温度下工作。

光敏电阻具有很高的灵敏度，很好的光谱特性，光谱响应可从紫外区到红外区范围内，而且体积小、质量轻、性能稳定、价格便宜，因此应用比较广泛。

8.2.3　光敏晶体管

1. 光敏晶体管概述

光敏晶体管通常指光敏二极管和光敏三极管，它们的工作原理也是基于内光电效应的。

1）光敏二极管

光敏二极管是一种利用 PN 结单向导电性的结型光电器件，与一般半导体二极管不同之处在于光敏二极管将 PN 结设置在透明管壳顶部的正下方，光线通过透镜制成的窗口，可以集中照射在 PN 结上。与光敏电阻的差别仅在于光线照射在半导体 PN 结上，PN 结参与了光电转换过程。

光敏二极管在电路中通常处于反向偏置状态，如图 8-9 所示。PN 结加反向电压时，反向电流的大小取决于 P 区和 N 区中少数载流子的浓度，在没有光照时，P 区中少数载流子（电子）和 N 区中的少数载流子（空穴）都很少，二极管处于反向偏置，具有高阻特性，所以反向电流很小，这时的电流称为暗电流，相当于普通二极管的反向饱和漏电流。

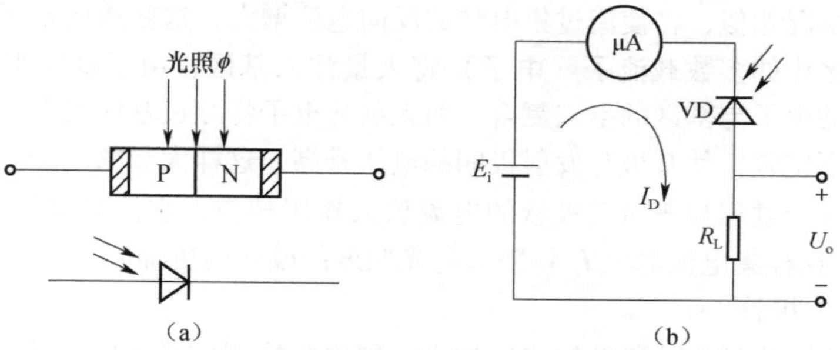

图 8-9　光敏二极管

（a）结构示意图及图形符号；（b）基本应用电路

但是当光照射在二极管的 PN 结上时，只要光子能量大于材料的禁带宽度，就会在 PN 结及其附近产生电子 - 空穴对，从而使 P 区和 N 区载流子浓度大大增加，它们在外加反向电压和 PN 结内电场作用下，电子向 N 区运动，空穴向 P 区运动，形成光电流，方向与反向电流一致，使反向电流明显增大。当光照度增大时，光电流也相应增大，通过外电路的光电流强度也会随之变动，光敏二极管就把光信号转换成了电信号，光照时的反向电流基本上与光照度成正比。

2）光敏三极管

光敏三极管有 PNP 型和 NPN 型两种。它有两个 PN 结，其结构与普通三极管相似，具有电流增益，只是它的发射极一边做得很大，以扩大光的照射面积，且其基极不接引线。它比光敏二极管具有更高的灵敏度，可以看成是一个 eb 结为光敏二极管的三极管。

在光照作用下，光敏二极管将光信号转换成电流信号，该电流信号被晶体三极管放大。显然，在晶体三极管增益为 β 时，光敏三极管的光电流要比相应的光敏二极管大 β 倍。

光敏二极管和光敏三极管均用硅或锗制成。由于硅器件暗电流小、温度系数小，又便于用平面工艺大量生产，尺寸易于精确控制，因此硅光敏器件比锗光敏器件更为普通。多数光敏三极管的基极没有引出线，只有正负（c、e）两个引脚，所以其外形与光敏二极管相似，从外观上很难区别。光敏三极管内部结构及测量电路如图 8-10 所示。

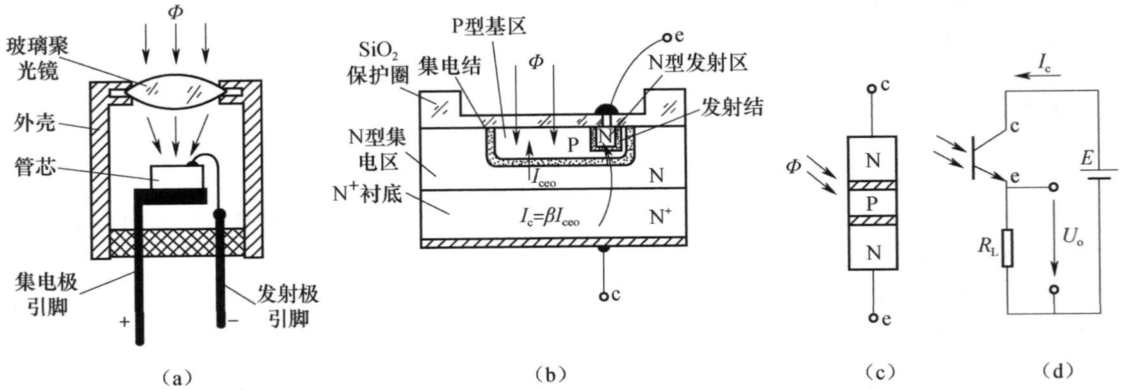

图8-10 光敏三极管的结构及测量原理图

(a) 内部组成；(b) 管芯结构；(c) 结构简图；(d) 测量电路

当光敏三极管的集电极加上正电压，基极开路时，集电结处于反向偏置状态，发射结正向偏置。无光照时仅有很小的穿透电流流过，当光线通过透明窗口照射在集电结的基区时，与光敏二极管的情况相似，将使流过集电结的反向电流增大，这就造成基区中带正电荷的空穴的积累，发射区中的多数载流子（电子）将大量注入基区，由于基区很薄，只有一小部分从发射区注入的电子与基区的空穴复合，而大部分电子将穿过基区流向与电源正极相接的集电极，基区留下空穴，使基极与发射极间的电压升高，这样大量的电子流向集电极，形成集电极电流 I_c。这个过程与普通三极管的电流放大作用相似，它使集电极电流 I_c 是原始光电流的 $1+\beta$ 倍。这样集电极电流 I_c 将随入射光照度的改变而更加明显地变化。

3）PIN 光电二极管

PIN 光电二极管是在 P 区和 N 区之间插入一层电阻率很大的 I 层，从而减小了 PN 结的电容，提高了工作频率。PIN 光电二极管的工作电压（反向偏置电压）高，光电转换效率高，暗电流小，其灵敏度比普通的光敏二极管高得多，响应频率可达数十兆赫兹，可用于各种数字与模拟光纤传输系统中，例如各种家电遥控器的接收管（红外波段）、UHF 频带小信号开关、中波频带到 1 000 MHz 之间电流控制、可变衰减器、各种通信设备收发天线的高频功率开关切换和 RF 领域的高速开关等。特殊结构的 PIN 二极管还可用于测量紫外线或射线等。

4）光敏晶闸管

光敏晶闸管有 3 个引出电极，即阳极 A、阴极 K 和门极 G。它的顶部有一个玻璃透镜，光敏晶闸管的阳极与负载串联后接电源正极，阴极接电源负极，门极可悬空。当有一定照度的光信号通过玻璃窗口照射到正向阻断的 PN 结上时，将产生门极电流，从而使光敏晶闸管从阻断状态变为导通状态。导通后，即使光照消失，光敏晶闸管仍维持导通。要切断已触发导通的光敏晶闸管，必须使阳极与阴极的电压反向，或使负载电流小于其维持电流。光敏晶闸管的导通电流比光敏三极管大得多，工作电压有的可达数百伏，因此输出功率大，可用于工业自动检测控制。

2. 光敏晶体管的基本特性

1）光敏晶体管的光谱特性

光电器件的光谱特性是指相对灵敏度 K_r 与入射光波长 λ 之间的关系，又称光谱响应。在入射光照度一定时，光敏晶体管的相对灵敏度随光波波长的变化而变化，一种光敏晶体管只对一定波长范围的入射光敏感，这就是光敏晶体管的光谱特性。

光敏晶体管的光谱特性如图 8-11 所示。当入射光波长增加时，相对灵敏度要下降，这是因为光子能量太小，不足以激发电子－空穴对。当入射光波长太短时，光波穿透能力下降，光子只在半导体表面附近激发电子－空穴对，却不能到达 PN 结，因此相对灵敏度也下降。由图可知，硅的长波限为 1.1 μm，锗为 1.8 μm，其大小取决于它们的禁带宽度，短波限一般在 0.4～0.5 μm 附近。硅器件灵敏度的极大值出现在波长 0.8～0.9 μm 处，而锗器件则出现在 1.4～1.5 μm 处，都处于近红外光波段。在可见光或探测炽热状态物体时，一般选用硅管；但对红外线进行探测时，则采用锗管较合适。采用较浅的 PN 结和较大的表面，可使灵敏度极大值出现的波长和短波限减小，以适当改善短波响应。

2）光敏晶体管的伏安特性

光敏晶体管在不同照度下的伏安特性与一般晶体管在不同基极电流下的输出特性类似，如图 8-12 所示。只要将入射光在基极和发射极之间的 PN 结附近所产生的光电流看成基极电流，就可以把光敏晶体管当作一般的晶体管来看待。

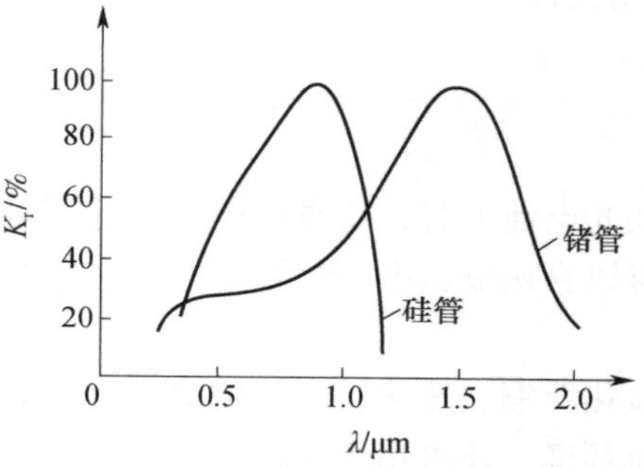

图 8-11　光敏晶体管的光谱特性曲线

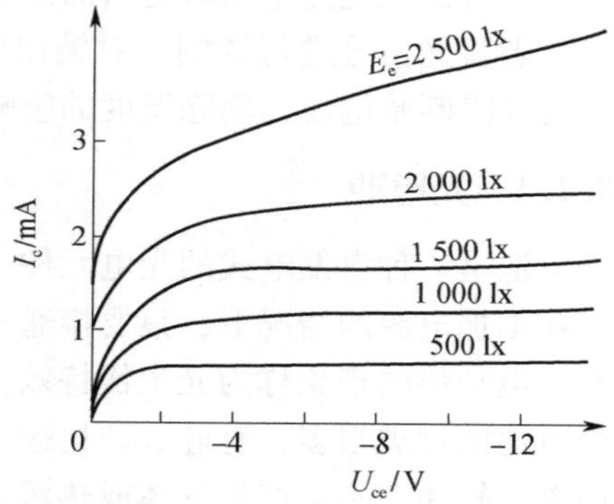

图 8-12　光敏晶体管的伏安特性曲线

3）光敏晶体管的光照特性

光敏晶体管的光照特性，即晶体管的输出光电流 I_c 与照度 E_e 之间的关系曲线，如图 8-13 所示。光敏晶体管的输出电流和照度之间近似呈线性关系，它的灵敏度和线性度均好，因此在军事、工业自动控制和民用电器中应用极广，既可作线性转换元件，也可作开关元件。

4）光敏晶体管的频率特性

光敏晶体管的频率特性是指输入光的调制频率与输出灵敏度之间的关系。如图 8-14 所示，光敏三极管的频率特性受负载电阻的影响，减小负载电阻可以提高频率响应。一般来说，光敏三极管的频率响应比光敏二极管差。光敏晶体管的响应时间约为 2×10^{-5} s，对于锗管，入射光的调制频率要求在 5 kHz 以下，硅管的频率响应要比锗管好。

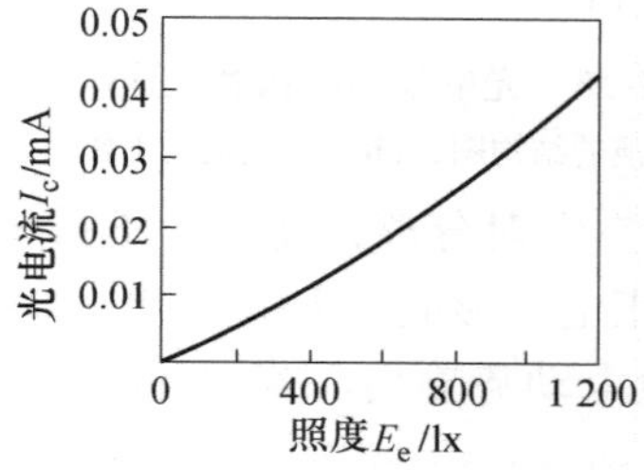

图 8-13　光敏晶体管的光照特性曲线

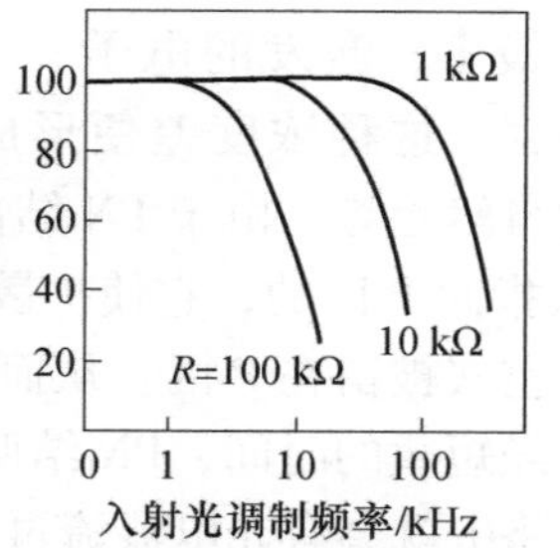

图 8-14　硅光敏三极管的频率特性曲线

5）光敏晶体管的温度特性

光敏晶体管的温度特性是指在一定照度下温度与电流之间的关系。如图8-15所示，温度对亮电流、暗电流、输出电流的影响程度不同，温度变化对光敏晶体管的亮电流影响较小，但对暗电流的影响却十分显著。因此，光敏晶体管在高照度下工作时，由于亮电流比暗电流大得多，温度的影响相对来说比较小。但在低照度下工作时，因为亮电流较小，暗电流随温度变化就会严重影响输出信号的温度稳定性。在这种情况下，应当选用硅光敏晶体管，这是因为硅管的暗电流要比锗管小几个数量级。同时还可以在电路中采取适当的温度补偿措施，或者将光信号进行调制，对输出的电信号采用交流放大，利用电路中隔直电容的作用，就可以隔断暗电流，消除温度的影响。

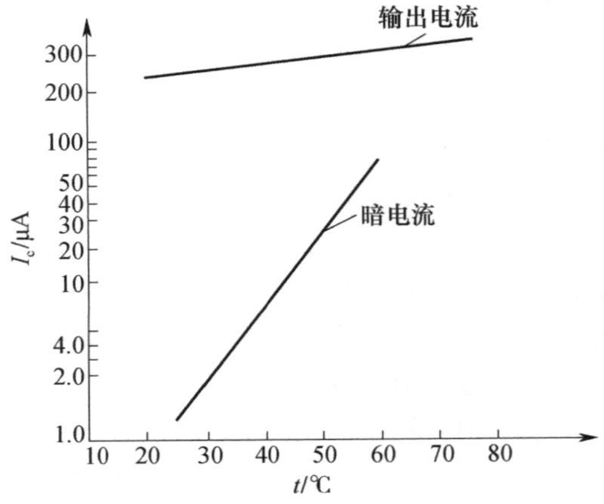

图8-15　光敏晶体管的温度特性曲线

8.2.4　光电池

光电池是一种自发电式的光电元件。当光照射在光电池上时，自身能产生一定方向的电动势，在不加电源的情况下，只要接通外电路，就可以直接输出电动势及光电流，这种因光照而产生电动势的现象称为光生伏特效应。

光电池的种类很多，有硅、砷化镓、锗、硒、氧化亚铜、硫化铊、硫化镉光电池等。光电池简单、轻便，不会产生气体或热污染，易于适应环境，还可用于宇宙飞行器的各种仪表电源。其中，应用最广泛的是硅光电池，它用可见光作为光源，具有性能稳定、光谱范围宽、频率特性好、转换效率高、耐高温辐射、价格便宜等一系列优点。

另外，由于硒光电池的光谱峰值位于人眼的视觉范围，所以很多分析仪器、测量仪表也常用到它。下面着重介绍硅光电池的工作原理及其基本特性。

硅光电池的工作原理基于光生伏特效应，它是在一块N型硅片上用扩散的方法制造一薄层P型层作为光照敏感面，形成一个大面积PN结，从而构成最简单的光电池。如图8-16所示，当光照射在P区表面时，若光子能量大于硅的禁带宽度，则在P型区内每吸收一个光子便产生一个电子-空穴对，P区表面吸收的光子最多，激发的电子、空穴最多，越向内部越少。这种浓度差便形成从表面向体内扩散的自然趋势。由于PN结内电场的方向是由N区指向P区的，它使扩散到PN结附近的电子-空穴对分离，光生电子被拉到N型区，光生空穴被留在P区。从而使N区带负电，P区带正电，形成光生电动势。如果光照是连续的，经短暂的时间，PN结两侧就有一个稳定的光生电动势输出。若用导线连接P区和N区，电路中就会有光电流流过。

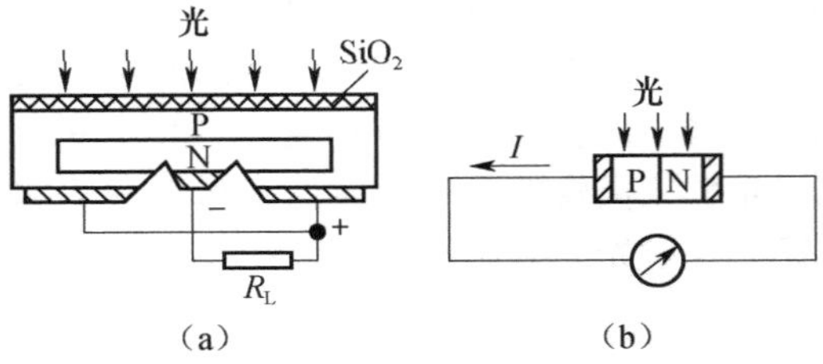

图8-16　光电池的结构和工作原理图

（a）光电池的结构图；（b）光电池的工作原理示意图

光电池的表示符号、基本电路及等效电路如图8-17所示。

光电池的基本特性主要有以下几个方面。

1）光谱特性

光电池对不同波长的光，相对灵敏度是不同的。不同材料的光电池适用的入射光波长范围也不相同。一定照度下，光波波长与光电池灵敏度之间的关系称为光电池的光谱特性。如图 8-18 所示，硅光电池的适用范围宽，对应的入射光波长可在 0.45～1.1 μm 范围内，而硒光电池只能在 0.34～0.57 μm 波长范围，它适用于可见光检测。

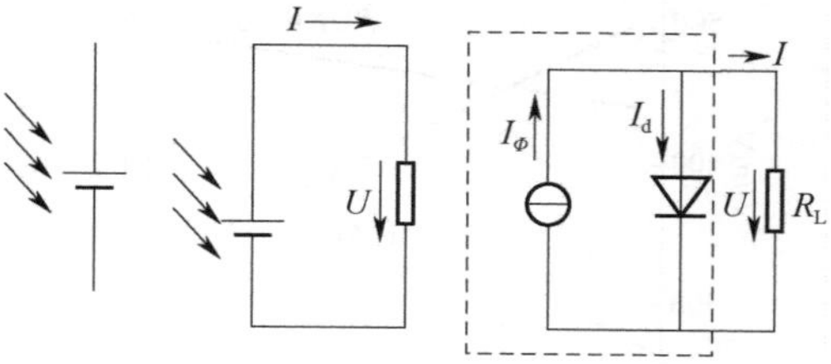

（a）　（b）　（c）

图 8-17　光电池符号和基本工作电路

（a）符号；（b）基本电路；（c）等效电路

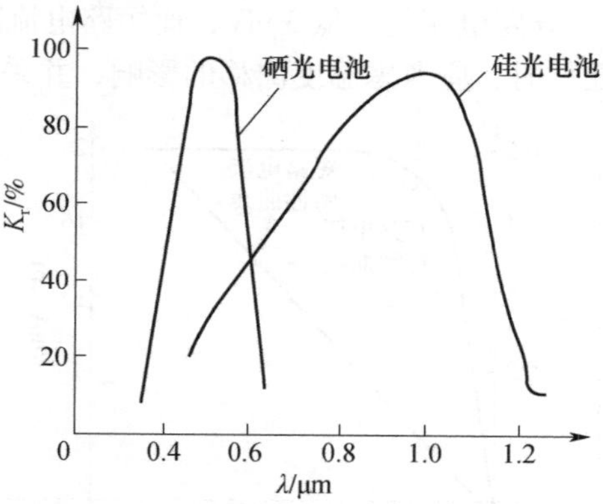

图 8-18　光电池的光谱特性曲线

在实际使用中应根据光源的性质来选择光电池，当然也可根据现有的光电池来选择光源，但是要注意光电池的光谱峰值位置不仅与制造光电池的材料有关，同时，也与制造工艺有关，而且随着使用温度的不同会有所移动。

2）频率特性

光电池的频率特性是指输出光电流与入射光调制频率的关系。当入射光照度变化时，由于光生电子－空穴对的产生和复合都需要一定时间，因此入射光调制频率太高时，光电池输出电流的变化幅度将下降。

如图 8-19 所示，硅光电池的频率特性较好，工作频率的上限约为几万赫兹，而硒光电池的频率特性较差。在调制频率较高的场合，应采用硅光电池，并选择面积较小的硅光电池和较小的负载电阻进一步减小响应时间，改善频率特性。

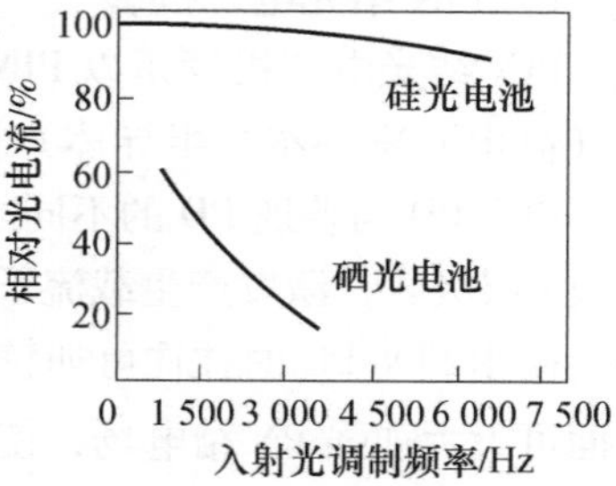

图 8-19　光电池的频率特性曲线

3）光照特性

光电池在不同的光照度下，光生电动势和光电流是不相同的。光照度与输出电动势、输出电流之间的关系称为光电池的光照特性，如图 8-20 所示。上面的曲线是负载电阻无穷大时的开路电压特性曲线，下面的曲线是负载电阻相对于光电池内阻很小时的短路电流特性曲线。开路电压与光照度的关系呈非线性，而且在光照度为 2 000 lx 时就趋于饱和，但其灵敏度高，宜用作开关元件。而短路电流在很大范围内与光照度呈线性关系，负载电阻越小，这种线性关系越好，而且线性范围越宽。光电池作为线性检测元件使用时，应工作在短路电流输出状态，所用负载电阻的大小应根据光照的具体情况而定。在检测连续变化的光照度时，应尽量减小负载电阻，使光电池在接近短路的状态工作，也就是把光电池作为电流源来使用。在光信号断续变化的场合，也可以把光电池作为电压源使用。对于不同的负载电阻，可以在不同的照度范围内使光电流与光照度保持线性关系。

4）温度特性

光电池的温度特性是指开路电压和短路电流随温度变化的情况。由于它关系到应用光电池的仪器设备的温度漂移，影响测量精度或控制精度等重要指标，因此温度特性是光电池的重要特性之一。如图8-21所示，硅光电池开路电压随温度上升而明显下降，温度每上升1℃，开路电压约降低3 mV，而短路电流随温度上升却是缓慢增加的。因此，光电池作为检测元件时，应考虑温度漂移的影响，并采用相应的措施进行补偿。

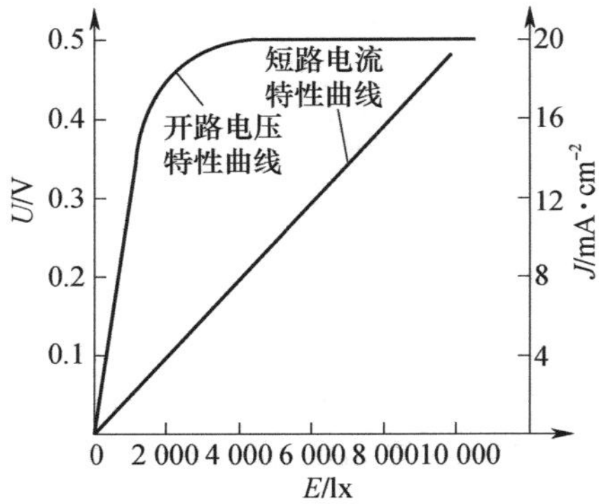

图8-20 光电池的光照特性曲线

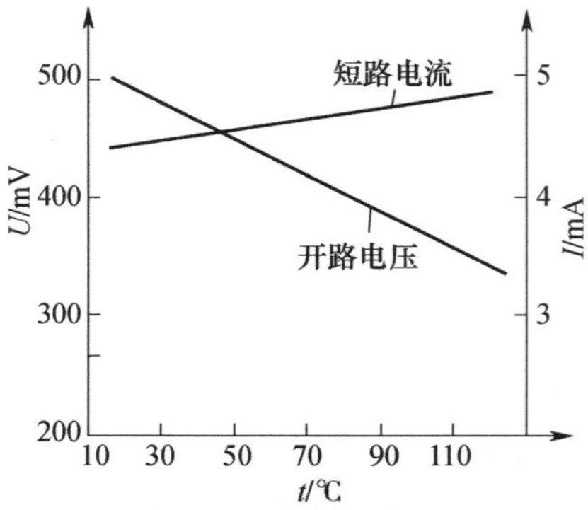

图8-21 硅光电池的温度特性曲线

8.2.5 高速光电器件

光电式传感器的响应速度是个重要指标，随着光通信及光信息处理技术的提高，一批高速光电器件应运而生。

1）PIN结光电二极管

PIN结光电二极管是以PIN结代替PN结的光敏二极管，在PN结中间设置一层较厚的I层（高电阻率的本征半导体）而制成，故简称为PIN-PD。

PIN-PD与普通PD的不同之处是入射信号光由很薄的P层照射到较厚的I层时，大部分光能被I层吸收，激发产生载流子形成光电流，因此PIN-PD比PD具有更高的光电转换效率。此外，使用PIN-PD时往往可加较高的反向偏置电压，这样一方面使PIN结的耗尽层加宽；另一方面可大大加强PN结电场，使光生载流子在结电场中的定向运动加速，减小了漂移时间，大大提高了响应速度。

PIN-PD具有响应速度快、灵敏度高、线性较好等特点，适用于光通信和光测量技术。

2）雪崩式光电二极管

雪崩式光电二极管（APD）是利用PN结在高反向电压下产生的雪崩效应来工作的一种二极管。其工作电压很高，为100～200 V，接近于反向击穿电压。

雪崩式光电二极管是在PN结的P型区一侧再设置一层掺杂浓度极高的P^+层而构成，其结构如图8-22所示。使用时在元件两端加上近于击穿的反向偏压，强大的反向偏压能

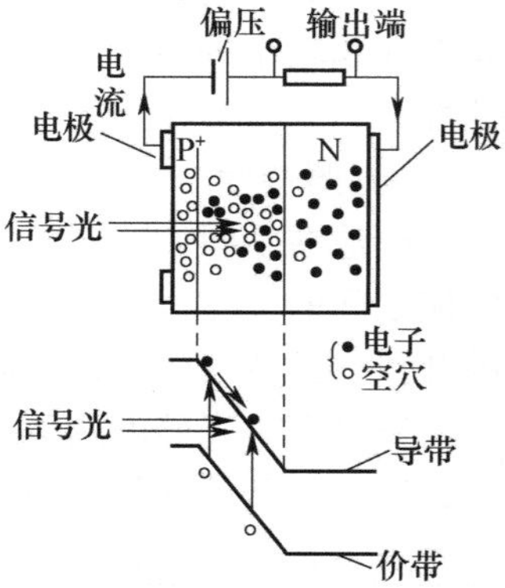

图8-22 雪崩式光电二极管的结构原理

在以 P 层为中心的结构两侧及其附近形成极强的内部加速电场。当光线照射时，P^+ 层受光子能量激发跃迁至导带的电子，在内部加速电场作用下，高速通过 P 层，使 P 层产生碰撞电离，从而产生出大量的新生电子 - 空穴对，而它们也从强大的电场获得高能，并与从 P^+ 层来的电子一样再次碰撞 P 层中的其他原子，又产生新的电子 - 空穴对。这样，当所加反向偏压足够大时，不断产生二次电子发射，并使载流子产生“雪崩”倍增，形成强大的光电流。

雪崩式光电二极管具有很高的内增益，当电压等于反向击穿电压时，电流增益可达 10^6，即产生所谓的雪崩。这种管子响应速度特别快，带宽可达 100 GHz，是目前响应速度最快的一种光电二极管。噪声大是这种管子目前的一个主要缺点。由于雪崩反应是随机的，所以它的噪声较大，特别是工作电压接近或等于反向击穿电压时，噪声可增大到放大器的噪声水平，以至无法使用。雪崩二极管的响应时间极短，灵敏度很高，但输出线性较差，它在光通信中应用前景广阔，特别适用于光通信中脉冲编码的工作方式。

8.3　光电式传感器的测量电路及应用

采用光电元件作为检测元件的传感器被称为光电式传感器。光电式传感器首先把被测量的变化转换成光信号的变化，然后通过光电转换元件变换成电信号。被测量通过对辐射源或者光学通路的影响将待测信息调制到光波上，通过改变光波的强度、相位、空间分布和频谱分布等，由光电器件将光信号转化为电信号。电信号经后续电路解调分离出被测量信息，实现测量。光电式传感器具有精度高、反应快、非直接接触、结构简单、形式多样、应用广泛等优点。

8.3.1　光电式传感器的测量转换电路

光电式传感器通常由光源、光学通路、光电元件和测量放大电路 4 部分组成，如图 8-23 所示。图中 Φ_1 是光源发出的光信号，Φ_2 是光电器件接收的光信号；被测量可以是 X_1 或者 X_2，X_1 表示被测量能直接引起光源本身光量变化的检测方式，X_2 表示被测量在光传播过程中调制光量的检测方式，从而影响传感器输出的电信号。光电式传感器在越来越多的领域中得到了广泛的应用。

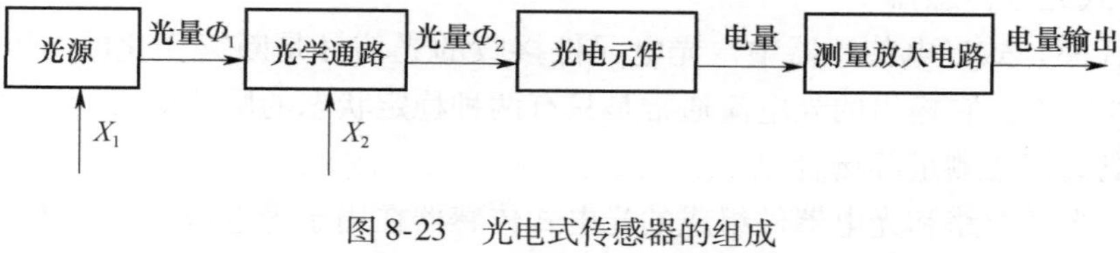

图 8-23　光电式传感器的组成

由光通量对光电元件的作用原理不同所制成的光学测控系统是多种多样的，按光电元件（光学测控系统）输出量性质可分为两类：模拟式光电传感器和脉冲（开关）式光电传感器。

1）模拟式光电传感器

模拟式光电传感器是将被测量转换成连续变化的光电流，它与被测量间成单值关系。模拟式光电传感器按照测量方法可以分为辐射式、吸收（透射）式、反射式和遮光式 4 大类，如图 8-24 所示。

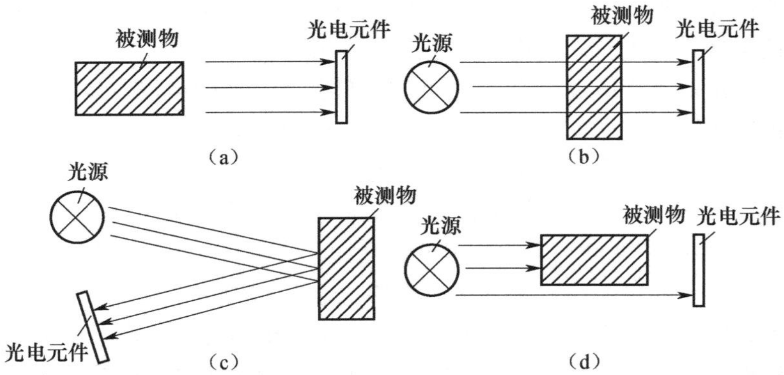

图 8-24　模拟式光电传感器

（a）辐射式；（b）吸收式；（c）反射式；（d）遮光式

辐射式光电传感器的被测物本身是光辐射源，由它释出的光射向光电元件，常用来测量光源的温度。如光电高温计、光电比色高温计、红外侦察、红外遥感和天文探测等。这种方式还可用于防火报警、火种报警、构成光照度计等。

吸收式光电传感器是指被测物体位于恒定光源与光电元件之间，光源发出的光能量穿过被测物部分吸收后，透射光投射到光电元件上。被测物吸收光通量，根据被测物对光的吸收程度或对其谱线的选择来测定被测参数。吸收式光电传感器常用来测量液体、气体的透明度、浑浊度，对气体进行成分分析，测定液体中某种物质的含量等。

反射式光电传感器是指光源发出的光投射到被测物上，经被测物表面反射后，再投射到光电元件上，根据反射的光通量多少可测定被测物表面性质和状态。例如，可用来测量零件表面粗糙度、表面缺陷、表面位移以及表面白度、露点、湿度等。

遮光式光电传感器是指被测物位于恒定光源与光电元件之间，当光源发出的光通量经被测物遮住其中一部分光之后，使投射到光电元件上的光通量改变，根据被测物阻挡光通量的多少来测定被测物体在光路中的位置。遮光式光电传感器可用来测量长度、厚度、线位移、角位移和角速度等参数。

2）脉冲式光电传感器

脉冲（开关）式光电传感器中，光电元件接收的光信号是断续变化的，因此光电元件处于开关工作状态，它输出的光电流通常是只有两种稳定状态的脉冲形式的信号，多用于光电计数和光电式转速测量等场合。

由光源、光学通路和光电器件组成的光电式传感器在用于光电检测时，还必须配备适当的测量电路。测量电路能够把光电效应造成的光电元件电性能的变化转换成所需要的电压或电流。不同的光电元件，所要求的测量电路也不相同。下面介绍几种半导体光电元件常用的测量电路。

半导体光敏电阻可以通过较大的电流，所以在一般情况下，无须配备放大器。在要求较大的输出功率时，可用图 8-25 所示的测量电路。

图 8-26（a）给出了带有温度补偿的光敏二极管桥式测量电路。当入射光强度缓慢变化时，光敏二极管的反向电阻也是缓慢变化的，温度的变化将造成电桥输出电压的漂移，因此必须进行补偿。图中一个光敏二极管作为检测元件，另一个装在暗盒里，置于相邻桥臂中，

温度的变化对两个光敏二极管的影响相同，因此，可消除桥路输出随温度的漂移。

光敏三极管在低照度入射光下工作时，或者希望得到较大的输出功率时，可以配以放大电路，如图 8-26（b）所示。

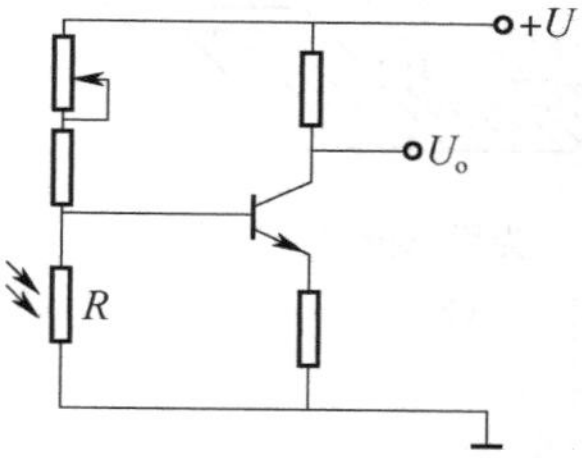

图 8-25　光敏电阻测量电路

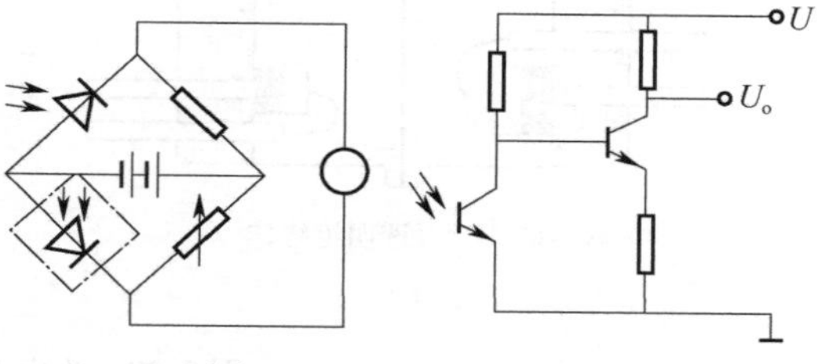

（a）　（b）

图 8-26　光敏晶体管测量电路

（a）光敏二极管测量电路；（b）光敏三极管测量电路

图 8-27 为光电池的测量电路，当一定波长的入射光线照射到光电池的 PN 结时，在 P 区和 N 区之间会产生电压，并且随着光线的增强，电压会逐渐变大。

半导体光电元件的光电转换电路也可以使用集成运算放大器。硅光敏二极管通过集成运算放大器可得到较大输出幅度，如图 8-28（a）所示。光敏二极管采用负电压输入，当受到光线照射时，PN 结导通，光线的强弱会影响运算放大器的放大倍数。

图 8-28（b）为硅光电池的光电转换电路，由于光电池的短路电流和光照呈线性关系，因此将它接在运放的正、反相输入端之间，利用这两端电位差接近于零的特点，可以得到较好的效果。在图 8-28（b）中所示条件下，输出电压 $U_o = 2I_{\Phi}R_F$。

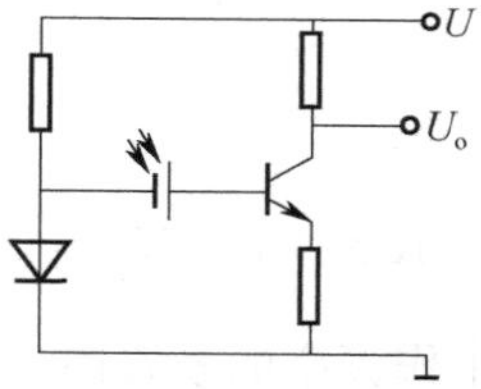

图 8-27　光电池测量电路

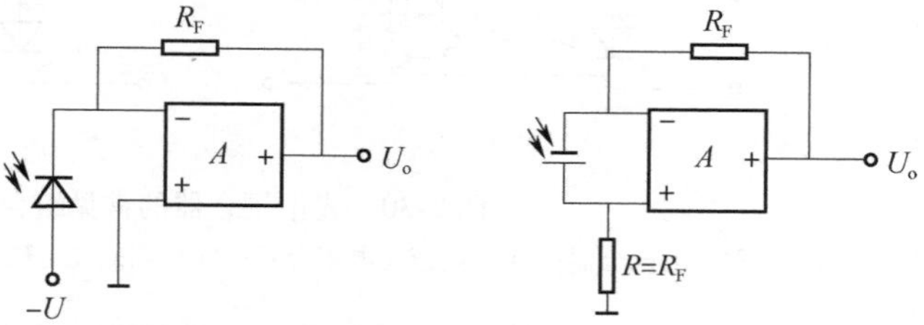

（a）　（b）

图 8-28　使用运算放大器的光敏元件测量电路

（a）光敏二极管输出信号放大电路；（b）硅光电池的光电转换电路

8.3.2　光电式传感器的应用

光电式传感器是一种小型电子设备，它可以检测出其接收到的光强的变化。早期的用来检测物体有无的光电式传感器是一种小的金属圆柱形设备，发射器带一个校准镜头，将光聚焦射向接收器，接收器输出电缆接到一个真空管放大器上。在金属圆筒内有一个小的白炽灯作为光源。这些小而坚固的白炽灯传感器就是今天光电式传感器的雏形。

光电式传感器可用来检测直接引起光量变化的非电量，如光强、光照度、辐射测温、气体成分分析等；也可用于检测能转换成光量变化的其他非电量，如零件直径、表面粗糙度、应变、位移、振动、速度、加速度，以及物体的形状、工作状态的识别等。

1）光电耦合器

光电耦合器是将发光元件和光电式传感器同时封装在一个外壳内组合而成的转换元件，

其结构如图8-29所示。

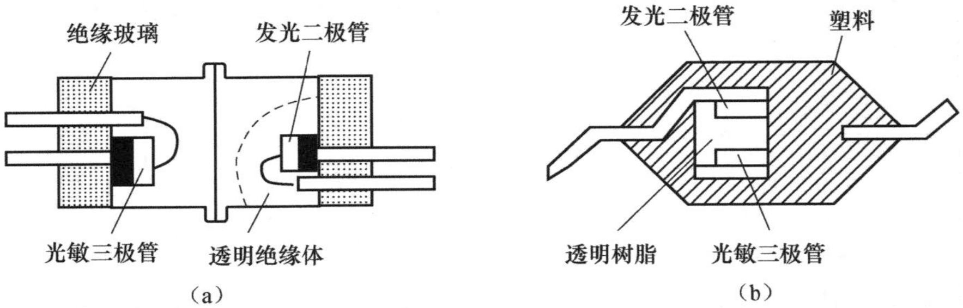

图8-29　光电耦合器的结构

(a) 金属密封型；(b) 塑料密封型

图8-29（a）采用金属外壳和玻璃绝缘的结构，在其中部对接，采用环焊以保证发光二极管和光敏三极管对准，以此来提高灵敏度。

图8-29（b）采用双列直插式塑料封装的结构。管芯先装于管脚上，中间再用透明树脂固定，具有集光作用，故此种结构灵敏度较高。

光电耦合器的组合形式有多种，常见形式如图8-30所示。

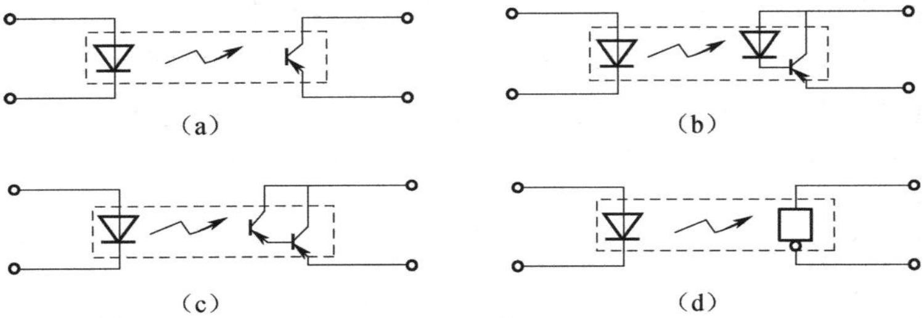

图8-30　光电耦合器的常见组合形式

(a) 简单光电耦合器；(b) 高速光电耦合器；(c) 高效光电耦合器；(d) 高速高效光电耦合器

图8-30（a）形式结构简单、成本低，通常用于50 kHz以下工作频率的装置内。

图8-30（b）形式是采用高速开关管构成的高速光电耦合器，适用于较高频率的装置中。

图8-30（c）形式是采用放大三极管构成的高传输效率的光电耦合器，适用于直接驱动和较低频率的装置中。

图8-30（d）形式是采用功能器件构成的高速、高传输效率的光电耦合器。

2）光电式浊度计

光电式传感器在浊度监测中通常采用透射式测量方式，这种用于检测浊度的传感器被称为光电式浊度计。透射式光电传感器是将发光管和光敏三极管等，以相对的方向装在中间带槽的支架上。当槽内无物体时，发光管发出的光直接照在光敏三极管的窗口上，从而产生输出电流，当有物体经过槽内挡住光线时，光敏三极管无输出，以此可判断物体的有无。透射式光电传感器适用于光电控制、光电计量等电路中，可检测物体的有无、运动方向、转速等。

防止工业烟尘污染是环保的重要任务之一。为了消除工业烟尘污染，首先要知道烟尘排放量，因此必须对烟尘源进行监测、自动显示和超标报警。烟道里的烟尘浊度是通过光在烟道传输过程中的变化大小来检测的。如果烟道浊度增加，光源发出的光被烟尘颗粒吸收和折射增加，到达光电式浊度计（光检测器）的光减少，因此光检测器输出信号的强弱可反映烟道浊度的变化。

图8-31所示为吸收式烟尘浊度监测系统的组成原理框图。为了检测出烟尘中对人体危害性最大的亚微米颗粒的浊度和避免水蒸气与二氧化碳对光源衰减的影响，选取可见光作为光源（波长为400～700 nm的白炽光）。光检测器采用光谱响应范围为400～600 nm的光电管，获取随浊度变化的相应电信号。为了提高检测灵敏度，可采用具有高增闪、高输入阻抗、低零点漂移、高共模抑制比的运算放大器，对信号进行放大。刻度校正被用来进行调零与调满刻度，以保证测试准确性。显示器可显示浊度瞬时值。报警电路由多谐振荡器组成，当运算放大器输出浊度信号超过规定时，多谐振荡器工作，输出信号经放大后通知喇叭发出报警信号。

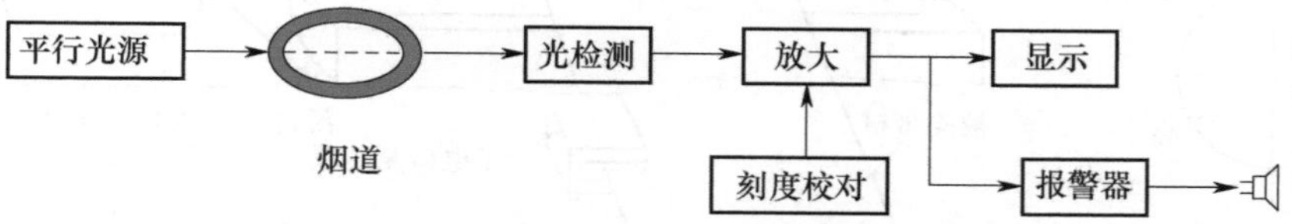

图8-31　吸收式烟尘浊度监测系统的组成原理框图

光电式浊度计除可以对烟雾浊度进行监测外，还可用于溶液的颜色、成分、浑浊度等化学分析，如图8-32所示。其工作原理如下：

（1）光源发出的光线经半反半透镜分成两束强度相同的光线，一路光线直接到达光电池作为被测水样浊度的参比信号；另一路光线穿过被测样品水到达光电池，其中一部分光线被样品介质吸收，样品水越浑浊，光线的衰减量越大，到达光电池的光通量就越小。

（2）两路信号均转换成电压信号 U_{o1} 和 U_{o2}，由除法运算电路计算出 U_{o1}、U_{o2} 的比值，该比值可以在系统中经过A/D转换，由系统的微处理器进行进一步处理得到被测水样的浊度。

（3）系统监测的效果经显示器显示出来。

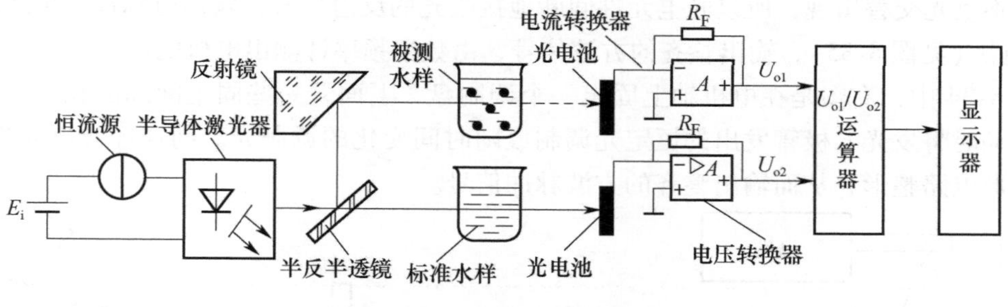

图8-32　光电式溶液浊度监测系统

3）光电式带材跑偏检测器

光电式带材跑偏检测器主要用于检测带材加工过程中偏离正确位置的情况。当带材跑偏时，边缘经常与传送机械发生碰撞，易出现卷边，造成废品。光电式带材跑偏检测器工作原理图如图8-33所示。

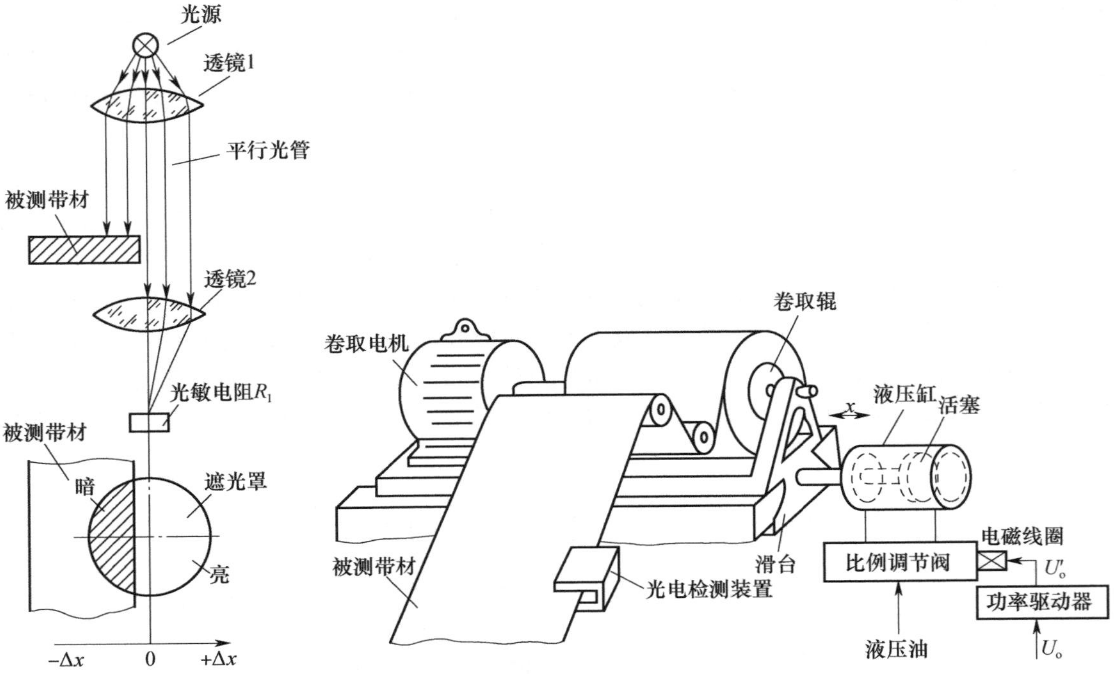

图 8-33　光电式带材跑偏检测器工作原理图

光源发出的光线经过透镜1变为平行光束，射向透镜2，然后被汇聚到光敏电阻 R_1 上。在平行光束到达透镜2的途中，有部分光线受到被测带材的遮挡，使照射到光敏电阻的光通量减少。

当带材处于正确位置（中间位置）时，测量电路中的电桥处于平衡状态，放大器输出电压为零。当带材偏离正确位置时，遮光面积发生改变，光敏电阻的阻值随之发生变化，电桥失去平衡，输出电压可以反映带材跑偏的方向及大小。传感器的输出信号可以由显示器进行显示，还可以被送到执行机构，为纠偏控制系统提供纠偏信号。

4）光电式数字转速表

如图8-34所示，左图是在电机的转轴上涂上黑白相间的两色条纹。当电机轴转动时，反光与不反光交替出现，所以光电元件间断地接收光的反射信号，输出电脉冲。再经过放大整形电路（见图8-35），输出整齐的方波信号，由数字频率计测出电机的转速。

图8-34中，右图是在电机轴上固定一个调制盘，上面开一些固定间隔的孔洞，当电机转轴转动时将发光二极管发出的恒定光调制成随时间变化的调制光。同样经光电元件接收，放大整形电路整形，从而输出整齐的方波脉冲信号。

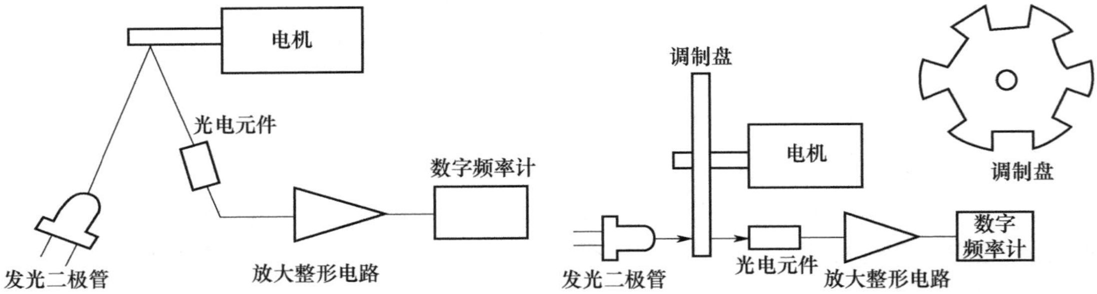

图 8-34　光电式数字转速表工作原理图

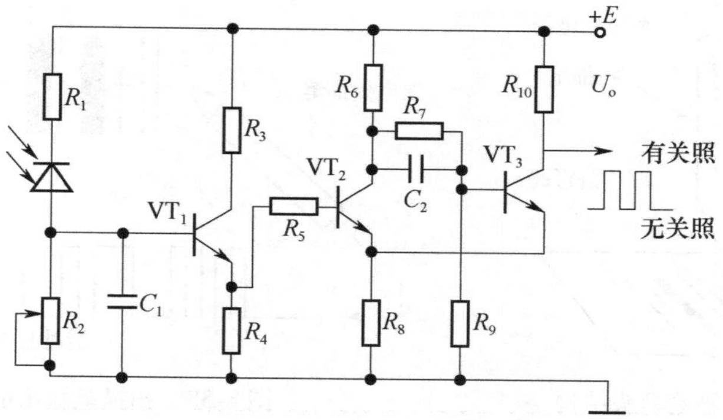

图 8-35　放大整形电路

转速 n 与输出的方波脉冲频率 f 以及孔数或黑白条纹数 N 的关系如下：

$$n = \frac{60f}{N} \tag{8-4}$$

5）包装填充物高度检测器（光电开关）

图 8-36 所示为利用光电检测技术控制填充物高度的原理，当填充高度 h 偏差太大时，光电接头没有电信号，即由执行机构将包装物品推出进行处理。利用光电开关还可以进行产品流水线上的产量统计、对装配件是否到位及装配质量进行检测，例如，灌装时瓶盖是否压上、商标是否漏贴，以及送料机构是否断料等。

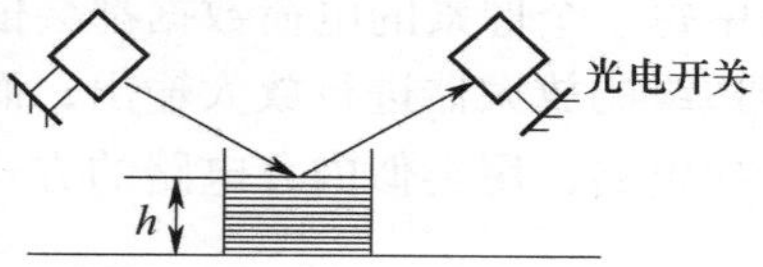

图 8-36　包装填充物高度检测原理图

6）条形码扫描笔

扫描笔的前方为光电读入头，它由一个发光二极管和一个光敏三极管组成，如图 8-37 所示。其工作原理为：

（1）当扫描笔在条形码上移动时，由于不同颜色的物体，其反射的可见光的波长不同，白色物体能反射各种波长的可见光，黑色物体则吸收各种波长的可见光，所以当条形码扫描笔光源发出的光照射到黑白相间的条形码上时，反射光照射到光电转换器上，于是光电转换器接收到与白条和黑条相应的强弱不同的反射光信号，并转换成相应的电信号输出到放大整形电路。

（2）白条、黑条的宽度不同，相应的电信号持续时间长短也不同。整形电路的脉冲数字信号经译码器译成数字、字符信息。通过识别起始、终止字符来判别出条形码符号的码制及扫描方向，通过测量脉冲数字电信号 0、1 的数目来判别出条和空的数目，如图 8-38 所示，通过测量 0、1 信号的持续时间来判别条和空的宽度。

（3）得到了被辨读的条形码符号的条和空的数目及相应的宽度和所用码制后，根据码制所对应的编码规则，便可将条形符号换成相应的数字、字符信息，通过接口电路送给计算机系统进行数据处理与管理，便完成了条形码辨读的全过程。

（4）扫描仪操作简单，只要对准货物上的条形码，扫描枪发出已扫描的提示音，收银机的电脑上就会出现货物的价格。

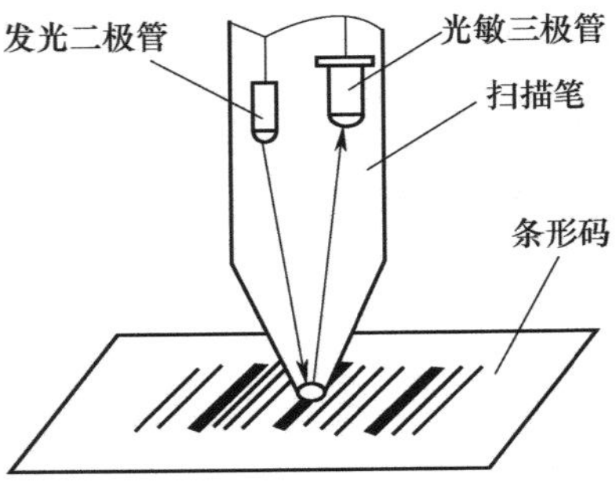

图8-37 条形码扫描笔笔头结构

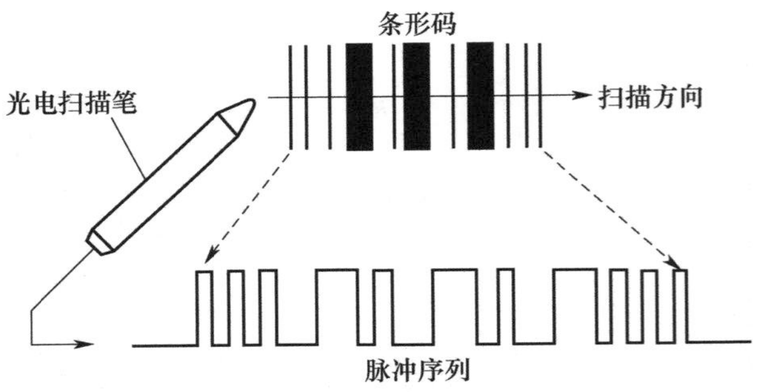

图8-38 扫描笔输出的脉冲序列

8.4 图像传感器

电荷耦合器件CCD（Charge-Coupled Device）与互补金属氧化物半导体电路CMOS（Complementary Metal Oxide Semiconductor）传感器是当前被普遍采用的两种图像传感器，都能将光图像转换为电荷图像，而其主要差异是电信号传送的方式不同。CCD传感器中每一行中每一个像素的电荷数据都会依次传送到下一个像素中，由最底端部分输出，再经由传感器边缘的放大器进行放大输出；而在CMOS传感器中，每个像素都会邻接一个放大器及A/D转换电路，用类似内存电路的方式将数据输出。

8.4.1 CCD图像传感器

CCD是20世纪70年代发展起来的一种新型器件。它将MOS光敏元阵列和读出移位寄存器集成为一体，构成具有自扫描功能的图像传感器。利用电荷耦合技术组成的图像传感器称为电荷耦合图像传感器。它由成排的感光元件与电荷耦合移位寄存器等构成，具备光/电转换、信息存储和传输等功能。

CCD图像传感器是对光敏阵列元件具有自扫描功能的摄像器件，具有集成度高、分辨力高、自扫描、固体化、体积小、质量轻、功耗低、可靠性高、寿命长、图像畸变小、尺寸重现性好，光敏元之间几何尺寸精度高，可得到较高的定位精度和测量精度，具有较高的光电灵敏度和较大的动态范围，视频信号便于与微机接口等优点。因此，CCD图像传感器被广泛应用于军事、生活、天文、医疗、电视、传真、通信以及工业检测和自动控制系统中。如摄像机、广播电视、可视电话、传真、车身检测、钢管检测、芯片检测、指纹检测、虹膜检测、显微镜改造、工件尺寸及缺陷检测、对刀仪、复杂形貌测量等。

一个完整的CCD器件由光敏元、转移栅、移位寄存器及一些辅助输入输出电路组成。CCD工作时，在设定的积分时间内，光敏元对光信号进行取样，将光的强弱转换为各光敏元的电荷量。取样结束后，各光敏元的电荷在转移栅信号驱动下，转移到CCD内部的移位寄存器的相应单元中。移位寄存器在驱动时钟的作用下，将信号电荷顺次转移到输出端。输出信号可接到示波器、图像显示器或其他信号存储、处理设备中，这样可对信号再现或进行存储处理。

CCD的基本单元是MOS电容，该电容能存储电荷，以P型硅为例，在P型硅衬底上通过氧化在表面形成SiO_2层，然后在SiO_2上淀积一层金属作为栅极，P型硅里的多数载流子是带正电荷的空穴，少数载流子是带负电荷的电子，当金属电极上施加正电压时，其电场能够透过 SiO_2 绝缘层对这些载流子进行排斥或吸引。MOS 电容的结构如图 8-39 所示，其中金属为 MOS 结构的电极，称为“栅极”，此栅极通常是用能够透过一定波长范围光的多晶硅薄膜制成。半导体作为衬底电极，在两电极之间有一层 SiO_2 绝缘体。

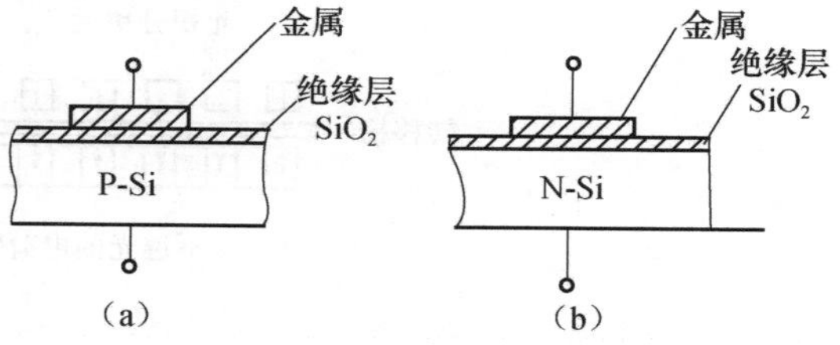

图 8-39　MOS 电容的结构

(a) P 沟；(b) N 沟

MOS 电容上没加电压时，半导体从界面层到内部能带都是一样的，若在金属 - 半导体间加正电压，对 P 型半导体来说，空穴受排斥离开表面而留下受主杂质离子，使半导体表面层形成带负电荷的耗尽层，在耗尽层中电子能量从体内到界面由高逐渐降低。

当栅压增大超过某特征值，即 MOS 管的开启电压（或阈值电压）时，半导体表面处的费米能级高于禁带中央能级，半导体表面聚集的电子浓度大大增加，形成反型层。由于电子大量集聚在电极下的半导体处，并具有较低的势能，因此可形象地说成半导体表面形成了电子势阱，能容纳聚集电荷。

CCD 的基本功能就是要具有在势阱中存储信号电荷，并将其转移的能力，故 CCD 又可称为移位寄存器。为了实现信号电荷的转移，必须使 MOS 电容阵列的排列足够紧密，以至相邻 MOS 电容的势阱可相互沟通，即相互耦合。一般 MOS 电容电极间隙小到 3 μm 以下，通过改变栅极电压可控制势阱高低，使信号电荷可由势阱浅的地方流向势阱深的地方。为了让电荷按规定的方向转移，在 MOS 电容阵列上要加上满足一定相位要求的驱动时钟脉冲电压。

在 P 型（或 N 型）硅衬底上覆设一层厚度约 120 nm 的 SiO_2 层，再在 SiO_2 层上依一定次序沉积金属（Al）电极而构成的金属 - 氧化物 - 半导体（MOS）电容，是 CCD 的基本单元。这种排列规则的 MOS 电容阵列再加上输入与输出端，即组成 CCD 的主要部分，如图 8-40 所示。

当向 SiO_2 上表面的电极加一正偏压时 P 型硅衬底中形成耗尽区，较高的正偏压形成较深的耗尽区，其中的少数载流子——电子被吸收到最高正偏压电极下的区域内（见图 8-40 中 Φ 电极下），形成电荷包，人们把加偏压后在金属电极下形成的深耗尽区谓之“势阱”。耗尽区内存储了少数载流子。对于 P 型硅衬底的 CCD 器件，电极加正偏压，少数载流子为电子；对于 N 型硅衬底的 CCD 器件，电极加负偏压，少数载流子为空穴。

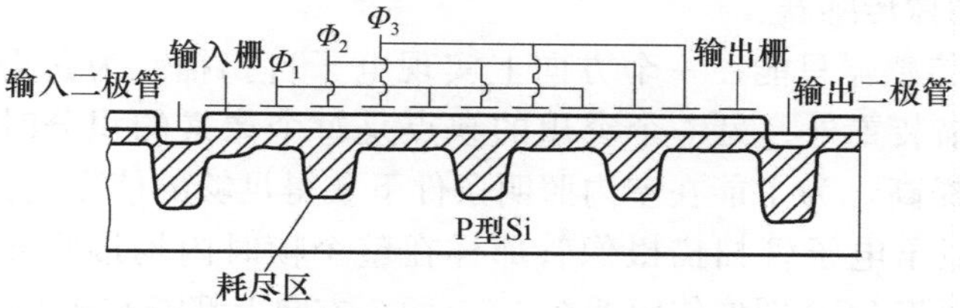

图 8-40　组成 CCD 的 MOS 结构

CCD 图像传感器通常可分为线阵 CCD 图像传感器和面阵 CCD 图像传感器。

1）线阵 CCD 图像传感器

线阵 CCD 图像传感器是由一列感光单元（光敏元阵列）与一列 CCD 并行而构成的。光敏元和 CCD 之间有一个转移栅，基本结构如图 8-41 所示。

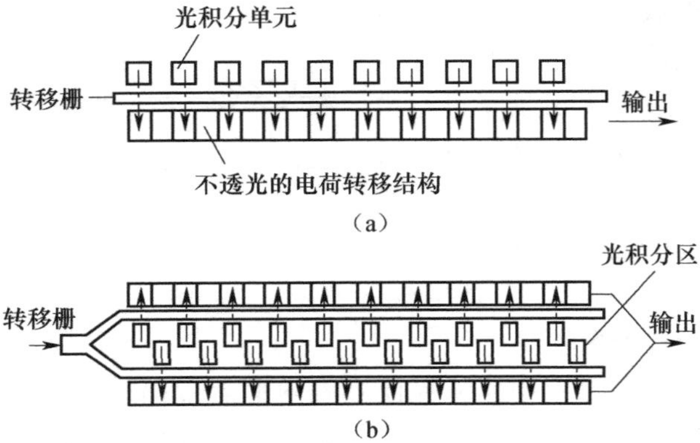

图 8-41　线阵 CCD 图像传感器的基本结构

(a) 单行结构线阵 CCD 图像传感器；(b) 双行结构线阵 CCD 图像传感器

每个感光单元都与一个电荷耦合元件对应，感光元件阵列的各元件都是一个个耗尽的 MOS 电容。它们具有一个梳状公共电极，而且由一个称为沟阻的高浓度 P 型区在电气上彼此隔离，目的是使 MOS 电容的电极是透光的。

当入射光照射在光敏元阵列上，梳状电极施加高电压时，入射光所产生的光电荷由光敏元收集，实现光积分。各个光敏元中所积累的光电荷与该光敏元上所接收到的光照强度成正比，也与光积分时间成正比。在光积分时间结束时，转移栅上的电压提高（平时为低电压），与光敏元对应的电荷耦合移位寄存器（CCD）电极也同时处于高电压状态。然后，降低梳状电极电压，各光敏元中所积累的光电荷并行地转移到移位寄存器中。转移完毕后，转移栅电压降低，梳状电极电压恢复原来的高压状态以迎接下一次积分周期。同时，在电荷耦合移位寄存器上加上时钟脉冲，将存储的电荷迅速从 CCD 中转移，并在输出端串行输出。这个过程重复地进行就得到相继的行输出，从而读出电荷图形。如图 8-41（a）所示。

为了避免在电荷转移到输出端的过程中产生寄生的光积分，移位寄存器上必须加一层不透光的覆盖层，以避免光照。目前实用的线阵 CCD 如图 8-41（b）所示，为双行结构：在一排图像传感器的两侧，布置有两排屏蔽光线的移位寄存器。单、双数光敏元中的信号电荷分别转移到上、下面的移位寄存器中，然后信号电荷在时钟脉冲的作用下自左向右移动。从两个寄存器出来的脉冲序列，在输出端交替合并，按照信号电荷在每个光敏元中原来的顺序输出。

2）面阵 CCD 图像传感器

线阵 CCD 图像传感器只能在一个方向上实现电子自扫描。为获得二维图像，除必须采用庞大的机械扫描装置外，另一个突出的缺点是每个像素的积分时间仅相当于一个行时，信号强度难以提高。为了能在室内照明条件下获得足够的信噪比，有必要延长积分时间。于是出现了类似于电子管扫描摄像管那样在整个帧时内均接收光照积累电荷的面阵 CCD 图像传感器。面阵 CCD 图像传感器在 x、y 两个方向上都能实现电子自扫描，可以获得二维图像。

面阵 CCD 图像传感器由感光区、信号存储区和输出转移部分组成。

图 8-42 所示结构是用得最多的一种结构形式。它将感光元件与存储元件相隔排列，即一列感光单元，一列不透光的存储单元交替排列。在感光区光敏元积分结束时，转移控制栅打开，电荷信号进入存储区。随后，在每个水平回扫周期内，存储区中整个电荷图像一次一

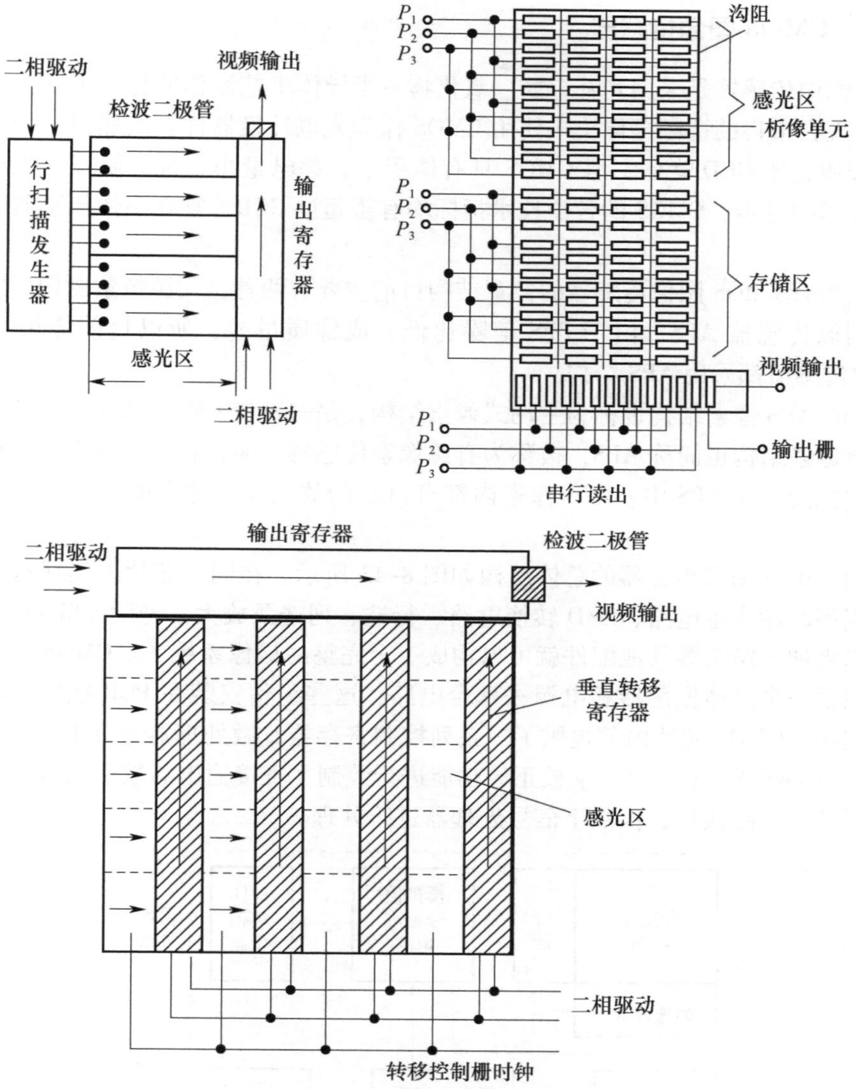

图 8-42　一种面阵 CCD 图像传感器结构

行地向上移到水平读出移位寄存器中。接着这一行电荷信号在读出移位寄存器中向右移位到输出器件，形成视频信号输出。这种结构的器件操作简单，感光单元面积减小，图像清晰，但单元设计复杂。

CCD 的基本特性参数有光谱响应、动态范围、信噪比、CCD 芯片尺寸等。在 CCD 像素数目相同的条件下，像素点大的 CCD 芯片可以获得更好的拍摄效果。大的像素点有更好的电荷存储能力，因此可提高动态范围及其他指标。

CCD 数码照相机简称 DC，它采用 CCD 作为光电转换器件，将被摄物体的图像以数字形式记录在存储器中。

数码相机从外观看，也有光学镜头、取景器、对焦系统、光圈、内置电子闪光灯等，但比传统相机多了液晶显示器（LCD），内部更有本质的区别，其快门结构也大不相同。

8.4.2 CMOS图像传感器

CMOS图像传感器是采用互补金属-氧化物-半导体工艺制作的另一类图像传感器，简称CMOS。现在市售的视频摄像头多使用CMOS作为光电转换器件。虽然目前的CMOS图像传感器成像质量比CCD略低，但CMOS具有体积小、耗电量小、售价便宜的优点。随着硅晶圆加工技术的进步，CMOS的各项技术指标均有望超过CCD，它在图像传感器中的应用也将日趋广泛。

光敏二极管CMOS图像传感器的像素结构目前主要有两种：无源像素图像传感器PPS和有源像素图像传感器APS。由于PPS信噪比低、成像质量差，所以目前应用的绝大多数CMOS图像传感器都采用APS结构。

CMOS的APS像素结构也称为主动式像素结构，是一种在CMOS图像传感器中广泛采用的技术，该像素结构也简称APS，被称为有源像素传感器，通过在每个像素内部集成放大器来改善像素性能。在APS中，每一像素内都有自己的放大器，这有助于提高图像的质量和性能。

典型的CMOS图像传感器的总体结构如图8-43所示。在同一芯片上集成有模拟信号处理电路、视频时序产生电路、A/D转换电路、行选、列选及放大、光敏元阵列、I^2C控制接口等，如果再加上镜头等其他配件就可以构成一个完整的摄像系统了。CMOS图像传感器的支持电路包括一个晶体振荡器和电源去耦合电路，这些组件安装在PCB板的背面，只需占据很小的空间。CMOS芯片内部提供了一系列控制寄存器，微处理器通过I^2C串行总线来对自动增益、自动曝光、白平衡、γ校正等功能进行控制。直接输出的数字视频信号可以很方便地和后续处理电路接口，供数字信号处理器进行处理。

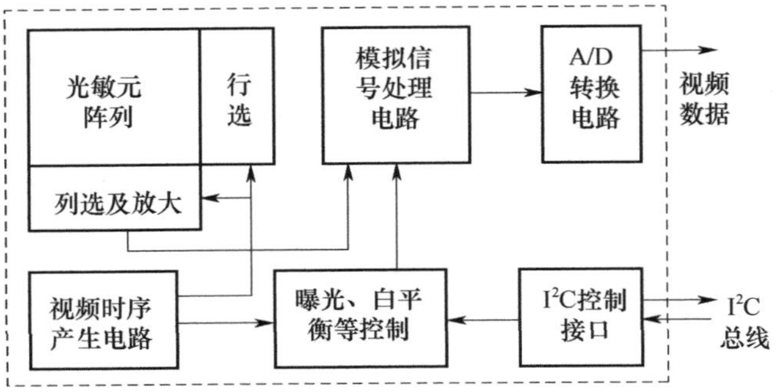

图8-43 CMOS芯片组成框图

图像传感器中的每个感光元件对应一个像点，由于感光元件只能感应光的强度，无法捕获色彩信息，因此必须在感光元件上方覆盖彩色滤光片。在这方面，不同的传感器厂商有不同的解决方案，最常用的做法是覆盖RGB红绿蓝三色滤光片，以1∶2∶1的比例构成，由4个像点构成一个彩色像素（即红蓝滤光片分别覆盖一个像点，剩下的两个像点都覆盖绿色滤光片），采取这种比例的原因是人眼对绿色较为敏感。

8.4.3 图像传感器的应用

图像传感器在测量中的主要作用是获取被测物的图像信息，图像的获取原理如图8-44所示。被测物辐射出的光，或者光源发出的光经被测物反射后投射到光敏元件上，光敏元件收集入射光所产生的光电荷，不同颜色（频率和波长不同）或不同强度的入射光所产生的电荷量大小不一样，相机后端电路将电荷信号放大成模拟电压信号，并量化成数字信号，从而生成数字图像，可以通过显示设备显示，或者送给计算机实现计算、存储等功能。

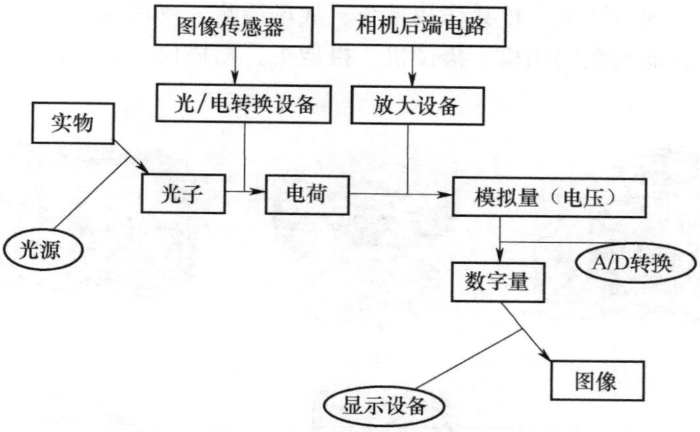

图 8-44　图像的获取原理

图像传感器在视觉检测技术中得到了广泛的应用，主要用于以下几个方面。

1）工业检测

（1）零件的识别与定位，如用于自动连接引线、对准芯片和封装、自动安装部件、自动焊接或自动切割加工、自动浇注系统等。

（2）零件尺寸的在线测量，如钢板厚度的在线测量等。

（3）零件外观及内部缺陷检测，如对木料的体积或缺陷进行检测等。

（4）产品分类、分组，如对苹果分级、分色、配色等。

（5）产品标识、编码识别，如商品条形码、印鉴、标签等的识别。

2）监控、安防、交通管理与导航

（1）交通，如车辆识别、牌照识别、车型判断、车辆监视、交通流量检测、道路识别、障碍物判断、主动导航、自动视觉导航等。

（2）安全，如指纹判别与匹配、面孔与眼底识别、安全检查（飞机、海关）等。

（3）监视，如超市、商店防盗、银行监控、停车场、电梯闭路电视等。

3）办公与家电

（1）办公设备，如数码复印机、扫描仪、传真机、绘图仪等。

（2）家用电器，如数码摄像机、数码照相机、可视电话、可视门铃等。

4）生物医学图像分析

（1）医学临床诊断，如 X 射线、B 超、CT、核磁共振等。还可以进行染色体切片、癌细胞切片、超声波图像等自动检测。

（2）生物图像分析，如染色体配对，细菌、病毒、病原体外形尺寸检测，颜色识别，表面损伤检测以及组织分析。

5）遥感图像分析

如气象卫星利用红外线拍摄获取云图的遥感图像，可以对气象状况进行分析；资源卫星对地质、矿藏、森林、灾害等进行多光谱成像；海洋卫星对海洋、海浪、海滩进行合成孔径雷达成像等。

6）军事与国防

无人驾驶汽车、无人驾驶飞机、无人战车、探测机器人、超低空雷达、超视距雷达、导弹制导、导弹导航、地形匹配、单兵作战系统、战场遥测、夜视仪、声呐成像等。

常见的图像传感器有数码相机、摄像机、摄像头、扫描仪、指纹识别机等，其外观结构如图 8-45 所示。

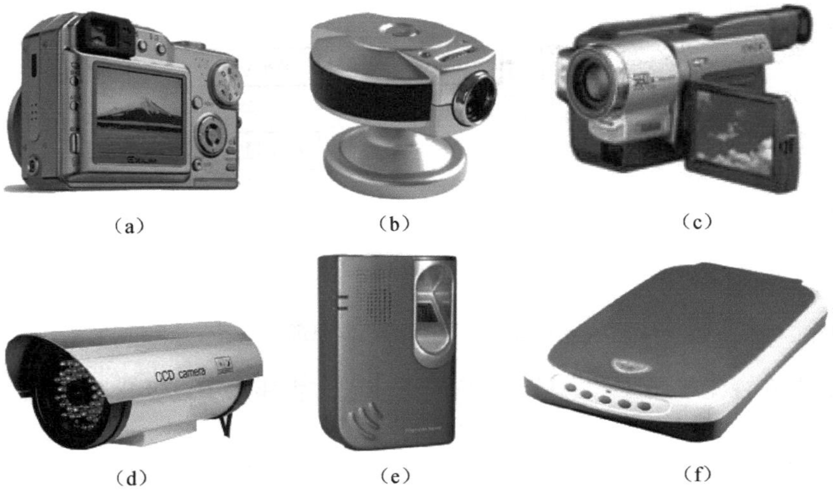

图 8-45　常见的图像传感器

（a）数码相机；（b）摄像头；（c）数码摄像机；（d）CCD 摄像机；（e）指纹机；（f）扫描仪

在人的感觉中，大部分的外界信息来自视觉的感知，而对于机器，视觉也是必不可少的。机器视觉是机器在与对象物相隔一定距离时获得的该物体的图像信息。机器视觉传感器的工作过程可分为 4 个主要步骤：视觉检测、图像处理、图像描述、图像识别。视觉检测主要由检测系统的硬件来完成，该系统一般由图 8-46 所示的几个部分组成。

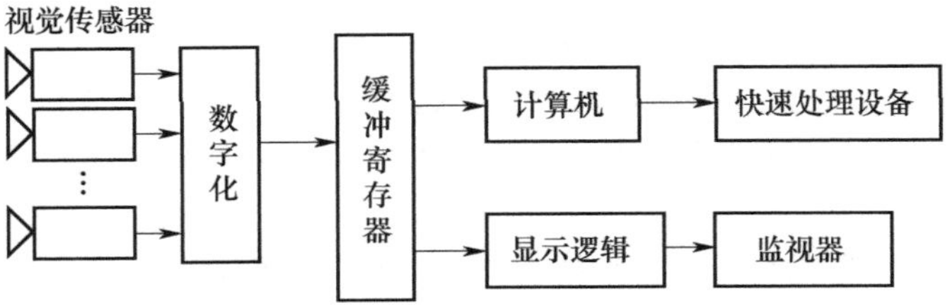

图 8-46　视觉检测系统工作原理框图

视觉传感器将观测到的景物转换成模拟信号，数字化模块将视觉传感器输出的模拟信号转换成数字图像。每一个采样点称为一个像素，一幅图像的像素数目称为该图像采集设备的分辨率。计算机在获得一帧视觉图像之后，对图像进行一系列计算和处理，即可获得相关被测参数，还可以进行数据的存储或者通过监视器进行实时显示。目前采用大规模集成电路可以将大部分功能集成在一块芯片中。下面介绍几个图像传感器在机器视觉检测中具体应用的例子。

1）工件尺寸测量

图 8-47 是用线性 CCD 传感器测量物体尺寸的基本原理。

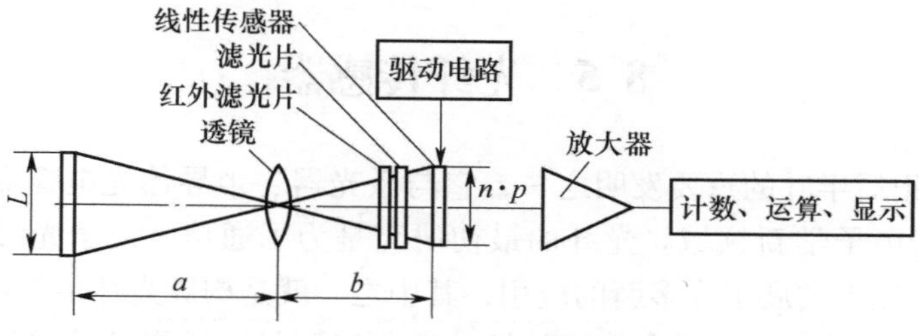

图 8-47　用线性 CCD 传感器测量物体尺寸的基本原理

假设物距与像距分别为 a 和 b，p 和 n 分别为像素间距和像素数，光学成像倍率为 M。由几何光学可知，被测对象长度 L 与系统参数间的关系为

$$\frac{1}{a}+\frac{1}{b}=\frac{1}{f} \tag{8-5}$$

$$M=\frac{b}{a}=\frac{np}{L} \tag{8-6}$$

该系统的测量精度取决于传感器像素数与透镜视场的比值，为提高测量精度应当选用像素多的传感器并且尽量压缩视场。当所用光源含红外光时，可在透镜与传感器间加红外滤光片，若所用光源过强，可再加一滤光片。

2）物体在线检测

图 8-48 是利用图像传感器对生产线上的被测物（如玻璃瓶）进行在线检测的示意图。每当有玻璃瓶经过观测点时，计算机获取一个脉冲信号，同时对摄像头发出指令，采集一帧图像。计算机对采集到的图像进行处理、分析，即可完成测量。可以实现对瓶口缺陷的检测，以及对成品的标签、生产日期的印刷、瓶盖的封口质量等进行检测。

3）机器人视觉检测

图 8-49 是机器人视觉传感器的一个典型应用。两个光源从不同方向向传送带发送两条水平缝隙光，而且预先把两条缝隙光调整到刚好在传送带上重合的位置。这样，当传送带上没有零件时，缝隙光合成了一条直线。在操作过程中，系统自动执行零件传送功能，操作器将零件以随机位置放到运动着的传送带上。当零件随传送带通过缝隙光处时，缝隙光变成两条线，其分开的距离与零件的厚度成正比。视觉传感系统在对视觉图像分析处理的基础上，

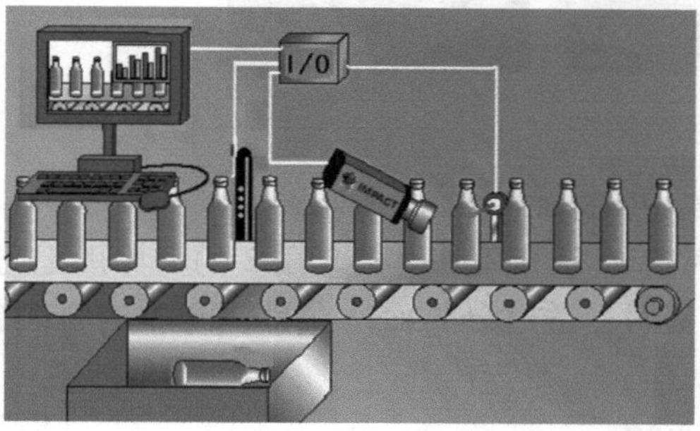

图 8-48　物体在线检测

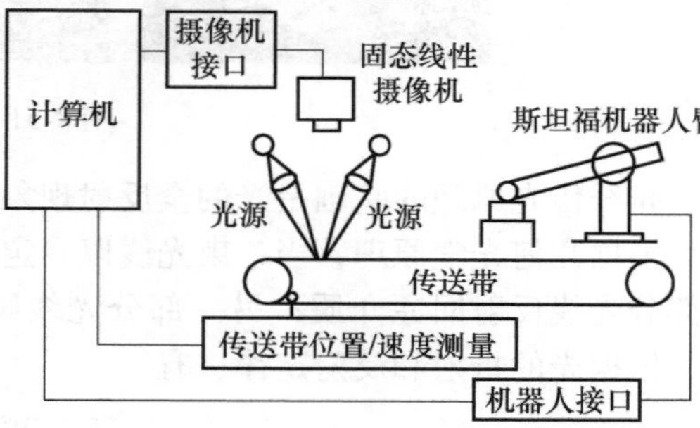

图 8-49　机器人视觉检测系统

确定零件的类型、位置与取向，并将此信息送入机器人控制器，这样机器人就可以完成对零件的准确跟踪和抓取。

8.5 光纤传感器

光纤是20世纪后半叶的重要发明之一，它与激光器、半导体光电探测器一起构成了新的光学技术，即光电子学新领域。光纤的最初研究是为了通信。由于光纤具有许多新的特性，因此在其他领域也发展了许多新的应用，其中之一就是构成光纤传感器。

光纤传感器是利用光在光纤中传播特性的变化来测量它所受环境的变化。像电路传输电信号一样，光导纤维可以传输光信号。用被测量的变化调制波导中的光波，使光纤中的光波参量随被测量而变化，从而得到被测信号大小。使用光导纤维的传感器称为光纤传感器。

光纤传感器具有以下优点。

（1）性能好、耐腐蚀、抗电磁干扰能力强，环境适应性强。

（2）灵敏度高、精度高、质量轻、体积小。

（3）便于利用光通信电路进行远距离测量，容易构成分布式测量系统。

（4）光纤细、可挠曲，可以进入设备内部或人体内脏进行测量。

光纤传感器主要应用于通信领域，应用范围遍布军事、民用、商业、医学、工业控制等。可用来测量位移、速度、加速度、液位、应变、力、流量、振动、水声、温度、电流、电压、磁场、核辐射、生物医学量、化学量等。

8.5.1 光纤传感器的结构和工作原理

光纤波导简称光纤，它是用光透射率高的电介质（如石英、玻璃、塑料等）构成的光通路。它是由折射率 n_1 较大（光密介质）的纤芯和折射率 n_2 较小（光疏介质）的包层构成的双层同心圆柱结构，如图8-50所示，其实物如图8-51所示。

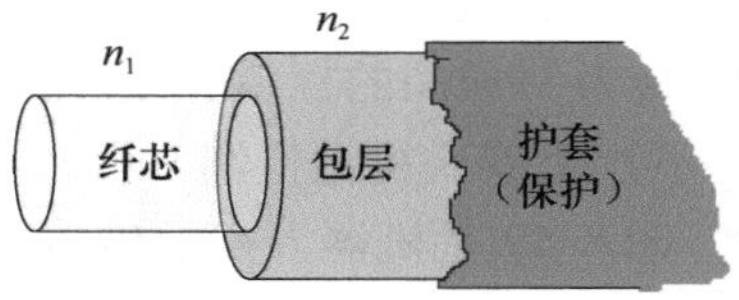

图8-50 光纤的结构

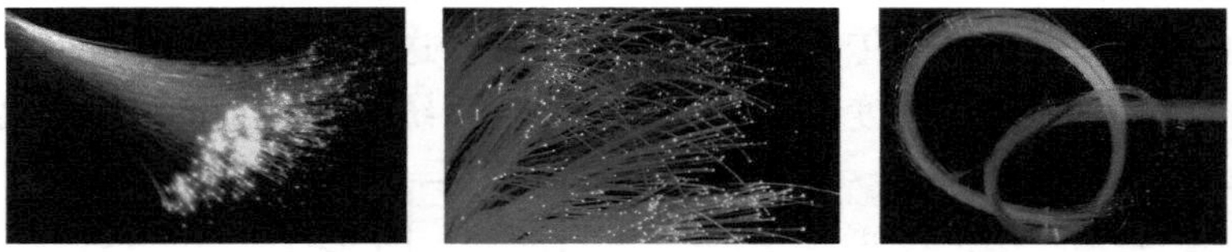
图8-51 光纤实物图

光纤传光原理的基础是光的全反射现象，其传光原理如图8-52所示。

根据几何光学原理，当一束光线以一定的入射角 θ_1 从介质1射到介质2的分界面上时，一部分光线反射回原介质；另一部分光线则发生折射，透过分界面，在另一介质内继续传播。依据光的折射和反射定律，有

$$n_1\sin\theta_1 = n_2\sin\theta_2 \tag{8-7}$$

当增大入射角时，进入介质2的折射光与分界面的夹角将相应减小，当入射角达到某一极限值时，折射光线只能在介质分界面上传播，该入射角定义为临界角 θ_c。当入射角大于

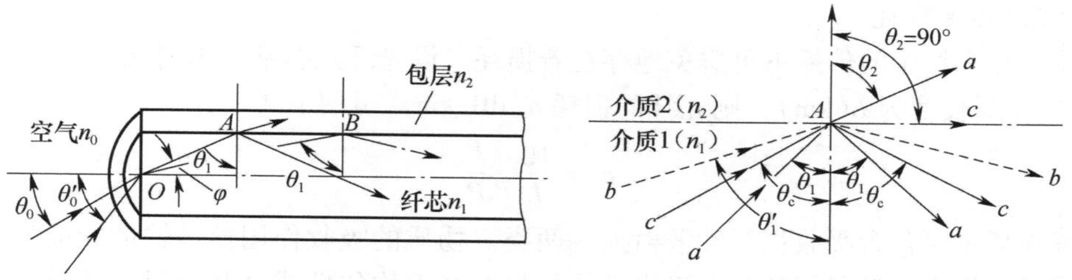

图 8-52　光纤的传光原理

θ_c 时，入射光线将发生全反射。此时

$$\sin\theta_c = \frac{n_2}{n_1} \tag{8-8}$$

因此，当 $\theta_1 > \theta_c$ 时，光线将不再折射入介质2，而在介质（纤芯）内产生连续向前的全反射，直至由终端面射出。

光线由折射率为 n_0 的外界介质（空气 $n_0 = 1$）射入纤芯时，能够实现全反射的临界角为

$$\theta_{c0} = \arcsin\left(\frac{1}{n_0}\sqrt{n_1^2 - n_2^2}\right) \tag{8-9}$$

光纤传感器就是将光纤自身作为敏感元件（也称作测量臂），直接接收外界的被测量。被测量可引起光纤的长度、折射率、直径等方面的变化，从而使得在光纤内传输的光被调制。若将光看成简谐振动的电磁波，则光可以被调制的参数有 4 个，即振幅（强度）、相位、波长和偏振方向。

在选用光纤时，通常应考虑光纤的数值孔径、传输损耗和色散等特性和参数。

1）光纤的数值孔径

光纤的数值孔径用 NA 来表示，表达式如下

$$NA = \sin\theta_c = \sqrt{n_1^2 - n_2^2} \tag{8-10}$$

光纤的数值孔径是衡量光纤集光性能的主要参数。它表示无论光源发射功率多大，只有 $2\theta_c$ 张角内的光，才能发生全反射进行传播，才能被光纤接收；NA 越大，光纤集光能力越强。一般希望有大的数值孔径（通常取 $0.2 \leqslant NA \leqslant 0.4$），以利于耦合效率的提高，但数值孔径越大，光信号畸变就越严重，所以要适当选择。

2）光纤模式

光纤模式就是光波沿光导纤维传播的途径和方式。光的波动理论认为，在给定的光导纤维中，光纤只是以某些角度入射时，所传播的光才会发生全反射，以不同角度入射的光线，在界面上的反射次数是不同的，传递的光波之间的干涉所产生的横向强度分布叫作模式。

在光导纤维中很多传播模式对信息的传播是不利的，因为同一光信号采取很多模式传播，就会使这一信号分为不同时间到达接收端的多个信号，从而导致合成信号的畸变。因此，希望模式数量越少越好。阶跃型的圆筒波导内传播的模式数量可以简单表示为

$$V = \frac{\pi d\sqrt{n_1^2 - n_2^2}}{\lambda_0} \tag{8-11}$$

式中　d——光纤芯直径；

λ_0——波长。

3）光纤传输损耗

光信号在光纤中的传播不可避免地存在着损耗。设光纤入射端与出射端的光功率分别为 P_i 和 P_o，光纤长度为 L(km)，则光纤的损耗 a(dB/km) 可用下式计算：

$$a = \frac{10}{L}\lg\frac{P_i}{P_o} \tag{8-12}$$

光纤损耗主要包含吸收损耗和散射损耗两类。物质的吸收作用使传输的光能变成热能，造成光能量的损失。散射损耗是由于光纤的材料及其不均匀性或其几何尺寸的缺陷引起的。如瑞利散射就是由于材料的缺陷引起折射率随机性变化所致。

光导纤维的弯曲也会造成散射损耗，这是由于光纤边界条件的变化，使光在光纤中无法进行全反射传输所致。弯曲半径越小，造成的损耗越大。

4）色散

光纤的色散是表征光纤传输特性的一个重要参数，特别是在光纤通信中，它反映传输带宽，关系到通信信息的容量和品质。在光纤传感的某些应用场合，有时也需要考虑信号传输的失真问题。

光纤的色散就是输入脉冲在光纤传输过程中，由于光波的群速度不同而出现的脉冲展宽现象。光纤色散使传输的信号脉冲发生畸变，从而限制了光纤的传输带宽，光纤的色散可以分为材料色散、波导色散和多模色散3种。

（1）材料色散。材料的折射率随光波长短的变化而变化，这使光信号中各波长分量的光的群速度不同，故又称折射率色散。

（2）波导色散。由于波导结构不同，某一波导模式的传播常数随着信号角频率变化而引起色散，有时也称为结构色散。

（3）多模色散。在多模光纤中，由于各个模式在同一角频率下的传播常数不同、群速度不同而产生的色散。

8.5.2 光纤传感器的分类及应用

光纤有一根塑料光芯或玻璃光芯，光芯外面包一层金属外皮。这层金属外皮的密度比光芯要低，因而折射率低。光束照在这两种材料的边界处（入射角在一定范围内），被全部反射回来。根据光学原理，所有光束都可以由光纤来传输。

光波在光纤中的传播途径和方式称为光纤模式。对于不同入射角的光线，在界面反射的次数是不同的，传递的光波间的干涉也是不同的，这就是传播模式不同。一般总希望光纤信号的模式数量要少，以减小信号畸变的可能。根据光纤模式的不同可分为单模光纤和多模光纤。

单模光纤只能传输一种模式，纤芯直径仅为几 μm，接近波长。单模光纤的优点是信号畸变小、线性度好、灵敏度高，没有模式色散，可利用波导色散抵消材料色散以得到零色散，信息容量极大，可进行理论预测，可利用光的相位等。但由于纤芯较小，制造、连接、耦合较困难，因而使用不便。

多模光纤直径较大，能传输多种模式，甚至几百到几千个模式，纤芯直径远远大于波长。多模光纤由于模式色散的存在，从理论上难以预测其特性，信息容量小，用于传感器时则存在不能利用光的相位等限制。由于纤芯面积较大，芯径大至100 μm，所以光纤的制造、连接、光纤相互之间的耦合以及与光源之间的耦合都比较容易，使用方便，但性能较差。

由于外界因素（温度、压力、电场、磁场、振动等）对光纤的作用，会引起光波特征参量（振幅、相位、频率、偏振态等）发生变化，只要能测出这些参量随外界因素的变化关系，就可以用它作为传感元件来检测对应物理量的变化。在安装空间非常有限或使用环境非常恶劣的情况下，可以考虑使用光纤。光纤与传感器配套使用，是无源元件，另外，光纤不受任何电磁信号的干扰，并且能使传感器的电子元件与其他电的干扰相隔离。

光纤传感器根据光纤在传感器中功能的不同可分为功能型和非功能型两大类。

1）非功能型光纤传感器

非功能型（传光型）光纤传感器是由光纤与其他敏感元件组合而成的传感器，光纤主要作为光的传输介质传输光信号，而利用其他敏感元件感受被测量的变化。图 8-53（a）所示为某光纤位移传感器的测量原理。被测物在距离光纤端面 d 的位置处，光纤射出的光经被测物反射后，有一部分光线再返回光纤。通过光敏元件测出反射光的强度，就可以知道物体位置的变化，其输出特性如图 8-53（b）所示。为了增加光通量，也可以采用光纤束。

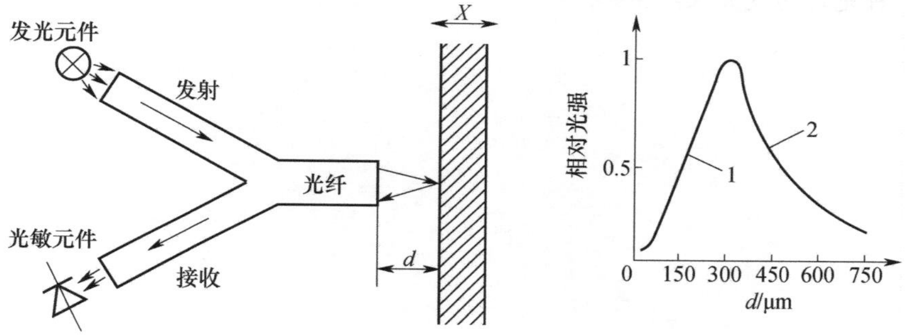

（a）　　　　（b）

图 8-53　光纤位移传感器

（a）结构原理图；（b）输出特性

2）功能型光纤传感器

功能型（传感型）光纤传感器是利用光纤本身的特性把光纤作为敏感元件，被测量对光纤内传输的光进行调制，使传输的光的强度、相位、频率或偏振等特性发生变化，再通过对被调制过的信号进行解调，从而得出被测信号。

在压力检测技术中，微压及微差压力的传感技术一直是个难题，若采用光纤传感技术可以获得较好的效果，可以做成光纤压力传感器。它的工作原理是利用光纤的微弯效应。如图 8-54 所示，当光纤发生微小弯曲变形时，传输光的强度会发生衰减，这被称为微弯损耗效应。

光纤压力传感器的工作原理如图 8-55 所示，将光纤夹在波浪形受压板之间，加压板使光纤生成许多细小的弯曲变形。这种传感器可采用激光作光源；对低频压力变化特别灵敏，可检测的最小压力为 100 μPa。

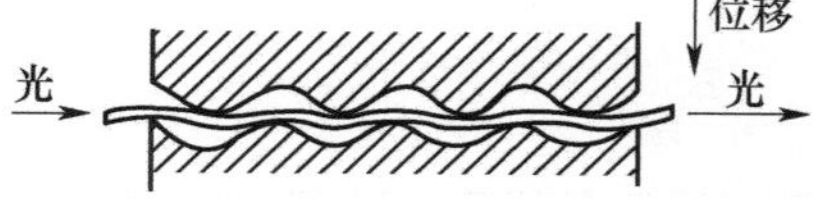

图 8-54　光纤的微弯效应

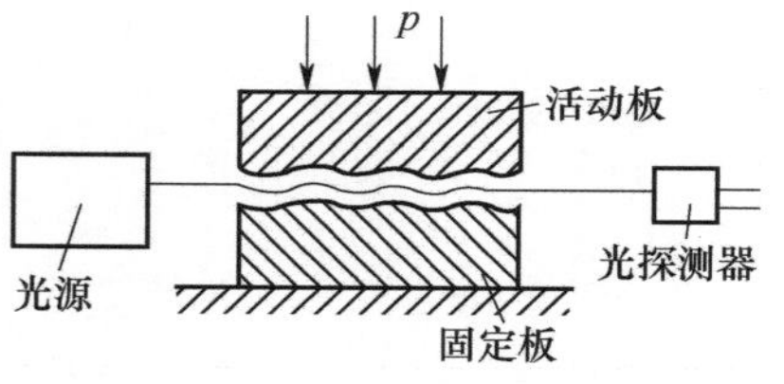

图 8-55　光纤压力传感器的工作原理

思考与练习

1. 常见的光源有哪些？
2. 名词解释：光电效应、光电导效应、光伏特效应。
3. 简述光电管的工作原理。
4. 简述光敏电阻的工作原理。
5. 图像传感器通常可分为哪几类？
6. 光电传感器的类型有哪些？各有什么特点？
7. 分析光纤传感器的工作原理。光纤传感器的优点有哪些？光纤传感器如何分类？
8. 计算 $n_1=1.56$，$n_2=1.35$ 的阶跃折射率光纤的数值孔径值。如果外部介质为空气，$n_0=1$，求该种光纤的最大入射角。

第9章

温度传感器的原理及其应用

【课程教学内容与要求】

（1）教学内容：温度传感器的基本概念；热敏电阻的特性、原理及其应用电路；热电阻的特性、原理及其应用电路；热电偶的特性、原理及其应用电路；红外温度传感器的原理及其应用和集成温度传感器的原理及其应用电路。

（2）教学重点：热敏电阻的特性、原理及其应用电路；热电阻的特性、原理及其应用电路；热电偶的特性、原理及其应用电路。

（3）基本要求：掌握温度传感器的基本概念；掌握热敏电阻的特性、原理及其应用电路；掌握热电阻的特性、原理及其应用电路；掌握热电偶的特性、原理及其应用电路；了解红外温度传感器的原理及其应用和集成温度传感器的原理及其应用电路。

9.1 概 述

9.1.1 温度传感器的类型和特点

温度是一个重要的物理量，它反映了物体冷热的程度，与自然界中的各种物理量和化学过程相联系。在生产过程中，各个环节都与温度息息相关，因此，人们非常重视温度的测量。

温度概念的建立是以热平衡为基础的，当两个冷热程度不同的物体接触后就会产生导热、换热，换热结束后两物体处于热平衡状态，此时它们具有相同的温度，这就是温度最基本的性质。

测温的方法很多，仅从测量体与被测介质接触与否来分，有接触式测温和非接触式测温两大类。接触式测温是基于热平衡原理，测温敏感元件与被测介质接触，在规定的时间内，使两者处于同一热平衡状态，具有同一温度，如汞温度计、热电偶温度计等。非接触式测温是利用物质的热辐射原理，测温敏感元件不与被测介质接触，而是通过接收被测物体发出的辐射来判断温度，如辐射温度计、红外温度计等。温度传感器的分类如图9-1所示。

自然界的不少材料、元件的特性都随温度的变化而变化，如随温度变化的物理参数有膨胀率、电阻、电容、电动势、磁性能、频率、光电特性及热噪声等，温度传感器就是通过物体的特性随温度变化而改变的特点进行测量的。

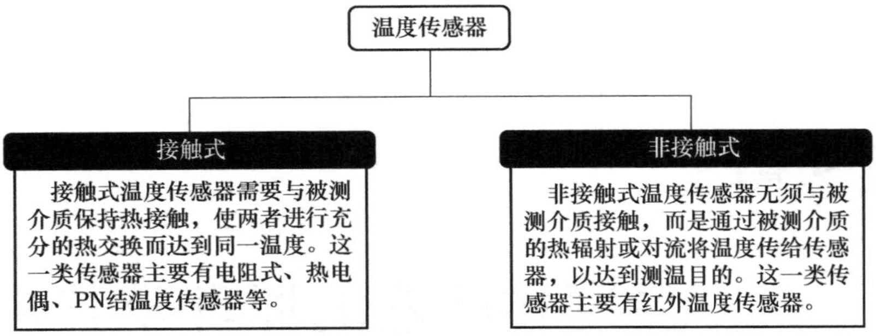

图 9-1　温度传感器的分类

常用材料的温度传感器的类型、测温范围和特点如表 9-1 所示。

表 9-1　温度传感器的类型

类型	传感器	测温范围/℃	特点
热电阻	铂电阻	-200～650	准确度高，测量范围大，稳定性好，但昂贵且测温范围小
	铜电阻	-50～150	
	镍电阻	-60～180	
	半导体热敏电阻	-50～150	电阻率大、温度系数大、成本低、灵敏度高、响应快速，但线性差、一致性差
热电偶	铂铑－铂（S）	0～1 600	用于高温测量、低温测量两大类，测温范围宽，但是线性不好，精度中等
	铂铑－铂铑（B）	0～1 600	
	镍铬－镍硅（K）	0～1 200	
	镍铬－康铜（E）	-200～750	
	铁－康铜（J）	-40～600	
其他	PN 结温度传感器	-50～150	体积小、灵敏度高、线性好，但一致性差
	集成温度传感器	-50～150	线性度好、一致性好、成本低、精度高、小尺寸，但是响应速度低，测温范围有限

9.1.2　温度传感器的应用

温度传感器的应用极其广泛，家用的空调系统、冰箱、电饭煲、电风扇等产品都要用到温度传感器，工业上也广泛使用温度传感器，汽车上也用到温度传感器，另外航空、海洋开发、生物制药都需要温度传感器。下面通过举例来说明。

Intel 公司在其 Pentium 处理器中集成了一个远程二极管温度传感器，能更直接测到 CPU 核心的温度变化，通过一根引线接出，由外部传感器芯片处理，在温度过热时，便自动降低 CPU 主频或加大风扇功率。

科学家将温度传感器放入大海中，常年探测海洋温度的变化，进行气候变化的预测。

利用温度采集器对居民家中环境进行温度采样，并记录到数据库中作为收费依据，对于闲置和不需供热的房间自动关闭，并采用了计算机远程管理技术，实现了家庭供热系统的自动化。

9.1.3　温度传感器的发展

现代工业的发展以信息为基础，传感器属于信息技术的前沿尖端产品，尤其是温度传感器被广泛用于工农业生产、科学研究和生活领域，近百年来，温度传感器的发展大致经历了以下 3 个阶段。

1. 传统的分立式温度传感器

传统的分立式温度传感器（含敏感元件），主要是能够进行非电量和电量之间的转换。

2. 模拟集成温度传感器

模拟集成温度传感器是采用硅半导体集成工艺制成的，它的主要优点是功能单一（仅测量温度）、测量误差小、价格低、响应速度快、传输距离远、体积小、微功耗等，适合远距离测温、控温，不需要进行非线性校准，外围电路简单。

3. 智能温度传感器

目前，国际上新型温度传感器正从模拟式向数字式，由集成化向智能化、网络化的方向发展。所谓智能温度传感器是指具有信息检测、信息处理、信息记忆、逻辑思维和判断功能的传感器，它不仅具有传统传感器的所有功能，而且具有数据处理、故障诊断、非线性处理、自校正、自调整以及人机通信等许多功能。图 9-2 所示为智能温度传感器的发展。

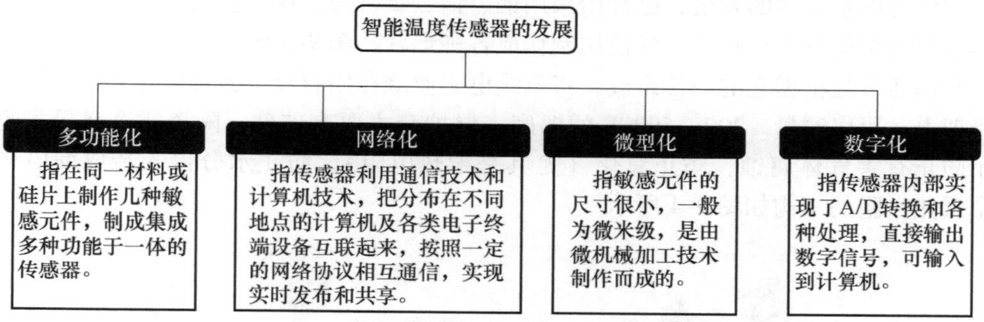

图 9-2 智能温度传感器的发展

智能温度传感器的产生是微型计算机和普通温度传感器相结合的结果，它的主要特点如下。

（1）有逻辑思维与判断、信息处理功能，可对检测数值进行分析、修正和误差补偿。智能温度传感器可通过软件对信号进行滤波，还能用软件实现非线性补偿或其他更复杂的环境因素补偿，因而提高了测量准确度。

（2）有自诊断、自校准功能，提高了可靠性。智能温度传感器可以检测工作环境，并当环境条件接近临界极限时能给出报警信号；当智能温度传感器因内部故障不能正常工作时，通过内部测试环节，可检测出不正常现象或部分故障。

（3）可实现多传感器多参数复合测量，扩大了检测与适用范围。智能温度传感器很容易实现多个信号的测量与运算。

9.2 金属热电阻

利用导体或半导体的电阻率随温度变化的特性制成的传感器叫作热电阻式传感器，它主要用于对温度和与温度有关的参量进行检测。测温范围主要在中、低温区域（$-200 \sim 650$ ℃）。随着科学技术的发展，使用范围不断扩展，低温方面已成功应用于 $1 \sim 3$ K[①] 的温度测量，而

① 温度单位：热力学温度是基本物理量，符号为 T，单位为开尔文（K），K 的定义为水的三相点温度的 1/273.16。用与冰点 273.15 K 的差值表示的热力学温度称为摄氏温度，符号为 t，单位为度（℃），即 $t = T - 273.15$，1 ℃ = 1 K。

在高温方面，也出现了多种用于1 000～1 300 ℃的电阻温度传感器。其测温元件可分为金属热电阻和半导体热敏电阻两大类。本书将分两小节分别讲述金属热电阻和半导体热敏电阻。

9.2.1 金属热电阻的结构

热电阻是由电阻体、保护套和接线盒等主要部件组成的，其中，电阻体是热电阻的最主要部分。虽然各种金属材料的电阻率均随温度变化，但作为热电阻的材料，则要求如下。

(1) 电阻温度系数要大，以便提高热电阻的灵敏度。

(2) 电阻率尽可能大，以便在相同灵敏度下减小电阻体尺寸。

(3) 热容量要小，以便提高热电阻的响应速度。

(4) 在整个测量温度范围内，应具有稳定的物理和化学性能。

(5) 电阻与温度的关系最好接近线性关系，具有良好的可加工性，且价格便宜。

根据上述要求及金属材料的特性，目前使用最广泛的热电阻材料是铂和铜。另外，随着低温和超低温测量技术的发展，已开始采用铟、锰、碳、镍、铁等材料。

热电阻的结构形式可根据实际使用制作成各种形状，图9-3所示为金属热电阻的外形与样式。它们通常是根据它的部件组成，将双线电阻丝绕在用石英、云母陶瓷和塑料等材料制成的骨架上，可以测量－200～500 ℃的温度。保护套主要有玻璃、陶瓷或金属等类型，主要用于防止有害气体腐蚀，防止氧化（尤其是铜热电阻），防止水分侵入造成漏电影响阻值。金属热电阻的结构如图9-4所示。

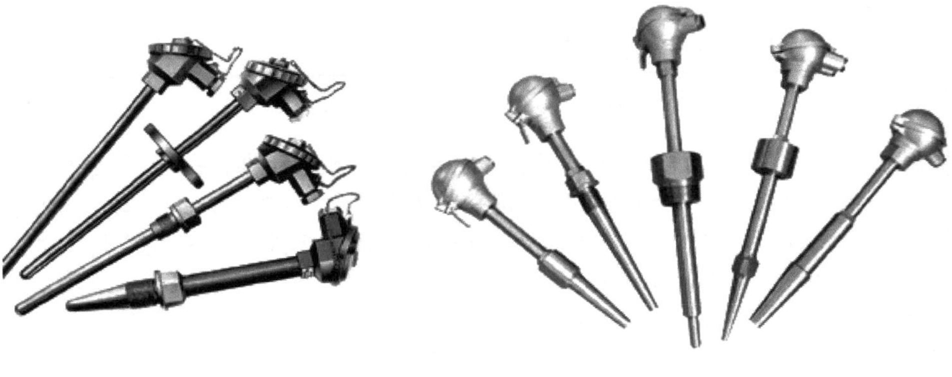

图9-3 金属热电阻的外形与样式

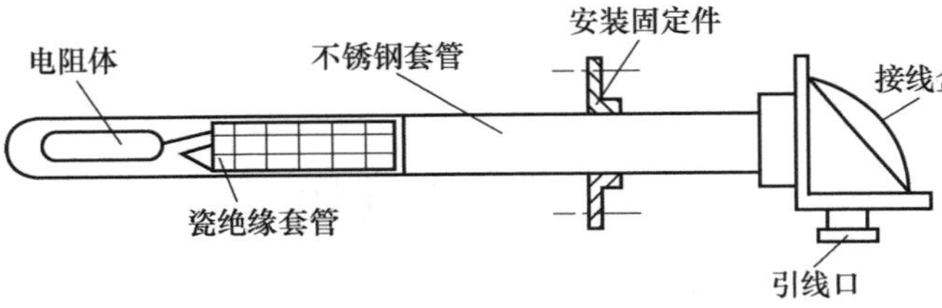

图9-4 金属热电阻结构图

热电阻也可以是一层薄膜，采用电镀或溅射的方法涂敷在陶瓷类材料基底上，占用体积很小，如图9-5所示。

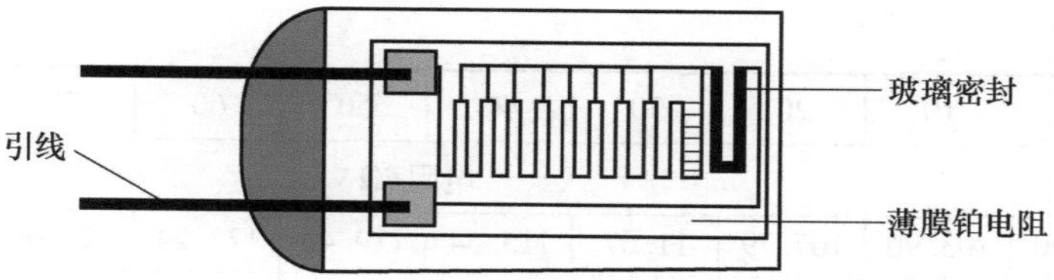

图 9-5　薄膜金属热电阻结构图

9.2.2　金属热电阻的工作原理

大多数金属导体的电阻都随温度的变化而变化。当温度升高时，金属内部原子晶格的振动加剧，从而使金属内部的自由电子通过金属导体时的阻碍增大，宏观上表现出电阻率变大，电阻值增加。热电阻是利用物质的变化特性制成的，将温度的变化量变换成与之有一定关系的电阻值的变化量，通过对电阻值的测量实现对温度的测量。目前应用较多的热电阻材料有铂和铜以及铁、镍等。

1. 铂电阻

由于铂的物理、化学性能非常稳定，是目前制造热电阻的最好材料。铂电阻主要作为标准电阻温度计广泛应用于温度基准、标准的传递。其长时间稳定的复现性可达 10^{-4} K，是目前测温复现性最好的一种温度计。

按 IEC 标准，铂电阻的测温范围为 −200 ~ 650 ℃。铂电阻的阻值与温度之间的关系即特性方程如下。

（1）当温度 t 为 $-200\ ℃ \leqslant t \leqslant 0\ ℃$ 时

$$R_t = R_0[1 + At + Bt^2 + C(t - 100)t^3] \tag{9-1}$$

（2）当温度 t 为 $0\ ℃ \leqslant t \leqslant 650\ ℃$ 时

$$R_t = R_0[1 + At + Bt^2] \tag{9-2}$$

式中　R_t、R_0——铂电阻在温度 t、0 ℃时的电阻值，在 0 ℃时，$R_t = 100\ \Omega$；

A、B、C——温度系数，对于常用的工业铂电阻，$A = 3.908 \times 10^{-3}/℃$、$B = -5.801 \times 10^{-7}/(℃)^2$、$C = -4.273\ 50 \times 10^{-12}/(℃)^3$。

（3）在 0 ~ 100 ℃范围内，R_t 的表达式可近似线性为

$$R_t = R_0(1 + At) \tag{9-3}$$

式中　A——温度系数，近似为 $3.85 \times 10^{-3}/℃$，Pt100 铂电阻的阻值在 0 ℃时，$R_t = 100\ \Omega$；而在 100 ℃时，$R_t = 138.5\ \Omega$。

要确定电阻 R_t 与温度 t 的关系，首先要确定 R_0 的数值。R_0 不同时，R_t 与 t 的关系不同。在工业上将相应于 $R_0 = 50\ \Omega$ 和 100 Ω（即分度号 Pt50、Pt100）的 $R_t - t$ 关系制成分度表，称为热电阻分度表，供使用者查阅。表 9-2 为 Pt100 的分度表常用的部分。

表 9-2　铂电阻 Pt100 分度表

分度号：Pt100　　　　$R_0 = 100\ \Omega$

温度/℃	0	10	20	30	40	50	60	70	80	90
	电阻/Ω									
−200	18.49									
−100	60.25	59.19	52.11	48.00	39.87	39.71	35.53	31.32	27.08	22.80
0	100.00	96.09	92.16	88.22	84.27	80.31	76.33	72.33	68.33	64.30

续表

温度/℃	0	10	20	30	40	50	60	70	80	90
	电阻/Ω									
0	100.00	103.90	107.79	11.67	115.54	119.40	123.24	127.07	130.89	134.70
100	138.50	142.29	146.06	149.82	153.58	157.31	161.04	164.76	168.46	172.16
200	175.84	179.51	183.17	186.82	190.45	194.07	197.69	201.29	204.88	208.45
300	212.02	215.57	219.12	222.65	226.17	229.67	233.17	236.65	240.13	243.59
400	247.04	250.48	253.90	257.32	260.72	264.11	267.49	270.86	274.22	277.56
500	280.90	284.22	287.53	290.83	294.11	297.39	300.65	303.91	307.15	310.38
600	313.59	316.80	319.99	323.18	326.35	329.51	332.66	335.79	338.92	342.03
700	345.13	348.22	351.30	354.37	357.37	360.47	363.50	366.52	369.53	372.52
800	375.51	378.48	381.45	384.40	387.34	390.26				

2. 铜电阻

在测量精度不太高、测量范围不大的情况下，可以采用铜电阻代替铂电阻。铜电阻灵敏度比铂电阻高，价格便宜，也能达到精度要求，如图9-6所示。

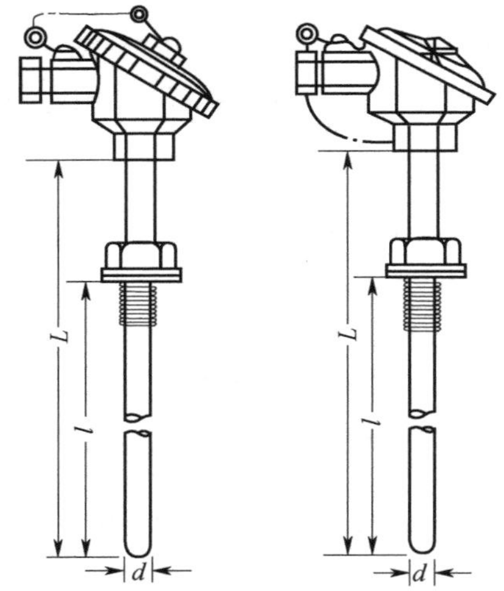

图9-6 铜电阻外观形式

在 −50～150 ℃的温度范围内，铜电阻与温度接近线性关系，可用下式表示

$$R_t = R_0(1 + at) \tag{9-4}$$

式中 R_t——温度为 t ℃时的电阻值；

R_0——温度为0 ℃时的电阻值；

a——铜电阻温度系数，$a = 4.25 \times 10^{-3} \sim 4.28 \times 10^{-3}$/℃。

铜电阻的缺点是电阻率较低，电阻体的体积较大，热惯性也较大，在100 ℃以上易氧化，因此只能用于150 ℃以下低温及无水分、无腐蚀性的介质中。

3. 其他热电阻

上述两种热电阻对于低温和超低温测量性能不理想，而铟电阻、锰电阻、碳电阻等热电阻却是测量低温和超低温的理想材料。

（1）铟电阻：用99.999%高纯度的铟丝绕成电阻，可在室温至4.2 K温度范围内使用。

实验证明，在 4.2～15 K 温度范围内，铟电阻的灵敏度比铂电阻高 10 倍。其缺点是材料软，复制性差。

（2）锰电阻：在 2～63 K 温度范围内，电阻随温度变化大，灵敏度高。缺点是材料脆，难拉成丝。

（3）碳电阻：适合用液氦温域（4.2 K）的温度测量，其价廉，对磁场不敏感，但热稳定较差。

9.2.3　金属热电阻的应用电路

金属热电阻广泛地应用于缸体、油管、水管、纺机、空调、热水器等狭小空间工业设备的测温和控制。汽车空调、冰箱、冷柜、饮水机、咖啡机及恒温等场合也经常使用。

1. 热电阻的连接法

由于热电阻的阻值较小，所以导线的电阻值不可忽视（尤其是导线较长时），故在实际使用时，金属热电阻的连接方法不同，其测量精度也不同，最常用的测量电路——电桥电路，可采用三线制或四线制电桥连接法。热电阻的三线制接法原理图如图 9-7 所示。

为了高精度地测量温度，可将电阻测量仪设计成图 9-8 所示的四线制测量电路。

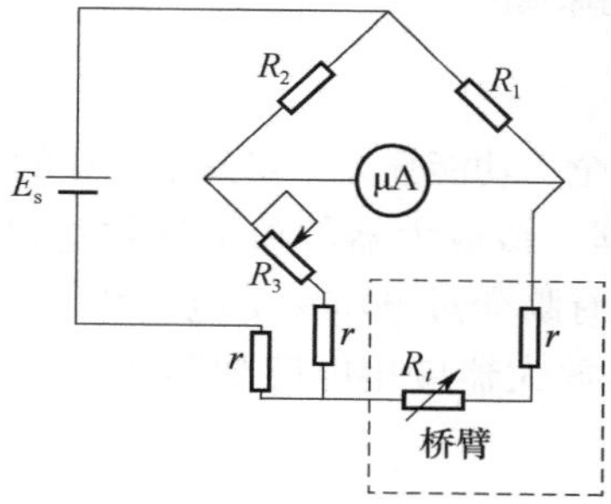

图 9-7　热电阻的三线制接法原理图

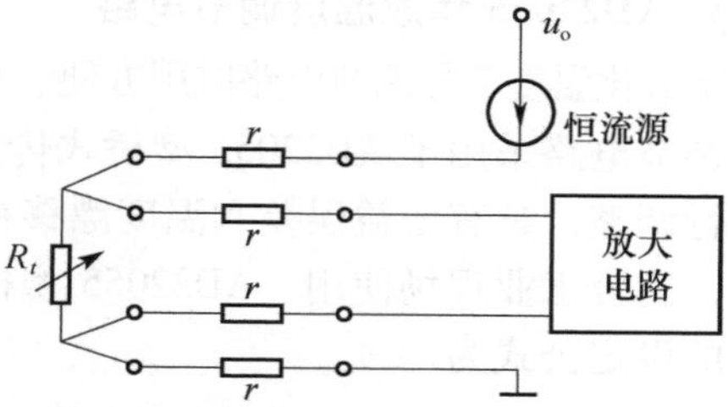

图 9-8　热电阻的四线制接法原理图

2. Pt100 三线制测温电路

图 9-9 所示为铂电阻的三线制测温原理图。三线制测温电路可以巧妙地克服电阻随温度的变化而对整个电路产生的影响，它适合远距离测量。

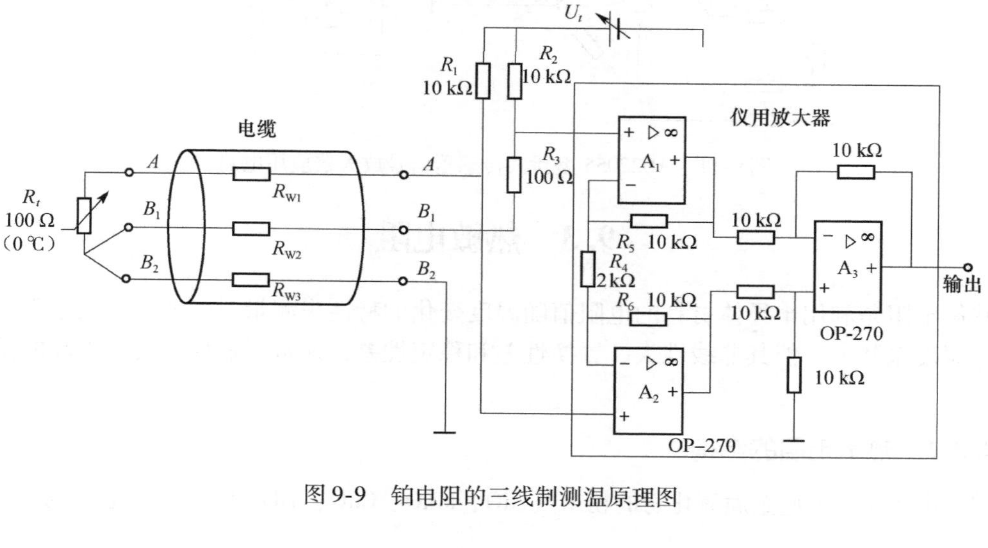

图 9-9　铂电阻的三线制测温原理图

3. Pt100 四线制测温电路

图 9-10 所示为铂电阻的四线制测温原理图。四线制测温电路采用恒流源供电，它是从热电阻两端引出 4 根线，接线时电路回路和电压测量回路独立分开接法，其测量精度高，也适合远距离测量，但是需要的导线多。

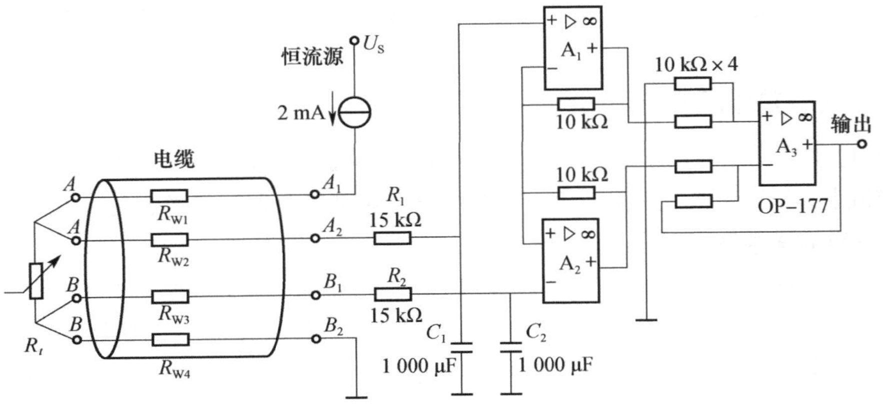

图 9-10 铂电阻的四线制测温原理图

4. AD22055 集成温度调节电路

集成化温度信号调节电路应用方便、精度高、种类齐全、功能强大，得到了广泛的应用。

调节电路采用了 AD22055 型桥式传感器信号放大器，该放大器的放大增益通过外部电路进行调整，具有增益误差和温度漂移补偿功能，内部有瞬变过电压保护电路和射频干扰滤波器，适合工业现场使用。AD22055 型桥式传感器信号放大器应用电路如图 9-11 所示，其增益的设定公式为

$$G = 40[1 + (9/R)]$$

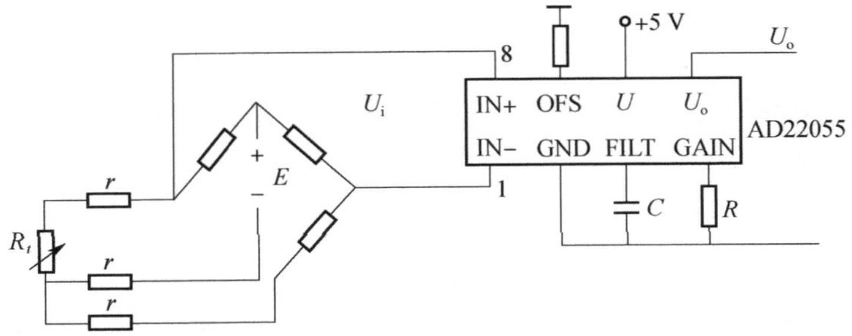

图 9-11 AD22055 型桥式传感器信号放大器应用电路

9.3 热敏电阻

热敏电阻是利用半导体材料的电阻值随温度变化的特性来测量温度的，热敏电阻的电阻率大、温度系数大，但其非线性大、置换性差和稳定性差，通常只适用于要求不高的温度测量场合。

9.3.1 热敏电阻的结构

热敏电阻是由一些金属氧化物的粉末（NiO、MnO、CuO、TiO 等），按一定比例混合烧结

而成的半导体。通过不同的材质组合，能得到热敏电阻不同的电阻值 R_0 及不同的温度特性。

热敏电阻主要由热敏探头、引线、壳体等构成，如图 9-12 所示。

热敏电阻一般做成二端器件，但也有做成三端或四端器件的。二端和三端器件为直热式，即热敏电阻直接从连接的电路中获得功率；四端器件则为旁热式。

根据不同的使用要求，可以把热敏电阻做成不同的形状和结构，其结构形式如图 9-13 所示。图 9-14 所示为热敏电阻外观图。

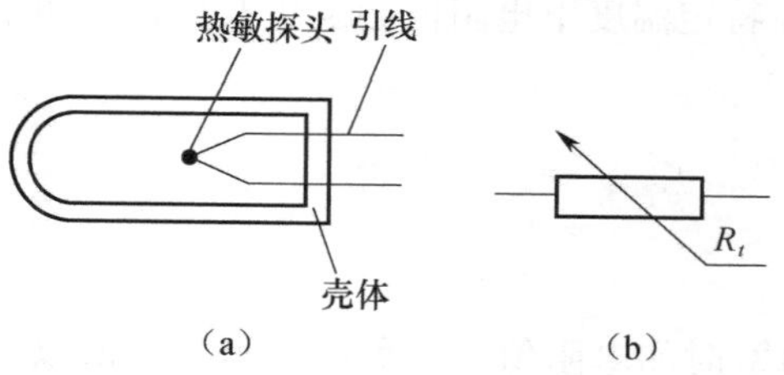

图 9-12　热敏电阻的结构及符号
（a）结构；（b）符号

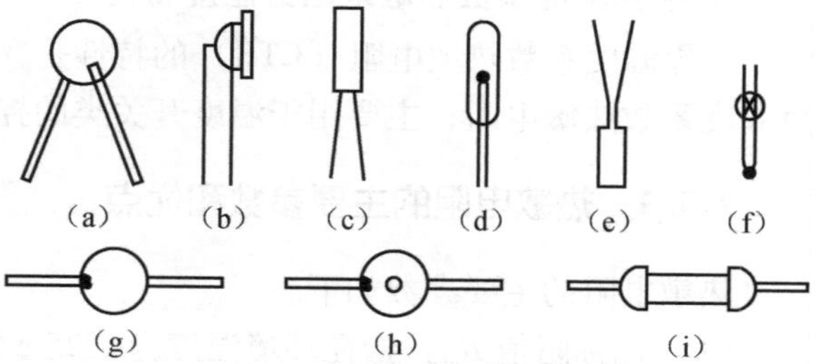

图 9-13　热敏电阻器的结构形式
（a）圆片型；（b）薄膜型；（c）杆型；（d）管型；
（e）平板型；（f）珠型；（g）扁圆型；（h）垫圈型；
（i）杆型（金属帽引出）

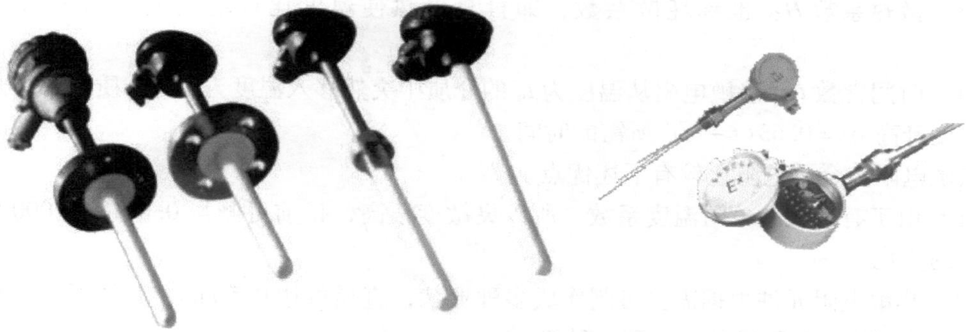

图 9-14　热敏电阻外观图

9.3.2　热敏电阻的温度特性

热敏电阻按其物理特性分为三大特性，即负温度系数热敏电阻（NTC）、正温度系数热敏电阻（PTC）和临界温度系数热敏电阻（CTR）。图 9-15 所示为热敏电阻阻值温度特性曲线。

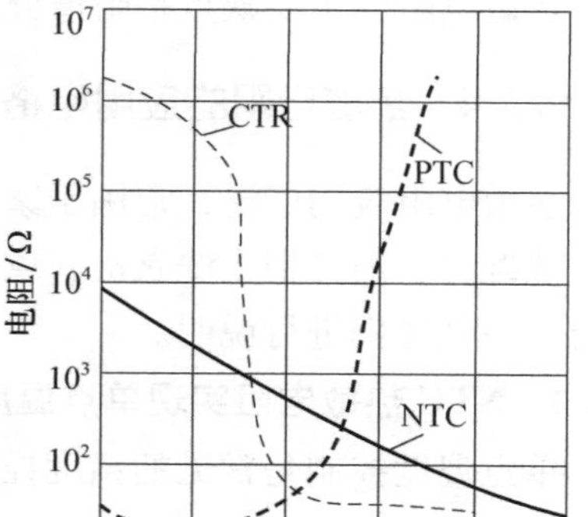

图 9-15　热敏电阻的温度特性曲线

1. 负温度系数热敏电阻的温度特性

负温度系数热敏电阻（NTC）是以氧化锰、氧化钴和氧化铝等金属氧化物为主要原料，采用陶瓷工艺制造而成的。这些金属氧化物材料都具有半导体性质，其有灵敏度高、稳定性好、响应快、寿命长、价格低等优点，广泛应用于需要定点测温的自动控制电路中，如冰箱、空调等。

2. 正温度系数热敏电阻的温度特性

正温度系数热敏电阻（PTC）是以钛酸钡为基本材料，再掺入适量的稀土元素，利用陶瓷工艺高温烧结而成的。纯钛酸钡是一种绝缘材料，但掺入适量的稀土元素以后，就变成了半导体材料。正温度系数热敏电阻的温度达到居里点时，阻值会发生急剧变化。居里点即临界温度，即阻值发生急剧变化的那个温度，一般钛酸钡的居里点为120 ℃。

3. 临界温度系数热敏电阻的温度特性

临界温度系数热敏电阻（CTR）的特性是在某一特定温度下电阻值会发生变化，也属于负温度系数热敏电阻，主要用于温度开关类的控制。

9.3.3 热敏电阻的主要参数和优点

热敏电阻的主要参数如下。

（1）标称阻值 R_H：指在环境温度为（25±0.2）℃时的电阻值，又称冷电阻。阻值以阿拉伯数字表示，如5 K、10 K等直接标在热敏电阻上。还有一种是用数字表示的，共3位，最后一位为零的个数，如103表示 $10\times10^3\ \Omega$。

（2）温度系数 α_t：指20 ℃时的电阻温度系数。

（3）散热系数 H：也称耗散系数，即自身发热使温度比环境温度高出1 ℃所需的功率。

（4）时间常数 τ：热敏电阻从温度为 t_0 的介质中突然移入温度为 t 的介质中时，热敏电阻的温度升高 $\Delta t=0.63(t-t_0)$ 所需的时间。

热敏电阻与金属电阻比较有下述优点。

（1）由于有较大的电阻温度系数，所以灵敏度很高，目前可测得0.001～0.000 5 ℃微小温度的变化。

（2）热敏电阻元件根据需要可制作成多种形状，直径可达0.5 mm，其体积小，热惯性小，响应速度快，时间常数可小到毫秒级。

（3）热敏电阻的电阻值可达1～700 kΩ，当远距离测量时导线电阻的影响可不考虑。

（4）在−50～350 ℃温度范围内，具有较好的稳定性。

热敏电阻的主要缺点是阻值分散性大、复现性差，其次是非线性大、老化较快。

9.3.4 热敏电阻的应用电路

热敏电阻应用广泛，常用于家用空调、汽车空调、冰箱、冷柜、热水器、饮水机、暖风机、洗碗机、消毒柜、洗衣机、烘干机以及中低温干燥箱、恒温箱等的温度测量与控制。下面通过一些实例进行说明。

1. NTC热敏电阻实现单点温度控制电路

单点温度控制是常见的温度控制形式，NTC热敏电阻实现单点温度控制电路如图9-16所示。

2. PTC热敏电阻组成的测温电路

0～100 ℃的测温电路是应用广泛的电路之一，实现的形式也是多种多样的，图9-17所示为采用正温度系数的热敏电阻组成的电路。

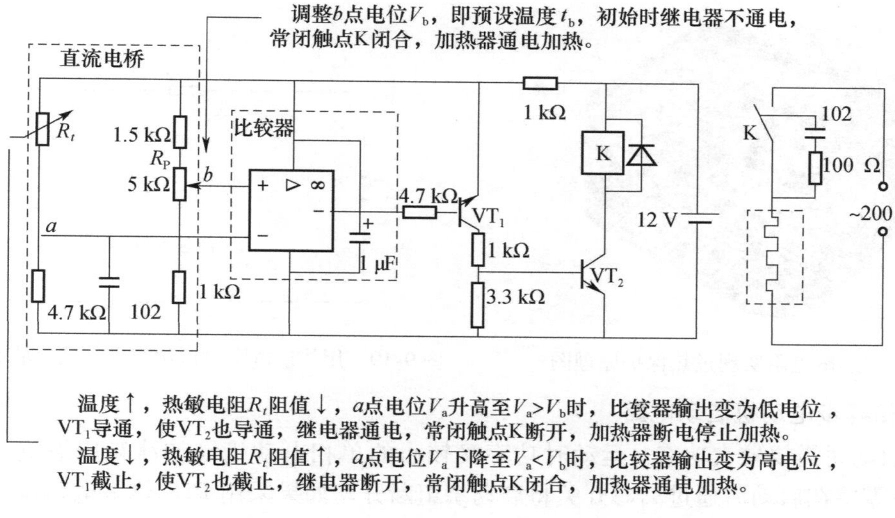

调整b点电位V_b，即预设温度t_b，初始时继电器不通电，常闭触点K闭合，加热器通电加热。
直流电桥
R_t
1.5 kΩ
R_P
5 kΩ
b
比较器
a
4.7 kΩ
VT_1
1 kΩ
1 kΩ
K
102
100 Ω
~200 V
12 V
1 μF
1 kΩ
VT_2
3.3 kΩ
4.7 kΩ
102
1 kΩ
温度↑，热敏电阻R_t阻值↓，a点电位V_a升高至$V_a>V_b$时，比较器输出变为低电位，VT₁导通，使VT₂也导通，继电器通电，常闭触点K断开，加热器断电停止加热。
温度↓，热敏电阻R_t阻值↑，a点电位V_a下降至$V_a<V_b$时，比较器输出变为高电位，VT₁截止，使VT₂也截止，继电器断开，常闭触点K闭合，加热器通电加热。

图 9-16　NTC 热敏电阻单点温度控制原理图

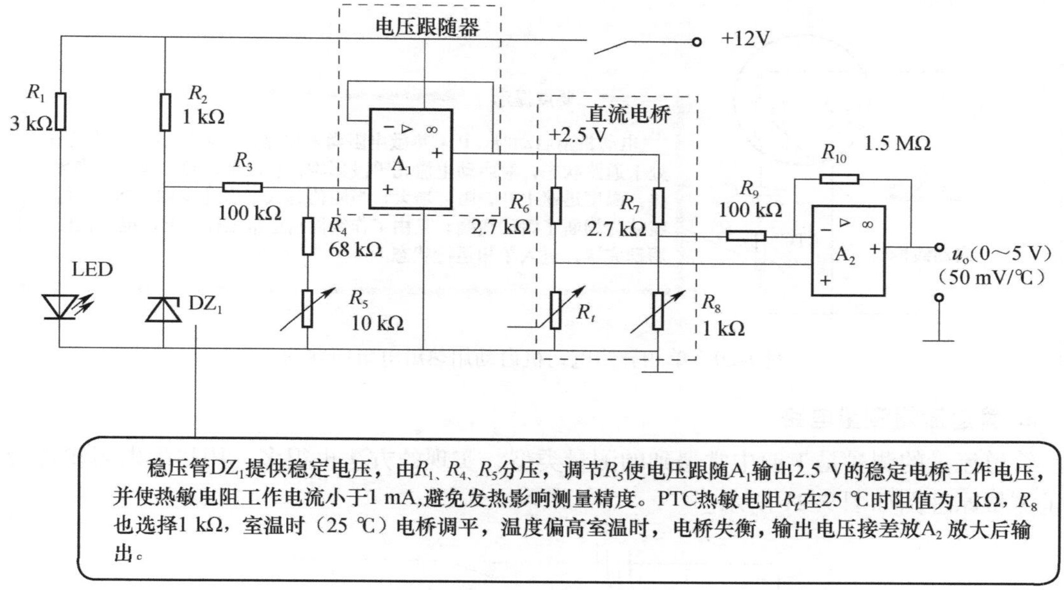

电压跟随器
+12V
R_1
3 kΩ
R_2
1 kΩ
A_1
直流电桥
+2.5 V
R_{10}
1.5 MΩ
R_3
100 kΩ
R_6
2.7 kΩ
R_7
2.7 kΩ
R_9
100 kΩ
R_4
68 kΩ
A_2
u_o(0～5 V)
(50 mV/℃)
LED
DZ_1
R_5
10 kΩ
R_t
R_8
1 kΩ
稳压管DZ_1提供稳定电压，由R_1、R_4、R_5分压，调节R_5使电压跟随A_1输出2.5 V的稳定电桥工作电压，并使热敏电阻工作电流小于1 mA,避免发热影响测量精度。PTC热敏电阻R_t在25 ℃时阻值为1 kΩ，R_8也选择1 kΩ，室温时（25 ℃）电桥调平，温度偏高室温时，电桥失衡，输出电压接差放A_2 放大后输出。

图 9-17　正温度系数热敏电阻测量单点温度原理图

3. CPU 温度检测电路

计算机在使用过程中，当 CPU 工作繁忙的时候，温度往往会升高，若不加以处理，会造成 CPU 烧毁，因此在 CPU 插槽中，可利用热敏电阻测温，然后通过相关电路进行处理，实施保护。用热敏电阻实现过热保护原理图如图 9-18 所示。

4. 电视或计算机显像管消磁电路

显像管对磁场比较敏感，稍微使用不当都会使屏幕出现色纯不良的现象。因此需在其内部设置自动消磁电路。每开启一次主电源，自动消磁电路就会工作一次，可消除地磁及周围磁场对显像管荧光色纯的影响。用热敏电阻对显像管进行消磁的原理图如图 9-19 所示。

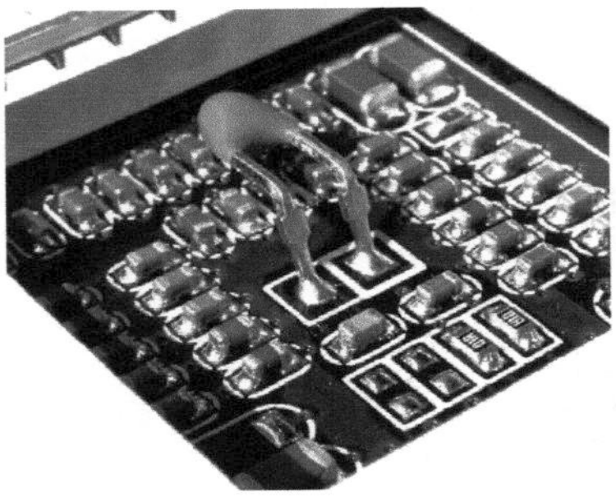

图 9-18　用热敏电阻实现过热保护原理图

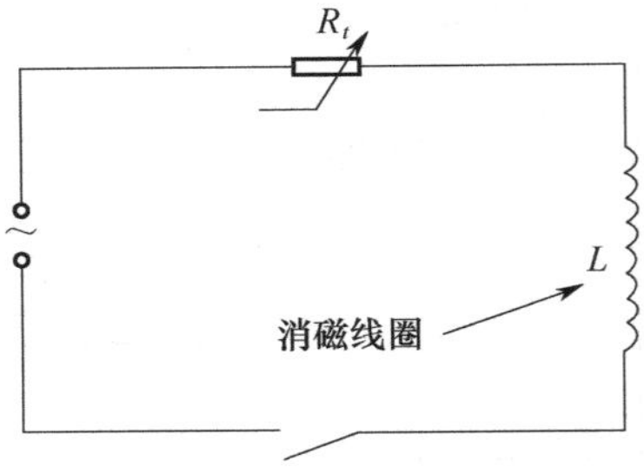

图 9-19　用热敏电阻对显像管进行消磁的原理图

5. 单相异步电动机启动电路

对于启动时需要较大功率，运动时功率又较小的单相电动机（如冰箱压缩机、空调机等），往往需要在启动后通过离心开关将启动绕组断开。如果采用 PTC 热敏电阻作为启动线圈自动通断的无触点开关时，效果更好，寿命更长。单相异步电动机启动用热敏电阻原理图如图 9-20 所示。

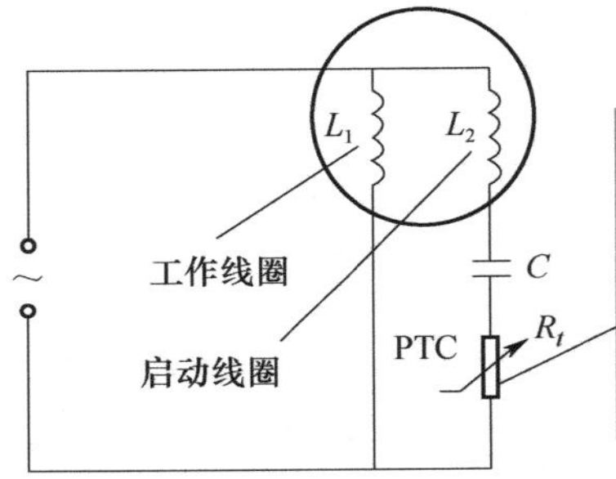

要点提示

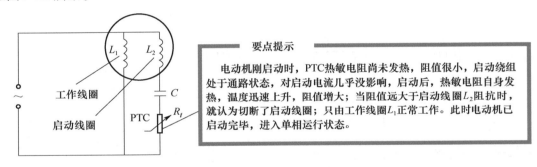

电动机刚启动时，PTC热敏电阻尚未发热，阻值很小，启动绕组处于通路状态，对启动电流几乎没影响，启动后，热敏电阻自身发热，温度迅速上升，阻值增大；当阻值远大于启动线圈L_2阻抗时，就认为切断了启动线圈；只由工作线圈L_1正常工作。此时电动机已启动完毕，进入单相运行状态。

图 9-20　单相异步电动机启动用热敏电阻原理图

6. 管道流量测量电路

管道流量的测量是工业中常遇到的测量类型，实现的方法也很多，用热敏电阻实现管道流量测量原理图如图 9-21 所示。

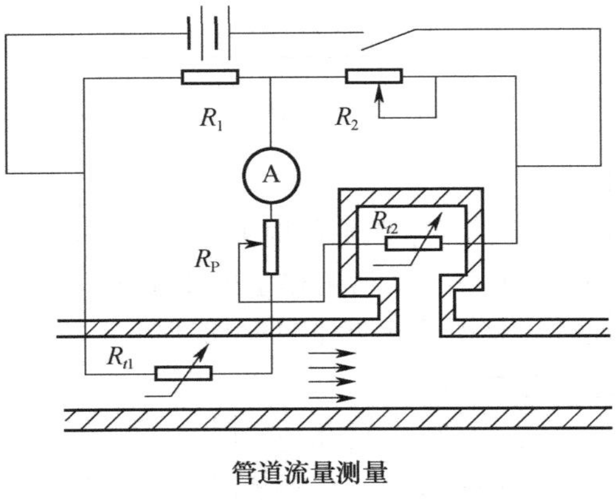

图 9-21　用热敏电阻实现管道流量测量原理图

9.4　热电偶

热电偶传感器是一种将温度变化转换为电动势变化的传感器。在工业生产中，热电偶是应用最广泛的测温元件之一。其主要优点是测温范围广，可以在 -272.15 ℃（1 K）~2 800 ℃范围内使用，其精度高、性能稳定、结构简单、动态性能好，能把温度转换为电势信号，便于处理和远距离传输。

9.4.1　热电偶的分类与结构

热电偶的结构形式很多，按热电偶结构划分，有普通热电偶、铠装热电偶、薄膜热电偶、表面热电偶。

（1）普通热电偶：如图 9-22（a）所示，工业上常用的热电偶一般由热电极、绝缘管、保护套管、接线盒、接线盒盖组成。这种热电偶主要用于气体、蒸汽、液体等介质的测温。这类热电偶已经制成标准形式，可根据测温范围和环境条件来选择合适的热电极材料及保护套管。

（2）铠装热电偶：由热电偶丝、绝缘材料（氧化铁）、不锈钢保护管组合在一起经拉制工艺制成，如图 9-22（b）所示。其主要优点是外径细、响应快、柔性强，可进行一定程度的弯曲，耐热、耐压、耐冲击性强。

（3）薄膜热电偶：是由厚度为 0.01 ~0.1 mm 的两种金属薄膜连接在一起的特殊结构的热电偶，其结构图如图 9-22（c）所示。其特点是热容量小、动态响应快，适用于动态测量瞬时变化的温度，分为片状和针状。

（4）表面热电偶：分为永久性安装和非永久性安装两种，主要用于测量金属块、炉壁、橡胶筒、涡轮叶片等固体的表面温度。

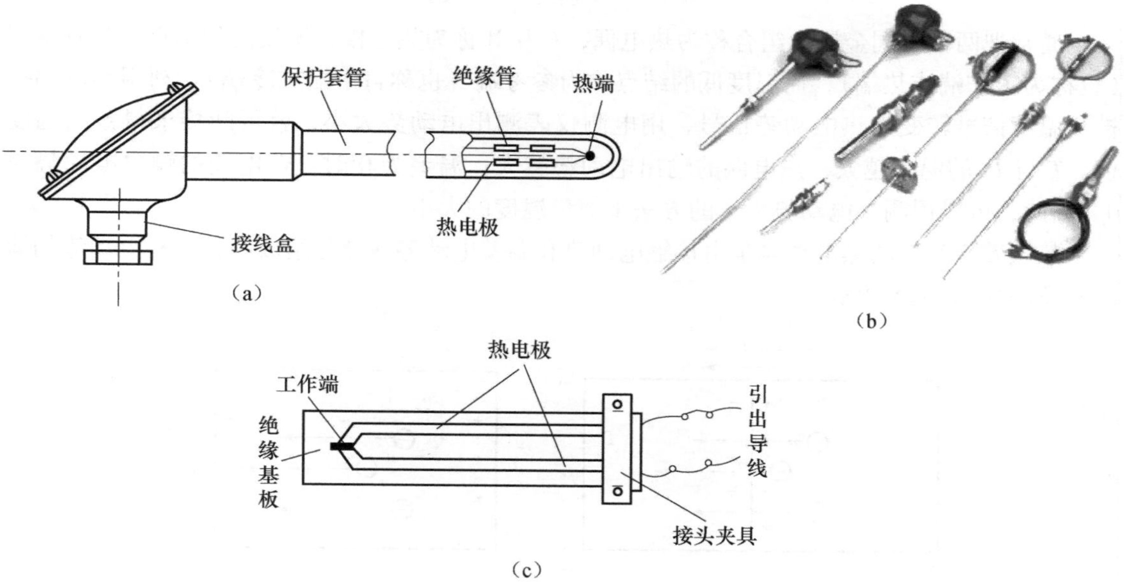

图 9-22　热电偶及其结构示意图

（a）普通热电偶的结构；（b）铠装热电偶；（c）薄膜热电偶的结构

图 9-23 所示为常用热电偶的外形与样式。

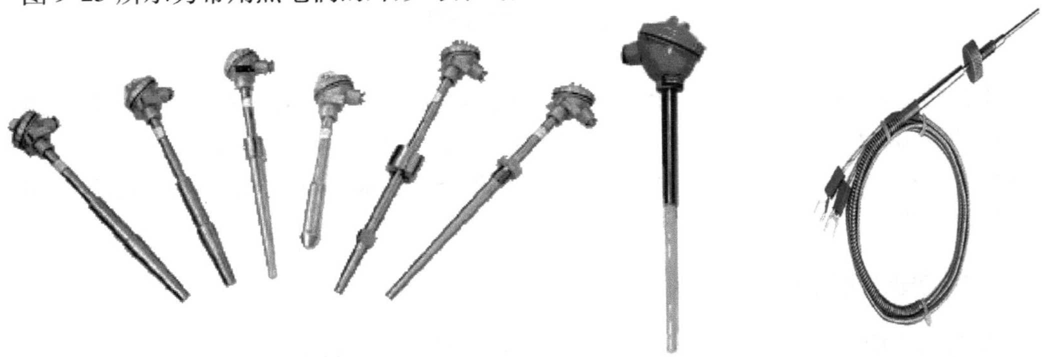

图 9-23　常用热电偶的外形与样式

9.4.2　热电偶的工作原理

1823 年，赛贝克（Seebeck）发现，把两种不同的金属 A 和 B 组成一个闭合回路。如果将它们两个结点中的一个进行加热，使其温度为 T，而另一点置于室温 T_0 中，则在回路中就有电流产生。如果在回路中接入电流计 M，就可以使电流计的指针偏转，这一现象称为热电动势效应，也称热电效应。产生的电动势叫作热电动势（也称赛贝克电动势），用 $E_{AB}(T, T_0)$ 来表示，如图 9-24 所示。

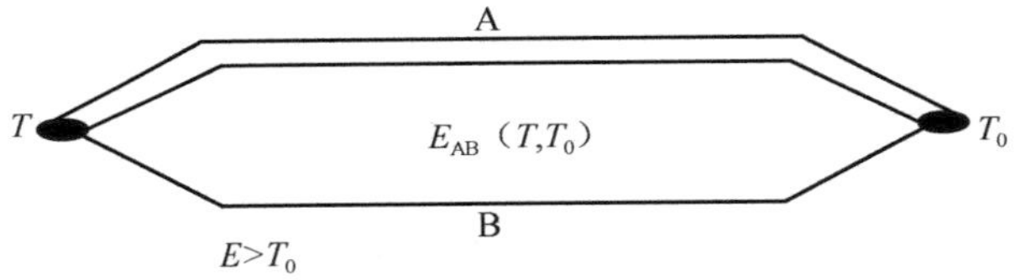

图 9-24　热电动势的组成

通常把两种不同金属的组合称为热电偶，A 和 B 称为热电极，温度高的结点称为测量端（也称为工作端或热端），而温度低的结点称为参考端（也称自由端或冷端）。利用热电偶把被测温度信号转变为热电动势信号，用电测仪表测出电动势大小，就可间接求得被测温度值。T 与 T_0 的温差越大，热电偶的输出电动势越大；温差为 0 时，热电偶的输出电动势为 0。因此，可以用测热电动势大小的方法来衡量温度的大小。

热点效应产生的热电动势是由接触电动势和温差电动势两部分组成的，两种电动势的原理示意图如图 9-25 所示。

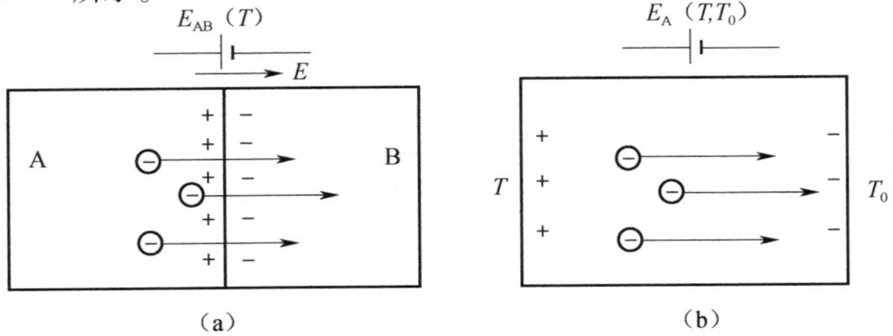

图 9-25　两种热电动势的原理示意图

（a）接触电动势；（b）温差电动势

注明：

（1）接触电动势的数值取决于两种金属的性质和接触点的温度，而与金属的形状及尺寸无关。

（2）如果 A、B 为同一种材料，接触电动势为零。

（3）在一个热电偶回路中，起决定性作用的是两个结点处产生的与材料性质和该点所处温度有关的接触电动势。因为在金属中自由电子数目很多，以至于温度不能显著地改变它的自由电子浓度，所以在同一金属内的温差电动势极小，可以忽略。

（4）两种均质金属组成的热电偶，其热电动势大小与热电极直径、长度及沿热电极长度上的温度分布无关，只与热电极和两端温度有关。

（5）热电极有正、负之分，使用时应注意这一点。

9.4.3　热电偶的参数

1. 分度号

国际上，按热电偶的 A、B 热电极材料不同分成若干个分度号，如常用的 K（镍铬－镍硅或镍铝）、E（镍铬－康铜）、T（铜－康铜）等，并且有相应的分度表，详见附录。

2. 分度表

因为多数热电偶的输出都是非线性的，国际计量委员会已对这些热电偶的每一度做了非常精密的测试，并向全世界公布了它们的分度表。可以通过测量热电偶输出的热电动势，再通过查分度表得到相应的温度值。每 10 ℃分档，中间值按内插法计算。如分度号为 S 的分度表，如表 9-3 所示。

表 9-3　热电偶分度表

分度号：S　　参考端温度为 0 ℃

测量端温度/℃	0	10	20	30	40	50	60	70	80	90
	热电动势/mV									
0	0.000	0.055	0.113	0.173	0.235	0.299	0.365	0.432	0.502	0.573
100	0.645	0.719	0.795	0.872	0.950	1.029	1.109	1.190	1.273	1.356
200	1.440	1.525	1.611	1.698	1.785	1.873	1.962	2.051	2.141	2.232
300	2.323	2.414	2.506	2.599	2.692	2.786	2.880	2.974	3.069	3.164
400	3.260	3.356	3.452	3.549	3.645	3.743	3.840	3.938	4.036	4.135
500	4.234	4.333	4.432	4.532	4.632	4.732	4.832	4.933	5.034	5.136
600	5.237	5.339	5.442	5.544	5.648	5.751	5.855	5.960	6.064	6.169
700	6.274	6.380	6.486	6.592	6.699	6.805	6.913	7.020	7.128	7.236
800	7.345	7.454	7.563	7.672	7.782	7.892	8.003	8.114	8.225	8.336
900	8.448	8.560	8.673	8.786	8.899	9.012	9.126	9.240	9.355	9.470
1 000	9.585	9.700	9.816	9.932	10.048	10.165	10.282	10.400	10.517	10.635
1 100	10.754	10.872	10.991	11.110	11.229	11.348	11.467	11.587	11.707	11.827
1 200	11.947	12.067	12.188	12.308	12.429	12.550	12.671	12.792	12.913	13.034
1 300	13.155	13.276	13.397	13.519	13.640	13.761	13.883	14.004	14.125	14.247
1 400	14.368	14.489	14.610	14.731	14.852	14.973	15.094	15.215	15.336	15.456
1 500	15.576	15.697	15.817	15.937	16.057	16.176	16.296	16.415	16.534	16.653
1 600	16.771	16.890	17.008	17.125	17.245	17.360	17.477	17.594	17.711	17.826

9.4.4 热电偶的特点

1. 热电偶的优点

（1）测温范围宽，能测量较高的温度（$-180\sim2\,800$ ℃）。

（2）输出电压信号，测量方便，便于远距离传输、集中检测和控制。

（3）结构简单、性能稳定、维护方便、准确度高。

（4）热惯性和热容量小，便于快速测量。

（5）自身能产生电压，不需要外加驱动电源，是典型的自发电式传感器。

（6）结构简单，使用方便。热电偶通常是由两种不同的金属丝组成的，外有保护套管，用起来非常方便。

2. 热电偶的缺点

灵敏度低、稳定性低、响应速度慢、高温下容易老化和有漂移，而且是非线性的。另外，热电偶需要外部参考端。

3. 常用热电偶

我国常用热电偶的技术特性如表9-4所示。

表9-4 常用热电偶的技术特性

热电偶名称	分度号		允许偏差			特点
	新	旧	等级	适用温度/℃	允差值（±）	
铜－铜镍	T	CK	Ⅰ	$-40\sim350$	0.5 ℃或 $0.004\times\|t\|$	温度精度高，稳定性好，低温时灵敏度高，价格低廉。适用于在 $-200\sim400$ ℃范围内测温
			Ⅱ		1 ℃或 $0.0075\times\|t\|$	
镍铬－铜镍	E	—	Ⅰ	$-40\sim800$	1.5 ℃或 $0.004\times\|t\|$	适用于氧化及弱还原性气氛中测温，按其偶丝直径不同，测温范围为 $-200\sim900$ ℃。稳定性好，灵敏度高，价格低廉
			Ⅱ	$-40\sim900$	2.5 ℃或 $0.0075\times\|t\|$	
铁－铜镍	J	—	Ⅰ	$-40\sim750$	1.5 ℃或 $0.004\times\|t\|$	适用于氧化、还原气氛中测温，亦可在真空、中性气氛中测温，稳定性好，灵敏度高，价格低廉
			Ⅱ		2.5 ℃或 $0.0075\times\|t\|$	
镍铬－镍硅	K	EU－2	Ⅰ	$-40\sim1\,000$	1.5 ℃或 $0.004\times\|t\|$	适用于氧化和中性气氛中测温，按其偶丝直径不同，测温范围为 $-200\sim1\,300$ ℃。若外加密封保护管，还可在还原气氛中短期使用
			Ⅱ	$-40\sim1\,200$	2.5 ℃或 $0.0075\times\|t\|$	

续表

热电偶名称	分度号		允许偏差			特点
	新	旧	等级	适用温度/℃	允差值（±）	
铂铑$_{10}$－铂	S	LB－3	Ⅰ	0～1 100	1 ℃	适用于氧化气氛中测温，其长期最高使用温度为1 300 ℃，短期最高使用温度为1 600 ℃。使用温度高，性能稳定，精度高，但价格贵
			Ⅱ	600～1 600	0.002 5×|t|	
铂铑$_{30}$－铂铑$_{6}$	B	LL－2	Ⅰ	600～1 700	1.5 ℃或0.005×|t|	适用于氧化性气氛中测温，其长期最高使用温度为1 600 ℃，短期最高使用温度为1 800 ℃，稳定性好，测量温度高。参比端温度在0～40 ℃范围内可以不补偿
			Ⅱ	800～1 700	0.005×|t|	

9.4.5　热电偶的冷端温度补偿

用热电偶测温时，热电动势的大小取决于冷热端温度之差。如果冷端温度固定不变，则取决于热端温度。如果冷端温度是变化的，将会引起测量误差。因此，必须采用一定的措施来消除冷端温度变化所产生的影响。

1. 补偿导线法

为了使热电偶冷端温度保持稳定（最好为0 ℃），当然可将热电偶做得很长，使冷端远离工作时，并连同测量仪表一起放置在恒温或温度波动比较小的地方，但这种方法一方面安装使用不方便；另一方面也可能耗费许多贵重的金属材料。因此，一般使用一种称为补偿导线的连接线将热电偶冷端延伸出来，如图9-26所示，这种导线在一定温度范围内（0～150 ℃）具有和所连接的热电偶相同的热电性能，若是由廉价金属制成的热电偶，则可用其本身材料补偿导线将冷端延伸到温度恒定的地方。

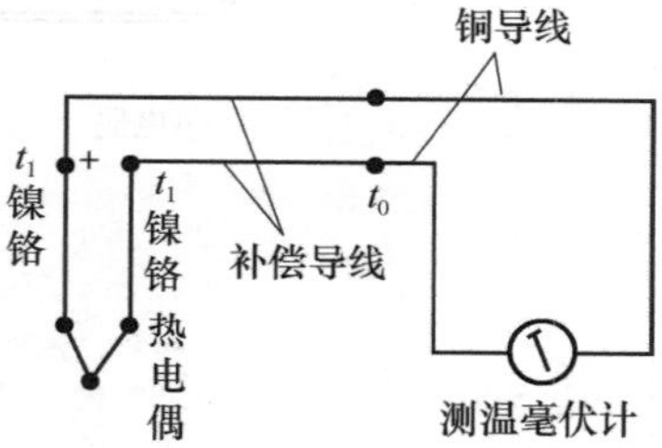

图9-26　补偿导线法

常用热电偶补偿导线按产品的品种划分为SC、KC、KX、EX、JX、TX。其中型号中的第一个字母与热电偶的分度号相对应，字母“X”表示延伸型补偿导线（型别），字母“C”表示补偿型补偿导线（型别）。常用热电偶补偿导线的型号、线芯材质、绝缘层着色如表9-5所示。

表9-5　热电偶补偿导线的型号、线芯材质、绝缘层着色

补偿导线型号	配用热电偶的分度号	补偿导线合金线		绝缘层着色	
		正极	负极	正极	负极
SC	S（铂铑$_{10}$—铂）	SPC（铜）	SNC（铜镍）	红	绿
NC	N（镍铬硅—镍硅）	NPC（铁）	NNC（铜镍）	红	黄
TC	T（铜—康铜）	TPC（铜）	TNC（铜镍）	红	蓝

续表

补偿导线型号	配用热电偶的分度号	补偿导线合金线		绝缘层着色	
		正极	负极	正极	负极
KX	K（镍铬—镍硅）	KPX（镍铬）	KNX（铜镍）	红	黑
EX	E（镍铬—铜镍）	EPX（镍铬）	ENX（铜镍）	红	棕
JX	J（铁—铜镍）	JPX（铁）	JNX（铜镍）	红	紫
TX	T（铜—铜镍）	TPX（铜）	TNX（铜镍）	红	白

2. 冷端温度恒温法

在一个保温瓶里放入冰水混合物，1个标准大气压下（101.325 kPa）的冰和纯水的平衡温度为0 ℃，如图9-27所示，在密封的盖子上插入若干支试管，试管的直径应尽量小，并有足够的插入深度。试管底部有少量高度相同的水银或变压器油，若放水银则可把补偿导线与铜导线直接插入试管中的水银里，形成导电通路，不过在水银上面应加少量蒸馏水并用石蜡封结，以防止水银蒸发和溢出。若改用变压器油代替水银，则必须使补偿导线与铜导线接触性好。自由端恒温法适合于实验中的精确测量和检定热电偶时使用。

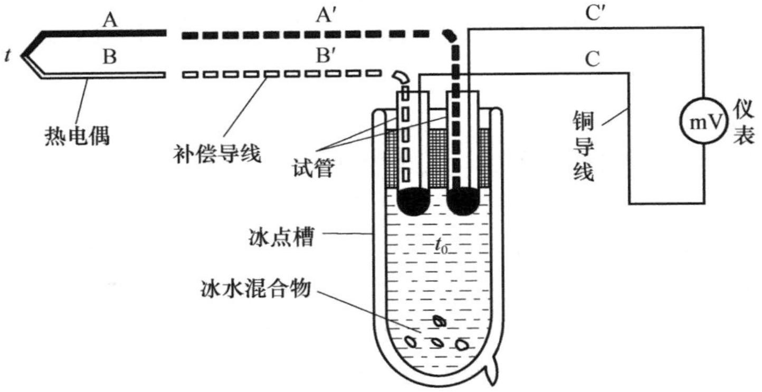

图9-27 冷端处理用冰点槽法

3. 冷端温度校正法

由于热电偶的温度分度表是在冷端温度保持在0 ℃的情况下得到的，与它配套使用的测量电路或显示仪表又是根据这一关系曲线进行刻度的，因此冷端温度不等于0 ℃时，就须对仪表指示值加以修正。如果冷端温度高于0 ℃，但恒定于t_0（℃）时，则测得的热电动势要小于该热电偶的分度值，为求得真实温度，可利用中间温度法则，即下式进行修正

$$E(t,0) = E(t,t_0) + E(t_0,0) \tag{9-5}$$

例如，用K型热电偶测温，已知冷端温度为30 ℃，毫伏表测得的热电动势为33.29 mV，求热端温度。

由分度表查得

$$E(30,0) = 1.2\ \text{mV}$$

计算得到

$$E(t,0) = (33.29 + 1.2)\text{mV} = 34.49\ \text{mV}$$

查分度表得到热端温度 t = 960 ℃。

例如：某支铂铑$_{10}$ – 铂热电偶在工作时，自由端温度 t_0 = 30 ℃，测得热电动势 $E(t,t_0)$ = 14.195 mV，求被测介质的实际温度。

解：由分度表查得

$$E(30,0)=0.173\ (\text{mV})$$

计算得到

$$E(t,0)=E(t,30)+E(30,0)=14.195+0.173=14.368\ (\text{mV})$$

通过查分度表得到 14.368 mV 对应的温度 t 为 1 400 ℃。

4. 冷端温度电桥补偿法

用电桥在温度变化时的不平衡电压（补偿电压）去消除冷端温度变化对热电偶电动势的影响，这种装置称为冷端温度补偿器。

如图 9-28 所示，R_1、R_2、R_3 为锰铜电阻，阻值几乎不随温度变化，R_{Cu} 为铜电阻（热电阻），其电阻值随温度升高而增大，与冷端靠近。设使电桥在冷端温度为 T_0 时处于平衡，U_{ab} = 0，电桥对仪表的读数无影响。

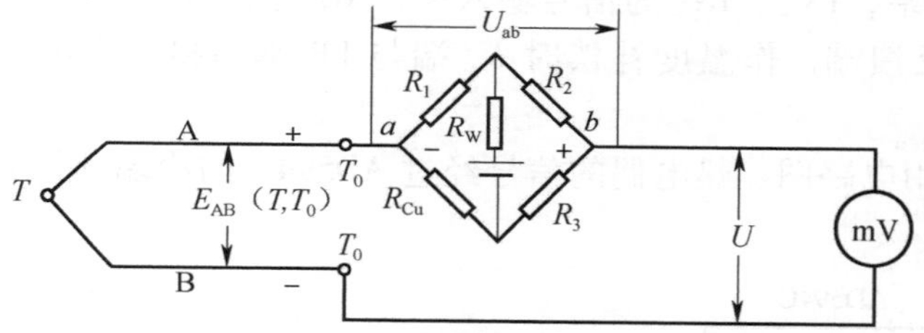

注意
桥臂 R_{Cu} 必须和热电偶的冷端靠近，使处于同一温度之下。

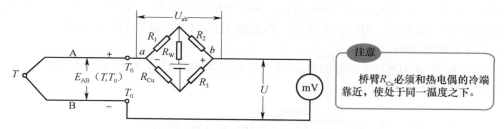

图 9-28　热电偶桥式冷端温度补偿原理图

当温度不等于 T_0 时，电桥不平衡，产生一个不平衡电压 U_{ab} 加入热电动势回路。当冷端温度升高时，R_{Cu} 也随之增大，U_{ab} 也增大，但是热电偶的热电动势却随冷端温度的升高而减小。若 U_{ab} 的增加量等于 E_{AB} 的减少量，则输出 U 保持不变。改变 R_W 的值可改变桥臂电流，适合不同类型的热电偶配合使用。不同型号的冷端温度补偿器应与所用的热电偶配套。

9.4.6　热电偶的应用电路

热电偶应用极其广泛，如在电力冶金、水利工程、石油化工、轻工纺织、科研、工业锅炉、工业过程控制、自动化仪表、温室监测等方面应用非常多。热电偶产生的电压很小，通常只有几毫伏。K 型热电偶温度每变化 1 ℃时电压变化只有大约 40 μV，因此测量系统要能测出 40 μV 的电压变化。测量热电偶电压要求的增益一般为 100 ~ 300。通常采用差分放大器来放大信号，因为它可以除去热电偶连线中的共模噪声。市场上还可以买到热电偶信号调节器，如模拟器件公司的 AD594/595，可用来简化硬件接口。

1. 用 AD592 作冷端补偿的热电偶应用电路

如图 9-29 所示，图中 MC1403 为精密电压源，AD592 为电流输出型集成温度传感器，温度系数为 1 μV/K，在这里作冷端温度补偿。详细资料见 AD592 芯片的使用说明。

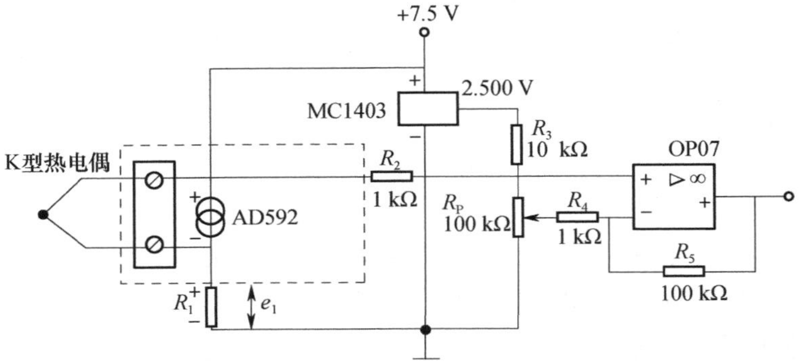

图 9-29　AD592 作冷端补偿的应用原理图

2. AD594 集成式单片热电偶冷端温度补偿器应用电路

AD594、AD595、AD597 等是美国 ADI 公司生产的单片热电偶冷端补偿器，内部还集成了应用放大器，所以除能实现对不同的热电偶进行冷端补偿之外，还可作为线性放大器。其引脚功能是：U_+、U_- 为电源正负端，IN_+、IN_- 为信号输入端，ALM_+、ALM_- 为热电偶开路故障报警信号输出端，FB 为反馈端，作温度补偿时 U_o 端与 FB 端短接，详细资料见 AD594 芯片的使用说明。

图 9-30 所示为 AD594C 的应用电路图。热电偶的信号经过 AD594C 的冷端补偿和放大后，再用 OP07 放大后输出。

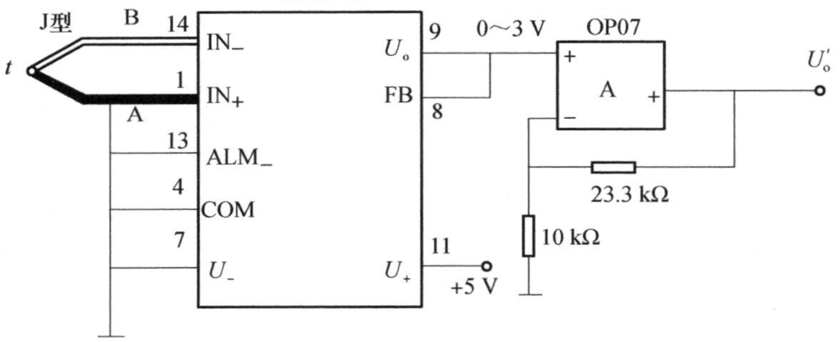

图 9-30　AD594 应用原理图

3. AD693 热电偶调节电路

如图 9-31 所示，该电路与 AD592 构成带冷端温度补偿的热电偶测温电路，该电路能将热力学温度 K 转成摄氏温度，再变换成标准电流信号便于远距离传输，并能够灵活地设定温度范围，R_P 为调零电位器，R_1、R_3 的电阻值应视电偶的类型及环境温度而设定，例如，配 J 型热电偶时应取 $R_1 = 51.7\ \Omega$、$R_3 = 301\ k\Omega$，校准时将热电偶置于冰水混合物中，调节 R_P 使得 $I_0 = 4\ mA$。

另外，在实际应用中，还有许多热电偶的补偿、调节电路，如 IB51 为美国 ADI 公司生产的隔离型热电偶信号调节器，可用于多通道的热电偶测温系统、弱信号数据采集系统、工业测量及自动化控制，能承受 1 500 V 的高压共模干扰信号。用户在选用时，要根据自己的实际情况，选择合适的电路，设计精度高、性能好、价格低的应用电路。

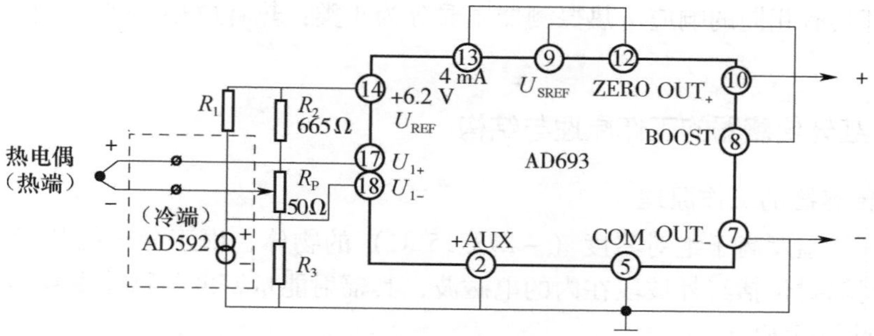

图 9-31　AD693 热电偶调节电路的应用原理图

9.4.7　热电偶安装注意事项

热电偶主要用于工业生产中，用作集中显示、记录和控制用的温度检测。在现场安装时要注意以下问题。

1. 插入深度要求

安装时热电偶的测量端应有足够的插入深度，管道上安装时应使保护套管的测量端超过管道中心线 5 ~ 10 mm。

2. 注意保温

为了防止传导散热产生测温附加误差，保护套管露在设备外部的长度应尽量短，并加设保温层。

3. 防止变形

为了防止高温下保护套管变形，应尽量垂直安装。在有流速的管道中必须倾斜安装，如有条件应尽量在管道的弯管处安装，并且安装的测量端要迎向流速方向。若需水平安装时，则应有支架支撑。

9.5　红外传感器

把红外辐射能量转换成电量的装置，称为红外传感器。红外传感器主要是利用被测物体的热辐射而发出红外线，据此测量物体的温度，并且可进行遥测。其缺点是制造成本较高，测量精度却较低。但优点是不从被测物体上吸收热量，不会干扰被测对象的温度场，连续测量不会产生消耗，反应快等。

9.5.1　红外传感器的分类

红外传感器主要分为光电型和热敏型两种。光电型红外传感器是利用红外辐射的光电效应制成的，其核心是光电元件，这类传感器主要有红外二极管、红外三极管等。热敏型红外传感器主要用作红外温度传感器，它是利用红外辐射的热效应制成的，其核心是热敏元件。热敏元件吸收红外线的辐射能后引起温度升高，进而使得有关物理参数发生变化，通过测量这些变化的参数即可确定吸收的红外辐射，从而也据此测出物体当时的温度。

另外，在热敏元件温度升高的过程中，不管什么波长的红外线，只要功率相同，其加热效果也是相同的，假如热敏元件对各种波长的红外线都能全部吸收，那么热敏探测器对各种波长基本上都具有相同的响应。热探测器主要分为4类：热释电型、热敏电阻型、热电阻型和气体型。

9.5.2 红外传感器的工作原理与结构

1. 红外传感器的工作原理

自然界一切温度高于绝对零度（－273.15 ℃）的物体，由于分子的热运动，都在不停地向周围空间辐射包括红外波段在内的电磁波，其辐射能量密度与物体本身的温度关系符合普朗克（Plank）定律。

辐射能量与其温度及光谱波长遵循这样的规律：物体的温度越高，各个光谱波段上的辐射强度就越大；随物体温度的增加，最高辐射峰值所在的波长向短波方向移动；短波长的辐射能量随温度的变化比长波长的变化快，测量灵敏度高；红外辐射的物理本质是热辐射，一个物体向外辐射的能量大部分是通过红外线辐射出来的，物体温度越高，辐射出来的红外线越多，辐射能量就越强。红外测温仪就是基于以上原理实现温度测量的。

红外传感器包括光学系统、检测元件和转换电路。光学系统按结构不同可分为透射式和反射式两类。检测元件按工作原理可分为热敏元件和光电检测元件。热敏元件应用最多的是热敏电阻。热敏电阻受到红外线辐射时温度升高，电阻发生变化，通过转换电路变成电信号输出。如图9-32所示为红外传感器测温原理图。

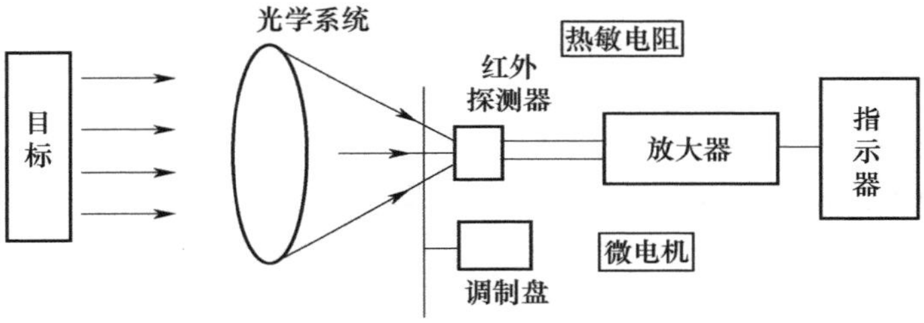

图9-32 红外传感器测温原理图

2. 红外传感器的外形结构

红外传感器的外形如图9-33所示。

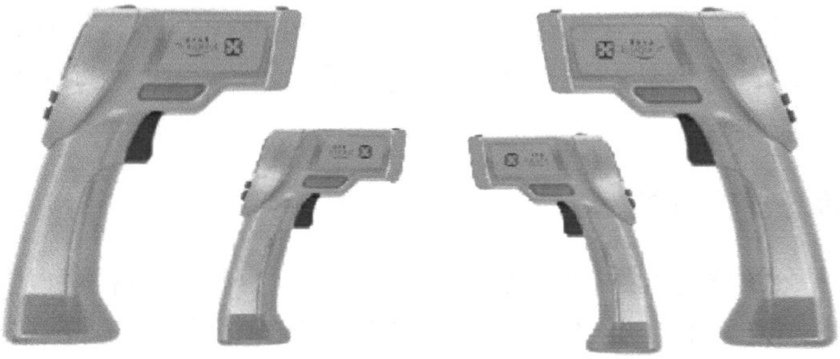

图9-33 红外传感器的外形

9.5.3 红外传感器的应用电路

红外传感器、红外辐射温度计和红外测试仪之间存在密切的关联性，它们都是基于红外辐射原理工作的设备。它们通过接收物体发出的红外辐射来检测物体的温度或其他热相关参数。这些设备在各自的应用领域中发挥着重要作用，相互之间有着密切的关联性。

红外传感器通常指的是能够检测红外辐射并转换成电信号的设备，它们可以用于检测物体的温度、运动或其他物理变化。红外传感器的工作原理基于热辐射现象，即物体通过发出红外辐射来传递热量。

红外辐射温度计，也称为红外测温仪，是一种专门用于测量物体表面温度的设备。它通过接收物体发出的红外辐射，并将其转换为电信号，进而计算出物体的温度。这种设备广泛应用于工业、医疗、科研等领域。

红外测试仪，如红外热像仪，则是一种更高级的设备，它能够绘制出物体表面温度的分布图，即热像图。这种设备通常由红外传感器阵列、光学系统、电子系统和显示系统组成，可以提供更丰富的温度信息，帮助用户更好地理解和分析物体的热状态。

1. 红外测温仪

红外测温仪一般用于探测目标的红外辐射和测定其辐射强度，确定目标的温度。它采用滤光片可分离出所需的波段，因而该仪器能工作在任意波段。它的光学系统是一个固定焦距的透射系统，物镜一般为锗透镜，有效通光口径即作为系统的孔径光阑。滤光片一般采用只允许 8 ~ 14 μm 的红外辐射通过的材料。红外探测器一般为热释电探测器，安装时保证其光敏面落在透镜的焦点上。调制电机带动调制盘转动，对入射的红外辐射进行斩光，将恒定或缓变的红外辐射通过透镜聚焦到红外探测器上，红外探测器将红外辐射变换为电信号输出。

红外测温仪的电路比较复杂，包括前置放大、选频放大、温度补偿、线性化、发射率（ε）调节等。红外测温仪的光学系统可以是透射式的，也可以是反射式的。反射式光学系统多采用凹面玻璃反射镜。

国产 H—T 系列红外测温仪，其电路原理框图如图 9-34 所示。红外辐射经光学镜头接收并传输至光电器件上，由于红外器件的响应特性，为防止饱和，须经对数放大处理，为了稳定可靠，可经严格的温度补偿及各种功能调节设置，再经线性处理后输出。

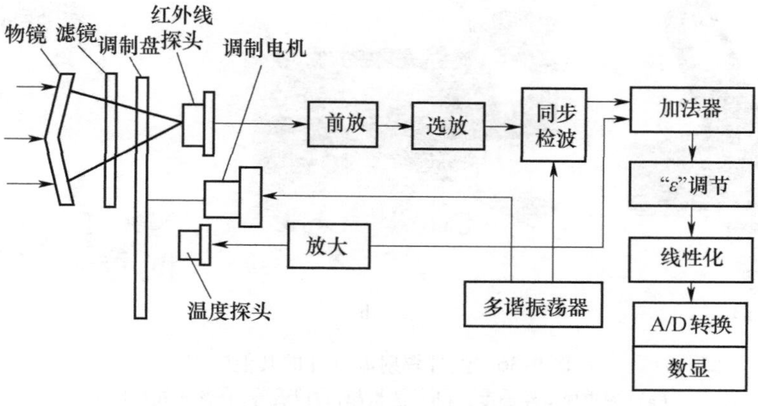

图 9-34　国产 H—T 系列红外测温仪电路原理图

2. 红外辐射温度计测人体温度

人体主要辐射波长为 9 ~ 10 μm 的红外线，通过对人体自身辐射红外能量的测量，便能准确地测定人体表面温度。由于该波长范围内的光线不被空气所吸收，因而可利用人体辐射的红外能量精确地测量人体表面温度。红外温度测量技术的最大优点是测试速度快，1 s 内可测试完毕。由于它只接收人体对外发射的红外辐射，没有任何其他物理和化学因素作用于人体，所以对人体无任何害处。如果采用红外传感器远距离测量人体表面温度的热像图，可以发现温度异常的部位，有利于及时对疾病进行诊断治疗。

国产 TH－IR101F 红外测温仪由红外传感器和显示报警系统两部分组成，它们之间通过专用的五芯电缆连接。安装时将红外传感器用支架固定在通道旁边或大门旁边等地方，使得被测人与红外传感器之间的距离相距约 35 cm。在其旁边摆放一张桌子，放置显示报警系统。只要被测人在指定位置站立 1 s 以上，红外快速检测仪就可准确测量出旅客体温，一旦受测者体温超过 38 ℃，测温仪的红灯就会闪亮，同时发出蜂鸣声提醒检查人员。

红外温度快速检测仪能提供快速、非接触测量手段，可广泛用于机场、海关、车站、宾馆、商场、影院、写字楼、学校等人员流量较大的公共场所，能对体温超过 38 ℃的人员进行有效筛选，以降低病毒的扩散和传播。测量人体温度示意图如图 9-35 所示。

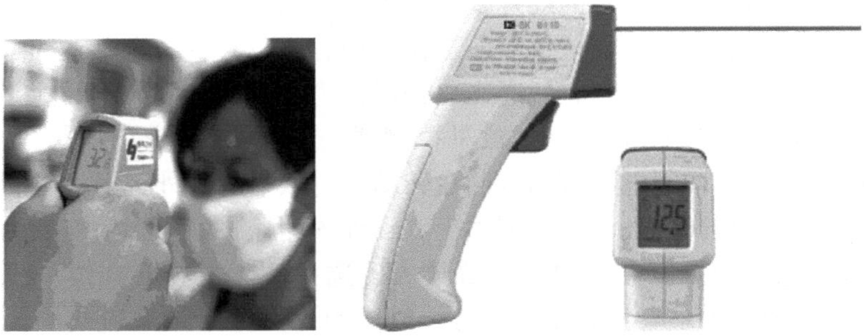

图 9-35　测量人体温度示意图

3. 红外辐射温度计的其他应用

图 9-36 所示为红外辐射温度计的其他应用。

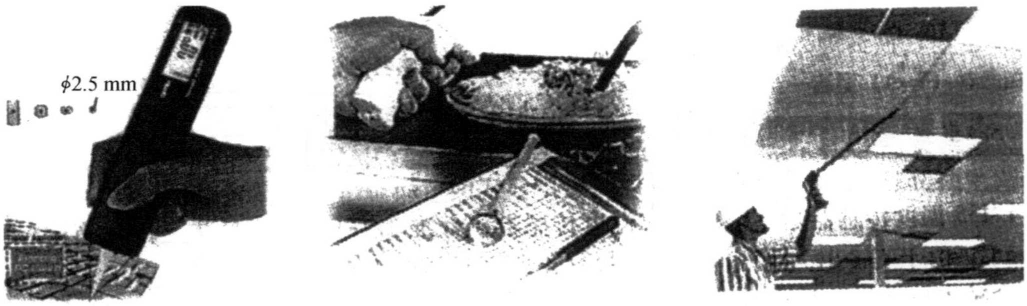

（a）　　（b）　　（c）

图 9-36　红外辐射温度计的其他应用

（a）测集成电路温度；（b）测量超市食物；（c）测天花板质量

9.6　集成温度传感器

热电偶测温范围宽，但其热电动势较低；热敏电阻灵敏度高，工作温度范围宽，利于检测微小温度的变化；而且，它们的输出都是非线性的。集成温度传感器是利用 PN 结的伏安特性与温度之间的关系研制成的一种固态传感器。与上述传感器相比，其突出优点是有理想的线性输出、体积小、成本低廉，是温度传感器发展的主要方向之一。

9.6.1　集成温度传感器的分类

集成温度传感器常分为模拟式和数字式两种。模拟式又分为电压型和电流型两种，其分类如图 9-37 所示。

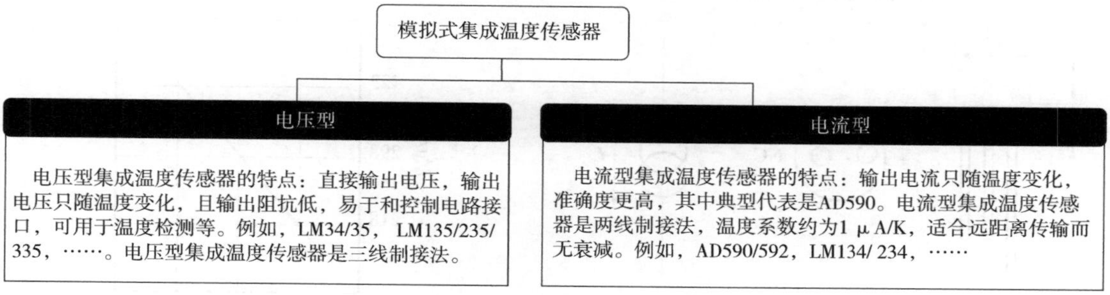

图 9-37　模拟式集成温度传感器的分类

9.6.2　集成温度传感器 LM35

LM35 温度传感器是电压型集成温度传感器，用标准 TO－92 工业封装时，其准确度一般为 ±0.5 ℃。由于其输出为电压，且线性度好，所以只要配上电压源和数字式电压表就可以构成一个精密数字测温系统。输出电压的温度系数 $K_U=10.0\ \mathrm{mV/℃}$，利用下式可计算出被测温度 T(℃)：

$$T(℃)=U_o/10\ \mathrm{mV} \tag{9-6}$$

LM35 的电路符号如图 9-38 所示。U_o 为输出端，实验测量时只要测量其输出端电压 U_o，即可知待测量的温度。

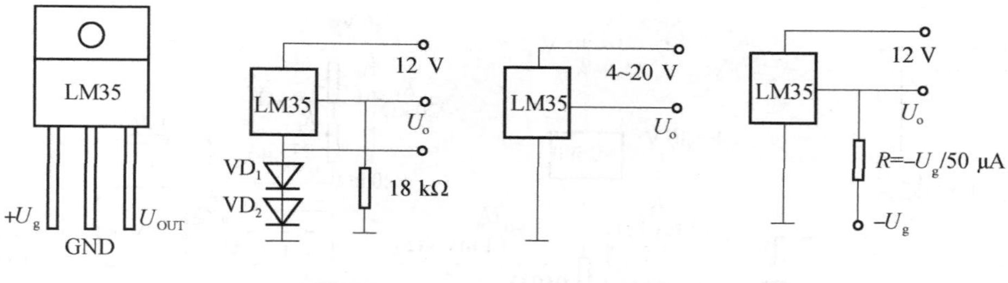

图 9-38　LM35 引脚及应用

9.6.3　集成温度传感器 AD590

AD590 温度传感器是一种电流型集成温度传感器。工作范围宽（5 ~ 30 V），其输出电流大小与温度成正比。它的线性度好，温度适合范围为 －55 ~ 150 ℃，灵敏度为 1μA/K。AD590 具有高准确度、动态电阻大、响应速度快、线性度好、使用方便等特点。另外，它还具有适应电源波动的特性，输出电流的变化小于 1 μA，所以它广泛用于高精度温度计中和温度计量等方面。

AD590是一个二端器件，电路符号如图9-39所示，AD590等效于一个高阻抗的恒流源，其输出阻抗大于10 MΩ，能极大地减小因电源电压变动而产生的测温误差。AD590的电流-温度（$I-T$）特性曲线如图9-40所示，其输出电流表达式为

$$I = AT + B$$

式中 A——灵敏度；

B——0 K时的输出电流。

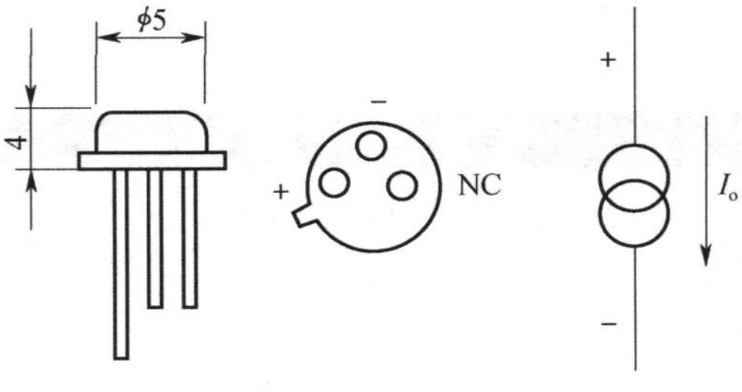

（a）　（b）

图9-39　AD590引脚及符号

（a）引脚；（b）符号

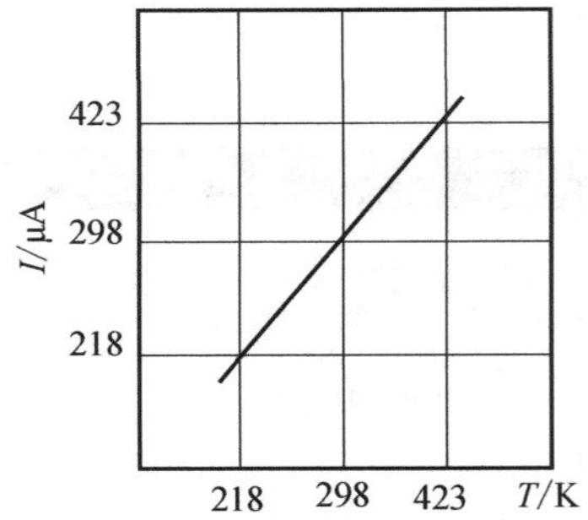

图9-40　AD590的电流-温度（$I-T$）特性曲线

由于AD590以热力学温度K定标，如需显示摄氏温度（℃），则要加温标转换电路，其关系式为

$$t = T + 273.15 \tag{9-7}$$

AD590的输出电流是以绝对温度零度（-273 ℃）为基准的，每增加1 ℃，它会增加1 μA输出电流，因此在室温25 ℃时，其输出电流 $I_{out} = 273 + 25 = 298$（μA）。

1. AD590基本测温电路

AD590基本测温电路如图9-41所示。

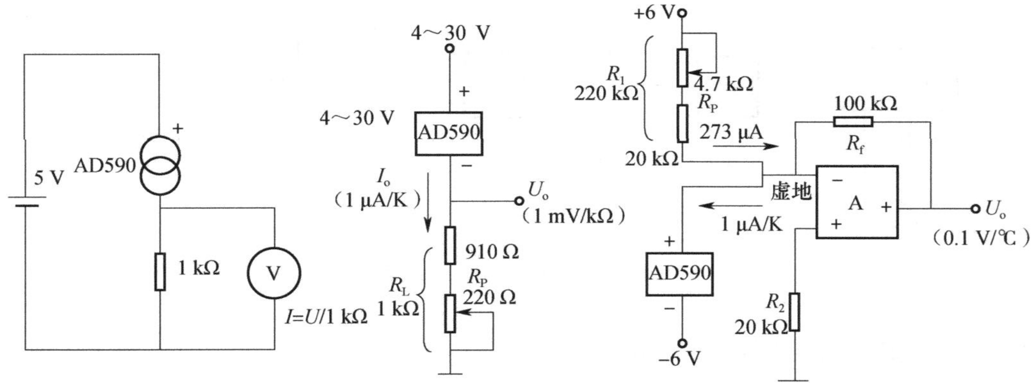

（a）　（b）　（c）

图9-41　AD590基本测温电路

（a）基本测量电路；（b）输出电压与热力学温度关系电路；（c）输出电压与摄氏温度关系电路

2. AD590单点温度测量电路

由AD590组成的单点温度测量电路如图9-42所示。

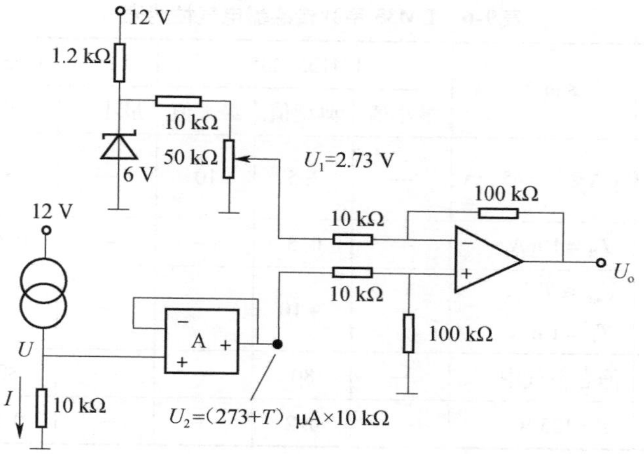

图 9-42　AD590 单点温度测量电路

单点温度测量电路原理分析如下。

（1）AD590 的输出电流 $I=(273+T)$ μA（T 为摄氏温度），因此测量的电压 U 为（$273+T$）μA×10 kΩ=（$2.73+T/100$）V。使用电压跟随器是为了提高测量的准确性。

（2）使用齐纳二极管作为稳压元件，再利用可变电阻分压，其输出电压 U_1 需调整至 2.73 V。

（3）差动放大器输出 U_o 为（100 kΩ/10 kΩ）×（U_2-U_1）=$T/10$，如果现在为 28℃，输出电压为 2.8 V，输出电压接 A/D 转换器，那么 A/D 转换输出的数字量就和摄氏温度呈线性比例关系。

（4）N 点最低温度值的测量。将不同测温点上的数个 AD590 相串联，可测出所有测量点上的温度最低值。该方法可应用于测量多点最低温度的场合。

（5）N 点温度平均值的测量。把 N 个 AD590 并联起来，将电流求和取平均，则可求出平均温度。该方法适用于需要多点平均温度但不需要各点具体温度的场合。

9.6.4　精密温度传感器 LM135/235/335

LM35 系列温度传感器是精密、容易校准的集成温度传感器，是美国 NS 公司产品，具有 −55～150 ℃宽工作温度范围，工作于 400 μA～5 mA 电流范围，容易校准。

1. 简介

LM35 系列温度传感器的封装如图 9-43 所示，电气性能如表 9-6 所示。

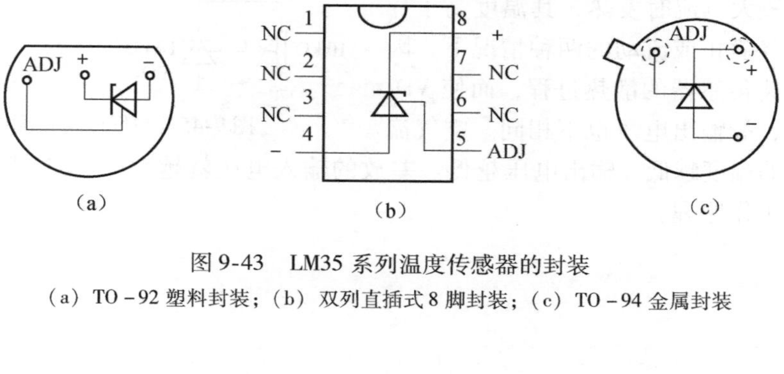

图 9-43　LM35 系列温度传感器的封装

（a）TO−92 塑料封装；（b）双列直插式 8 脚封装；（c）TO−94 金属封装

表 9-6　LM35 系列传感器电气性能表

参数	条件	LM135/235			LM335			单位
		最小值	典型值	最大值	最小值	典型值	最大值	
输出电压随电流变化量	$400\ \mu A \leqslant T_R \leqslant 5\ mA$	—	2.5	10	—	3	14	V
动态阻抗	$T_R = 1\ mA$	—	0.5	—	—	0.6	—	Ω
输出电压温度系数	$T_{min} \leqslant T_{max}$，$T_R = 1\ mA$	—	+10	—	—	+10	—	mV/℃
热响应时间	静态空气中	—	80	—	—	80	—	s
稳定性	$T = 125$ ℃	—	0.2	—	—	0.2	—	℃

2. 基本温度测量电路

基本温度测量分两个部分，一个部分是基本的测量电路，另一个部分是比较准确的测量方式。LM335 基本测量电路如图 9-44 所示。

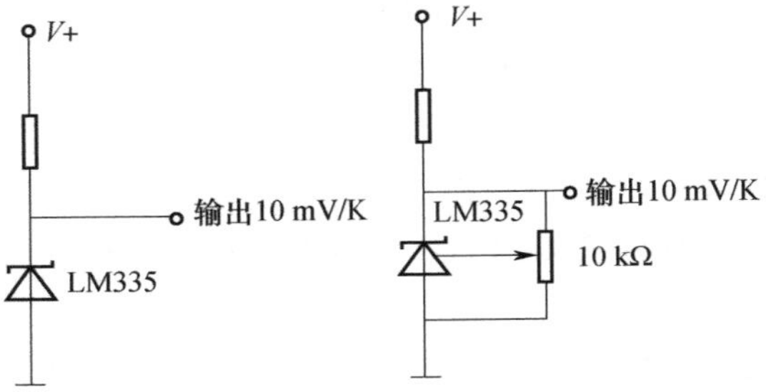

要点提示

使用LM35系列温度传感器时，为了保证精度，需要进行校正工作，方法是在+、−两端接一只10 kΩ的电位器，滑动端接在传感器的调整端ADJ上，在某一温度点进行校正即可。例如，在0 ℃时校正，调整电位器，使输出为2.73 V即可。

图 9-44　LM335 基本测量电路

3. 空气流速检测电路

如图 9-45所示，电路中采用了两只 LM335 温度传感器，VD_1 置于待测流速的空气环境下，通以 10 mA 的工作电流；VD_2 通以小电流，置于不受流速影响的环境温度条件下，减小由于环境温度变化对测量结果的影响。在静止空气中对系统进行零点整定，即调 10 kΩ 电位器使放大器输出为 0。

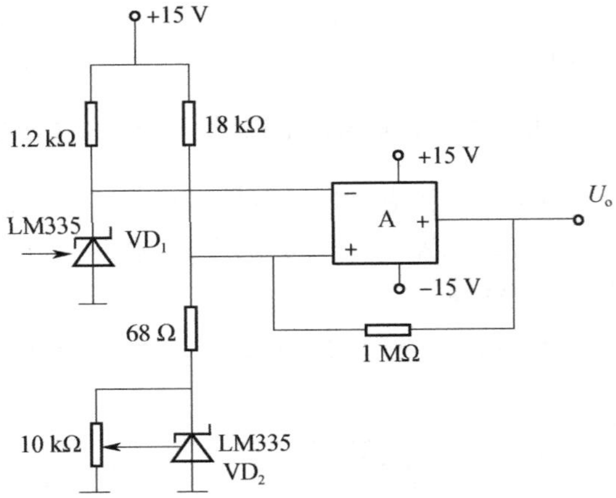

图 9-45　空气流速检测电路

VD_1 通以较大电流时发热，其温度高于环境温度，在空气静止或流动的两种情况下，因空气流动会加速传感器的散热过程，而使 VD_1 的温度不相同，故输出电压也不相同。空气流速越大，VD_1 的温度越低，输出电压越低。差放的输入电压就越大，U_o 也越大，这就是空气流速检测的工作原理。

9.6.5　智能化风扇集成控制器 ADT7460

由美国 ADI 公司开发的专用与风扇控制（如 CPU 风扇）的集成电路，能检测温度，并对 4 台风扇进行控制，采用了 PWM 技术对风扇进行控制，基本原理是：风扇的温度信号输入到 TACH 引脚，内部进行处理后，从 PWM 引脚送出脉冲控制三极管 VT，实现速度的控制。ADT7460 本身也带有温度传感器，能检测本地温度。其应用电路如图 9-46 所示。

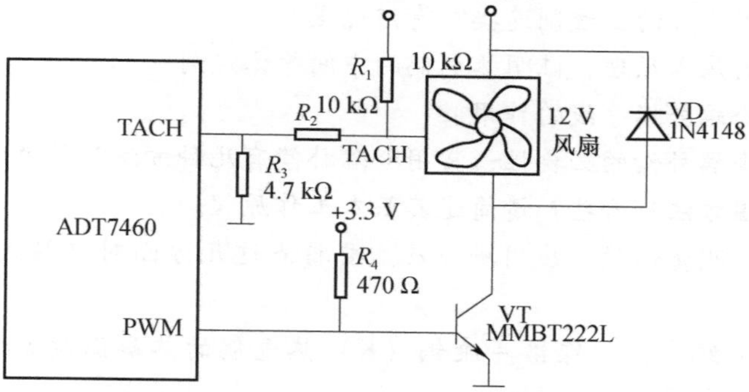

图 9-46　ADT7460 应用电路

9.6.6　其他集成温度传感器

1. 模拟输出温度传感器芯片 LM20、LM26

利用 LM20 芯片制作的模拟输出温度传感器适用于蜂窝式移动电话中。由于这类电话对温度都非常敏感，过高或过低温度时保护功能便显得非常重要。LM26 是一款高精度输出的低功率恒温器芯片。由于这款芯片可以按照个别客户要求而预先设定恒温器的断开点，并且可以提供模拟温度传感器输出，故此芯片特别适用于温度控制装置，如火警警报系统。

2. 远程二极管温度传感器芯片 LM83、LM88

LM83 是一款远程二极管温度传感器芯片，它可测试系统内 4 个不同位置的温度，其中 3 个属于芯片之外 3 个不同位置的温度，而第 4 个是芯片本身的内部温度。以往只有中央处理器 CPU 的温度需要接受检测，但以目前的系统来说，电池、图形加速器及 PCMCIA 卡盒等配件的温度亦同样接受检测。它可发出两个可设定的温度中断信号的输出。

LM88 是一款远程二极管温度传感器恒温器芯片，同样都是最适合应用在笔记本型计算机、台式机、工作站与服务器上，以及电池供电的便携式系统等应用方案中。此外，LM88 芯片也可用作个人计算机的四级散热扇控制器，而且成本也很低。LM83 和 LM88 同样具有卓越的噪声抗扰能力，可减低电源供应的噪声干扰，有助于防止假断开。

3. 数字温度传感器芯片 LM92

LM92 是一种高精度的双线接口温度传感器芯片，该款芯片最适合应用于各种高精度的应用方案中，包括冷暖空气调节、通风系统、医疗系统、汽车、基站以及多种其他应用方案。有关应用方案一般均需要在较小的温度范围内达到较高的精确度。在 LM92 芯片还未正式推出之前只有模拟温度传感器芯片或热电阻器芯片可达到如此高的精确度。但由于这两类解决方案需要加线性化电路及另外需要调校，因此会令成本增加。而且，模拟解决方案必须进行一些特别的测试，才可确保其精确度，但有关测试会对应用造成一定的影响。

思考与练习

1. 什么是金属导体的热电效应？试说明热电偶的测温原理。

2. 半导体电阻随温度变化的典型特性有哪些？

3. 什么是电阻温度计的三线制连接？有何优点？

4. 试用热电偶的基本原理，证明热电偶的中间导体定则。

5. 简述热电偶冷端补偿导线的作用。

6. 简述热电偶冷端补偿的必要性，常用冷端补偿有几种方法？并说明补偿原理。

7. 非接触式测温方法有哪些？请简述其基本工作原理。

8. 从工作原理、测量精度、应用场合及主要特点这几方面对接触式测温方法与非接触式测温方法做比较。

9. 在某一测温系统中，用镍铬－康铜（K）热电偶的热端温度 $t = 800$ ℃，冷端温度 $t_0 = 25$ ℃，求 $E(t, t_0)$。

第 10 章

其他传感器的工作原理及其应用

【课程教学内容与要求】

（1）教学内容：气敏传感器的组成、工作原理和分类；湿度传感器的工作原理及其应用；超声波传感器的工作原理及其应用；智能传感器的工作原理及其应用。

（2）教学重点：气敏传感器的工作原理和超声波传感器的工作原理及其应用。

（3）基本要求：掌握气敏传感器的组成、工作原理和分类；了解湿度传感器的工作原理及其应用；掌握超声波传感器的工作原理及其应用；了解智能传感器的工作原理及其应用。

10.1　气敏传感器的工作原理及其应用

10.1.1　概述

现代生活中排放的气体日益增多，这些气体中有些是易燃、易爆的（如氢气、煤矿瓦斯、天然气、液化石油气等），有些是对人体有害的（如一氧化碳、氨气等）。为了保护人类赖以生存的自然环境，防止不幸事故的发生，需要对各种有害、可燃性气体在环境中存在的情况进行有效监控。

1. 气敏传感器的检测对象与应用

气敏传感器的主要检测对象及其应用场合如表 10-1 所示。

表 10-1　气敏传感器的主要检测对象及其应用场合

分类	检测对象	应用场合
易燃易爆气体	液化石油气、焦炉煤气、发生炉煤气、天然气	家庭
	甲烷	煤矿
	氢气	冶金、实验室
有毒气体	一氧化碳（不完全燃烧的煤气）	石油工业、制药厂
	卤素、卤化物和氨气等	冶炼厂、化肥厂
	硫化氢、含硫的有机化合物	石油工业、制药厂
环境气体	氧气（缺氧）	地下工程、家庭
	水蒸气（调节湿度，防止结露）	电子设备、汽车和室温等
	大气污染（SO_x、NO_x、Cl_2 等）	工业区

续表

分类	检测对象	应用场合
工业气体	燃烧过程气体控制，调节燃/空比	内燃机、锅炉
	一氧化碳（防止不完全燃烧）	内燃机、冶炼厂
	水蒸气（食品加工）	电子灶
其他气体	烟雾、司机呼出的酒精	火灾预报、事故预报

2. 气敏传感器的分类

气敏传感器简称气敏电阻，可以把某种气体的成分、浓度等参数转换成电阻变化量，再转换为电流、电压信号。其分类如图 10-1 所示。

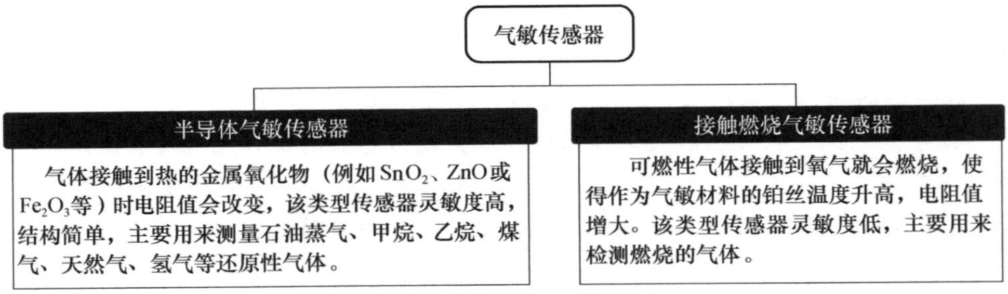
气敏传感器
半导体气敏传感器
气体接触到热的金属氧化物（例如SnO_2、ZnO或Fe_2O_3等）时电阻值会改变，该类型传感器灵敏度高，结构简单，主要用来测量石油蒸气、甲烷、乙烷、煤气、天然气、氢气等还原性气体。
接触燃烧气敏传感器
可燃性气体接触到氧气就会燃烧，使得作为气敏材料的铂丝温度升高，电阻值增大。该类型传感器灵敏度低，主要用来检测燃烧的气体。

图 10-1 气敏传感器的分类

3. 气敏传感器的结构

常见气敏传感器的外形如图 10-2 所示。

气敏传感器在工作时必须加热，加热的主要目的是加速吸收气体的吸附、脱出过程，烧去气敏元件的油垢和污物，起清洗作用。同时，可以通过温度的控制来对检测的气体进行选择。加热的温度一般控制在 200～400 ℃范围。

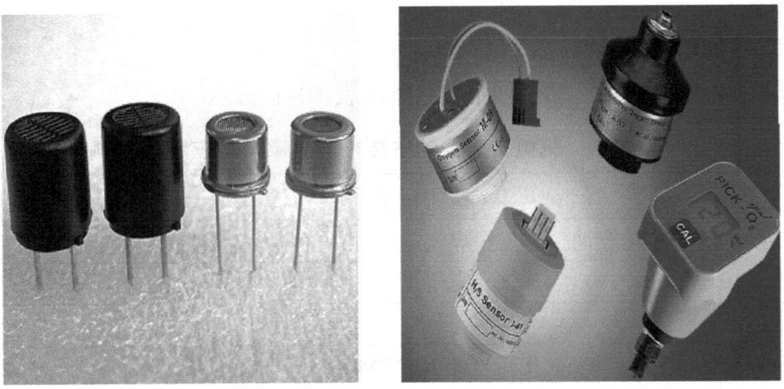

图 10-2 气敏传感器实物

按照加热方式，气敏电阻可分为直热式和旁热式两种。

1）直热式气敏电阻

直热式气敏电阻的结构与符号如图 10-3 所示。

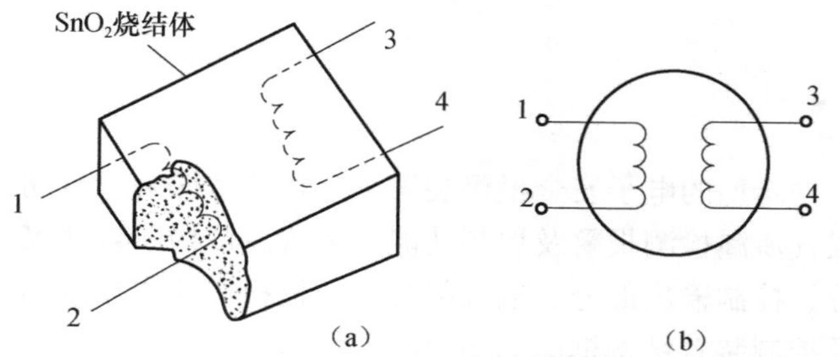

说明

工艺简单，成本低，功耗小，可在高压回路中使用。热容量小，易受环境影响，加热回路与测量回路相互影响。

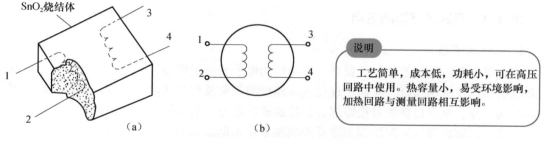

图 10-3 直热式气敏电阻的结构与符号

(a) 结构；(b) 符号

2）旁热式气敏电阻

旁热式气敏电阻的结构与符号如图 10-4 所示。

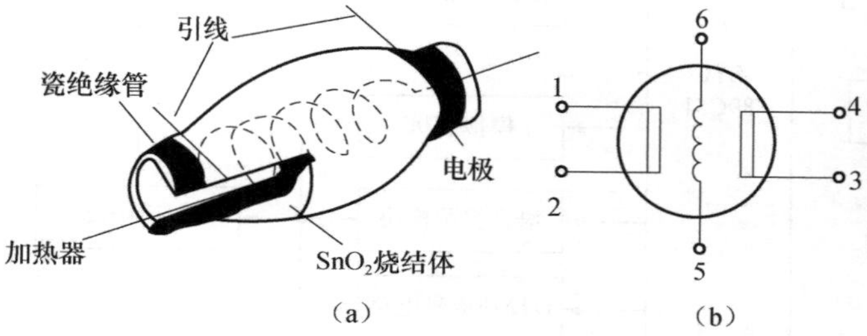

说明

测量极与加热丝分离，而且加热丝不与气敏材料接触，避免了测量回路与加热回路的相互影响。元器件容量大，降低了环境对器件加热温度的影响，其稳定性和可靠性都比直热式器件好。

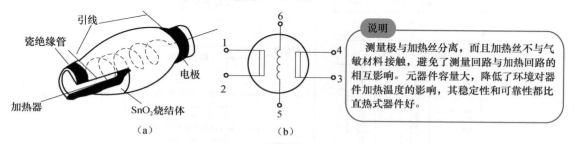

图 10-4 旁热式气敏电阻的结构与符号

(a) 结构；(b) 符号

10.1.2 气敏传感器的测量电路

气敏传感器基本测量电路如图 10-5 所示，它包括加热回路和测试回路。在图 10-5（a）中，0 ~ 10 V 直流稳压电源供给元器件加热电压 U_H，0 ~ 20 V 直流稳压电源与气敏元件及负载电阻组成测试回路，供给测试回路电压 U_C，负载电阻 R_L 兼作取样电阻。从测量回路上可得

$$R_S = \frac{U_C}{U_L}R_L - R_L \tag{10-1}$$

由此可见，测量 R_L 上的电压即可测得气敏元件电阻 R_S。

图 10-5（a）、（b）和（c）所示的测试原理相同，用直流法还是交流法测试，不影响测试结果，可根据实际情况选用。

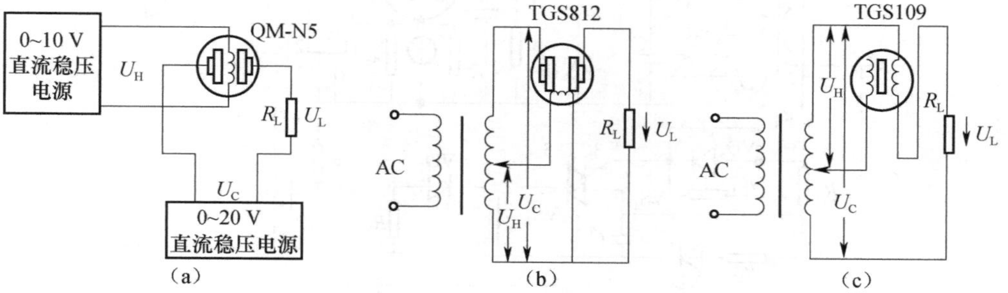

图 10-5 气敏传感器测量电路

(a) QM-N5 型；(b) TGS812 型；(c) TGS109 型

10.1.3 气敏传感器的应用

1. 煤气报警器

家庭煤气泄漏检测及控制装置是一种新型的电子安全报警装置，它将气体探测、自动控制和电话通信技术相结合，从而实现煤气泄漏检测报警及控制功能。装置总体构成包括煤气泄漏检测部分、电话自动拨号报警部分、控制输出部分、电源部分、人机接口和主控制芯片这六个部分。家庭煤气泄漏检测报警及控制装置结构框图如图10-6所示。

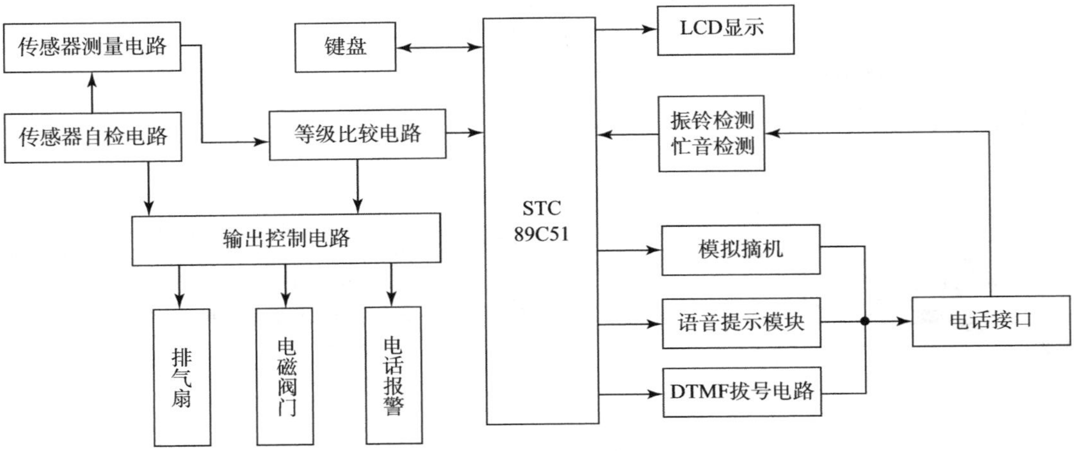

图10-6 家庭煤气泄漏检测报警及控制装置结构框图

该煤气泄漏检测报警及控制装置安装在厨房，用于对居民住宅煤气泄漏的浓度进行探测，并对从探测器采集来的数据进行处理。当出现异常情况时，会根据煤气泄漏的情况做出相应的处理，同时通过家中的电话线路自动拨号报警。该装置不需要另外占用电话线路，当有报警信号时，报警电话享有电话线路的优先权。LCD显示屏上显示煤气泄漏的等级。图10-7为煤气报警电路的原理图，电路中一部分是煤气报警器，在煤气达到危险界限时发生报警；另一部分是开放式负离子发生器，其作用是自动产生负离子中的臭氧（O_3）反应，生成对人

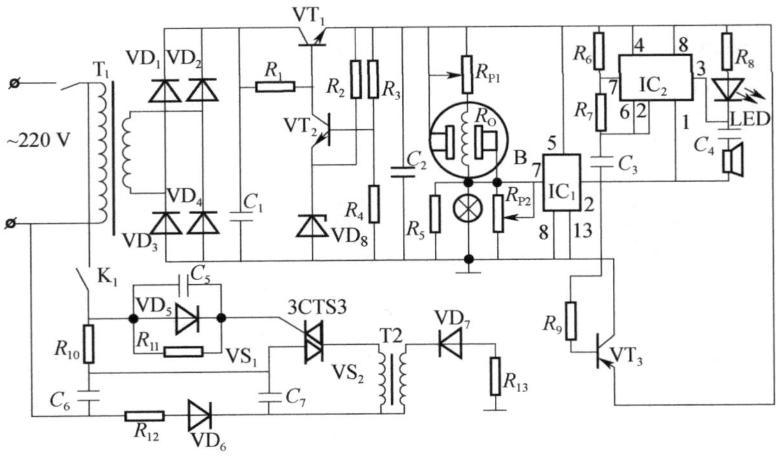

图10-7 煤气报警电路原理图

体无害的二氧化碳。

2. 简易酒精测试器

图 10-8 所示为一种酒精测试器电路。此电路采用 TGS812 型气敏传感器，对酒精有较高的灵敏度（对一氧化碳也敏感）。传感器的负载电阻是 R_1、R_2，其输出直接接 LED 显示驱动器 LM3914。当酒精变成蒸气时，随着酒精蒸气浓度的增加，输出电压也上升，则 LM3914 的 LED（共 10 个）点亮的数目也增加。

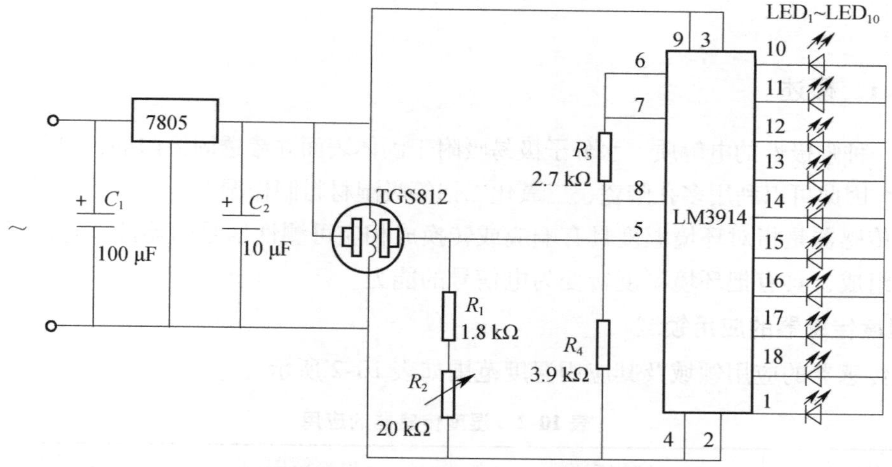

图 10-8　简易酒精测试器电路

此测试器工作时，人只要向该测试器呼一口气，根据 LED 点亮的数目便可知该人是否饮酒，并可大致了解饮酒多少。测试方法是让 24 h 内不饮酒的人呼气，使得仅 1 只 LED 发光，然后稍调小一点即可。

3. 矿灯瓦斯报警器

图 10-9 所示为一种矿灯瓦斯报警器电路，其瓦斯探头由 QM-N5 型气敏传感器、限流电阻 R_1 及矿灯蓄电池等组成。因为气敏元件在预热期间会输出信号造成误报警，所以气敏传感器在使用前必须预热十几分钟以避免误报警。一般矿灯瓦斯报警器直接安放在矿工的工作帽内，以矿灯蓄电池为电源。当瓦斯超限时，矿灯自动闪光并发出报警声。

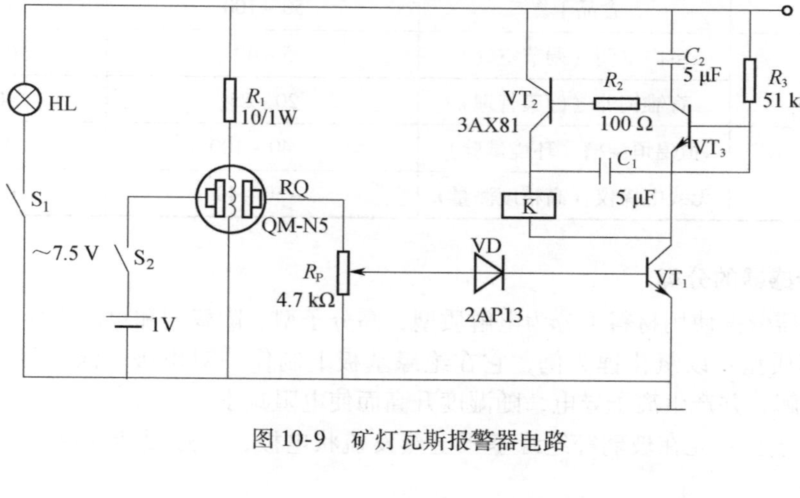

图 10-9　矿灯瓦斯报警器电路

图10-9中 R_P 为报警设定电位器，当瓦斯浓度超过某设定值时，输出信号通过二极管VD加到晶体管 VT_1 的基极上，VT_1 导通，VT_2、VT_3 组成的互补式自激多谐振荡器便开始工作，使继电器K不断地吸合和释放。由于K与矿灯都是安装在工作帽上的，K吸合时，动铁芯撞击铁芯发出的“嗒、嗒”声通过工作帽传给矿工。

10.2 湿度传感器的工作原理及其应用

10.2.1 概述

水是一种强极性的电解质。水分子极易吸附于固体表面并渗透固体内部，引起半导体的电阻值降低，因此可以利用多孔陶瓷、三氧化二铝等吸湿材料制作湿度传感器，即湿敏电阻。

湿度传感器是指对环境温度具有响应或转换成相应可测性信号的器件，它由湿敏元件及转化电路组成，具有把环境湿度转变为电信号的能力。

1. 湿度传感器的应用领域

湿度传感器的应用领域及其应用温度范围如表10-2所示。

表10-2 湿度传感器的应用

应用领域	应用实例	温度范围/℃	相对湿度RH/%
家电	空调机（空气调节）	5～40	40～70
	微波炉（调节控制）	5～100	2～100
	录像机（防止结露）	-5～60	60～100
汽车	汽车后窗除湿机	-20～80	50～100
医疗	医疗仪（呼吸设备）	10～30	80～100
	保育设备（空气调节）	10～30	50～80
工业	电子元件制造（LSI、IC）	5～40	0～50
	纺织业（抽丝）	10～30	50～100
	食品干燥	50～100	0～50
农牧业	室内空调（调节空气）	5～40	0～100
	育雏饲养（健康管理）	20～25	40～70
测量	恒温恒湿槽（环境试验）	-40～100	0～100
	无线电探仪（高精度测量）	-50～40	0～100

2. 湿度传感器的分类

湿度传感器依据使用材料可分为电解质型、高分子型、陶瓷型和单晶半导体型。

（1）电解质型：以氯化锂为例，它在绝缘基板上制作一对电极，涂上氯化锂盐胶膜。氯化锂极易潮解，并产生离子导电，随湿度升高而使电阻减小。

（2）高分子型：先在玻璃等绝缘基板上蒸发梳状电极，通过浸渍或涂覆，使其在基板上附着一层有机高分子感湿膜。有机高分子的材料种类也很多，工作原理也各不相同。

（3）陶瓷型：一般以金属氧化物为原料，通过陶瓷工艺，制成一种多孔陶瓷，利用多孔陶瓷的阻值对空气中水蒸气的敏感特性而制成。

（4）单晶半导体型：所用材料主要有单晶硅、利用半导体工艺制成的二极管湿度器件和 MOSFET 湿度传感器件等，其特点是易于和半导体电路集成在一起。

3. 湿度传感器的图形符号

湿度传感器的图形符号如图 10-10 所示。对于半导体陶瓷湿度传感器，其图形符号代表电阻元件。对于多孔 Al_2O_3 湿度传感器，其图形符号代表电阻 R_P 和电容 C_P 的并联。图中 A—A 端为测量电极，B—B 端为加热清洗电极。加热清洗电极通电后，内部电加热丝产生热量可排除传感器湿层中的水分子。

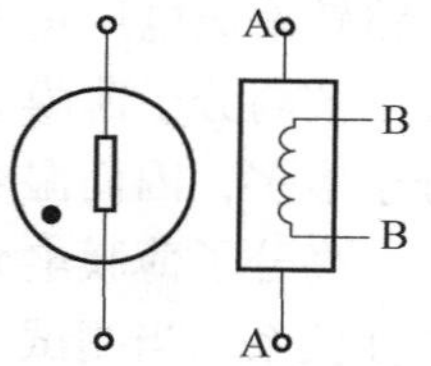

图 10-10　湿度传感器的图形符号

10.2.2　陶瓷湿度传感器

利用半导体陶瓷传感器材料制成的陶瓷湿度传感器，测量范围宽，可实现全湿范围内的湿度测量。常温湿度传感器的工作温度在 150 ℃以下，而高温湿度传感器的工作温度可达 800 ℃，响应时间较短，精度高，抗污染能力强，工艺简单，成本低廉。

陶瓷湿度传感器的典型产品是烧结型陶瓷湿敏元件 $MgCr_2O_4-TiO_2$ 系。此外，还有 $TiO_2-V_2O_5$ 系、$ZnO_2-Li_2O-V_2O_5$ 系、$ZnCr_2O_4$ 系、ZrO_2-MgO 系、Fe_3O_4 等。

感湿体为 $MgCr_2O_4-TiO_2$ 系多孔陶瓷的湿度传感器如图 10-11 所示。

$MgCr_2O_4$—TiO_2 系陶瓷湿度传感器的电阻 - 相对湿度特性如图 10-12 所示，随着相对湿度的增加，电阻值急剧下降，基本按指数规律下降。在单对数的坐标中，电阻 - 相对湿度特性近似呈线性关系。当相对湿度由 0 变为 100% RH 时，阻值变化了 3 个数量级。

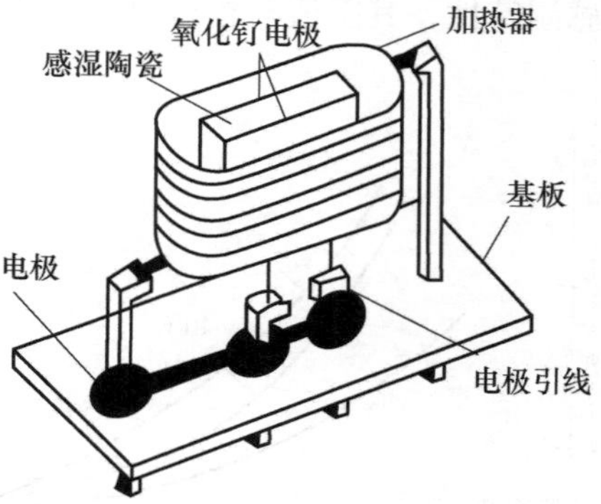

图 10-11　$MgCr_2O_4-TiO_2$ 系湿度传感器结构

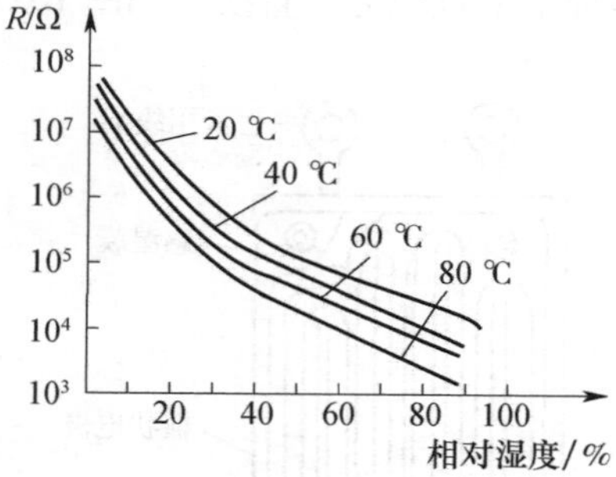

图 10-12　$MgCr_2O_4-TiO_2$ 系湿度传感器的电阻 - 相对湿度特性

10.2.3　高分子湿度传感器

用有机高分子材料制成的湿度传感器，主要是利用有机高分子材料的吸湿性与胀缩性实现其功能。某些高分子电介质吸湿后，介电常数明显改变，因此可制成电容式湿度传感器。

1. 高分子薄膜电介质电容式湿度传感器

高分子薄膜电介质电容式湿度传感器是一种利用高分子聚合物作为湿敏材料的湿度传感

器，它是基于“湿敏材料的介电常数随环境相对湿度的变化而变化，从而导致电容值的变化”这个原理实现其功能。该传感器通常由玻璃底衬、下电极、湿敏材料和上电极几部分组成，形成两个电容串联连接。图 10-13 所示为高分子薄膜电介质电容式湿度传感器的基本结构。因此，当环境湿度发生变化时，湿敏材料的电容量随之改变，这一变化可以通过转换电路转换成电压量的变化，实现湿度测量的目的。感湿高分子材料的介电常数并不大，当水分子被高分子薄膜吸附时，介电常数发生变化，随着环境湿度的提高，高分子薄膜吸附的水分子增多，因而湿度传感器的电容量增加，所以根据电容量的变化可测得相对湿度。

高分子薄膜电介质电容式湿度传感器的电容随着环境相对湿度的升高而增大，基本上呈线性关系。当测试频率为 1.5 MHz 左右时，其输出特性有良好的线性度。对其他测试频率，如 1 kHz、10 kHz，尽管湿度传感器的电容量变化很大，但线性度欠佳。该类型湿度传感器可外接转换电路，使电容 – 相对湿度特性趋于理想直线，如图 10-14 所示。

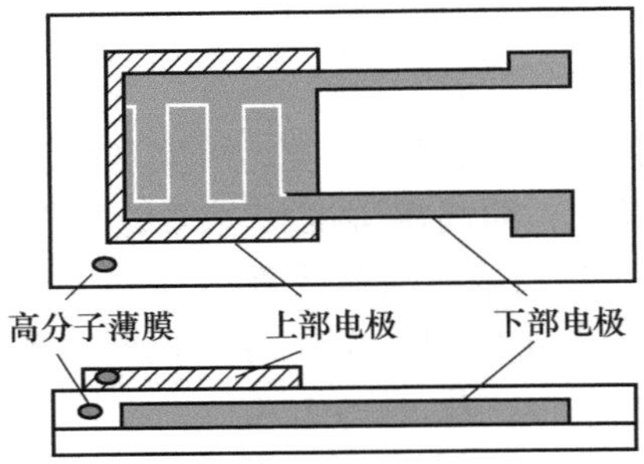

图 10-13　高分子薄膜电介质电容式湿度传感器的结构

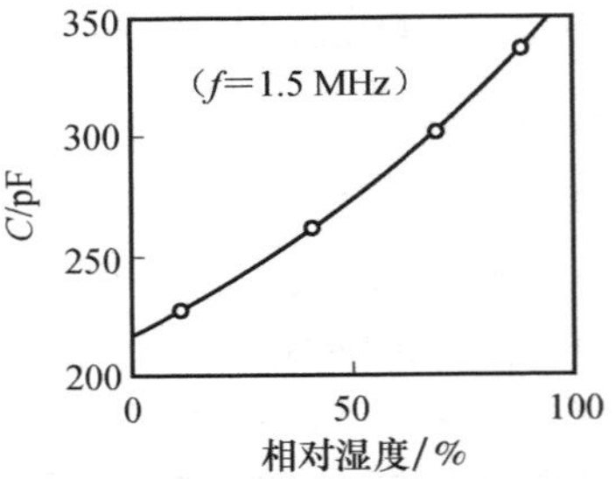

图 10-14　电容 – 相对湿度曲线

2. 高分子薄膜电阻式湿度传感器

图 10-15 所示为聚苯乙烯磺酸锂高分子薄膜电阻式湿度传感器的结构图。当环境湿度变化时，在整个湿度范围内，该类型湿度传感器均有感湿特性，其阻值与相对湿度的关系在单对数坐标纸上近似为一直线，如图 10-16 所示。

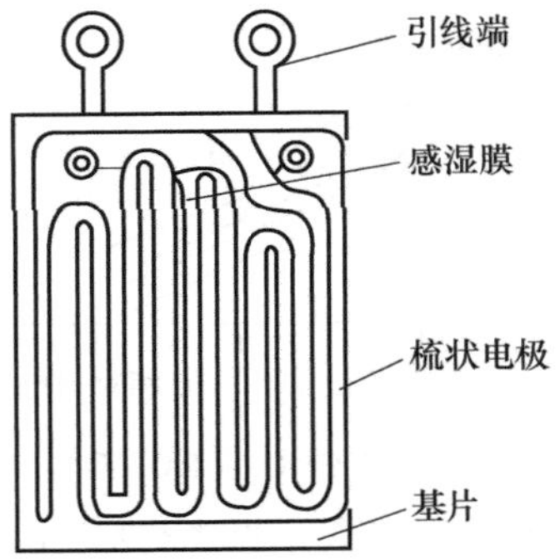

图 10-15　聚苯乙烯磺酸锂高分子薄膜电阻式湿度传感器的结构

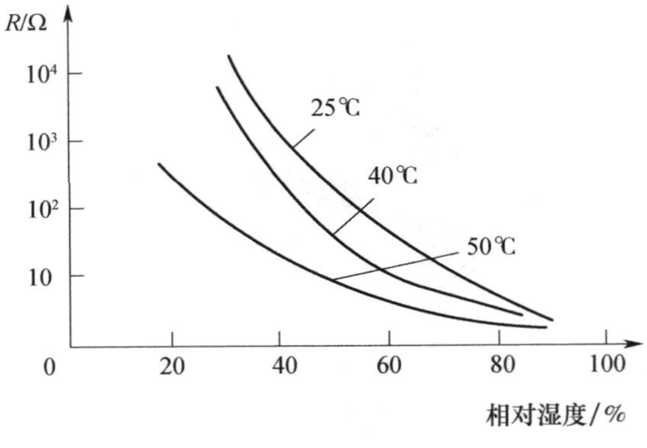

图 10-16　聚苯乙烯磺酸锂高分子薄膜电阻式湿度传感器的电阻 – 相对湿度特性

10.2.4　湿度传感器的应用

1. 湿度传感器应用注意事项

（1）电源选择：湿敏传感器必须工作于交流电路中。若用直流供电，会引起多孔陶瓷表面结构改变，湿敏特性变差。若采用的交流电源频率过高，将由于元件的附加容抗而影响测湿灵敏度和准确性，因此应以不产生正、负离子积聚为原则，使电源频率尽可能低。对于离子导电性湿敏元件，电源频率应大于 50 Hz，一般以 1 000 Hz 为宜。对于电子导电性湿敏元件，电源频率应低于 50 Hz。

（2）线性化：一般湿敏元件的特性均为非线性，为了便于测量，应将其线性化。

（3）温度补偿：通常氧化物半导体陶瓷湿敏电阻湿度温度系数为 0.1 ~ 0.3，故在测湿精度要求高的情况下必须进行温度补偿。

（4）测湿范围：电阻式湿敏元件在湿度超过 95% RH 时，湿敏膜因湿润溶解，厚度会发生变化，若反复结露与潮解，则特性变坏而不能复原。电容式湿度传感器在 80% RH 以上的高湿及 100% RH 以上的结露或潮解状态下，也难以检测。另外，切勿将湿敏电容直接侵入水中或长期用于结露状态，也不要用手摸或嘴吹其表面。

2. 阻容值的测量

测量湿度传感器阻值 R_P 和容值 C_P 的 3 种电路如图 10-17 所示。如图 10-17（a）所示为低频交流供电，其中 R_0 值远大于 R_P，限制电流为微安级且恒定，输出电压与 R_P 成正比。为了提高灵敏度又限制温升，可采用图 10-17（b）所示的低频脉冲供电，电路中采用温度系数与 R_P 温度系数相等的热敏电阻 R_t 作采样电阻，以实现温度补偿。图 10-17（c）所示为电容值测量电路，当电源信号频率很高时，R_P 的影响可忽略，$C_P = C_F U_o / U_i$。

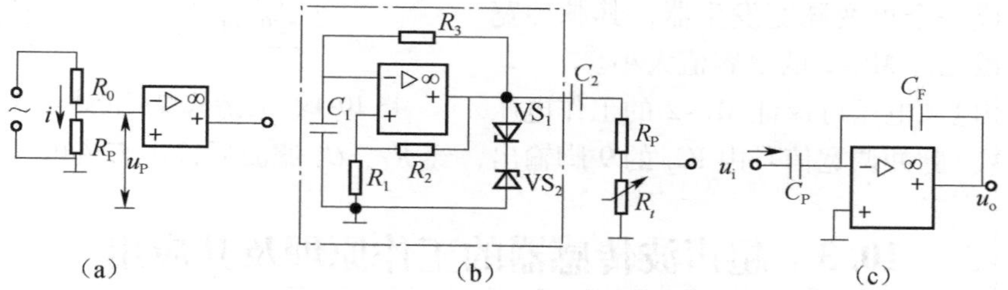

图 10-17　R_P、C_P 的 3 种测量电路

（a）低频交流电源测 R_P；（b）低频脉冲电源测 R_P；（c）高频电源测 C_P

3. 加热去污

陶瓷元件的加热去污应切实控制为 450 ℃。它利用元件的温度特性进行温度检测和控制，当温度达到 450 ℃即中断加热。由于未加热前元件吸附有水分，突然加热会出现相当于 450 ℃时的阻值，而实际温度并未达到 450 ℃，因此应在通电后延迟 2 ~ 3 s 再检测电阻值。加热结束后，应冷却至常温再开始检测湿度。

4. 交流电源湿度检测

交流电源湿度检测电路如图 10-18 所示。运算放大器 A_3 接成电压跟随器，其输出经二极管整流、电容滤波后与基准电压进行比较，以检测湿度。比较器 A_1 用于湿度检测控制，比较器 A_2 用于温度检测控制。用计时电路控制每隔一定时间进行一次加热去污。通电加热时中止湿度测量，数秒后通过加热控制电路检测比较器 A_2 的输出，确认已达 450 ℃，则停止加热去污。

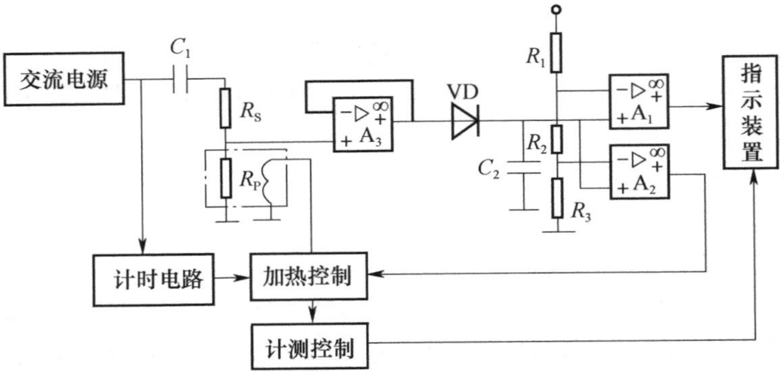

图10-18　交流电源湿度检测电路

5. 电容式湿度传感器的应用

电容式湿度传感器应用电路如图10-19所示。这种电路适用于MC-2等湿度传感器，其灵敏度为2mV/%RH。电路由两个时基电路组成，第一个时基电路IC_1与其外围电路组成多谐振荡器，由R_1、R_2、C_1提供20 ms的脉冲触发第二个时基电路。第二个时基电路IC_2与其外围电路组成一个可变脉宽发生器，其脉冲宽度取决于湿敏元件MC-2的电容值大小。

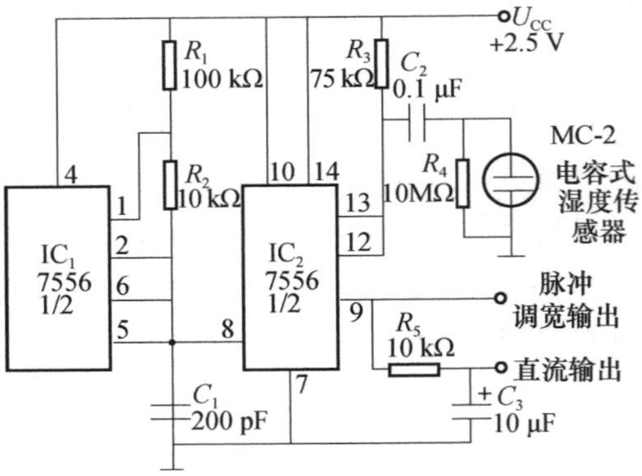

图10-19　电容式湿度传感器应用电路

2.5 V的电源电压可保证MC-2的工作电压不超过1.0 V。脉冲调宽信号由IC_2的9脚输出，经R_5、C_3滤波后输出直流电压。

10.3　超声波传感器的工作原理及其应用

10.3.1　概述

声波按照频率可分为次声波、可闻声波及超声波3种形式。

1. 次声波

次声波是频率低于20 Hz的声波，人耳听不到，但可与人体器官发生共振，7～8 Hz的次声波会引起人的恐怖感，动作不协调，甚至导致心脏停止跳动。次声波示例如图10-20所示。

2. 可闻声波

可闻声波的频率为20 Hz～20 kHz，人说话的频率范围一般在20 Hz～8 kHz范围。可闻声波示例如图10-21所示。

3. 超声波

频率高于20 kHz的声波即为超声波，它是直线传播方式，穿透力强，能量损失小。在遇到两种介质的分界面（例如钢板与空气的交界面）时，超声波能产生明显的反射和折射现象。超声波的频率越高，其声场指向性就越好，绕射能力就越弱。超声波示例如图10-22所示。

图 10-20　次声波示例

图 10-21　可闻声波示例

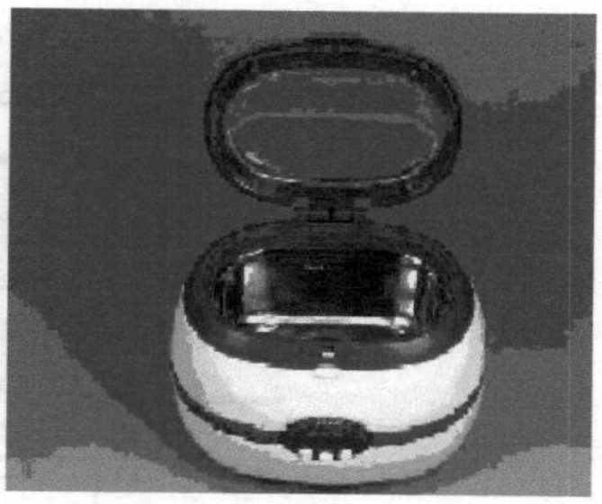

图 10-22　超声波示例

10.3.2　超声波传感器的原理及结构

超声波传感器是利用超声波在气体、液体和固体介质中传播的回声测距原理来检测物体的位置，故超声波传感器有气介式、液介式和固介式，如图 10-23 所示。单探头形式，即探头（换能器）既发射又接收超声波；双探头形式，发射和接收超声波各由一个探头承担。

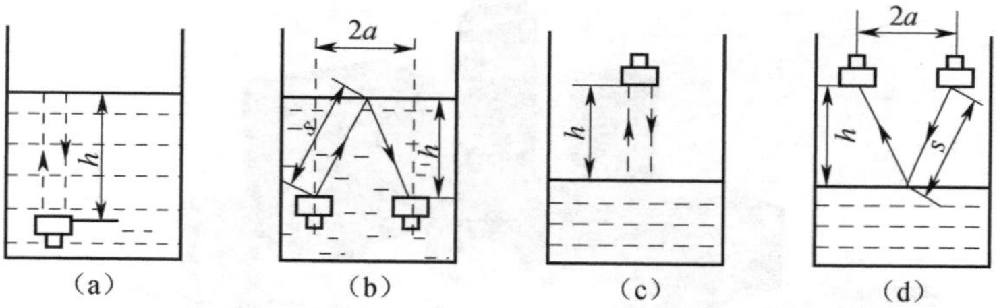

图 10-23　几种超声波传感器的工作原理

（a）液介式单探头；（b）液介式双探头；（c）气介式单探头；（d）气介式双探头

液介式探头既可以安装在液体介质的底部，亦可安装在容器外部。图 10-23（a）中，设待测液面的高度为 h，超声波在该介质中的传播速度为 v，超声波从单探头发射到液面，又由液面反射到探头，共需时间 t，则液面高度 h 为

$$h = \frac{vt}{2} \tag{10-2}$$

图 10-23（c）的工作原理同图 10-23（a），但式（10-2）中的 v 是超声波在空气中的传播速度。

图 10-23（c）和图 10-23（a）中，超声波经过介质的路程为 $2s$，而

$$s = \frac{vt}{2} \tag{10-3}$$

因此，待测液位高

$$h = \sqrt{s^2 - a^2} \tag{10-4}$$

式中　a——两探头之间距离的一半。

图 10-24 所示为超声波发射器和超声波接收器结构原理图。

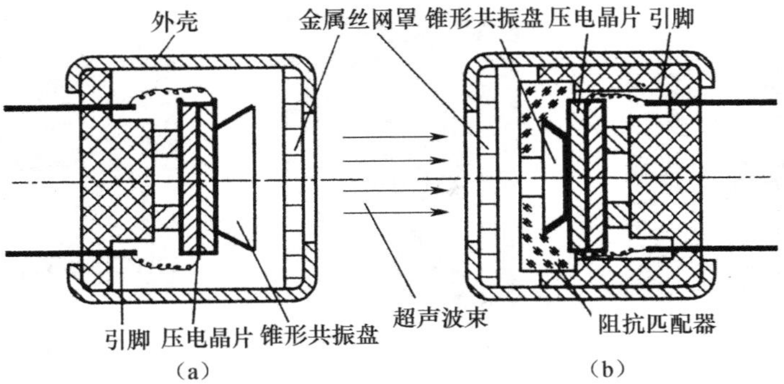

图 10-24　超声波传感器结构原理图

（a）超声波发射器；（b）超声波接收器

10.3.3　超声波探头及耦合技术

超声波传感器的实物如图 10-25 所示。

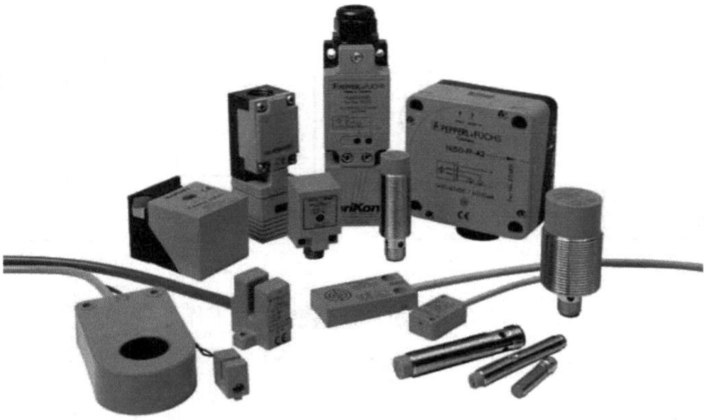

图 10-25　超声波传感器实物

1. 超声波探头

超声波探头又称超声波换能器。超声波探头的工作原理有压电式、磁致伸缩式、电磁式等，在检测技术中主要采用压电式。超声波探头又分为直探头、斜探头、双探头、表面波探头、聚焦探头、高温探头、空气传导探头和其他专用探头等，如图 10-26 所示。超声波探头中的压电陶瓷芯片和空气传导型超声波发射器分别如图 10-27 和图 10-28 所示。

说明

各种常见的超声波探头，外壳用金属制作，保护膜用硬度很高的耐磨材料制作，以防止压电晶片磨损。

图 10-26　超声波探头

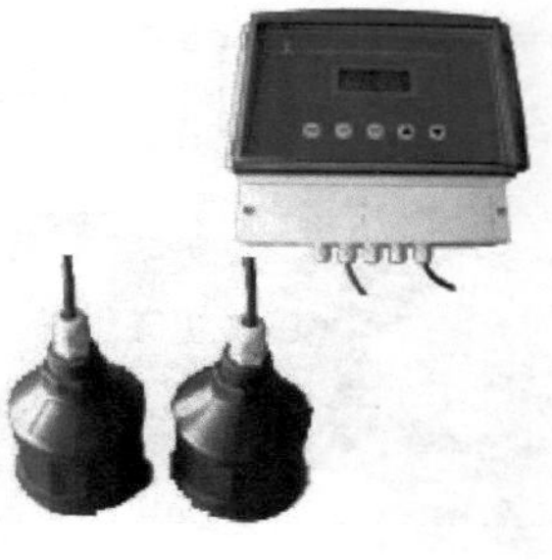

> **说明**
> 数百伏的超声波脉冲传输到压电晶片上，利用逆压电效应，使晶片发射出持续时间很短的超声波。当超声波经被测物反射回到压电晶片上时，利用压电效应，将机械振动波转换成同频率的交变电压。

图 10-27　超声波探头中的压电陶瓷芯片

2. 耦合技术

超声探头与被测物体接触时，探头与被测物体表面间存在一层空气薄层，空气将引起三个界面出现强烈的杂乱发射波，造成干扰，并造成很大的衰减。因此必须将接触面之间的空气排挤掉，使超声波能顺利地入射到被测介质中。在工业中，经常使用一种称为耦合剂的液体物质，使之充满在接触层中，起到传递超声波的作用。如图 10-29 所示，常用的耦合剂有自来水、机油、甘油等。

图 10-28　空气传导型超声波发射器

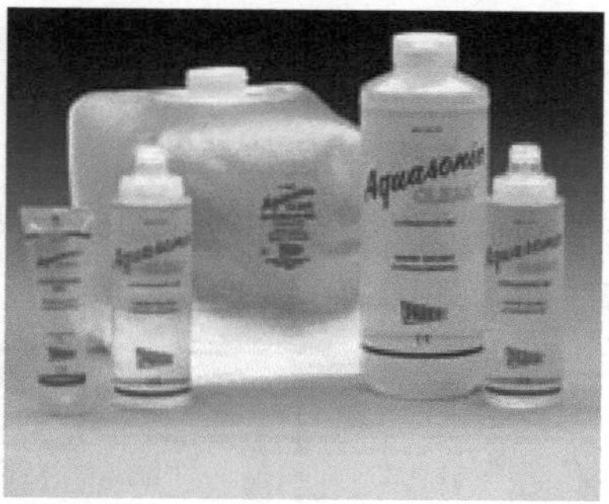

图 10-29　超声波耦合剂

当超声波发射器与超声波接收器分别置于被测物两侧时，这种类型称为透射型。透射型可用于遥控器、防盗报警器、接近开关等。超声波发射器与超声波接收器置于同侧的属于反射型，反射型可用于接近开关、测距和测液位等。

10.3.4　超声波传感器的应用

1. 多普勒效应

如果波源和观察者之间有相对运动，那么观察者接收到的频率和波源的频率就不相同了，这种现象叫作多普勒效应。测出 Δf 就可得到运动速度。多普勒效应演示图如图 10-30 所示。

2. 超声波防盗报警器

超声波防盗报警器的原理图如图 10-31 所示。图中的上半部分为发射电路，下半部分为接收电路。发射器发射出频率 $f=40$ kHz 左右的超声波。如果有人进入信号的有效区域，相对速度为 v，从人体反射回接收器的超声波将由于多普勒效应而发生频率偏移 Δf。

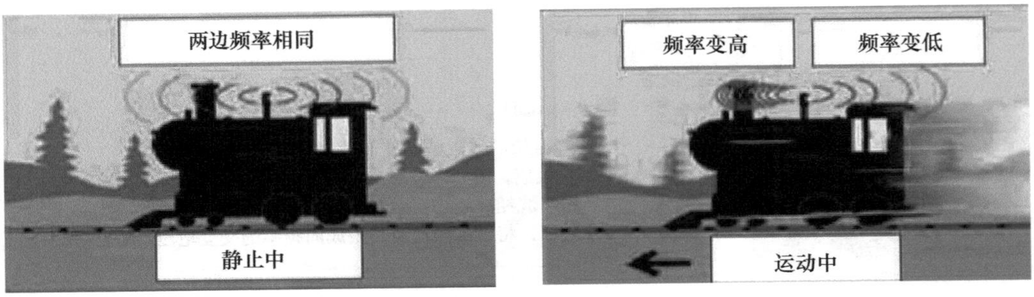

图 10-30　多普勒效应演示图

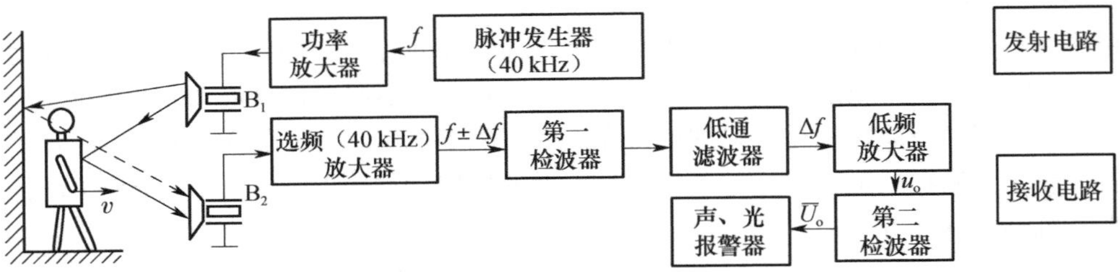

图 10-31　超声波防盗报警器原理图

3. 超声波测量液位仪器

在液罐上方安装空气传导型超声波发射器和接收器，根据超声波的往返时间，就可测得液体的液面，如图 10-32 所示。

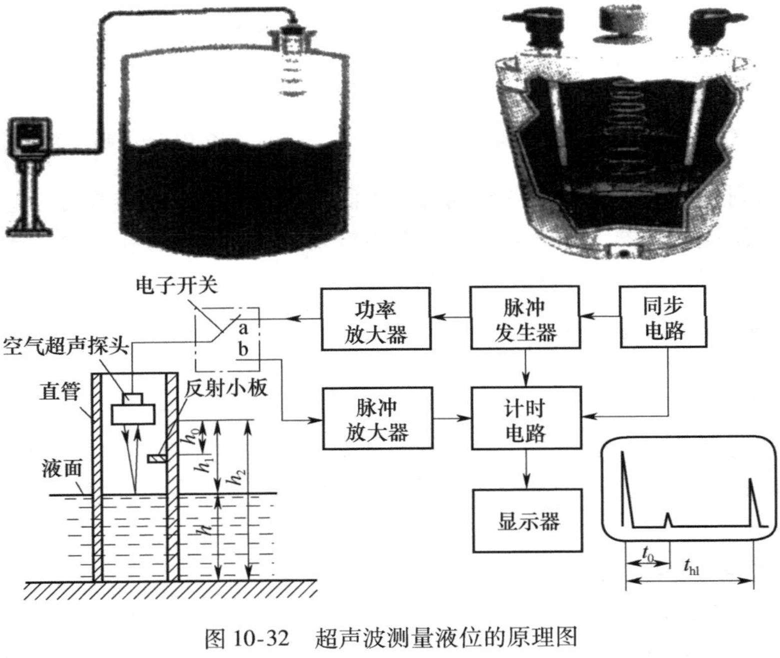

图 10-32　超声波测量液位的原理图

4. 智能化超声波单片液晶显示测距仪

由超声波传感器 4Y4 构成单片液晶显示测距仪的电路如图 10-33 所示。该仪表主要包括超声波发射器、超声波接收器、LCD 显示器、按钮开关和蜂鸣器（或扬声器），为了简化引线，4Y4 直接焊在 LCD 显示板的背面。4Y4 的第 2 ~ 4 脚、第 8 脚、第 23 ~ 26 脚和第 28 ~ 30 脚不用。R_1 为发射电路的限流电阻，R_2 ~ R_4 为接收放大器的外部元件，C_3 为开机自动复位电容。晶振电路采用廉价的 455 kHz 压电陶瓷滤波器来代替石英晶体（JT），C_1 和 C_2 为振荡电容。SB 为按钮开关，C_4 为电源退耦电容。

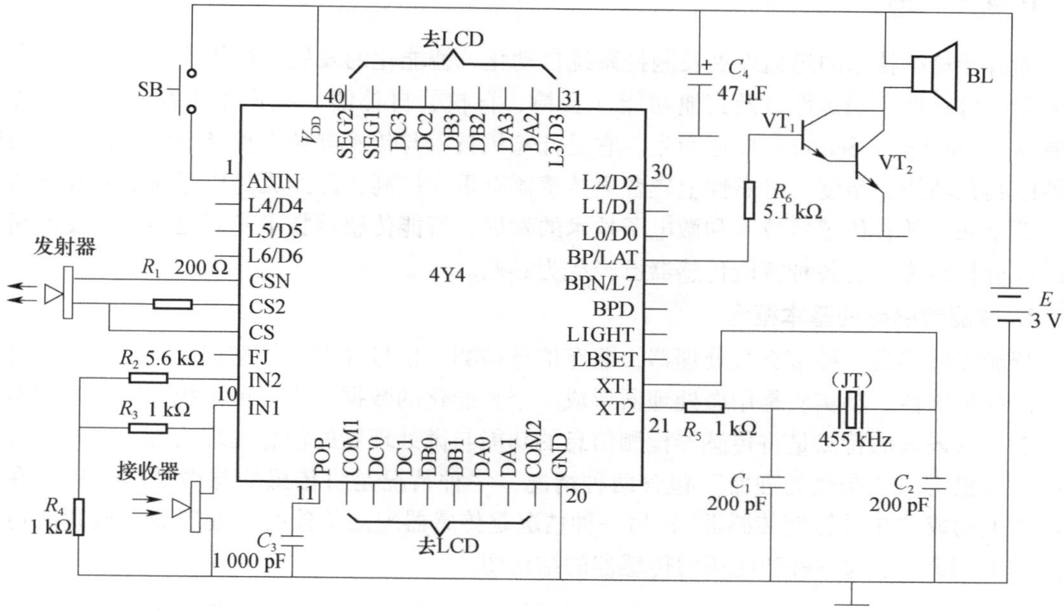

图 10-33　单片液晶显示测距仪的电路

4Y4 只能驱动压电陶瓷蜂鸣器或微型讯响器，为了驱动扬声器，还需要增加一级达林顿管（VT_1、VT_2）起功率放大作用。R_6 为 VT_1 的限流电阻。根据实际需要，4Y4 还可接外部发送电路或接收电路。例如，密封防水型超声波探头的灵敏度只有普通探头的 1/10，不加外部收发器时只能测量 50 cm 的距离，增加扩展电路后可提高接收灵敏度，满足水下测距的特殊要求。

5. 超声波传感器的其他应用

超声波传感器还有其他一些用途，如图 10-34 所示。

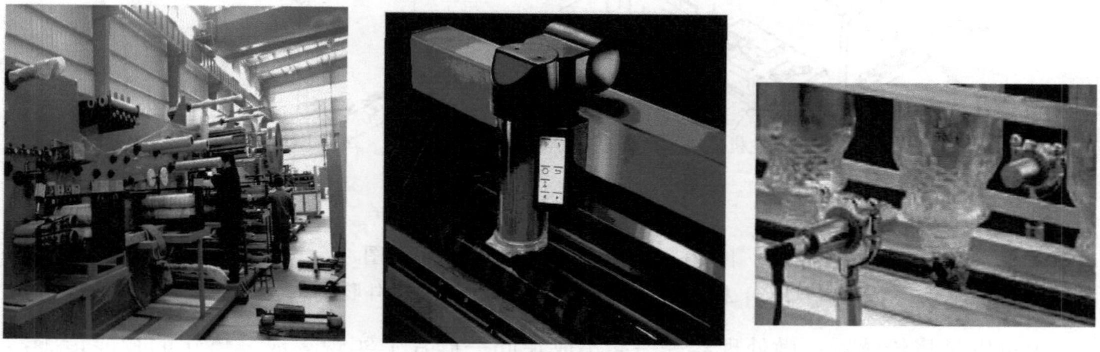

（a）　　（b）　　（c）

图 10-34　超声波传感器的其他应用

（a）超声波传感器在纸巾机械中的应用；（b）超声波传感器在印刷机械上的应用；（c）超声波传感器在食品饮料行业中的应用

10.4 智能传感器及其应用

10.4.1 概述

随着计算机技术的迅猛发展及测控系统自动化、智能化的发展，对传感器及检测技术的准确度、可靠性、稳定性以及其他功能（自检、自校、自补偿）提出了更高的要求，智能传感器（Intelligent Sensor）应运而生，它是计算机技术与传感器技术相结合的产物。智能传感器因其在功能、精度、可靠性上较普通传感器有很大提高，已经成为传感器研究开发的热点。近年来，随着传感器技术和微电子技术的发展，智能传感器技术发展也很快。发展高智能的以硅材料为主的各种智能传感器已经成为必然。

1. 智能传感器的基本概念

智能传感器是一种带有微处理器，兼有信息检测、信号处理、信息记忆、逻辑思维与判断功能的传感器。其实质是用微处理器形成一个智能化的数据采集处理系统，实现人们希望的功能。其最大的特点是将传感器检测信息的功能与微处理器的信息处理功能有机地融合在一起。这里讲的“带微处理器”包含两种情况：一种情况是将传感器与微处理器集成在一个芯片上构成“单片智能传感器”；另一种情况是传感器配接单独的微处理器形成智能传感器。图10-35所示为一种智能压力传感器的结构图。

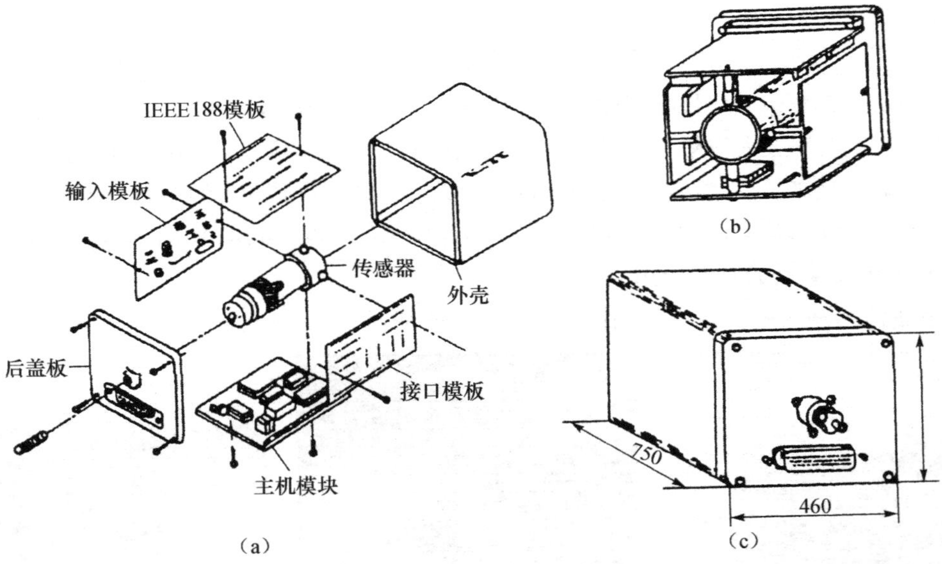

图10-35 智能压力传感器的结构图

（a）模块分解图；（b）模块组合图；（c）外形图

也可以是将传感器、微处理器等一起集成在同一硅片上实现集成一体化的智能传感器，如图10-36所示。日本已开发出三维多功能多层结构的智能传感器。由此看来，智能传感器也可以说是一个微机小系统，其中作为系统“大脑”的微处理机通常是单片机。

2. 智能传感器的基本功能

智能传感器具有以下几个基本功能。

(1) 自适应、自调整功能。智能传感器内含的特定算法可根据待测物理量的数值大小及变化情况等自动选择检测量程和测量方式，提高了检测适用性。

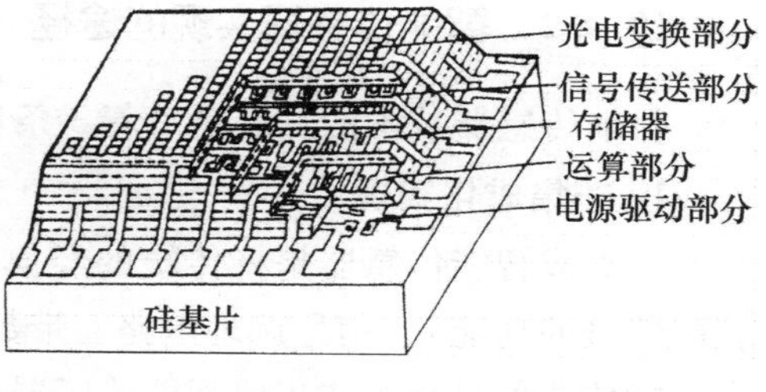

图 10-36　集成一体化的智能传感器

(2) 自诊断、自校正功能。智能传感器可实现开机自检（在接通电源时进行）和运行自检（在工作中实时进行），以确定哪一组件有故障，从而可以提高工作的可靠性。

(3) 极强的数据处理能力。智能传感器可进行各种复杂运算（测量算法和控制算法），可对检测数据进行分析、统计和修正，还可进行线性、非线性、温度、噪声、响应时间、交叉感应以及缓慢漂移等的误差补偿，可极大地提高测量准确度。

(4) 数据通信功能。智能传感器具有数据通信接口，具有双向通信、标准化数字输出或符号输出特性，能与计算机直接连接，相互交换信息，提高了信息处理的质量。可与其他仪器和微机进行数据通信，构成各种计算机控制系统等。

(5) 多种输出形式。智能型温度传感器测量仪的输出形式可以有数字显示、打印记录、声光报警，还可以多点巡回检测。它既可输出模拟量信号，也可输出数字量（开关量）信号。

3. 智能传感器的基本结构

智能传感器的结构有多种形式，但总的来说，应当包括这样几个部分：微处理器部分——智能传感器的核心部分；A/D 转换部分——主要决定智能传感器精度的部分；传感器测量及信号调理部分——主要包括信号的放大、滤波、电平转换等；其他辅助部分，如键盘显示电路等。智能传感器的基本组成如图 10-37 所示。

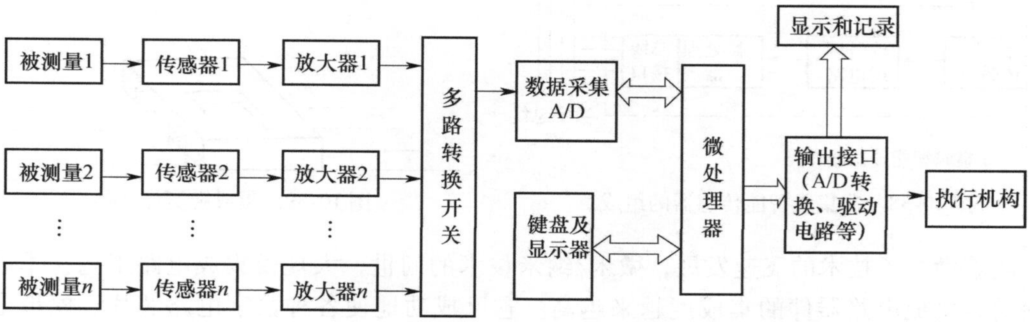

图 10-37　智能传感器的组成

要点提示

微处理器是智能传感器的核心，它不仅可以对传感器测量到的数据进行计算、存储、数据处理，还可以通过反馈回路对传感器进行调节，由于微处理机充分发挥各种软件的功能，可以完成硬件难以完成的任务，从而大大降低了传感器制造的难度，提高了传感器的性能，使传感器获得智能，降低了成本。

10.4.2 智能传感器实现的途径

目前传感器技术的发展是沿着3条途径实现智能化的。

1. 非集成化实现

非集成智能传感器是将传统的经典传感器（采用非集成化工艺制作的传感器，仅具有获取信号的功能）、信号调理电路、带数字总线接口的微处理器组合为一个整体而构成的一个智能传感器系统。非集成智能传感器的组成框图如图10-38所示。

图10-38中的信号调理电路用于调理传感器输出的信号，即将传感器输出信号进行放大并转换为数字信号后送入微处理器，再由微处理器通过数字总线接口接在现场数字总线上。这是一种实现智能传感器系统智能化的最快途径与方式。例如美国罗斯蒙特公司、SMAR公司生产的电容式智能压力（差）变送器系列产品，就是在原有传感式非集成电容式变送器基础上附加一块带数字总线接口的微处理器插板后组装而成的，并配备可进行通信、控制、自校正、自补偿、自诊断等智能化软件，从而构成智能传感器。

非集成智能传感器是在现场总线控制系统发展形势的推动下，得到了进一步迅速发展。该控制系统要求挂接的传感器/变送器必须是智能型的，对于自动化仪表生产厂家来说，原有的一整套生产工艺设备基本不变。因此，对于这些厂家而言，非集成化实现是一种建立智能传感器系统最经济、最快捷的途径与方式。

2. 集成化实现

这种传感器系统是采用微机械加工技术和大规模集成电路工艺技术，利用硅作为基本材料来制作敏感元件、信号调理电路、微处理器单元，并把它们集成在一块芯片上而构成的。故又称为集成智能传感器，其外形如图10-39所示。

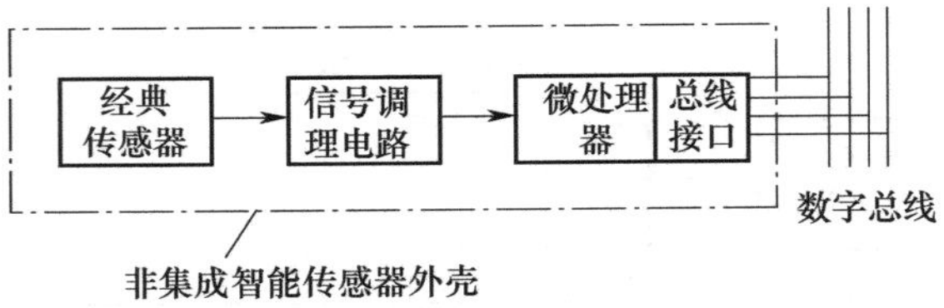

图10-38 非集成智能传感器的组成

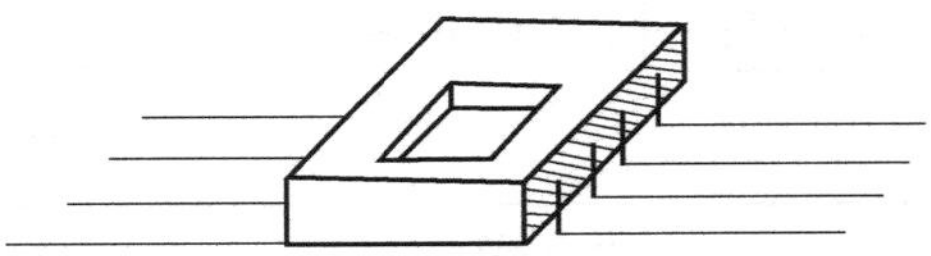

图10-39 集成智能传感器

随着微电子技术的飞速发展，微米/纳米技术的问世，大规模集成电路工艺技术的日臻完善，集成电路器件的集成度越来越高。它已成功地使各种数字电路芯片、模拟电路芯片、微处理器芯片、存储器电路芯片等价格性能比大幅度下降。反过来，它又促进了微机械加工技术的发展，形成了与传统的经典传感器制作工艺完全不同的现代传感器技术。

现代传感器技术是指以硅材料为基础，采用微米（1 μm～1 mm）级的微机械加工技术和大规模集成电路工艺来实现各种仪表传感器系统的微米级尺寸化。国外也称之为专用集成微型传感器技术（ASM）。由此制作的智能传感器的特点如下。

（1）微型化。

（2）结构一体化。

（3）精度高。

（4）多功能。

（5）使用方便、操作简单。

3. 混合实现

根据需要与可能，将系统各个集成化环节以不同的组合方式集成在两块或三块芯片上，并制作到一个电路板上，这就是智能传感器的混合实现方式，如图 10-40 所示。图中 Ⅰ ~ Ⅳ 分别是集成化实现的智能传感器，它们分别由智能化敏感元件、信号调理电路、微处理器单元组成，而且是集成在一个芯片里，然后将这几个智能传感器按照一定的总线时序要求连接到一起，再与上位计算机进行通信，上位计算机根据实际应用，协调管理各个智能化的传感器。

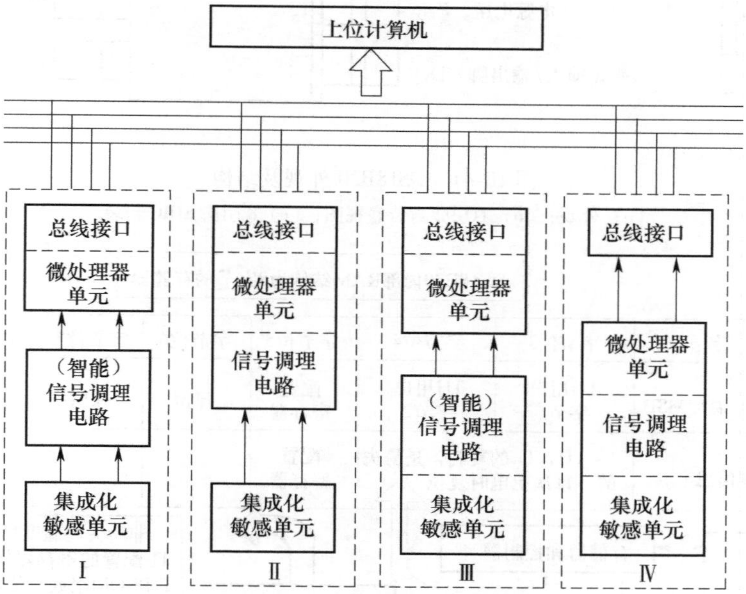

图 10-40　智能传感器的混合实现

10.4.3　智能传感器的应用

1. 温度传感器 DS18B20

1）DS18B20 基本介绍

DS18B20 数字温度传感器采用美国 DALLAS 半导体公司的数字化温度传感器，温度传感器支持“一线总线”接口（1-Wire），从 DS18B20 读出信息或写入信息，仅需要一根口线（单线接口），极大地提高了系统的抗干扰性能，适合恶劣环境的现场温度测量。由于每片 DS18B20 含有一个唯一的编码，所以在一条总线上可挂接任意多个 DS18B20 芯片。总线本身也可以向所挂接的 DS18B20 供电，而无须额外电源。图 10-41 所示为 DS18B20 的外观及结构。

2）DS18B20 结构组成

DS18B20 主要由 64 位激光 ROM、温度灵敏元件、非易失性温度报警触发器 TH 和 TL 等部分组成，其结构如图 10-42 所示。

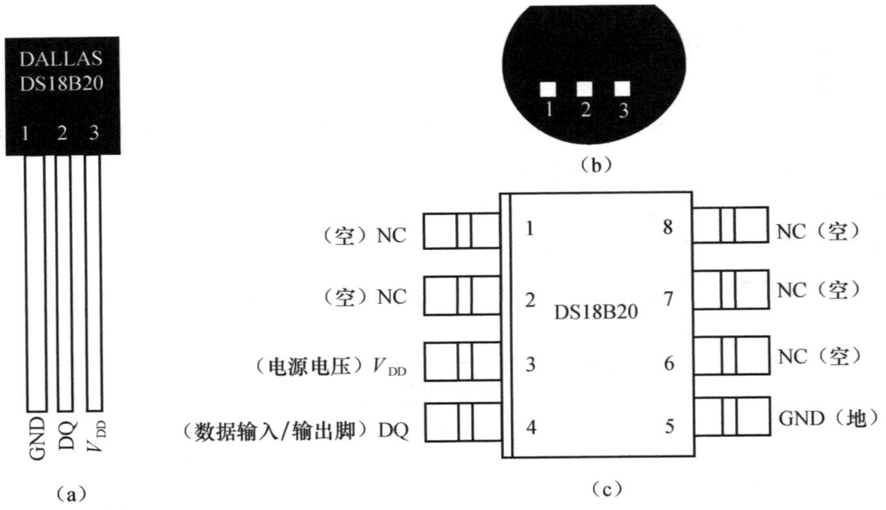

图 10-41　DS18B20 外观及结构

（a）外观；（b）TO-92 封装底视图；（c）8 引脚 SOIC 封装

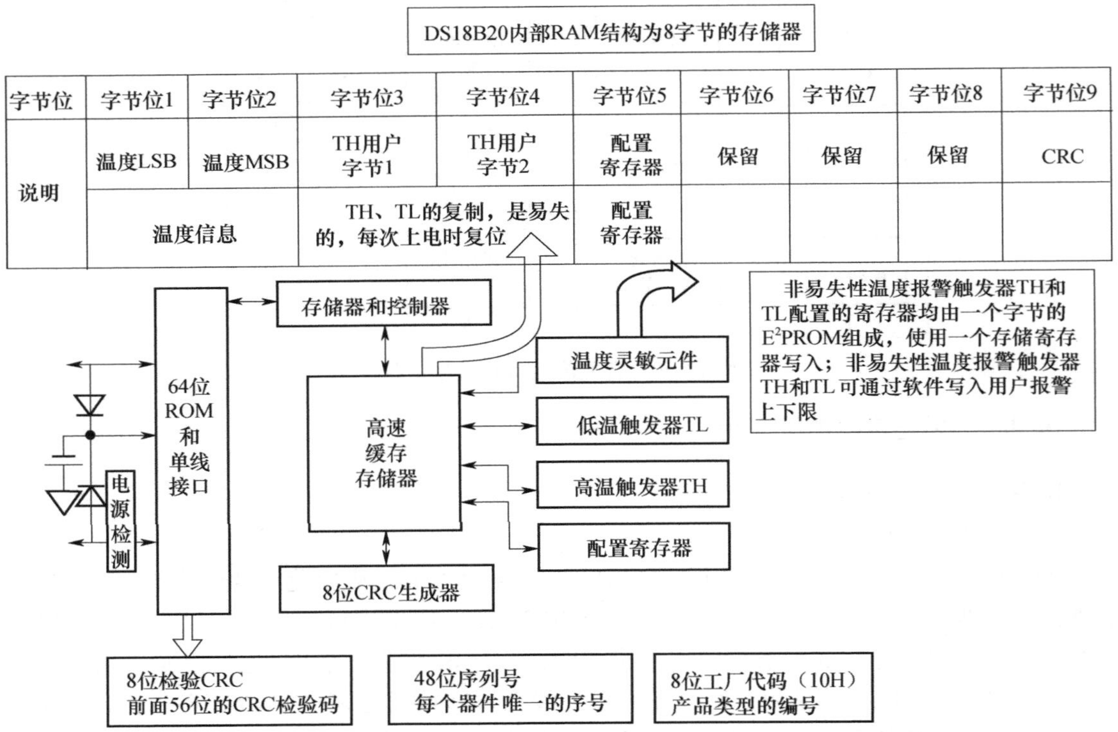

图 10-42　DS18B20 结构图

3）DS18B20 的温度采集软件设计

根据 DS18B20 的通信协议，主机（单片机）控制 DS18B20 完成温度转换必须经过 3 个步骤：每一次读写之前都要对 DS18B20 进行复位操作，复位成功后发送一条 ROM 指令，最后发送 RAM 指令，这样才能对 DS18B20 进行预定的操作。所有时序都是将主机作为主设备，单总线器件作为从设备。而每一次命令和数据的传输都是从主机主动启动写时序开始，如果要求单总线器件回送数据，在进行写命令后，主机需启动读时序完成数据接收。数据和命令的传输都是低位在先。

（1）初始化。单总线上的所有处理均从初始化开始。

（2）ROM 操作指令。总线主机检测到 DS18B20 的存在，即初始化完成后，便可以发出 ROM 操作命令之一，这些命令如表 10-3 所示。

表 10-3　ROM 操作指令

命令	代码	含义
READROM	33H	如果只有一片 DS18B20，可用此命令读出其序列号，若在线 DS18B20 多于一个，将发生冲突
MATCHROM	55H	多个 DS18B20 在线时，可用此命令匹配（选择）一个给定序列号的 DS18B20，此后的命令就针对该 DS18B20
SKIPROM	CCH	此命令执行后的存储器操作将针对在线的所有 DS18B20
SEARCHRDH	F0H	用以读出在线的 DS18B20 的序列号
ALARMSEARCH	ECH	当温度值高于 TH 或低于 TL 中的数值时，此命令可以读出报警的 DS18B20

（3）存储器操作命令，如表 10-4 所示。

表 10-4　存储器操作指令

命令	代码	含义
WRITESCRATCHPAD	4EH	写两个字节的数据到温度寄存器
READSCRATCHPAD	BEH	读取温度寄存器的温度值
COPYSCRATCHPAD	48H	将温度寄存器的数值复制到 EERAM 中，保证温度值不丢失
CONVERT	44H	启动在线 DS12B80 做温度 A/D 转换
RECALL EE	B8H	将 EERAM 中的数值复制到温度寄存器中
READPOWERSUPPLY	B4H	在本命令送到 DS12B80 之后的每一个读数据间隙，指出电源模式："0"为寄生电源："1"为外部电源

（4）程序流程图及示例程序。

程序名称：READ_TEMP，流程图如图 10-43 所示。

```
功能:读取 DS18B20 的数据。
入口参数:T_L,T_H
READ_TEMP
SETB P_ DS18B20
LCALL INIT_TEMP                  ;先复位 DS18B20
JB FLAG,TSS2
RET                              ;判断 DS18B20 是否存在。若 DS18B20 不存在则返回
TSS2:MOV A,#0CCH                 ;跳过 ROM 匹配
LCALL WRITE_ 18B20
MOV A,#44H                       ;发出温度转换命令
```

```
LCALL WRITE_ 18B20
LCALL DISPLAY                    ;等待 A/D 转换结束,12 位为 750 μs
LCALL INIT_TEMP                  ;准备读温度前先复位
MOV A,#0CCH                      ;跳过 ROM 匹配
LCALL WRITE_ 18B20
MOV A,#0BEH                      ;发出读温度命令
LCALL WRITE_ 18B20
LCALL READ_ 18B20                ;将读出的温度数据保存到 35H/36H
RET
```

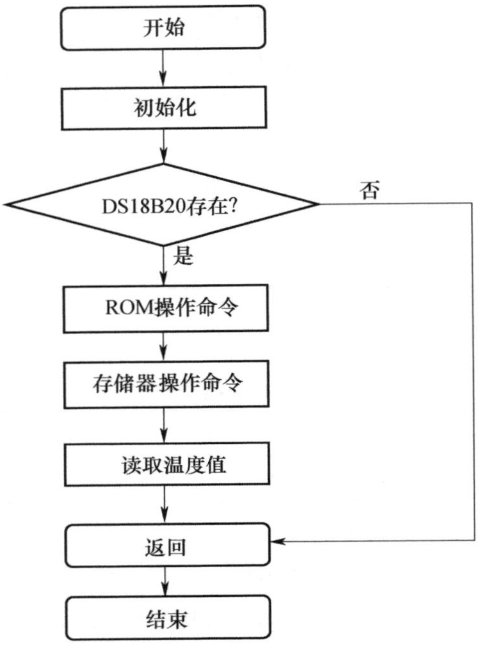

图 10-43　READ_ TEMP 流程图

4）用 DS18B20 设计环境温度检测器

（1）电路图设计，如图 10-44 所示。

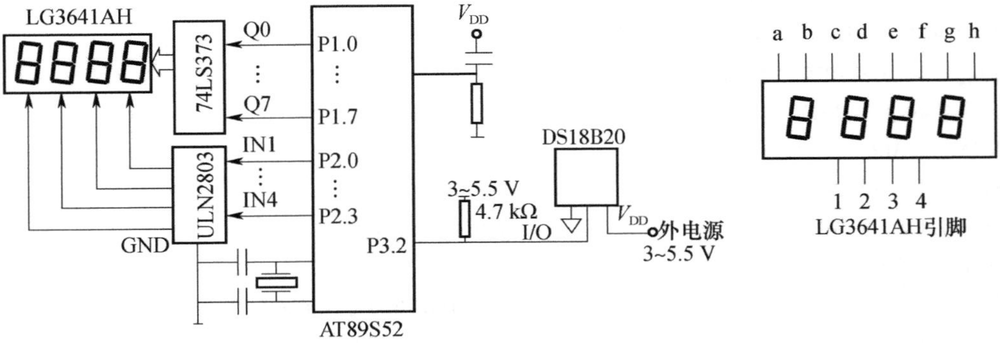

图 10-44　环境温度检测原理图

（2）程序流程图。

温度转换算法分析：由于 DS18B20 转换后的代码并不是实际的温度值，所以要进行计算转换。温度高字节（MSB）高 5 位保存温度的正负，高字节低 3 位和低字节保存温度值。其中低字节（LSB）的低 4 位保存温度的小数位（0～3 位）。当采用 0.062 5 的精度时，小数部分的值，可以用后 4 位代表的实际数值乘以 0.062 5，得到真正的数值。程序流程图如图 10-45 所示。

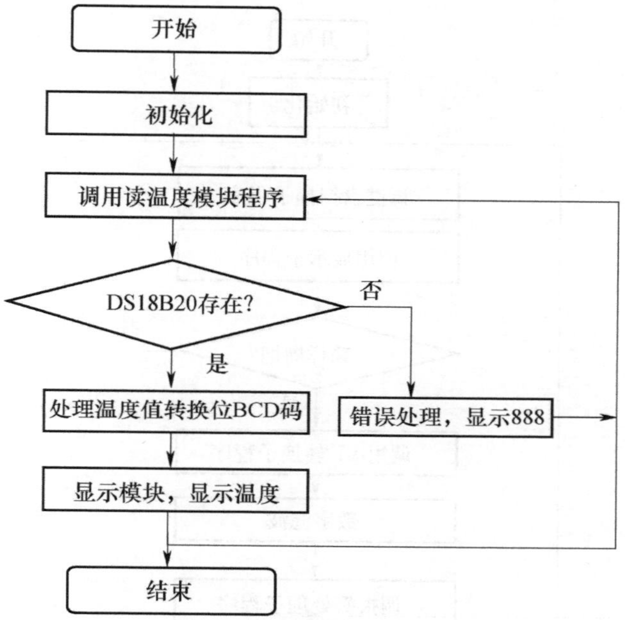

图 10-45　程序流程图

2. 智能式应力传感器

图 10-46 所示为智能式应力传感器的硬件结构图。智能式应力传感器可用于测量飞机机翼上各个关键部分的应力大小，并判断机翼的工作状态是否正常，以及故障情况。它共有 6 路应力传感器和 1 路温度传感器，其中每一路应力传感器都由 4 个应变片构成的全桥电路和前级放大器组成，用于测量应力大小。

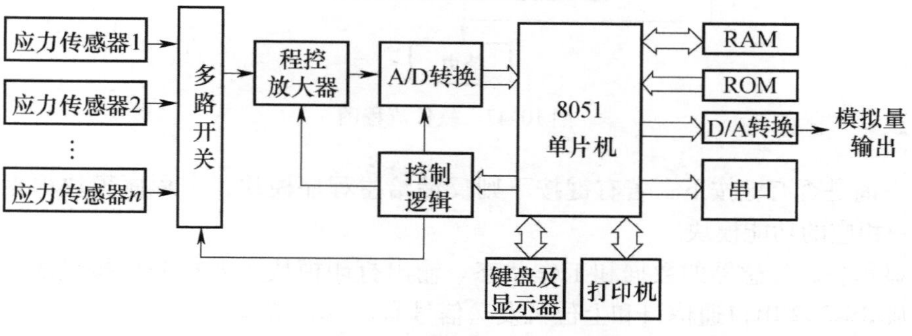

图 10-46　智能式应力传感器的硬件结构图

智能式应力传感器具有测量、程控放大、转换、处理、模拟量输出、键盘监控及通过串口与计算机通信的功能。其软件采用模块化和结构化的设计方法，软件流程如图 10-47 所示。主程序模块完成自检、初始化、通道选择以及各个功能模块调用的功能。其中信号采集模块主要完成数据滤波、非线性补偿、信号处理、误差修正以及检索查表等功能。故障诊断模块的任务是对各个应力传感器的信号进行分析，判断飞机机翼的工作状态及是否存在损伤或故障。键盘输入及显示模块的任务如下。

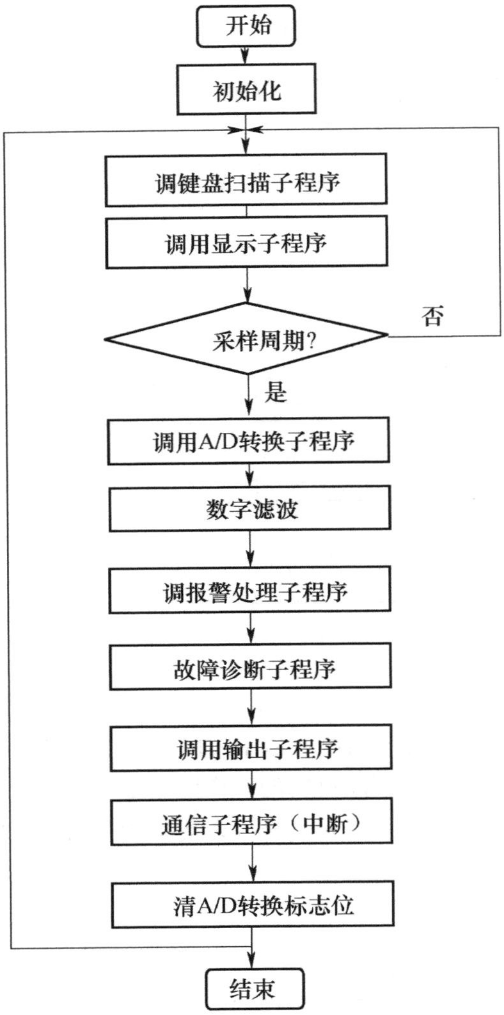

图 10-47　软件流程图

（1）查询是否有键按下，若有键按下则反馈给主程序模块，主程序模块根据所按的键执行或调用相应的功能模块。

（2）显示各路传感器的数据和工作状态。输出打印模块主要控制模拟量输出，通信模块主要控制 RS-232 串口通信口和上位机发送信号。

思考与练习

1. 什么是湿度传感器？它有什么作用？
2. 湿度传感器有哪些类型？每种类型有什么特点？
3. 简述超声波传感器的结构与工作原理。
4. 什么是智能传感器？
5. 智能传感器的实现途径有哪些？
6. 设计一个集温度、湿度检测于一体的智能型传感器，要求具有显示功能，同时具有报警功能。

第 11 章

传感器技术的综合应用

【课程教学内容与要求】

（1）教学内容：传感器在家用电器及安全防范中的应用，传感器在现代汽车中的应用，传感器使用的几项关键技术。

（2）教学重点：传感器在家用电器及安全防范中的应用和传感器在现代汽车中的应用。

（3）基本要求：掌握传感器在家用电器及安全防范中的应用，传感器在现代汽车中的应用及传感器使用的几项关键技术。

11.1 传感器在家用电器及安全防范中的应用

家用电器是家庭自动化的基础。“安全防范技术”是入侵防盗报警、防火、防暴及安全检查技术的统称。可见，家用电器和防火、防盗报警系统都是智能建筑的重要组成部分，也是传感器的重要应用领域。

11.1.1 传感器在家用电器中的应用

家用电器的种类很多，使用的传感器种类也很多。例如测量温度、湿度、气体成分、烟雾浓度、压力、流量、转速、转矩等物理量的传感器，它们有电阻式、热电式、光电式、压电式、气敏、湿敏、超声波等类型。本节仅对一般家庭常用电器中较典型的传感器应用做简要介绍。

1. 传感器在燃气热水器中的应用

燃气直流式热水器中一般设置有防止不完全燃烧的安全装置、熄灭安全装置、空烧安全装置及过热安全装置等。燃气直流式加热器的工作原理如图 11-1 所示。水气联动装置实际上是一个压力敏感元件，它根据不同的水压控制燃气阀的开关，当水阀未打开、关闭或水压过低时，燃气通路自动关闭，防止了空烧或过热的现象。当打开燃气进气阀，按动开关 S 时，电源通过 VD_1 向 C_1 充电，使 VT_1、VT_2 导通，电磁阀 Y 得电工作，打开燃气输入通道，高压发生器输出高压脉冲点燃长明火。打开冷水阀门，在水压作用下燃气进入主燃烧室，经长明火引燃。在热水器中的两个热电偶，一个设置在长明火的旁边，其热电动势加在电磁阀 Y 线圈的两端，在松开开关 S 时维持电磁阀的工作；如果发生意外，则使长明火熄火，电磁阀关闭，切断燃气通路。

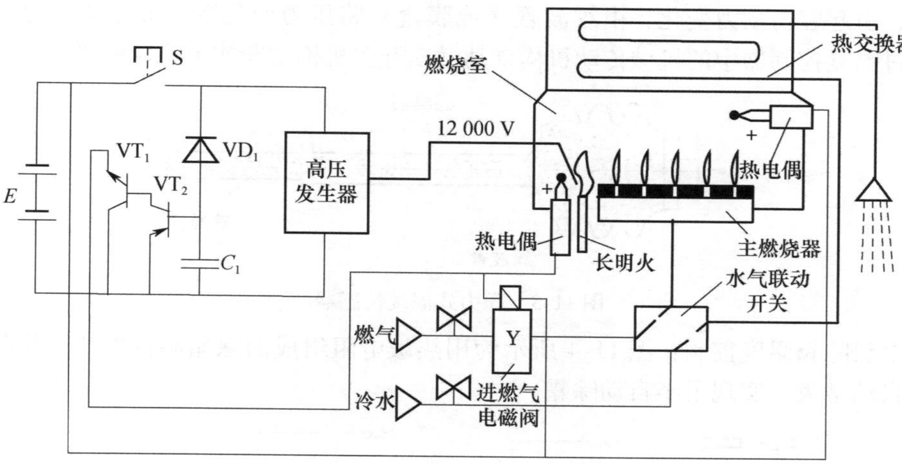

图 11-1　传感器在燃气热水器中的应用示意图

2. 传感器在电冰箱中的应用

电冰箱控制系统主要包括温度自动控制、除霜温度控制、流量自动控制、过热及过电流保护等。完成这些控制需要检测温度和流量（或流速）的传感器。图 11-2 所示为常见的电冰箱电路，它主要由温度控制器、温度显示器、PTC 启动器、除霜温控器、电动机保护装置、开关、风扇及压缩机、电动机等组成。

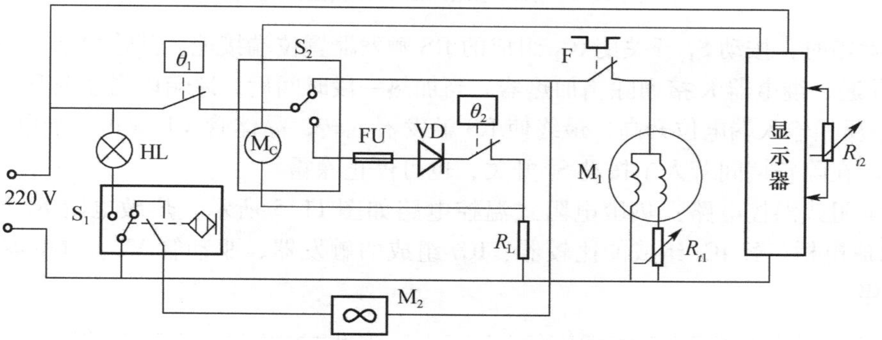

图 11-2　常见电冰箱电路原理图

图 11-2 中，θ_1 为温度控制器，θ_2 为除霜温控器，R_L 为除霜热丝，S_1 为门开关，S_2 为除霜定时开关，FU 为热保护器，R_{t1}为 PTC 启动器，R_{t2}为测温热敏电阻。

当电冰箱运行时，由温度传感器组成的温度控制器按所调定的冰箱温度自动接通和断开电路，控制制冷压缩机的关与停。当给冰箱加热除霜时，由温度传感器组成的除霜温控器将会在除霜加热器达到一定温度时，自动断开电冰箱的电源，停止除霜加热。热敏电阻检测到的冰箱内的温度将由温度显示器直接显示出来。PTC 启动器是用电流控制的方式来实现压缩机的启动，并对电动机进行保护。

压力式温度传感器：压力式温度传感器有波纹管式和膜盒式两种形式，主要用作温度控制器和除霜温控器。如图 11-3 所示为压力式温度传感器，由纹波管（或膜盒）与感温管连成一体，内部填充感温剂。感温管紧贴在电冰箱的蒸发器上，感温剂的体积将随蒸发器的温度而变化，引起腔内压力变化，由纹波管（或膜盒）将压力变化变换成位移变化，这一位移变化通过温度控制器中的机械传动机构推动微动开关机构切断或接通压缩机的电源。

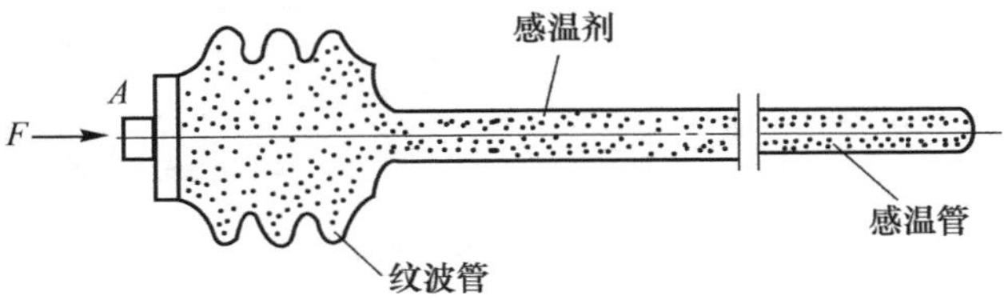

图 11-3　压力式温度传感器

热敏电阻除霜温度控制：图 11-4 所示为用热敏电阻组成的除霜温控电路，使除霜以手动开始，自动结束，实现了半自动除霜。

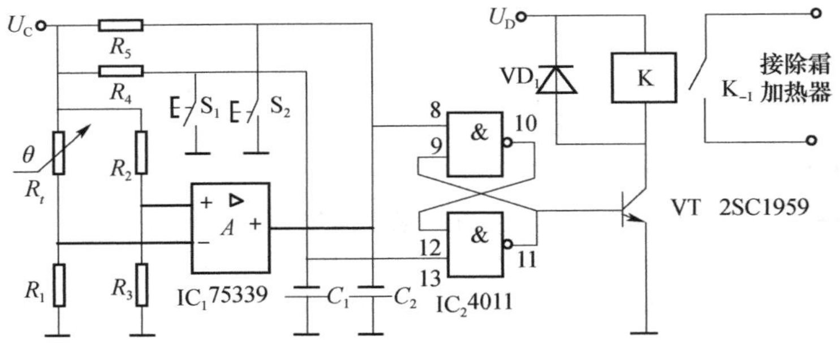

图 11-4　热敏电阻组成的除霜温控电路

当要除霜时，按动 S_1 开关使 IC_2 组成的 RS 触发器置位端接地，其输出端为高电平，晶体管 VT 导通，继电器 K 接通除霜加热器。当加热一段时间后，冰箱内温度回升，R_t 电阻值下降，IC_1 反相输入端电位升高，最终使 RS 触发器翻转，晶体管 VT 截止，继电器 K 失电，除霜结束。在除霜期间若人工按动 S_2 开关，也可停止除霜。

热敏电阻式温控电路：热敏电阻式温控电路如图 11-5 所示。热敏电阻 R_t 与电阻 R_3、R_4、R_5 组成电桥，经 IC_1 组成的比较器、IC_2 组成的触发器、驱动管 VT、继电器 K 控制压缩机的启停。

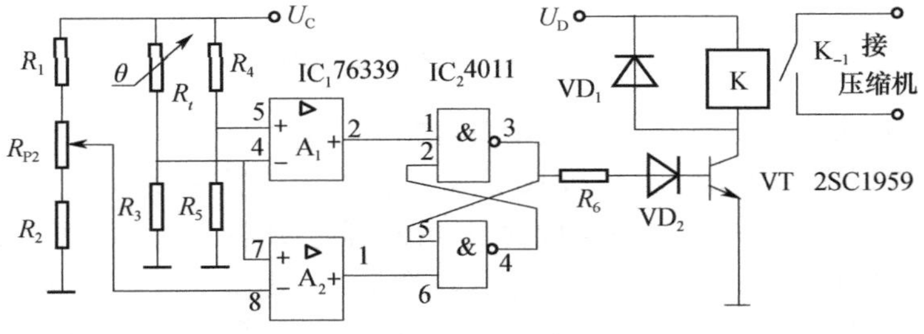

图 11-5　热敏电阻式温控电路

双金属除霜温度传感器：双金属除霜温度传感器的结构如图 11-6 所示。它由双金属热敏元件、推杆及微动开关组成，平时微动开关处于常闭状态。触通除霜开关，除霜加热器经双金属热敏元件构成回路，除霜开始。除霜后，电冰箱蒸发器温度升高，双金属热敏元件产生形变，经推杆使微动开关的触点断开，停止除霜。

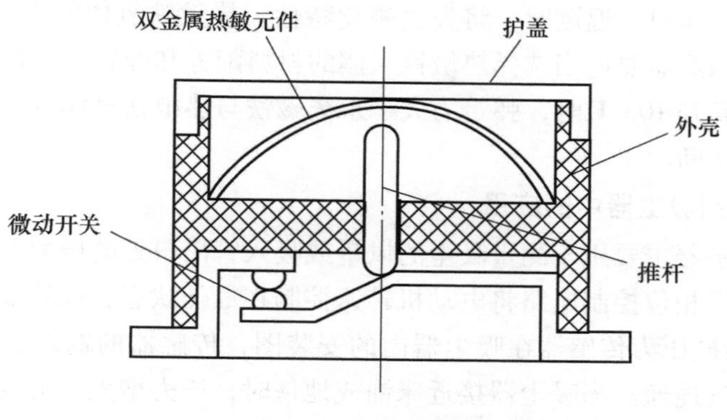

图 11-6 双金属除霜温度传感器

双金属热保护器：如图 11-7 所示，双金属热保护器是一个封装起来的固定双金属热敏元件。它埋设在压缩机内电动机绕组中，对电动机绕组的温度进行控制。当电动机绕组过热时，保护器内的双金属片产生形变，切断压缩机的电源。

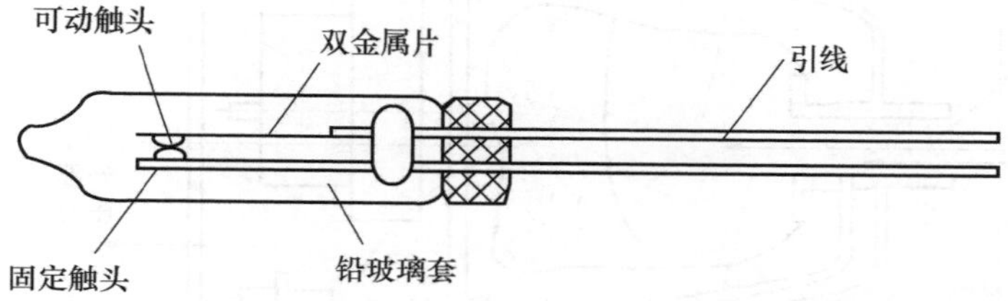

图 11-7 双金属热保护器

3. 传感器在电饭锅中的应用

图 11-8 所示为电饭锅用磁钢限温器的结构原理图。传感器的受热板紧靠内锅锅底，当按下煮饭开关时，通过杠杆将永久磁铁推上，与热敏铁氧体相吸，簧片开关接通电源。当热

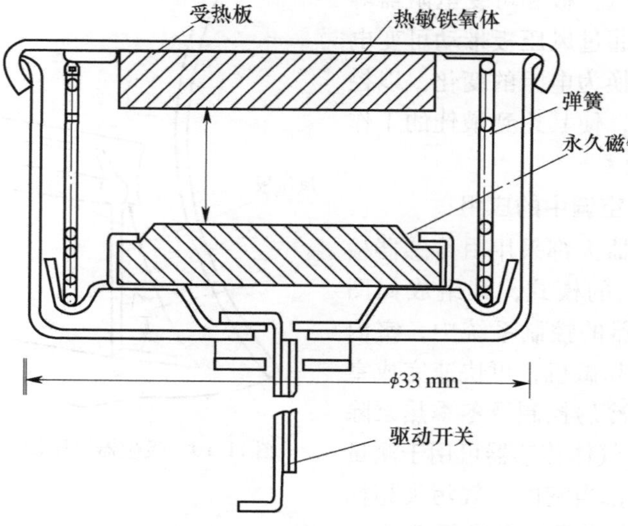

图 11-8 电饭锅的磁钢限温器

敏铁氧体的温度超过居里点温度时，将失去磁化特性。热敏铁氧体的吸力不仅与温度有关，还与其厚度有关，因此需要适当选择热敏铁氧体的材料配方和弹簧的弹性力，当锅中米饭做好，锅底的温度升高到 103 ℃时，弹簧力大于永久磁铁与热敏铁氧体吸力时，弹簧力将永久磁铁压下，电源被切断。

4. 传感器在家用吸尘器中的应用

吸尘器中的传感器主要用于测量吸尘的风量或吸入管出口处的压力差，通过检测值与设定的基准值比较，经相位控制电路将电动机转速控制在最佳状态，以获取最好的吸尘效果。

图 11-9 所示为硅压力传感器在吸尘器内的安装图，传感器的输入端设置在吸入管的出口处，另一端与大气连通。当吸尘器接近床铺或地毯时，压力增大，电动机转矩下降，使床面或地毯上的灰尘充分吸入吸尘器。

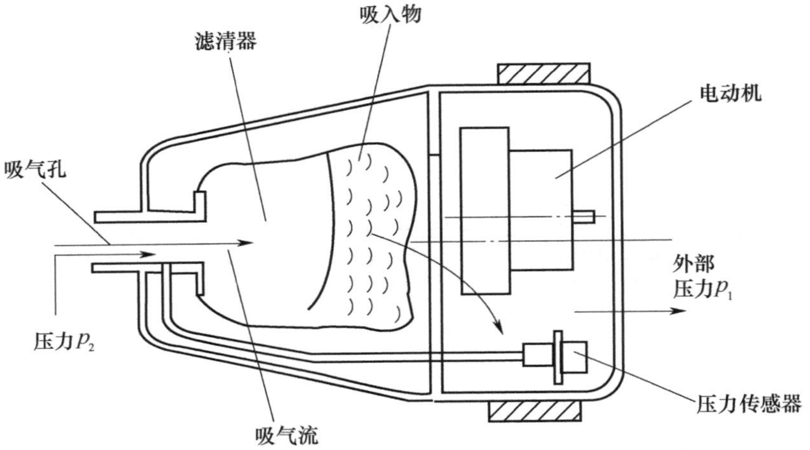

图 11-9　吸尘器中的压力传感器

图 11-10 所示为吸尘器风压传感器的结构示意图，它主要由风压板和可变电阻器等组成。吸入的空气流通过风压板带动可变电阻器转动，将风压转换为电阻的变化，以控制电动机的转矩大小，使其达到最佳的工作状态。

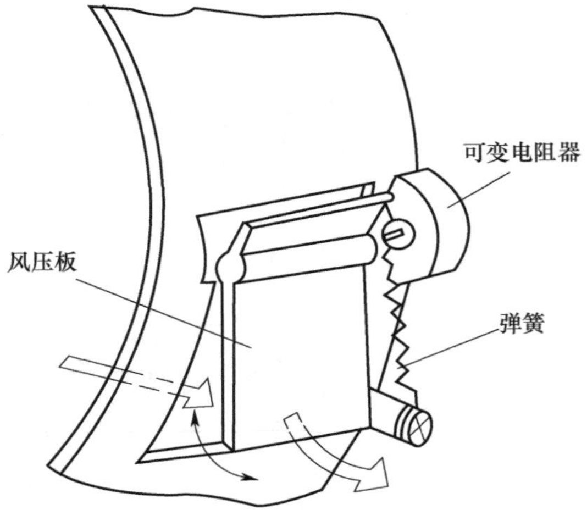

图 11-10　吸尘器风压传感器的结构示意图

5. 传感器在室内空调中的应用

目前，家用空调器大都采用由传感器检测并用微机进行控制的模式，其组成如图 11-11 所示。在空调器的控制系统中，室内部分安装有热敏电阻和微机，可快速完成室内室外的温差控制、冷房控制及冬季热泵除霜控制等功能。SnO_2 气体传感器可用于测量室内空气的污染程度，当室内空气污染超标时，通过空调器的换气装置自动进行换气。

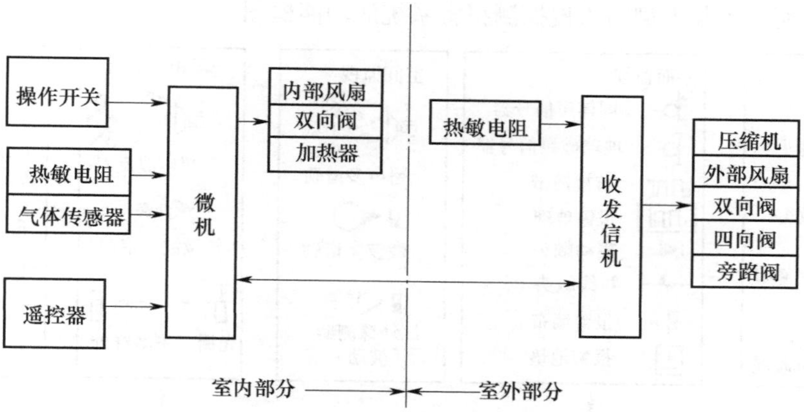

图 11-11 空调器的控制系统组成

11.1.2 传感器在防盗报警系统中的应用

1. 防盗报警系统的组成和功能

防盗报警装置或系统大体上可分为微型、小型、中型和大型 4 种。无论哪种类型的防盗报警装置或系统，都由传感器（或探测器）、控制器、警报产生部分、声光报警部分和供电电源等基本部分组成。各部分的配置，视安全防范技术要求、用途和场合分别设计，可简单可复杂，可大可小。电子防盗报警装置的基本组成如图 11-12 所示。

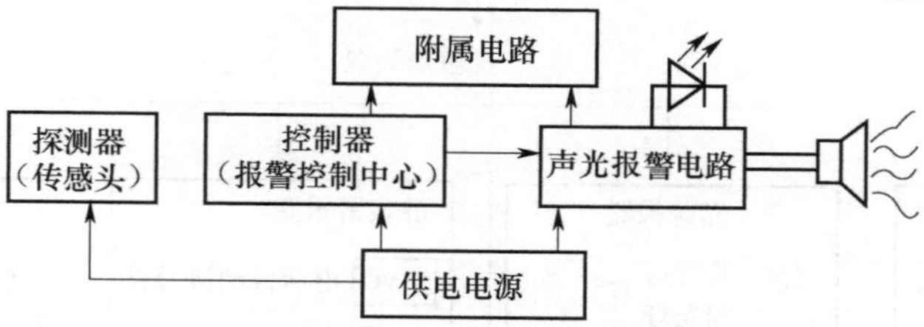

图 11-12 电子防盗报警装置基本组成框图

小型报警装置，常称为控制器；中、大型报警装置（或系统）防范区域大、功能多，可称为控制中心或报警调控中心。控制中心可把防范区内的各小区探测点和探测网络汇集到该控制点，即实现联网。探测信号通道也称信道，信道通常分为有线信道和无线信道两种。有线信道将各个探测区段、探测点的探测信号通过双绞线、电话线、电缆或光缆传输给控制器或控制中心；无线信道是通过无线电波进行信号传输的。通常，先对探测信号进行调制（AM 或 FM 等），然后通过专用的无线电频道进行传输。控制器或控制中心的无线电接收机对载有探测信号的载波信号进行接收、解调，还原出入侵探测信号。

声光报警电路通常包括触发器、声光信号产生器和音频功率放大器等。报警装置的供电电源一般都配备有交流电源和直流电源（如电池组、蓄电池等）。直流电源应能和交流电源自动切换，并能维持报警装置或系统连续工作不少于 45 h。

对于中、大型报警系统或装置，可以设置一些附属电路以协助控制中心完成各种控制及防范工作。设置记录装置，包括语音、摄像、录像等，以随时记录外界突发或入侵情况、犯罪过程，警情发生时间、终止时间等，为事后分析警情、破案提供第一手证据或资料。

图 11-13 所示为某大型防入侵探测报警系统的功能框图。

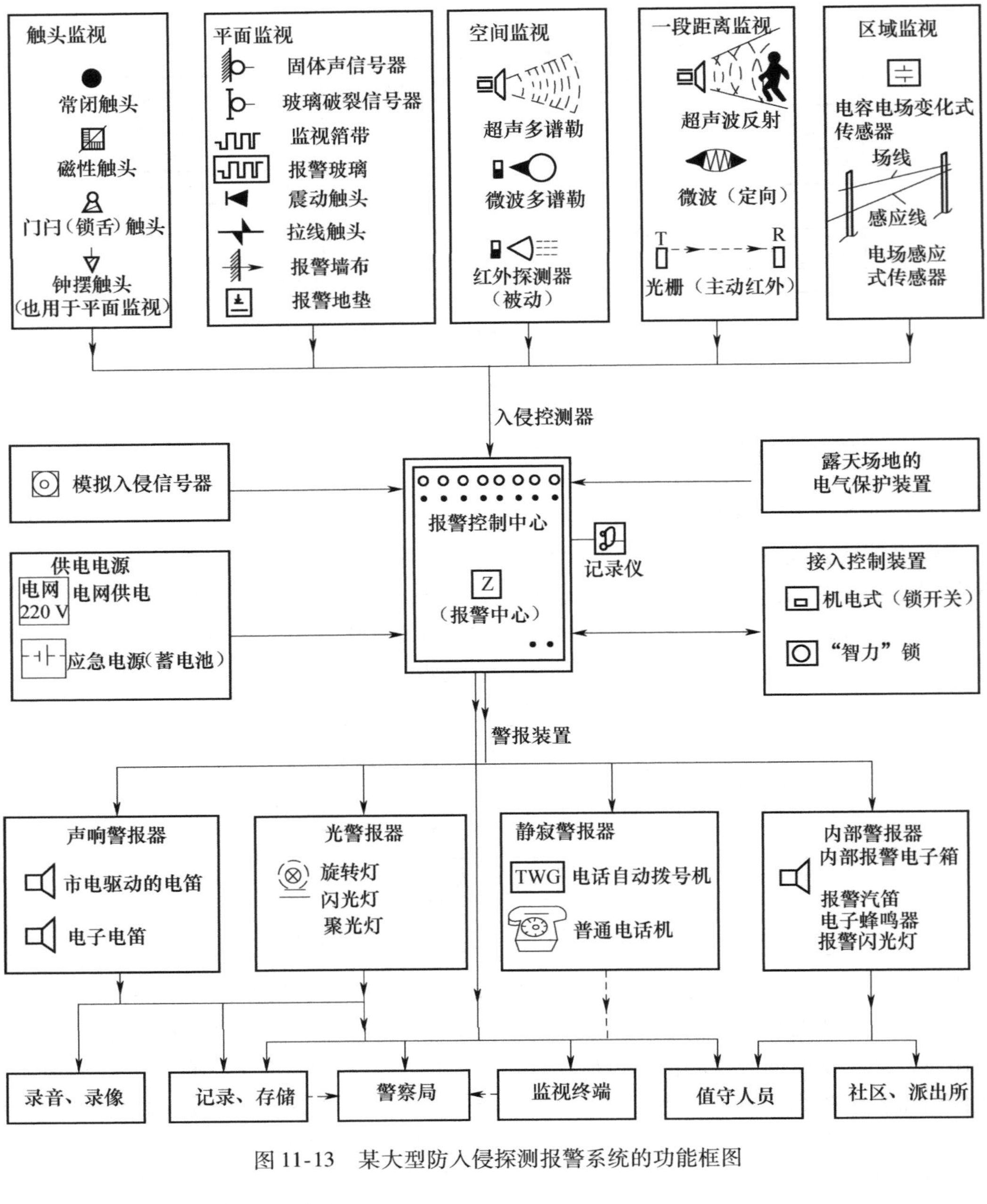

图 11-13 某大型防入侵探测报警系统的功能框图

2. 入侵探测器的类型和选择

（1）入侵探测器的选择原则。根据防范技术要求和实际使用场合，入侵探测器可选用不同信号的传感器，如位移、震动、压力、红外等单传感技术方式，也可采用双传感技术方式或组合探测方式。入侵探测器的类型和级别，应根据防范技术要求、工作环境或场合来选择。

入侵探测器的使用环境可分为室温、一般条件及室外严酷环境 3 种。按照正常条件下平均无故障工作时间（MTBF），入侵探测器分为 4 级：A 级（1 000 h）、B 级（5 000 h）、C 级（2 000 h）和 D 级（6 000 h）。入侵探测器在正常气候条件下连续 7 天工作应不出现误报和漏报现象，其灵敏度和探测范围的变化不应超过 10%。

（2）入侵探测器的类型及其特点。入侵探测器的类型很多，常见的有震动、超声波、微波、红外、电场畸变、开关和激光式探测器等。震动式入侵探测器有机械式、电动式和压电式等，可用于入侵者的走动，门、窗的相对移动或震颤以及保险柜发出的震动等点的探测。开关型报警器有磁控开关、微动开关、压力垫，或用金属条、金属箔、金属丝等，也属于点控制型传感头。电场畸变探测器主要用于户外的周界防范，一般可保护 300 ~ 500 m 的周界。超声波、微波和红外式探测器可用于空间探测。激光是一种特殊光源，可归类于主动式红外探测。表 11-1 列出了超声波、微波和红外探测技术的警戒功能、工作特点和适于（不适于）工作的环境条件，供选型时参考。

表 11-1　几种探测器的工作特点和性能

探测方式 / 项目	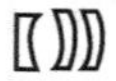 超声多普勒方式	 微波多普勒方式	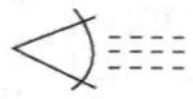 热释电红外探测方式	 （收）（发） 主动红外探测方式
视场及监视图（主要检测运动方向）	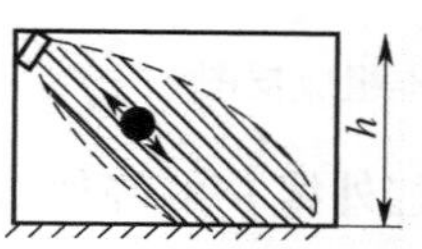	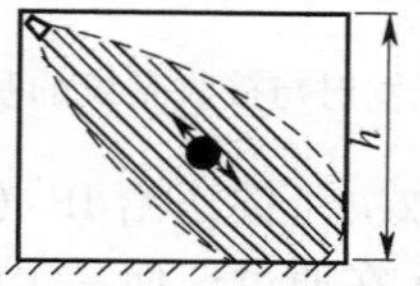	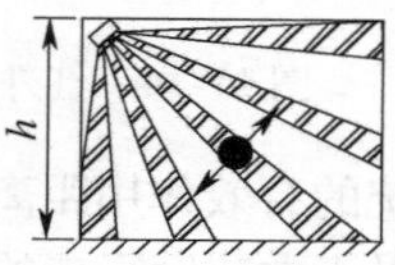	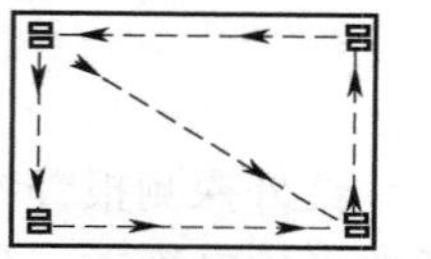
每部探测器标准监视范围的有效距离	随探测器不同，30 ~ 50 mm² 时可达 14 m	随探测器不同，150 ~ 200 mm² 时可达 25 m	随探测器不同，60 ~ 80 mm² 时室内 12 m，走廊 60 m	随探测器不同，其探测的距离也会发生变化
典型应用（监视）	大、小室内空间，部分空间，小范围	长、大的空间，部分空间监视，大空间中的小范围	大、小空间，整体或局部空间，小范围，同时作火焰信号器	室内、走廊、过道
同一空间多个探测器	谨慎使用	谨慎使用	可以用	可以用
引起误报警的可能原因	①超声范围的强噪声；②热风供暖装置；③有物体（如小家畜）活动；④空气（湍流）；⑤墙不稳固；⑥附近有干扰影响	①金属物体的反射使高频射束偏移；②射频束穿过墙、窗；③有物体（如小家畜、电风扇）晃动；④墙不稳固；⑤电磁的影响	①温度变化快的热源，如灯泡、电加热器、明火；②有强光、强弱变化光直接照射；③有物体（如小家畜）活动	同热释电红外探测方式
电耗，标准值	每个 20 ~ 150 mA	每个 20 ~ 200 mA	每个 8 ~ 20 mA	每个 20 ~ 400 mA

3. 主动式红外入侵探测报警技术

主动式红外探测报警是指由探测装置发射红外光束，并接收被测物遮挡光束的信号，然后进行报警的方式。主动式红外探测报警器属于直线红外光束遮挡型，一般采用较细的平行光束构成一道人眼看不见的封锁线，当有人穿越或遮断这条红外光束时，启动报警控制器，发出声光报警信号。

（1）主动式红外探测报警器的组成及工作原理。如图11-14所示，主动式红外探测报警器由红外发射机、红外接收机和报警控制器等组成。分别置于发、收端的光学系统一般采用光学透镜，将红外光聚焦成较细的平行光束，形成警戒线。按红外光束的形式，分为单音脉冲式、载波调制式和有消隐波门的红外探测报警系统。在红外探测报警系统中，一般采用脉冲编码方式。

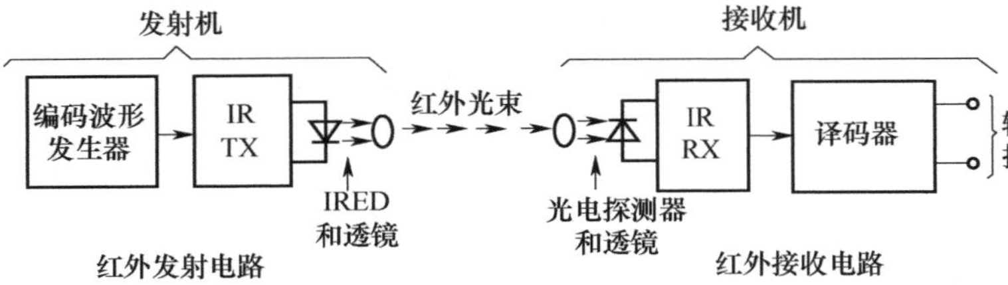

图11-14　红外光发射与接收系统的基本组成框图

红外探测报警系统的有效作用距离取决于馈送给IR（红外线）的峰值电流，而不是其消耗的平均电流。一个以正常速度行走的人在通过任何一个给定场点时，约需200 ms，PIR（被动式红外传感器）只需以远小于200 ms的周期重复发射即可，如周期为50 ms、发射持续时间为1 ms的20 kHz的脉冲列。这样，在保证决定有效作用距离不变的情况下，载波调制方式所消耗的电流仅为单音脉冲方式所消耗电流的1/50。这就极大地降低了对红外发射器和发射功率的要求，同时也使发射效率大为提高。

（2）主动式红外探测报警器的安装方式和防范布局。选取合适的遮光时间进行报警对于主动式红外探测报警器至关重要。若遮光时间选得过短，某些外界干扰（如电磁干扰、背景光变化、小鸟飞越、小动物穿过等）会引起误报警；若遮光时间选得过长，则可能导致漏报。若来犯者以10 m/s的速度通过镜头的遮光区域，人体最小粗度为20 cm，则穿越者最短遮光时间为20 ms。光束被人体遮挡超过20 ms时，系统就会报警，而小于20 ms时不会报警。这样，较小的活动体，如小动物、昆虫等不会导致误报。

主动式红外探测报警器可根据防范要求以及实际防范区大小、形状的不同，视具体情况布置单光束、双光束或多光束，分别形成警戒线、警戒墙、警戒网等不同的封锁布局。例如：红外发射机（T）和接收机（R）对向放置，形成单光束或多光束的红外警戒线；成对发、收装置对射，可构成红外警戒面；采用反射镜（转向镜）形成红外警戒线、警戒面或警戒网。对于有分岔的长走廊，可用一个红外发射器、两个反射镜和安装在走廊两端的两个红外接收器进行红外警戒；对于远距离主动红外警戒，可采用中继方式。

（3）主动式红外探测报警器的安装注意事项。安装主动式红外探测报警器时应注意隐蔽、防破坏，防热、光、电气和小动物、昆虫及落叶等干扰。

4. 被动式红外探测报警技术

被动式红外探测报警器即热释电红外探测器，它不需要附加红外光源就可以接收被测物的辐射。这种探测器具有二维探测、识别特性，且必须满足两个条件才能报警，即具有一定体温的生物体和具有一定的移动速度。被动式红外探测报警器对人体有很高的灵敏度，常用于室内和空间的立体防范。

1）被动式红外探测报警器与菲涅尔透镜的配接

根据被动式红外探测报警器（PIR）的结构、警戒范围及探测距离的不同，大致可分为单波束型红外探测报警器和多波束型红外探测报警器两种。

单波束型红外探测报警器是由红外传感器和曲面反射镜组成的，反射镜将来自目标的红外光能会聚在红外传感器上。单波束型红外探测报警器的警戒视场角较窄，一般在5°以下。但由于能量集中，故探测距离较远，可长达100 m左右，适合探测狭窄的走廊、过道，封锁门窗、道口等。

多波束型红外探测报警器采用菲涅尔光学透镜聚焦。菲涅尔透镜通常是由在聚乙烯材料薄片上压制的宽度不同的分格竖条制成的。如图 11-15 所示，单个竖条平面实际上是一些同心的螺旋线形成多层光束结构的光学透镜，在不同探测方向呈多个单波束状态，组成立体扇形监测区域。当有人在菲涅尔透镜前面穿过时，人体发出的红外线就不断通过红外的“高灵敏区”和“间隔区”（空区或盲区），形成时有时无的红外光脉冲。因此，菲涅尔透镜与红外传感器组成的红外探测报警器提高了检测活动体的灵敏度，极大地提高了红外探测距离。

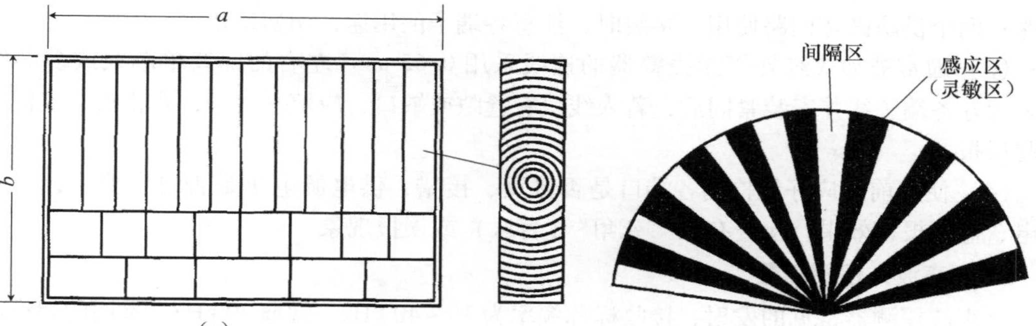

（a）　　（b）

图 11-15　菲涅尔透镜的构造及其水平视场示意图
（a）菲涅尔透镜的构造；（b）水平视场示意图

根据技术要求，菲涅尔透镜有不同的规格，以及不同的结构和几何尺寸。如图 11-16 所示，菲涅尔透镜的透镜面与传感器之间应保持规定的距离，不同的透镜有不同的距离。

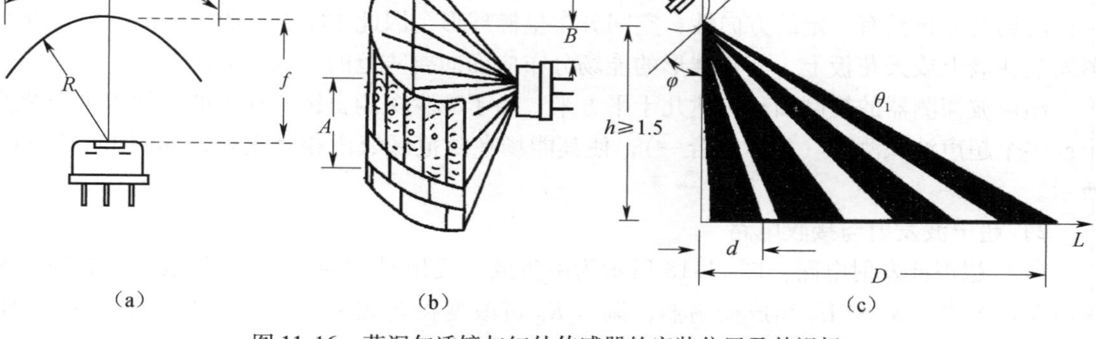

（a）　　（b）　　（c）

图 11-16　菲涅尔透镜与红外传感器的安装位置及其视场
（a）传感器置于透镜焦点处；（b）在透镜中的位置；（c）垂直视场图

2）被动式红外探测报警器的布置和安装注意事项

（1）选择安装位置时，应使探测报警器具有最大的探测、警戒范围，使可能的入侵者都处于红外探测的水平（面）和垂直（面）视场范围之内。一般安装在走廊的两端。安装在房间内时，要注意探测报警器的窗口与监测区的相对角度，壁挂式一般安装在墙角比安装在墙面上效果好，安装高度为2～4 m。

（2）应使入侵者的活动有利于横向穿越红外监视光束带区，以提高探测灵敏度。

（3）热释电红外探测头不应对准任何温度会快速变化的物体及强光源，防止误报。若无法避免热源，则离热源的距离至少在1.5 m以上。

（4）红外探测报警器应远离强功率源（如变压器、电机等）和耗电源（如电冰箱、微波炉等），防止电磁干扰，避免误触发、误报。

（5）红外探测报警器的视场区内不应有高大的遮挡物和电风扇叶片的干扰、遮挡。

3）被动式红外探测报警器的安装程序

（1）将红外探测报警器的上盖和底座分开，然后将底座固定在选定的位置上（一般高度 $h=2\sim2.5$ m）。

（2）红外探测报警器通常有6个外接端子：两个接电源 $U+$、$U-$端；两个接报警系统回路；两个供防破坏回路使用。接线时，注意各端子的用途，切勿接错。

（3）通常被动式红外探测报警器的连线采用0.65 mm^2 左右的四线单芯线或多芯线即可。接好各端子线并安装紧固后，若入线口有缝隙或缺口，应填平封好，防止虫、蚁侵入而引起误报。

（4）使用前，应仔细检测各端口是否接反、接错，供电源电压是否符合要求，然后再通电、监测报警效果，检查有无“死角”（盲区）或误报现象。

5. 超声波入侵探测器

超声波探测器常见的发射、接收标称频率为35～40 kHz，常取40 kHz。常用的超声波探测器有UCM－40T/R系列、T/R40－××系列等。超声波探测器按其结构和安装方法的不同，可分为声场型和多普勒型。前者多用于封闭的室内环境，后者防范空间为一椭球形区域，但两者均用于进行超声波空间的探测。

1）超声波探测器的类型

超声波探测器按其结构和安装方法不同分为两种类型：一种是发、收合置的多普勒型；另一种是收、发分置的声场型。探测移动物体时常使用多普勒型超声波探测器，它发射的超声波能场的分布具有一定的方向性，空间分布呈椭球形，因此常将发、收合置的超声波探测器安装在墙上或天花板上，其椭球形的能场分布应面向要防范的区域，如图11-17所示。

超声波探测器的控制面积可达几十平方米。为了减少探测盲区，在大的房间内可安装两个或多个超声波探测器（发、收合一），使其能场在防范区域内相互重叠，如图11-17（c）所示。

2）超声波发射与接收电路

（1）超声波发射电路：图11-18所示为由集成六反相器CC4049构成的数字式超声波振荡电路。图中，H_1 和 H_2 组成振荡器，调节 R_P 可改变振荡频率：$f_0=1/(2.2RC)$；$H_3\sim H_6$ 进行功率放大；C_P 为耦合电容，以避免超声波传感器MA40S2S长时间加直流电压而使特性变差。

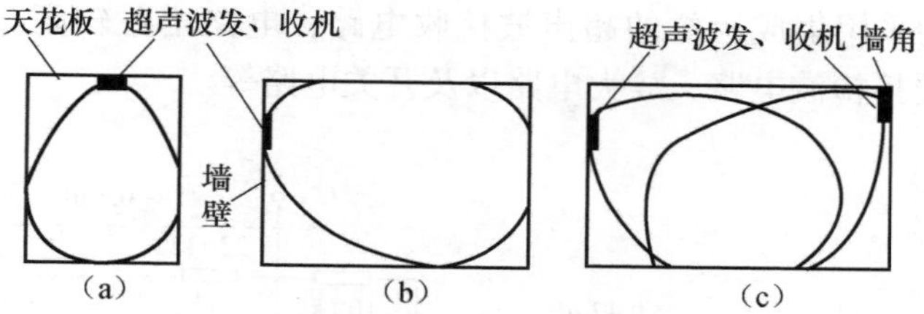

图 11-17　多普勒型超声波探测器的能场分布图

(a) 装在天花板上；(b) 装在墙壁上；(c) 装在墙角

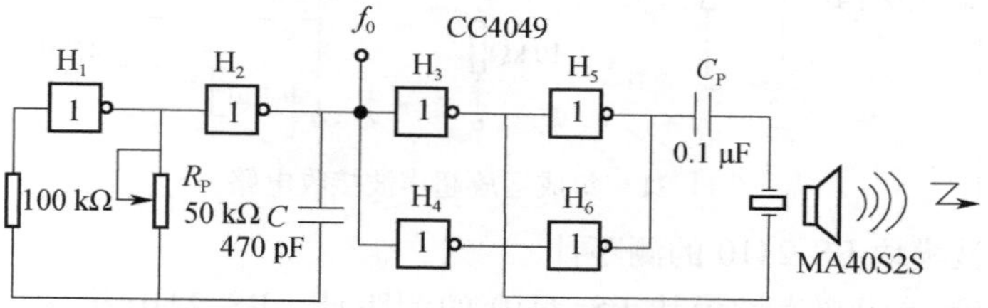

图 11-18　数字式超声波振荡电路

图 11-19 所示为采用脉冲变压器的超声波振荡电路实例。振荡器 OSC 输出 40 kHz 的脉冲信号，其频率可通过 R_P 调节，经放大和脉冲变压器 T 升压后激励超声波传感器 MA40S2S。

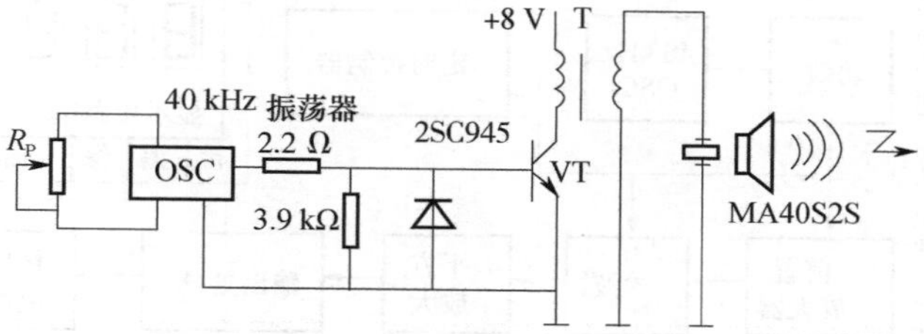

图 11-19　采用脉冲变压器的超声波振荡电路

(2) 超声波接收电路：由于超声波传感器的信号极其微弱，因此，一般要接几十分贝以上的高增益放大器。

如图 11-20 所示，超声波传感器采用 MA40S2R，放大器采用晶体三极管。超声波传感器一般离超声波发生源较远，能量衰减较大，信号微弱（几毫伏），因此，实际应用时要加多级放大器。

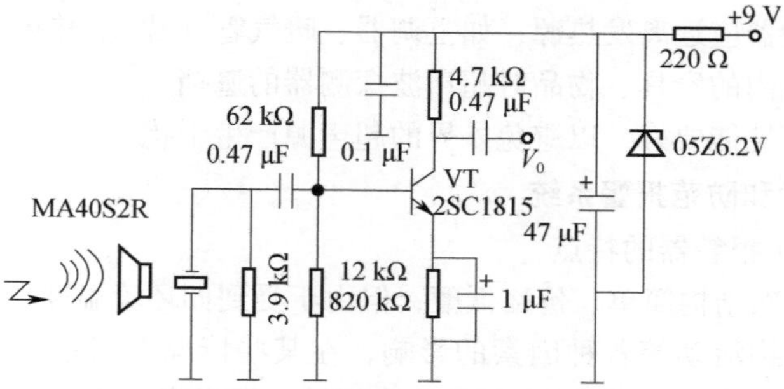

图 11-20　晶体管超声波接收电路

图 11-21 所示为采用集成运放的超声波接收电路，电路增益较高。电路输出为高频电压，实际上后面还要接检波电路、放大电路以及开关电路等。

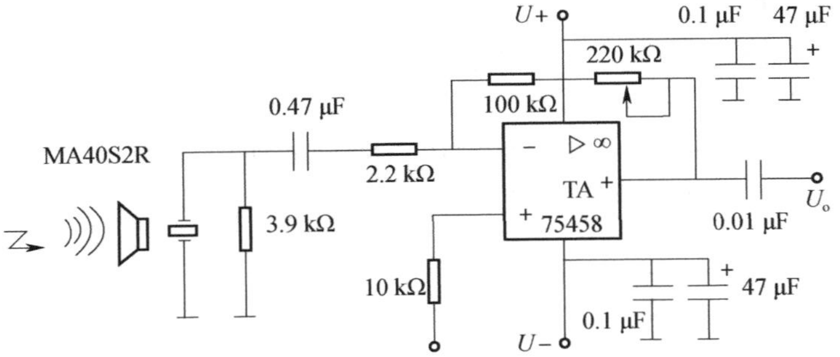

图 11-21　集成运放超声波接收电路

3）采用超声波模块 RS-2410 的测距计

图 11-22 所示为采用超声波模块 RS-2410 的测距计，RS-2410 模块内有发送与接收电路，以及相应的定时控制电路等。KD-300 为数字显示电路，用 3 位数字显示 RS-2410 的输出，单位为 cm。因此，显示最大距离为 999 cm。

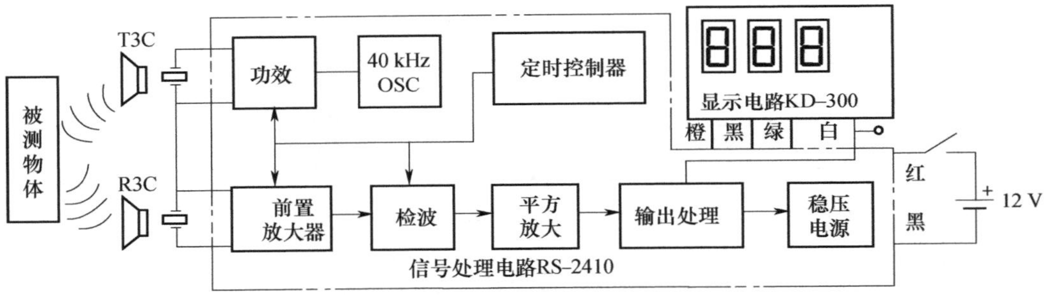

图 11-22　采用超声波模块的测距计

这种超声波测距计能测的最大距离为 600 cm 左右，最小距离为 2 cm 左右，但应满足被测物体较大、反射效率高、入射角与反射角相等的条件。

4）超声波探测器安装注意事项

（1）应使超声波探测器的发射角对准来犯者最有可能进入的通路。当入侵者面向或背向探测器走动时，探测灵敏度较高。

（2）超声波探测器应远离发热源，如空调器、暖气管（片）、热风机等。

（3）注意避免室内的家具、物品对超声波探测器的遮挡。

（4）房间的隔声性能要好，以避免外界的超声源产生干扰。

6. 复合探测技术和防范报警系统

1）复合探测技术报警器的特点

单技术探测器虽然结构简单、价格低廉，但由于受到如环境温度、震动、冲击、光强变化、电磁干扰、小动物活动等各种因素的影响，在某些情况下误报、漏报率会相当高。例如，英国苏格兰警方 1985 年共收到约 20 000 次报警，误报率为 98%。

复合探测技术是将两种或两种以上的探测技术结合在一起，以“相与”的关系来触发报警装置。表 11-2 列出了几种单探测技术和双探测技术报警器误报率的比较。可以看出，微波－热释电红外探测双技术报警器的误报率最低。热释电探测器可消除微波探测器受电磁反射物和电磁干扰的影响，而微波则减轻热释器件受温度变化的影响。因此，这是一种最为理想的组合，应用广泛。有些报警产品中还有温度自动补偿电路及抗射频干扰措施。

表 11-2 单、双探测技术报警器误报率比较

项目	单探测技术报警器				双探测技术报警器			
报警器种类	声控	超声波	微波	热释电	超声波－热释电	超声波－微波	热释电－热释电	微波－热释电
误报率	80% ~90%				40% ~58%			1%
可信度	最低				中等			最高

2）复合探测技术报警器的安装

双探测技术报警器按结构分为一体式和分体式两种。分体式的报警器安装较麻烦，但优点是可按照各探测方式的特点和实际现场进行安装，使每种探测器调整到最佳灵敏度。

超声波－热释电红外双技术探测器的安装：图 11-23 所示为热释电红外－超声波双技术探测器的分体安装示意图及其视场范围。两种探测器分别安装在房间内的不同位置。

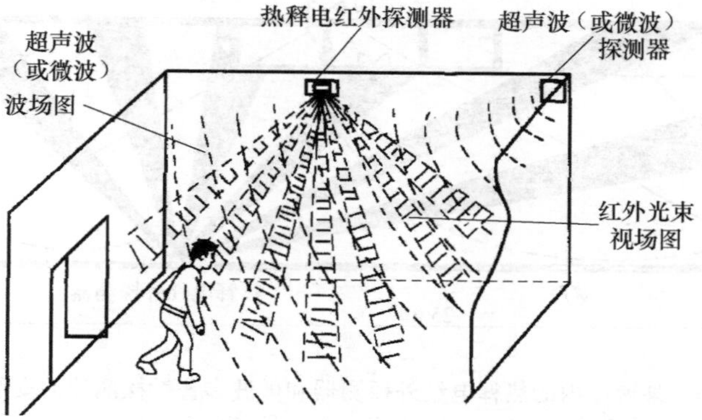

图 11-23 分体式超声波－热释电红外双技术探测器的最佳安装示意图

根据视场探测模式的不同，可将热释电红外探测器直接安装在天花板上、墙上或墙角处。选择安装位置时，要注意使用于犯者闯入时必须横向穿越红外光束带区。

由于多普勒型超声波探测器（或微波多普勒探测器）对径向移动的人有最高的探测灵敏度，因此，安装时应将这两种探测器安排成相互垂直的状态。

微波－热释电红外双技术探测器的安装：安装微波－热释电红外双技术探测器时需注意以下事项。

（1）两种探测器的灵敏度采取折中的办法，即两者在防范区内保持均衡，二者兼顾。

（2）安装微波多普勒探测器时，应使探测器正前方的轴向方向与来犯者最有可能会穿越的主要方向约呈 45°为宜。

例 11-1 如图 11-24 所示，在放置贵重物品的房间内，在墙角和墙壁上（$h=2.5\ \text{m}$）分别装有微波多普勒探测器和热释电红外探测器，两者的视场覆盖了整个房间、门和窗户。

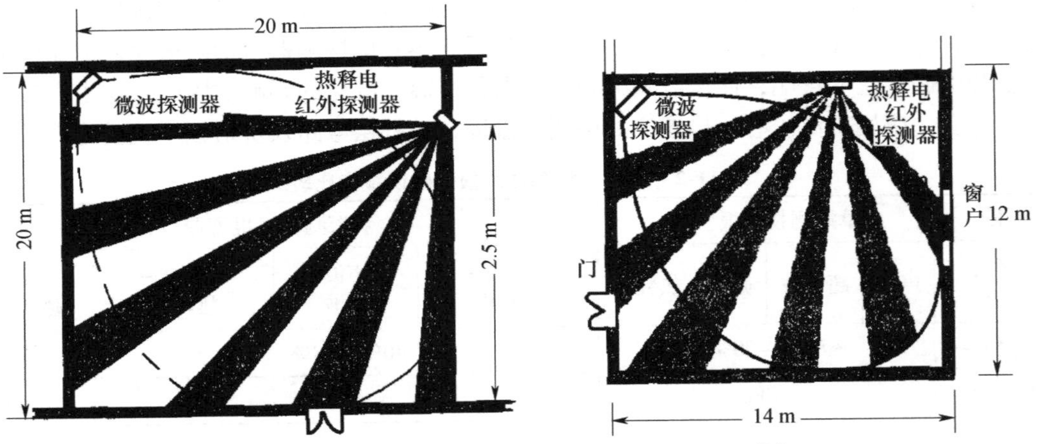

（a）　　　　（b）

图 11-24　装有微波多普勒探测器和热释电红外探测器的房间

（a）热释电红外探测器安装在墙壁上；（b）热释电红外探测器的吊顶安装

例 11-2　如图 11-25 所示为某长方形展厅内一个热释电红外探测器和两个微波多普勒探测器的安装示意图。

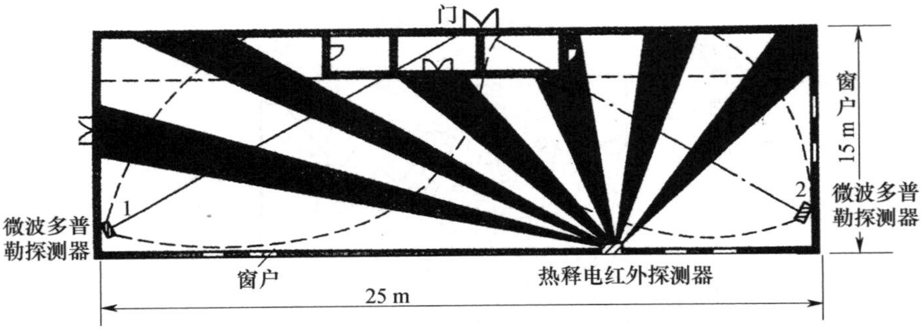

图 11-25　某展厅内的热释电红外探测器和微波多普勒探测器的安装示意图

例 11-3　对于走廊或楼道，由于窄而长，则宜加装一个微波墙式探测器和两个小型热释电红外探测器。它们的布置和安装示意图如图 11-26 所示。

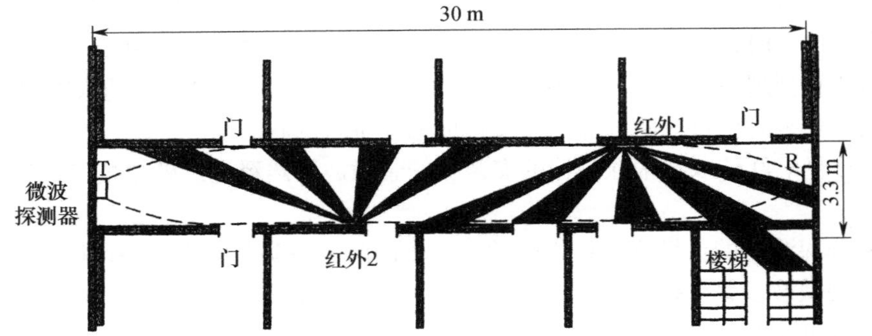

图 11-26　楼道、长廊内热释电红外探测器和微波墙式探测器的布置、安装示意图

图 11-26 中，微波发射器 T 和微波接收器 R 各备有一个微波定向天线，形成一个 3 m×3 m×3 m（宽×高×长）的微波监视场。采用微波定向天线可形成定向性很好的调制微波束，覆盖了整个长廊的各房间门口和楼梯间。

图 11-26 中的热释电红外探测器有两个（红外 1 和红外 2），它们错开对放。当入侵者进入廊道时，使入侵者的活动有利于横向穿越其红外视场区，以便有较高的探测灵敏度。

11.1.3 传感器在火灾探测报警系统中的应用

"水火无情"，自古以来，火灾与水灾并列为灾害之首，而火灾发生的次数又居各种灾害之首。火灾的发生是随机的，要减少火灾造成的损失，早期准确预报火灾是关键。目前用于火灾探测器的传感器主要有感烟传感器、温度传感器、火焰传感器、气体传感器等。

1. 火灾的信息检测

火灾是一种失去人为控制并造成一定损害的燃烧过程。火灾过程中产生的气溶胶、烟雾、光、热和燃烧波称为火灾参量，火灾探测就是通过对这些火灾参量进行测量和分析，以确定火灾的过程。

1）火灾的分类

（1）根据火灾发生场所分类：有森林火灾、地下煤火灾、车辆火灾、草原火灾、建筑火灾和船舶火灾等。

（2）根据引起火灾的原因分类：有自然火灾和人为火灾。一般情况下，人为火灾占建筑火灾的 99%、森林火灾的 90%，绝大部分是由于用火不慎、电器设备陈旧、违反安全操作规程等造成的。

（3）根据燃烧对象分类：分 A、B、C、D 类。一般固体的火灾为 A 类，液体火灾和燃烧时可熔化的某些固体火灾为 B 类，气体火灾为 C 类，D 类是活泼金属（钾、钠、镁、钛、钾钠合金和镁铝合金）、金属氢化物（氢化钠、氢化钾）、能自动分解的物质（有机过氧化物、联氨）和自燃物质（白磷等）的火灾。这种分类方法是灭火方法的依据。

（4）根据起火原因分类：有地震、火山、旱灾、风灾、高温、爆炸、雷击、战争、恐怖行动、生产事故、交通事故和电气火灾等，属于其他火灾引起的次生灾害，应注意预防。

2）室内火灾的发展过程

建筑火灾最初发生在建筑物内的某个房间或局部区域，然后蔓延到相邻房间或区域，最后扩展到整个建筑物和相邻建筑物。室内火灾的发展过程可分为 4 个阶段，即起始阶段、闷烧阶段、火焰（燃烧）阶段及散热阶段。

（1）初始阶段：散发出不可见的微粒物质，尚未出现可见的烟雾、火焰或相应的热散发。

（2）闷烧阶段：可以看到大量像烟雾一样的微粒，尚未出现火焰和相应的热散发。

（3）火焰阶段：实际的火焰已存在，相应的热尚未散发，但立即将出现热散发。

（4）散热阶段：不可控的热量迅速散发到空气中。

在火灾发展的每一个阶段，都要求有专门的传感器。在火灾爆发的前期，首先出现的是可见的烟雾和 CO、CO_2 等标志性气体，通过烟雾探测和气体检测可以早期预报火情，从而挽救人员的性命，拯救建筑物免遭彻底损坏。在火焰阶段可使用火焰探测器，在散热阶段可应用温度传感器。因此，可靠的火灾探测器往往采用三参量或四参量的复合探测器。

2. 火灾探测器产生型号的编制方法

由火灾传感器构成的火灾探测器，其产品型号的编制方法按照《中华人民共和国专业标准 ZBC8100—1984》进行编制，火灾探测器产品型号编制方法如图 11-27 所示，共 7 项。

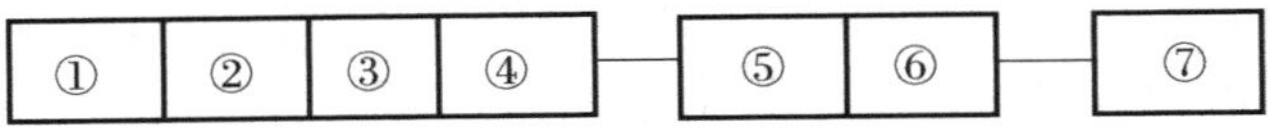

图 11-27　火灾探测器产品型号编制方法

①J（警）：消防产品中的分类代号（火灾报警设备）。

②T（探）：火灾探测代号。

③火灾探测器分类代号。各类探测器表示为：W（温），感温探测器；Y（烟），感烟探测器；G（光），感光探测器；Q（气），可燃气体探测器；F（复），复合探测器。

④应用特征代号。B（爆），防爆型；C（船），船用型。非防爆型和非船用型省略。

⑤⑥敏感元件特征代号。LZ（离子），离子型；GD（光、电），光电型；MD（膜、定），膜盒定温型；MC（膜、差），膜盒差温型；MCD（膜、差、定），膜盒差定温型；SD（双、定），双金属定温型；SC（双、差），双金属差温型；GW（光、温），感光感温复合型；GY（光、烟），感光感烟复合型；YW-HS（烟温-红束），红外光束感烟感温复合型。

⑦主参数：表示定温、差定温用灵敏度级别。

3. 温度探测器

1）温度探测器的分类

由温度传感器构成的温度探测器，按工作方式分为定温型、差温型和差定温型；按探测器外形分为点型和线型；按感温元件分为机械型和电子型，其中机械型逐渐被淘汰。定温探测器探测的是某段较长时间内温度增加量的积分；差温探测器探测的是某段时间内温度的变化率或某段时间内温度的增量。

2）电阻型感温探测器

（1）差定温感温探测器：如图 11-28 所示，差定温感温探测器采用两只 NTC 热敏电阻，其中采样 NTC（R_M）位于监视区域的空气环境中，参考 NTC（R_R）密封在探测器内部。当外界温度缓慢升高时，R_M 和 R_R 电阻都减小，R_R 作为 R_M 的温度补偿元件，当温度达到临界温度后，R_M 和 R_R 的电阻值都变得很小，R_A 和 R_R 串联后，可忽略 R_R 的影响，R_A 和 R_M 就构成了定温感温探测器。当外界温度急剧升高时，R_M 的阻值迅速下降，而 R_R 的阻值变化缓慢，由 R_A 和 R_R 串联后，再与 R_M 分压，当分压值达到或超过阈值电路的阈值电压时，阈值

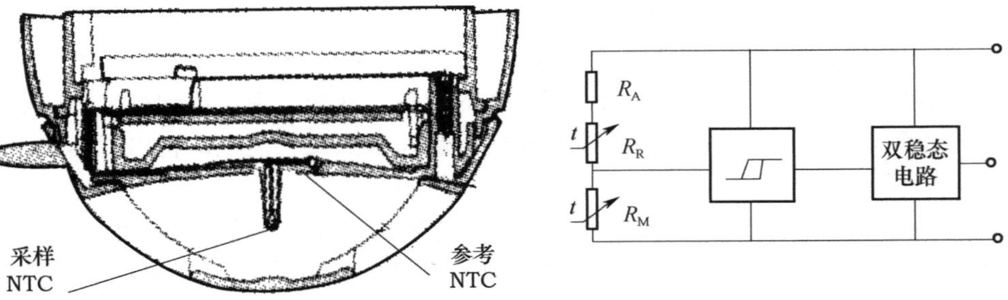

（a）　（b）

图 11-28　电阻型感温探测器

（a）结构；（b）电路原理

电路的输出信号促使双稳态电路翻转，双稳态电路输出低电位经传输线传到报警控制器，发出火灾报警信号，这就是差定温感温探测器的工作原理。

（2）定温式热敏电阻探测器：如图 11-28 所示，除去参考 NTC（R_R），将采样 NTC（R_M）换成临界热敏电阻 CTR，就成为定温式热敏电阻探测器。由于在临界温度以下，CTR 热敏电阻在正常情况下阻值高，并且随环境温度的变化不大，因此，这种探测器的可靠性高。

其他的温度传感器，如 PN 结温度传感器、集成温度传感器、激光-光纤温度传感器等，都可以用于构成火灾温度探测器。

4. 火焰探测器

由火焰传感器构成的火焰探测器是基于对火焰发出的红外（IR）或紫外（UV）辐射进行检测。火焰发出的辐射光几乎会立即到达探测器，而烟雾中的悬浮物飘至探测器则需要一定的时间。因此，火焰检测器对明火的检测十分迅速，比烟雾探测器响应快得多。

1）紫外火焰探测器

紫外火焰探测器的结构如图 11-29 所示，探测器采用图 11-30所示的圆柱状紫外光敏管和一些光学元件、信号处理器及外保护层等组成防爆型结构。紫外火焰探测器可采用图 11-31 所示的电路，也可在电路输出端加电子开关电路，输出开关信号。

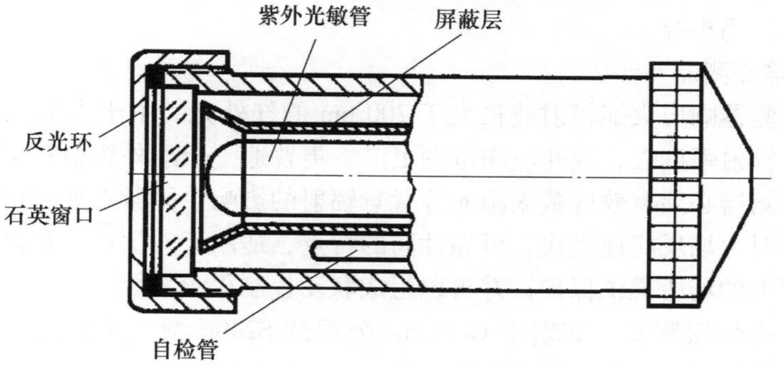

图 11-29　紫外火焰探测器的结构图

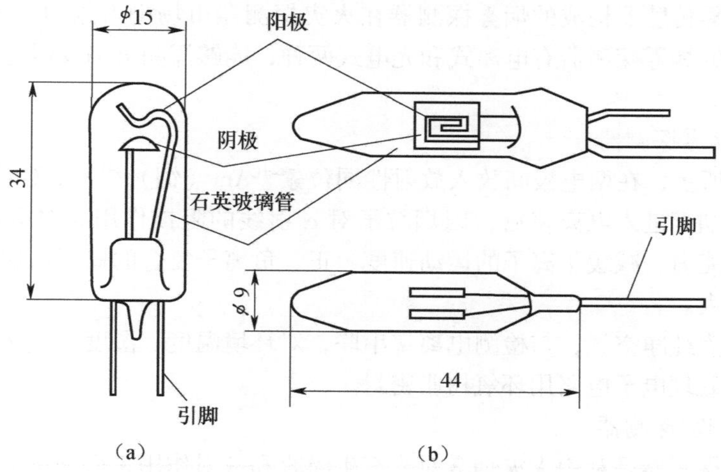

图 11-30　紫外光敏管的外形结构图

（a）顶式；（b）卧式

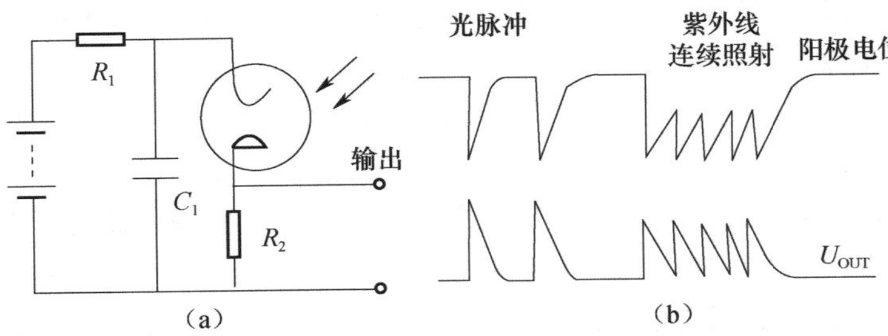

图 11-31 紫外火焰探测器的基本电路及输出波形
（a）基本电路；（b）输出波形

紫外火焰探测器组成的火灾报警系统往往同灭火系统联动，组成一个完整的自动灭火系统。例如同卤代烷1211、卤代烷1301以及水喷雾、雨淋和预作用灭火系统等组成自动灭火系统。这种系统的特点是快速报警和快速灭火，因此，它适用于对生产、存储和运输高度易燃物质时危险性很大的场所提供保护。例如，油气采集和生产设施；炼油厂和裂化厂；汽油运输的装卸站；轮船发动机房和储存室；煤气生产和采集装置；丙烷和丁烷的装载、运输和存储；氯生产设施；弹药和火箭燃料的生产和存储；镁及其他可燃性金属的生产设施；大型和主要货物仓库、码头等。

2）红外火焰探测器

红外火焰探测器响应火焰辐射波长大于700 nm的红外光。由于火焰红外辐射比紫外辐射谱带范围宽、辐射强度强，因此应用范围更广、更普遍。但红外辐射背景干扰因素多，因此，红外火焰探测器必须有效屏蔽太阳光等背景辐射的影响。同紫外火焰探测器一样，红外火焰探测器具有对火焰反应速度快、可靠性高的特点，适用于对生产、存储和运输高度易燃物质时危险性很大的场所提供保护，并可以组成联动控制灭火系统。

双通道红外火焰探测器，如瑞士 Cerberus 公司的 S2406 型，具有抗人工光源、阳光照射、各种热源、紫外线、X 射线等干扰的特点。

5. 烟雾探测器

目前，由烟雾传感器构成的烟雾探测器在火灾探测器市场中占据80%份额。在现代建筑物中通常使用的烟雾探测器有电离式和光电式两种，能够探测火焰发展过程中的两个不同阶段。

1）电离式烟雾探测器

如图11-32所示，在两电极间放入放射性同位素^{241}Am（镅），^{241}Am不断放射出α射线，形成电离室。当烟雾进入电离室后，因烟粒子对α射线的阻挡作用和对电离粒子的吸附作用，降低了电离能力，减缓了离子的运动速度，正、负离子复合的概率增加，从而使离子电流减小，电阻增大。

补偿电离室为纯净空气，与检测电离室串联，对环境温度、湿度、气压等自然条件变化进行补偿；信号处理电子电路用环氧树脂密封。

2）光电式烟雾探测器

光电式烟雾探测器是利用火灾烟雾对光产生吸收和散射作用来探测火灾的一种装置。在光路上测量烟雾对光的衰减（吸收）作用的方法，称为减光型探测法；在光路以外的地方测量烟雾的散射光能量的方法，称为散射型探测法。

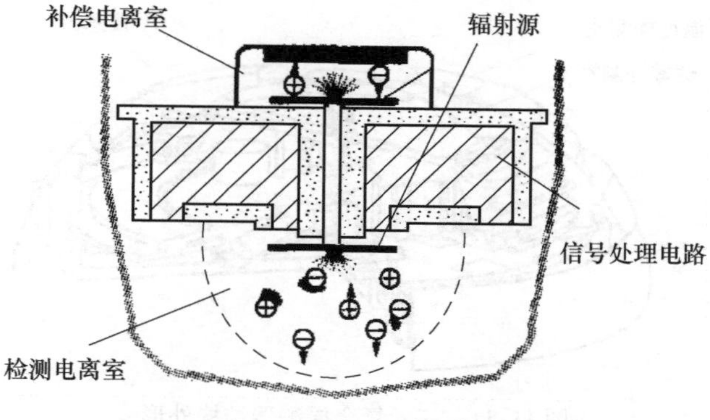

图 11-32 电离式烟雾传感器的结构原理

光电式烟雾探测器对开始慢速发烟的火焰有响应，最适用于起居室、卧室和厨房。因为若这些房间发生火灾，沙发、椅子、褥垫、写字台上的物品等燃烧缓慢，并且会产生比火焰更多的烟雾。与电离式烟雾探测器报警相比，光电式烟雾探测器在厨房区域内也很少出现错误报警。

图 11-33 所示为当前使用的大多数商用光电式散射型烟雾探测器的结构原理图。光源采用近红外(880 mm)发光二极管（1 RED）。为了消除由放大器偏差或漏电引发的可能的错误信号，进行了三次独立的测量。第一次及末一次（M_1 和 M_3）测量在无光脉冲的情况下进行，红外发射器只在第二次（M_2）测量进行时打开 ASIC（专用集成电路）内的集成滤波器，输出就等于 $M_2-(M_1+M_3)/2$。除高性能的电子设备及光学仪器外，还有很多对烟雾探测器而言必要的特色装置：曲径、防护栅、光阻和带有进烟缝的隔离罩。光阻和曲径的功能是防止光在无烟情况下直射接收器；防护栅阻止灰尘、污染物甚至昆虫进入光室中，金属防护栅可以防电磁扰动；隔离罩的形状、曲径及防护栅共同决定烟进入探测器的难易程度。

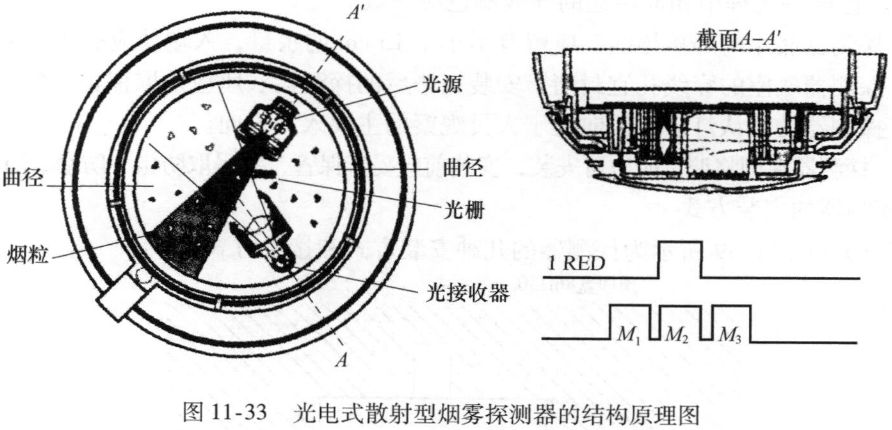

图 11-33 光电式散射型烟雾探测器的结构原理图

6. 三元复合火灾探测器

如图 11-34 所示，将感烟、感温及气体这 3 种火灾探测技术相结合，构成三元复合火灾探测器。复合型探测器算法是其主要关键技术。采用复合偏置滤波算法，将多种火灾信号特征如烟雾信号、CO 气体信号、温度信号综合，提高了火灾探测效率及可靠性。结果表明它对各种标准火均能正确响应，对普通光电烟温复合探测器难以响应的低温升黑烟也能早期报警。

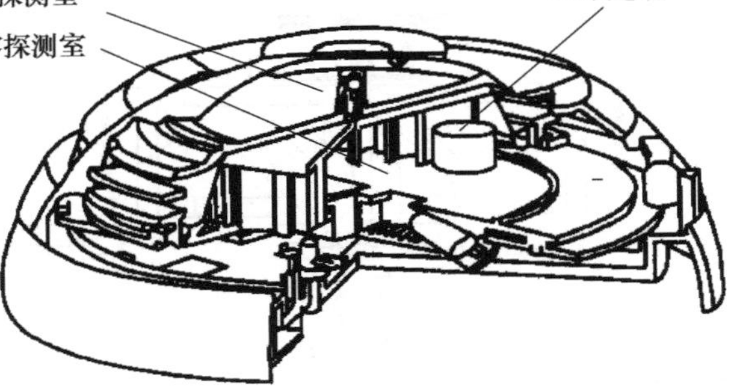

图 11-34　三元复合探测器结构外形

7. 火灾探测器的安装

1）典型火灾探测器的安装注意事项

（1）探测器至墙壁、梁边的水平距离不应小于 0.5 m，周围 0.5 m 内不应有遮挡物。

（2）探测器至空调送风口边的水平距离不应小于 1.5 m，至多孔送风顶棚孔口的水平距离不应小于 0.5 m。

（3）在宽度小于 3 m 的内走道顶棚上，探测器宜居中布置。感温探测器的安装间距不应超过 10 m，感烟探测器的安装间距不应超过 15 m。探测器距端墙的距离不应大于安装间距的一半。

（4）探测器宜水平安装，当必须倾斜安装时，倾斜角度不应大于 45°。

（5）探测器的底座应固定牢靠，其导线连接必须可靠压接或焊接，但不能用助焊剂。

（6）探测器的“+”线应为红色，“-”应为蓝色，其余线应根据不同用途采用其他颜色区分。但同一工程中相同用途的导线颜色应一致。

（7）探测器底座的外接导线，应留有不小于 15 cm 的余量，入端处应有明显标志。

（8）探测器底座的穿线孔宜封堵，安装完毕后的探测器底座应采取保护措施。

（9）探测器的确认灯，应面向便于人员观察的主要入口方向。

（10）探测器在即将调试时方可安装，安装前应妥善保管，并采取防尘、防潮、防腐蚀措施。

2）探测器的安装方式

图 11-35 ~ 图 11-39 所示为探测器的几种安装方式和接线方式。

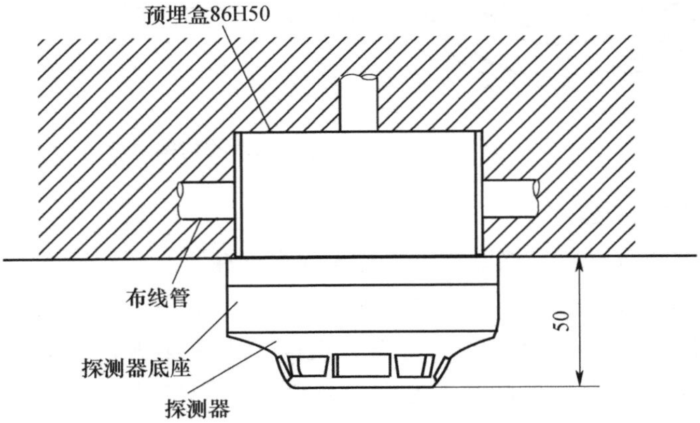

图 11-35　探测器的安装方式

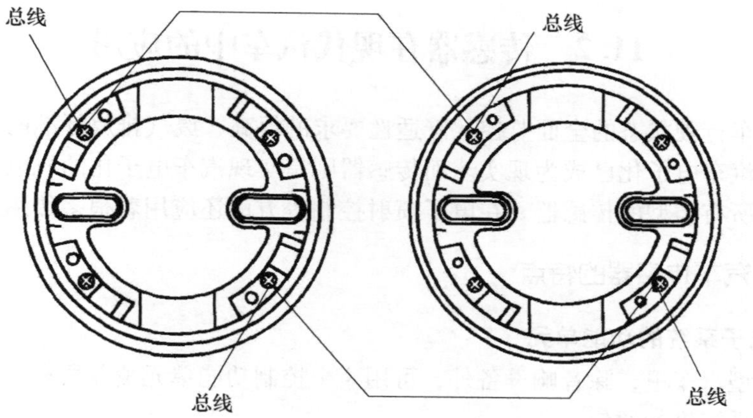

图 11-36 探测器的接线方式

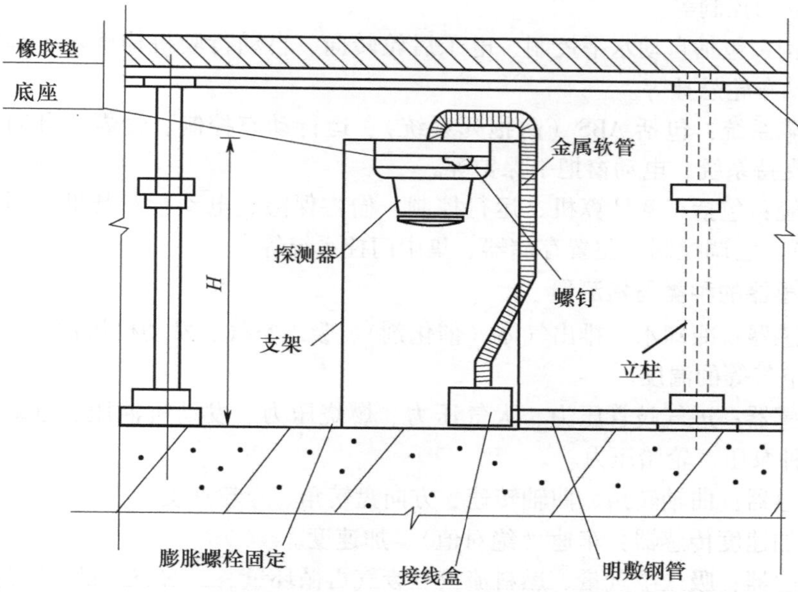

图 11-37 在活动地板下的安装

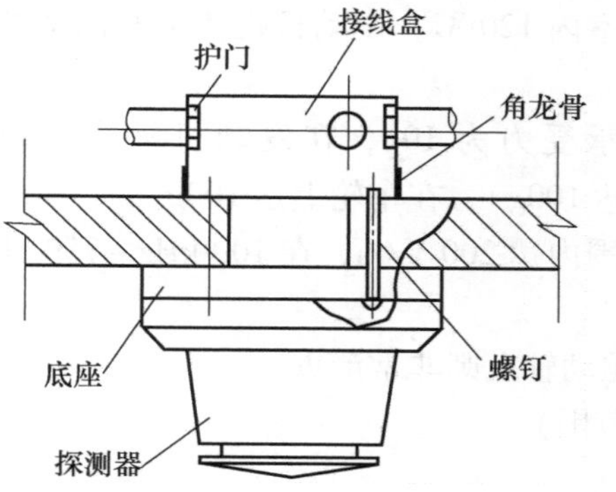

图 11-38 吊顶下的安装图

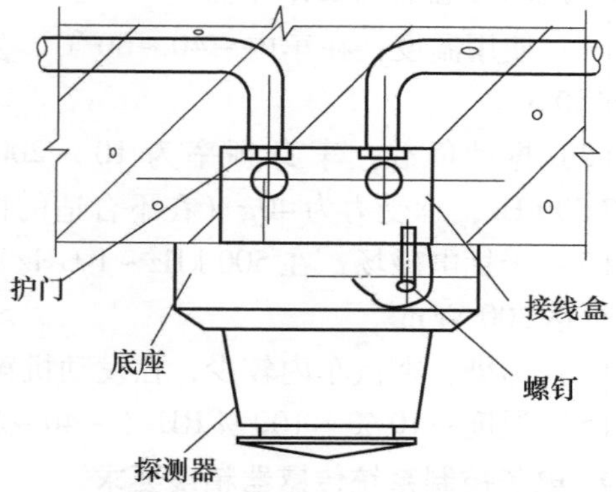

图 11-39 顶板下暗配管安装

11.2 传感器在现代汽车中的应用

随着对汽车行驶状态的全面监控、舒适性要求的提高、废气排放标准的制约以及微电子技术的发展，汽车电子化已成为现实。而传感器则是实现汽车电子化的机电接口。现代汽车中几乎应用了所有类型的传感器。在电子喷射控制等方面还应用着很多传感器技术。

11.2.1 汽车传感器的特点

1. 汽车电子系统的功能单元

在现代大型汽车里，除音响设备外，可用4个控制功能单元覆盖所有汽车电子工作，它们可通过总线系统进行通信。

（1）发动机和驱动装置：包括点火、混合准备、电子发动机功率控制、自动稳定性控制、牵引助动、驱动控制等。

（2）行驶机构：包括自动水平控制、电子后轮转向、自动行驶机构确定、车轮气压控制、主动和半主动车轮悬挂等。

（3）安全保障系统：包括ABS（防抱死系统）、运行动态控制、气囊、自动驾驶滚动环、电控制驾驶支持系统、电动窗把手保护等。

（4）舒适系统：包括车载计算机、运行控制、偷盗保险、电动行车帮助、司机信息系统（目的地引导）、空调控制、位置存储器、集中门控系统等。

2. 汽车用传感器的种类与检测量

（1）温度传感器：冷却水、排出气体（催化剂）、吸入空气、发动机机油、门动变速器液压油、车内外空气等的温度。

（2）压力传感器：进气歧管压力、大气压力、燃烧压力、发动机油压、自动变速器油压、制动压、各种泵压、轮胎压力。

（3）转速传感器：曲轴转角、曲轴转速、方向盘转角、车轮速度。

（4）速度、加速度传感器：车速（绝对值）、加速度。

（5）流量传感器：吸入空气量、燃料流量、废气再循环量、二次空气量、制冷剂流量。

（6）液量传感器：燃油、冷却水、电解液、洗窗液、机油、制动液等的量值。

3. 汽车传感器的工作环境

（1）使用温度：在车内 $-40\sim80$ ℃，发动机室内120 ℃，发动机机体上和制动装置上高达150 ℃。

（2）振动负载：车身频率为 $10\sim200$ Hz，承受力为 $10g$，在发动机机体上频率为 $10\sim2\,000$ Hz，承受力为 $40g$（在不合适的位置上达 $100g$），在车轮上达 $100g$。

（3）干扰电磁场：在500 kHz ~1 GHz频率范围内达200 V/m，在100 kHz ~750 MHz频率范围达300 V/m。

（4）污染：在汽车内较少，在发动机箱内和驱动轴上则非常严重。

（5）湿度：10 % ~100 %RH（$-40\sim120$ ℃范围）。

4. 电子控制系统传感器精度要求

电子控制系统传感器的检测项目和精度要求如表11-3所示。

表 11-3　电子控制系统传感器的检测项目和精度要求

检测项目	进气歧管压力	空气流量	温度	曲轴转角	燃油流量	排气中氧浓度 λ
检测范围	10 ~ 100 kPa	6 ~ 600 kg/h	−50 ~ 150 ℃	10° ~ 360°	0 ~ 110 L/h	0.4 ~ 1.4
精度要求	±2%	±2%	±2.5%	±0.5°	±1%	±1%

11.2.2　压力与流量传感器的应用

1. 压力传感器的应用

汽车上应用的压力传感器较多，用于检测进气歧管压力、气缸压力、发动机油压、变速器油压、车外大气压力及轮胎压力等。它们的主要作用是：歧管压力测定，以控制点火提前角、空燃比和 EGR；气缸压力测定，以控制爆燃；大气压测量，以修正空燃比；轮胎气压监测；变速器油压测量，以控制变速器；制动阀油压测量，以控制制动；悬架油压测量，以控制悬架。

1）油压开关

油压开关用于检测发动机油压，它由膜片、触点和弹簧组成，其构造如图 11-40 所示。

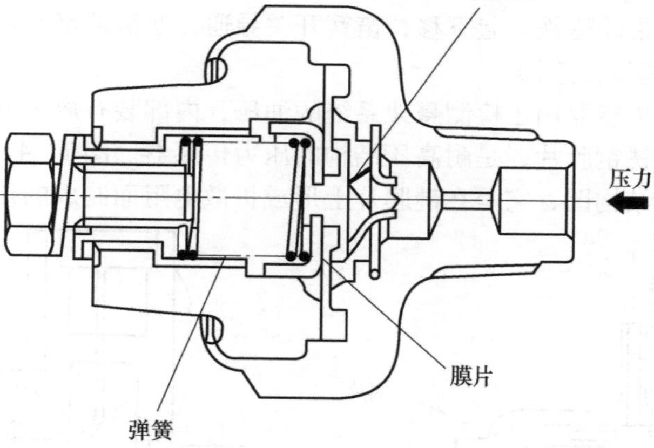

图 11-40　油压开关的构造

当发动机没有油压时，膜片不受压力作用，油压开关的触点闭合，油压指示灯亮；而当发动机在正常油压下工作时，膜片受到压力作用，压缩弹簧，使触点张开，油压指示灯熄灭。

2）油压传感器

油压传感器的作用是控制制动系统中油压助力装置的油压，检测储压器的压力，向外输出油泵接通与断开及油压的异常报警信号。

油压传感器主要是由基片、半导体应变片、弹性敏感元件及壳体构成，如图 11-41 所示。工作时，利用应变片的电阻随形状变化而变化的特性，通过内设的金属膜片检测出压力的变化，并转换成电信号向外输出。

3）真空开关

真空开关主要用于化油器型发动机，其作用是通过测量压力差，来检测空气滤清器是否有堵塞，进而判断空气滤清器的工作状况。真空开关的构造如图 11-42 所示，主要由膜片、

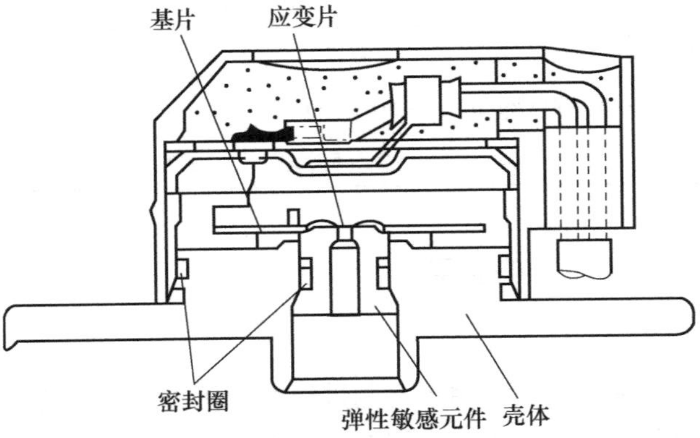

图 11-41　油压传感器的构造

磁铁、笛簧开关、弹簧，以及 A、B 两腔室组成。A、B 两腔室的接口分别与待检测的部位连接，工作时，A、B 腔室之间会产生压力差（假设 $p_A > p_B$），则膜片向负压一侧（B 腔侧）运动，与膜片成为一体的磁铁便随之运动，使笛簧开关导通。

采用真空开关的空气滤清器堵塞检测系统时，将真空开关的 A 腔接口通过管道与大气相连，B 腔接口通过滤清器与发动机相连，工作过程中，当空气滤清器发生堵塞时，即 B 接口处为负压，则膜片带动磁铁一起下移，笛簧开关导通，滤清器堵塞报警指示灯亮。

4）绝对压力型高压传感器

绝对压力型高压传感器用于检测悬架系统的油压，内部装有放大电路、温度补偿电路及与压力媒体接触的不锈钢膜片，是耐高压结构的压力传感器。图 11-43 所示为硅膜片式绝对压力型高压传感器的结构图，它是在硅膜片上形成扩散电阻而制成的传感元件。

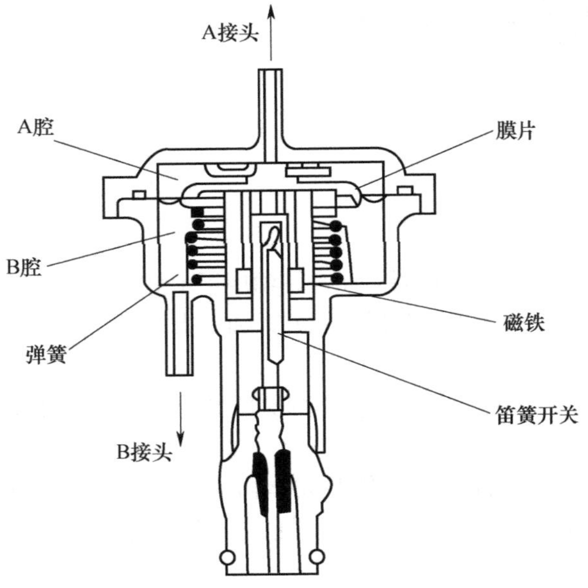

图 11-42　真空开关的构造

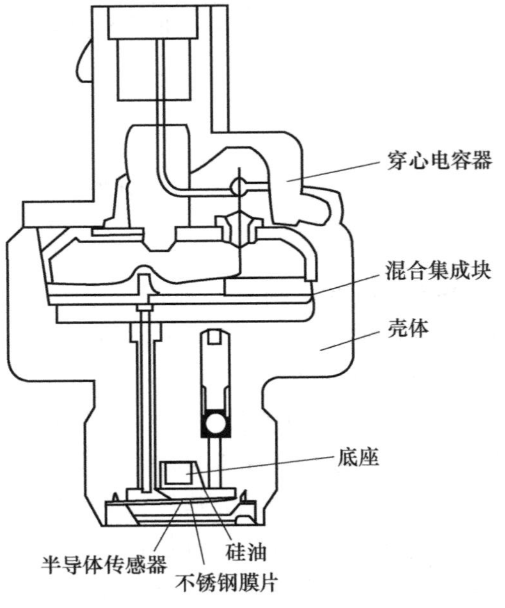

图 11-43　硅膜片式绝对压力型高压传感器的结构

5）相对压力型高压传感器

相对压力型高压传感器的构造如图 11-44 所示，它安装在空调系统的高压管道上，其作用是检测汽车空调系统的冷媒压力，将信号传送给空调计算机。传感器内部装有放大电路和温度补偿电路，其压力上限值多为 0. 98 ~ 2. 94 MPa。

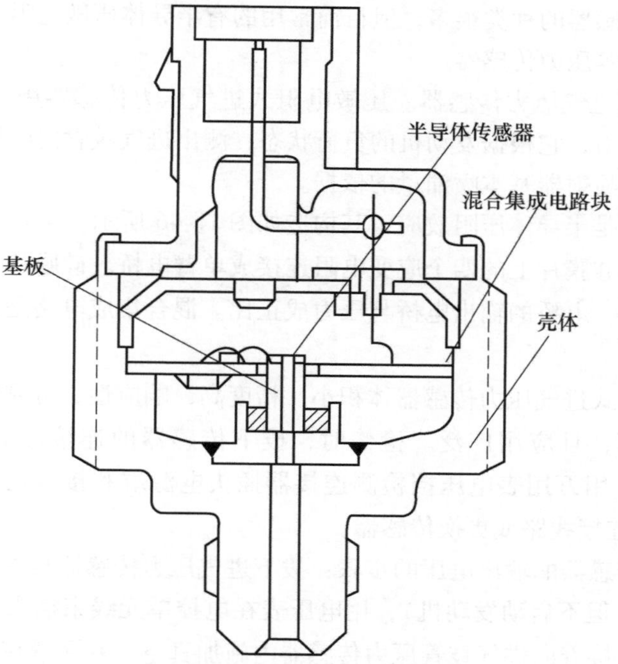

图 11-44　相对压力型高压传感器的构造

6）制动总泵压力传感器

制动总泵压力传感器用于检测主油缸的输出压力，安装在主油缸下部。制动总泵压力传感器是利用压电效应，将膜片与应变片制成一体，成为半导体压力传感器，其结构如图 11-45 所示。当有制动压力时，膜片变形，应变片的电阻值将发生变化，通过桥式电路后，输出与压力成正比的电信号。

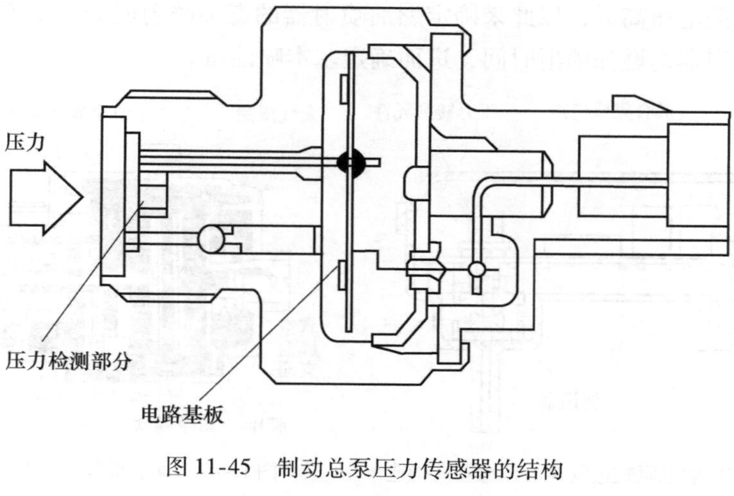

图 11-45　制动总泵压力传感器的结构

7）进气歧管压力传感器

进气歧管压力传感器应用于电子控制燃油喷射系统，来检测进气歧管内的压力变化，并将其转换成电信号，与转速信号一起传送到电控单元（ECU），作为确定喷油器基本喷油量的重要参数之一。

进气歧管压力传感器的种类很多，但目前常用的有半导体压敏电阻式、真空膜盒式、电容式和表面弹性波式等压力传感器。

（1）压敏电阻式进气压力传感器。压敏电阻式进气压力传感器用于检测电控燃油喷射系统的进气歧管的压力，它根据发动机的负荷状态，测出进气歧管内的压力变化，作为计算机控制系统决定燃油喷射器基本喷油量的依据。

该传感器的原理是半导体压阻效应，其构造如图11-46所示。主要由半导体压阻元件和混合集成电路组成。硅膜片上的四个应变电阻连接成单臂电桥。硅膜片一面是真空室，另一面导入进气歧管压力，电桥的输出电桥与压力成正比。混合集成电路是将输出的微弱电信号进行放大处理。

半导体压敏电阻式进气压力传感器体积小，精度高，响应性、可靠性、再现性和抗振性较好，一般不易损坏，且应用广泛。检修时，拔下传感器的连接器插头，接通点火开关（但不启动发动机），用万用表电压挡检测连接器插头电源端和接地之间的电压，应为4～6 V；否则，应检修连接线路或更换传感器。

检测进气压力传感器的输出电压的步骤：拔下进气压力传感器与进气歧管连接的真空软管，接通点火开关（但不启动发动机），用电压表在电控单元线束插头处测量进气歧管压力传感器的输出电压。接着向进气歧管压力传感器内施加真空，并测量在不同真空度下的输出电压，该电压值应随真空度的增加而降低，其变化情况应符合规定，否则应更换。

（2）真空膜盒式进气压力传感器。真空膜盒式进气压力传感器又称“真空膜盒＋差动变压器”式传感器，主要由真空膜盒及差动变压器等组成，其结构如图11-47所示。真空膜盒的膜片将膜盒分成左右两个室，膜片左室通大气，右室通进气歧管（负压）。当发动机工作时，随膜片左右两侧气压差的变化，膜片会带动铁芯左右移动，而在铁芯周围设置有差动变压器，由于铁芯移动，差动变压器的输出端将有电压产生，将该电压信号输送给发动机ECU，ECU会按照电压高低，以此来确定燃油喷射器的燃油喷射时间，从而确定电压高低，以此确定燃油喷射器的燃油喷射时间，进而确定基本喷油量。

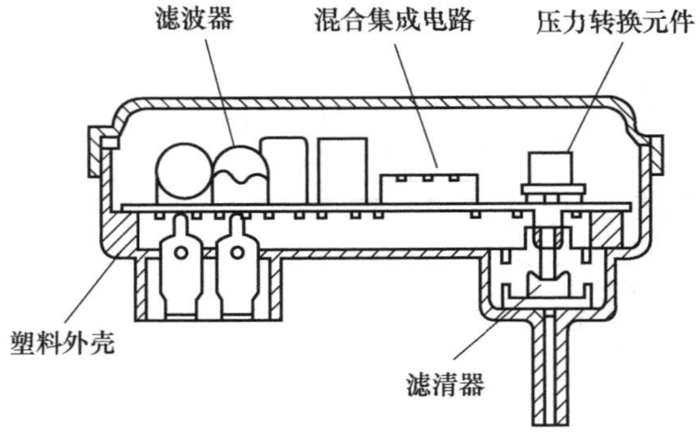

图11-46 半导体压敏电阻式进气压力传感器的构造

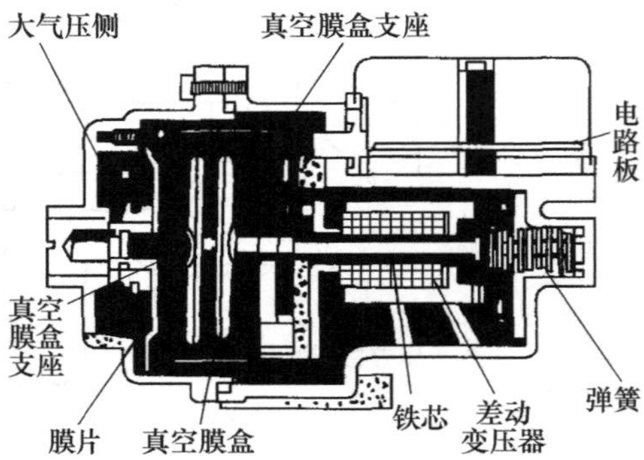

图11-47 真空膜盒式压力传感器的结构

检修真空膜盒式进气压力传感器时，应先检测该传感器的电源电压。拔下该传感器的连接器插头，接通点火开关，用万用表电压挡检测连接器插头电源端的电压，应为12 V；否则，应检修连接线路。

检测真空膜盒式进气压力传感器的输出信号时，应将连接线插头插好，接通点火开关，用万用表电压挡检测连接器插头信号输出端子与搭铁端子之间的电压，在真空侧处于大气压时，电压值约为 1.5 V，如果真空度增加，电压值应下降。否则，说明该传感器损坏，应予更换。

（3）电容式进气压力传感器。电容式进气压力传感器是将氧化铝膜片和底板彼此靠近排列，形成电容，利用电容值随膜片上下的压力差而改变的性能，获取与压力成线性变化的电容值信号。将电容（压力转换元件）连接到传感器混合集成电路的振荡电路中，传感器能够产生可变频率的信号，该信号的输出频率（80 ~ 120 Hz）与进气歧管的绝对压力成正比。电控装置可以根据输入信号的频率来感知进气歧管的绝对压力。

2. 流量传感器的应用

1）汽车空气流量的检测方法与传感器的类型

空气流量传感器用于测量发动机吸入的空气量，是 ECU 计算喷油时间和点火时间的主要依据。

（1）发动机进气量的检测方法。在“D”型和“L”型两种燃油喷射系统中，发动机进气量的检测方法各不相同。

间接测量法：“D”型燃油喷射控制系统中，是利用压力传感器检测进气歧管内的空气压力（真空度）来间接测量吸入发动机气缸内的进气量的。因为空气在发动机进气歧管内流动时会产生压力波动，且发动机怠速节气门完全闭合时的进气量与汽车加速节气门全开时的进气量相差 40 倍以上，进气气流的最大流速可达 80 m/s，所以，“D”型燃油制系统测量精度不高，但成本低。

直接测量法：“L”型燃油喷射控制系统中，是利用空气流量传感器直接测量进气歧管内被吸入发动机气缸内的空气量的。这种方法的精度较高，控制效果优于“D”型燃油喷射系统，但系统成本较高。

（2）汽车用空气流量传感器的类型。目前，汽车燃油喷射系统所采用的空气流量传感器的类型有体积流量传感器和质量流量传感器两种。其中，质量流量传感器包括热线式和热膜式等；常用体积流量传感器包括叶片式、卡曼涡流式和测量芯式等。

2）热线式和热膜式空气流量传感器及其检测

（1）热线式和热膜式空气流量传感器的结构原理：热线式空气流量传感器就是利用热线与空气之间的热传递现象，进行空气质量流量测定。热线式空气流量传感器分为主流测量方式和旁通测量方式两种。

主流测量方式：热线式空气流量传感器的结构如图 11-48 所示。它由取样管、铂金热线、温度补偿电阻、控制电路板、连接器和防护网等组成。热线是一根直径为 70 μm 的铂金丝，安装在取样管中，取样管则安装在主进气道的中央部位，两端有金属防护网。控制电路板上有六端子插座与发动机 ECU 连接，用于信号输入。

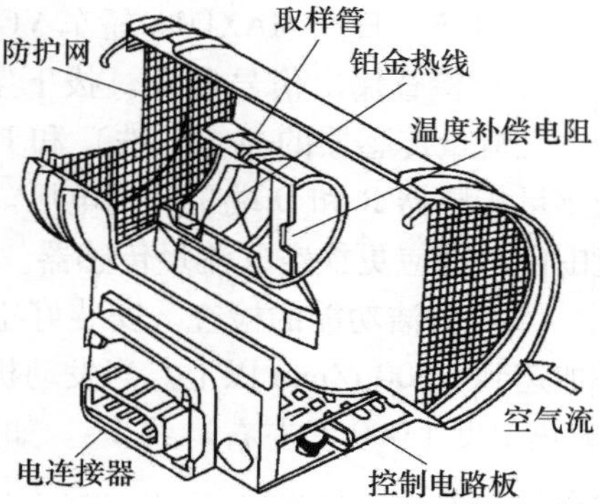

图 11-48　热线式空气流量传感器的结构

旁通测量方式：热线式空气流量传感器是把铂金热线和补偿电阻（冷线）安装在旁通空气道上，热线和温度补偿电阻用铂线缠绕在陶瓷螺旋管上。

热线式空气流量传感器工作时，由控制电路给铂金丝提供电流并加热到120 ℃左右，当空气流经热线时将热量带走，使热线冷却、电阻减小。热线电阻的变化与流过的空气质量成正比。为解决进气温度变化的影响，在热线附近安置一根温度补偿电阻。该电阻被安置在进气口一侧，称为冷线，它的电阻也随着进气温度变化而变化。当热线式空气流量传感器工作时，控制电路向冷线提供的电流使冷线温度始终低于热线温度100 ℃。在测量电路中，热线电阻与冷线电阻接在电桥的相邻两桥臂中，冷线起到温度补偿作用。

测量电桥另外两个桥臂的电阻，一只黏结在热线支撑环后端的塑料护套上；另一只安装在控制电路板上。这两只电阻都设计成能用激光修正的类型，安装在控制电路板上的电阻在最后调试试验中用激光修正。

热膜式空气流量传感器与热线式基本相同，只是它的发热体是热膜而不是热线。热膜由发热金属铂固定在薄的树脂膜上制成。这种结构使发热体不直接承受空气流动所产生的作用力，增加了发热体的强度，提高了流量计的可靠性。

热膜式空气流量传感器和热线式空气流量传感器都属于质量流量型，它们的响应速度快，能在几毫秒内反映出空气流量的变化，所以测量精度不会受进气气流脉动的影响。特别是发动机在大负荷、低转速时进气气流脉动大，使用这类传感器测量进气量，空气计量准确，在任何情况下都能保持最佳空燃比，使发动机的启动性能、加速性能好。因此，在博世LH型燃油喷射系统、通用别克（热线与冷线的取样管设置在旁道空气道内）、日本日产千里马、瑞典沃尔沃等轿车上采用热线式空气流量传感器；马自达626、捷达GT、GTX、桑塔纳2000GSi型轿车及红旗CA7220E型等轿车上都采用了热膜式空气流量传感器。

（2）热线式与热膜式空气流量传感器的检测：各种型号的热线式和热膜式空气流量传感器的检查方法基本相同，都是检查该传感器的电源电压和信号电压。

例11-4 日产GA18E发动机热线式空气流量传感器检查。

（1）就车检查：拆下空气流量传感器连接器，检查线束一侧B端子与搭铁间电压，应为12 V，之后检查端子31与搭铁间的电压。

（2）单体检查：在B和C端子间施加12 V电压，然后检查D和C端子间输出电压。在吹入空气时，测量该传感器输出电压的变化。在没有吹空气时，电压为0.8 V；吹入空气时，电压应为2.0 V。

例11-5 日产MAXIMA轿车VG30E发动机热线式空气流量传感器检测。

（1）检查输出信号电压。拔下空气流量传感器的连接器插头，拆下空气流量传感器，将空气流量传感器的D（搭铁）和E（蓄电池电源）端子间施加蓄电池电压，然后用万用表测量传感器B和D端子间的电压。其标注电压值应为（1.6 ±0.5）V。如果电压不在规定范围内，则应更换空气流量传感器。

（2）自洁功能的检查。安装好空气流量传感器，拆下该传感器的防护网，启动发动机并加速到2 500 r/min以上。当发动机停转5 s后，从空气流量传感器进气口处可以看出亮光（加热温度1 000 ℃左右）约1 s。如果铂金热线不发光，则应检查该传感器的自洁信号或更换该传感器。

3）叶片式空气流量传感器的原理与检修

叶片式空气流量传感器又称翼片式或活门式空气流量计，它主要由叶片部分、电位计部分和接线端子等组成。广泛应用于丰田、日产、马自达多用途 MPV 等汽车燃油喷射系统。

（1）叶片式空气流量传感器的工作原理。如图 11-49 所示，当空气通过叶片式空气流量传感器的主通道时，叶片将受吸入空气气流的压力与回位弹簧的弹力作用，空气流量增大，气流压力将增大，使叶片偏转，其转角 α 增大，直到气流的压力和回位弹簧的弹力平衡。与此同时，电位器的滑臂与叶片转轴同轴旋转，使接线端子 VC 和 VS 之间的电阻减小，U_S 电压值降低；当吸入空气的空气流量减小时，叶片转角 α 减小，接线端子 VC 和 VS 之间的电阻增大，电压值升高，这样，发动机 ECU 就可以根据空气流量传感器输出的 U_S/U_B 信号，感知空气流量的大小。U_S/U_B 的电压比值与空气流量成反比，且不受电源电压 U_B 的影响。

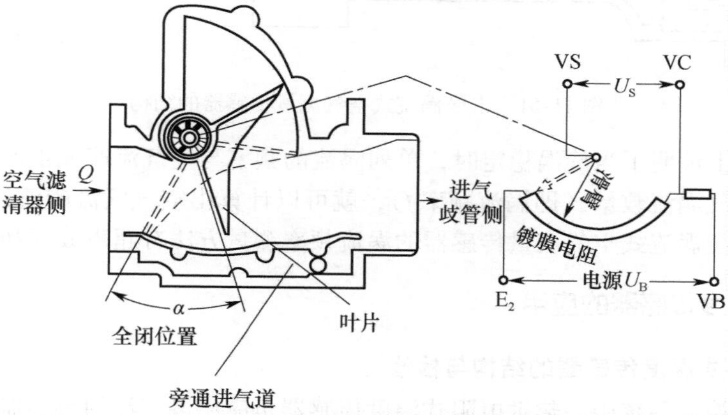

图 11-49　叶片式空气流量传感器的工作原理

（2）叶片式空气流量传感器的使用与检修。叶片式空气流量传感器发生故障时，由于其内部电路为纯电阻电路，所以，检修时不管是就车检测还是拆下单体检测，均可用万用表欧姆挡测量该传感器各端子之间的电阻值，以此与规定的标准值进行比较，来判断该传感器的技术状态。

（3）叶片式空气流量传感器的接线插头。叶片式空气流量传感器的接线插头共有 7 个接线端子，如果将电位计部分内部的燃油泵控制触点 1 取消，则接线插头为 5 个接线端子。在日产和丰田车上，叶片式空气流量传感器的接线插头如图 11-50 所示，在插头护套上一般标有接线端子名称。

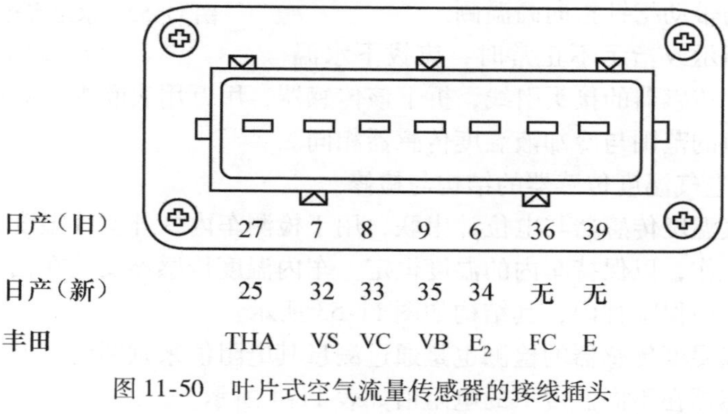

图 11-50　叶片式空气流量传感器的接线插头

4）卡曼涡流式空气流量传感器

卡曼涡流式空气流量传感器是在进气道内设置一个三角形或流线型立柱，称为涡流发生器。当空气流经涡流发生器时，在涡流发生器下游的两侧将交替地形成旋涡，并从涡流发生器的侧后分开随着空气流流动，结果形成两列非对称的、旋转方向相反的旋涡列，称为卡曼涡流列。卡曼涡流式空气流量传感器的结构如图11-51所示。

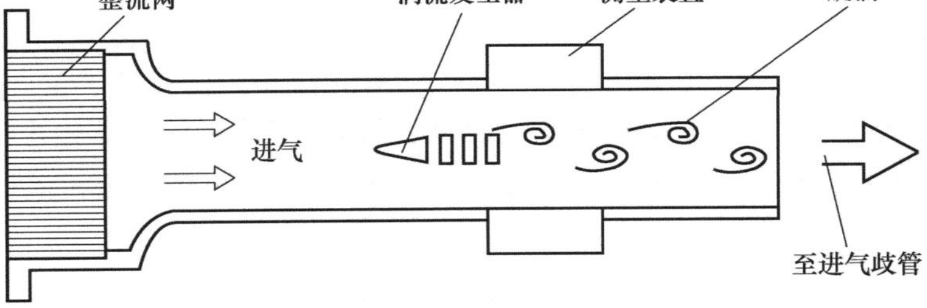

图11-51　卡曼涡流式空气流量传感器的结构

卡曼从理论上证明了当旋涡稳定时，单列涡流的频率与空气流速成正比。因此，通过测量单位时间内空气涡流数量（即涡流频率f），就可以计算出空气气流的流速和流量。目前，汽车上使用的卡曼涡流式空气流量传感器的涡流频率测量方法有超声波式和反光镜式两种。

11.2.3　温度传感器的应用

1. 热敏电阻式温度传感器的结构与检修

在汽车电子控制系统中，热敏电阻式温度传感器是应用最广泛的传感器之一。

1）水温表热敏电阻式温度传感器的结构与检修

水温表安装在仪表面板上，可以检测冷却液温度，也可以检测润滑油的温度。水温表用的热敏电阻式温度传感器的结构如图11-52所示。NTC热敏电阻与加热双金属片用的电热丝串联。当水温较低时，热敏电阻的电阻值较高，电路中的电流小，电热丝的发热量小，双金属片弯曲并带动指针指向低温一侧；当水温升高时，热敏电阻的电阻值减小，回路电流增大，电热丝发热量大，使双金属片受热弯曲量增加，从而带动指针指向高温侧。

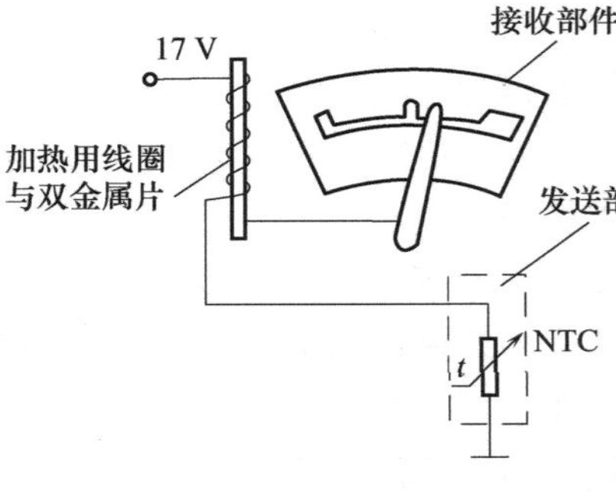

图11-52　水温表热敏电阻式温度传感器的结构

当水温表无指示或指示不正常时，应拔下水温表热敏电阻式温度传感器的接头引线，拆下该传感器，用万用表欧姆挡测量该传感器两端子间的电阻，电阻值的范围与冷却液温度传感器相同。

2）车内、外空气温度传感器的结构与检修

车内、外空气温度传感器与电位计串联，用于检测车内、外空气温度，自动启动汽车空调温度控制系统工作，以保持车内的温度恒定。车内温度传感器安装在挡风玻璃底下，车外温度传感器安装在前保险杠内，其结构如图11-53所示。

车内、外空气温度传感器的检测也是通过测量其电阻值来判断的。例如，一汽奥迪轿车车内、外温度传感器在不同温度下的电阻值如表11-4所示。

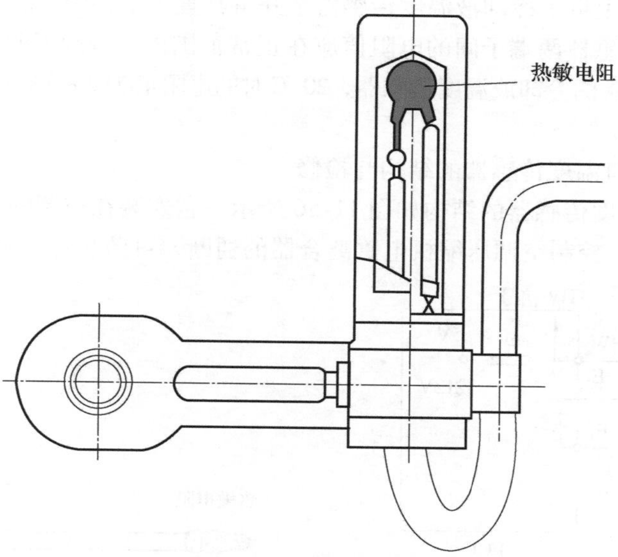

图 11-53 车外空气温度传感器的结构

表 11-4 某轿车内、外温度传感器在不同温度下的电阻值

温度/℃		0	10	20	30	40	50	60
电阻值/kΩ	车内传感器	—	5.66	3.51	2.24	1.46	0.97	—
	车外传感器	3.3	2.0	1.25	0.81	0.53	0.36	0.25

3）冷却液温度传感器的结构与检修

冷却液温度传感器采用负温度系数的热敏电阻，安装在冷却水道上，检测冷却液（水）温度，其结构如图 11-54 所示。ECU（电控装置）根据发动机冷却液（水）温度的高低对发动机喷油量进行修正，以调整空燃比，使进入发动机的可燃混合气燃烧稳定，冷机时供给较浓的可燃混合气；热机时供给较稀的混合气。如果该传感器损坏，当发动机处于冷机状态时，致使混合气过稀，发动机就不易启动且运转不平稳；热机时，又使混合气过浓，发动机也不能正常工作。

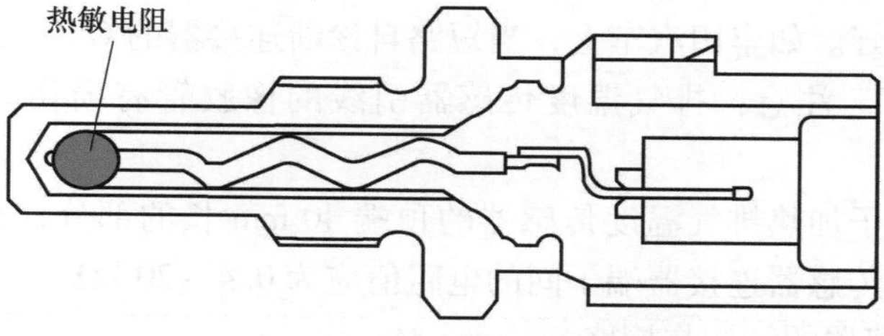

图 11-54 冷却液温度传感器的结构

冷却液温度传感器与 ECU 的连接电路如图 11-55 所示。其检查方法有就车检查法和单体检查法。

就车检查：将冷却液温度传感器的连接器断开，用万用表测定该传感器两端子间的电阻值，判断该传感器的好坏。

单体检查：从车上拆下冷却液温度传感器，并将其置于水杯中，缓慢加热提高水温，同时用万用表测量该传感器两端子间的电阻值应在正常范围内，否则表明该传感器已损坏，应换用新的传感器。正常的冷却液温度传感器，20 ℃时的电阻值为2 ~3 kΩ，40 ℃时的电阻值为0.9 ~1.3 kΩ。

4）蒸发器出风口温度传感器的结构与检修

蒸发器出风口温度传感器的结构如图11-56所示。它安装在空调的蒸发器片上，工作温度范围为20 ~60 ℃。控制空调压缩机电磁离合器的通断，可防止蒸发器出现结冰堵塞。

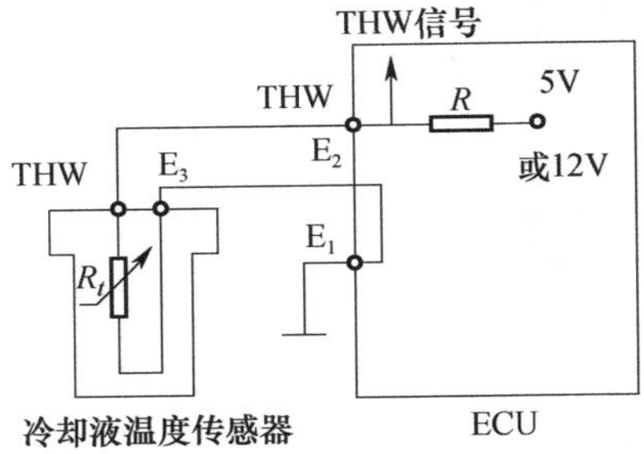

图11-55 冷却液温度传感器与ECU的连接电路

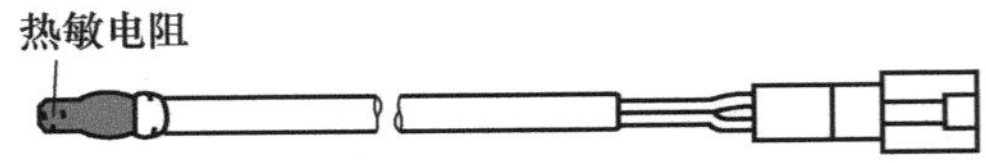

图11-56 蒸发器出风口温度传感器的结构

检测蒸发器出风口温度传感器时，要先拆下该传感器的连接器，用万用表欧姆挡测量该传感器L—L两端子之间电阻值，在4.85 ~5.15 kΩ为良好，否则表明该传感器已损坏。

5）排气温度传感器的结构与检修

排气温度传感器的结构如图11-57所示，它安装在汽车尾气催化转换器上，温度检测元件是负温度系数的热敏电阻，用来检测排气温度。若排气温度异常，经计算机分析处理，会启动异常高温警报系统，使排气温度警告灯亮，告知司乘人员。

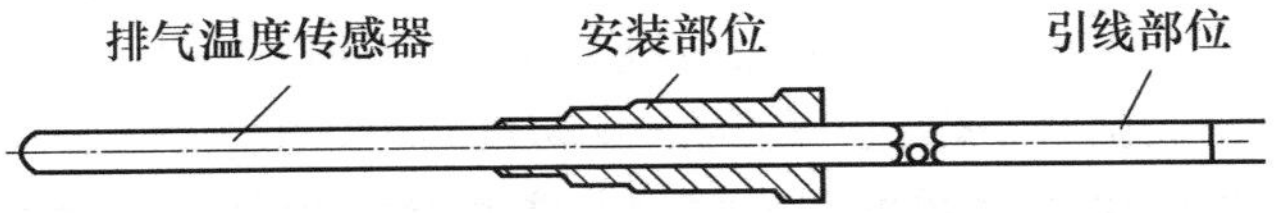

图11-57 排气温度传感器的结构

就车检测：在接通点火开关时，排气温度指示灯亮，而在发动机启动时指示灯熄灭，表明排气温度传感器良好。如丰田汽车上，当短路自诊断连接器的CCO与E_1两端子时，排气温度指示灯亮为良好。注意：排气温度传感器引线的橡胶管有损伤时，应当换用新的传感器。

单体检测：用炉子加热排气温度传感器的顶端40 mm长的部分，直到靠近火焰处呈暗红色，这时排气温度传感器连接器端子间的电阻值应为0.4 ~20 kΩ。

6）进气温度传感器的结构与检修

进气温度传感器的作用是检测发动机的进气温度。在L型电子燃油喷射装置中，它安装在空气流量传感器内；在D型电子燃油喷射装置中，它安装在空气滤清器的外壳上或稳压罐内。进气温度传感器的结构如图11-58所示。

进气温度传感器的检测与冷却液温度传感器的检测方法相同，分单体检测和就车检测。单体检测时，将传感器放入温度为20 ℃的水中，1 min后测量传感器端子间的电阻

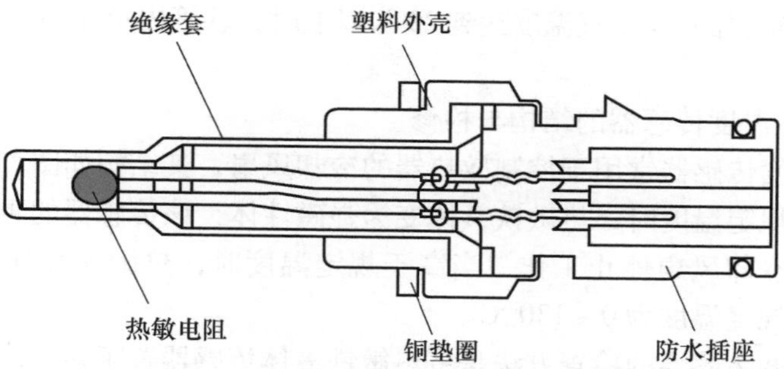

图 11-58　进气温度传感器的结构

值，正常值应为 2.2～2.7 kΩ。就车检测时，拆下传感器的连接器，测定连接器的传感器侧 THA－E_2 两端子之间的电阻值。对空气流量计中的进气温度传感器进行检测时，用电吹风机加热空气流量计中的进气温度传感器，并测量其电阻值，随着温度的升高，电阻值应减小。

7）EGR 系统监测温度传感器的结构与检修

EGR（废气再循环）系统监测温度传感器安装在 EGR 阀的进气道上，用来检测 EGR 阀内再循环气体的温度变化情况和 EGR 阀的工作状况。EGR 监测温度传感器使用热敏电阻，其结构如图 11-59 所示。

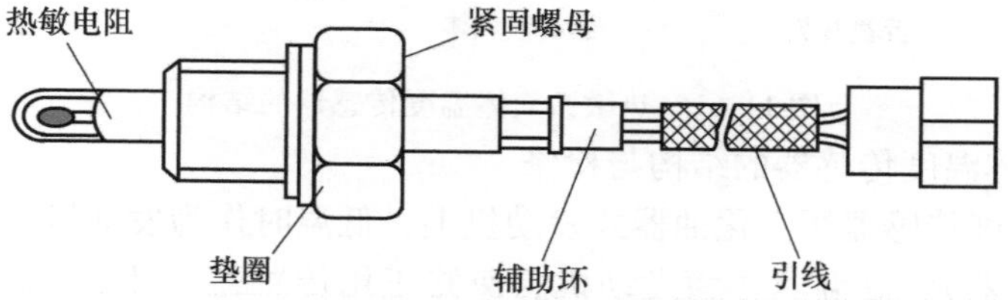

图 11-59　EGR 监测温度传感器

EGR 监测温度传感器利用 EGR 工作时与不工作时的温差，来判断 EGR 的工作状况，检测的温度范围为 300～400 ℃。EGR 监测温度传感器的初始电阻值：50 ℃时为（635±77）kΩ，100 ℃时为（85.3±8.8）kΩ，200 ℃时为（5.1±0.61）kΩ，400 ℃时为（0.16±0.05）kΩ。

2. 其他类型的温度传感器的结构与检修

1）双金属片式气体温度传感器的结构与检修

双金属片式气体温度传感器通常用于化油器型发动机的进气温度测量和进气量控制，其构造如图 11-60 所示。发动机工作时，利用温度调节装置（HAI 系统），测定进气温度的变化，并通过真空膜片，调节冷气、暖气的比例。低温时，双金属片不弯曲，阀门关闭；高温时，双金属片弯曲，阀门开启。

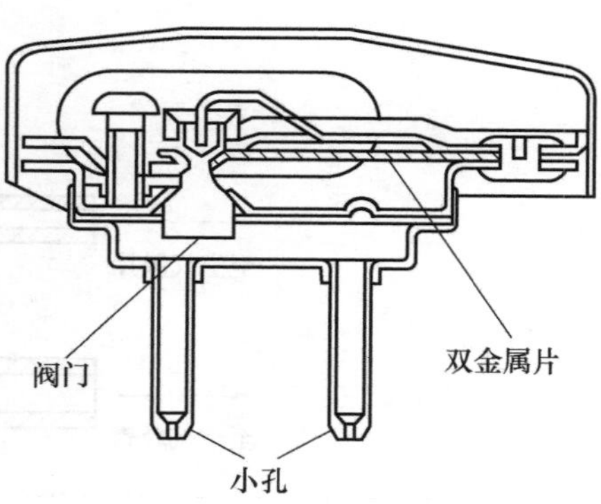

图 11-60　双金属片式气体温度传感器的构造

双金属片式气体温度传感器的检修方法是将软管从真空电动机侧拆下，确认软管内无负压。当空气温度在 17 ℃以下时，连接软管后，软管内应有负压，冷暖气转换阀升起为正常；当空气温度达到28 ℃以上时，软管内负压应减小，否则应更换传感器。

2）热敏铁氧体温度传感器的结构与检修

热敏铁氧体温度传感器常用于控制散热器的冷却风扇，其结构如图11-61所示。在被测的冷却液温度低于规定温度时，热敏铁氧体变为强磁性体，该传感器的舌簧开关闭合，冷却风扇继电器断开，冷却风扇停止工作。当高于规定温度时，热敏铁氧体不被磁化，触点断开。热敏铁氧体的规定温度为0～130 ℃。

热敏铁氧体温度传感器的检查方法是将热敏铁氧体传感器置于盛水的容器中，在加热容器的同时用万用表测量该传感器的工作情况。正常时，在水温低于规定温度时为导通状态（阻值为0）；在水温高于规定温度时应断开（阻值为∞）。否则，表明热敏铁氧体温度传感器已损坏，应予更换。

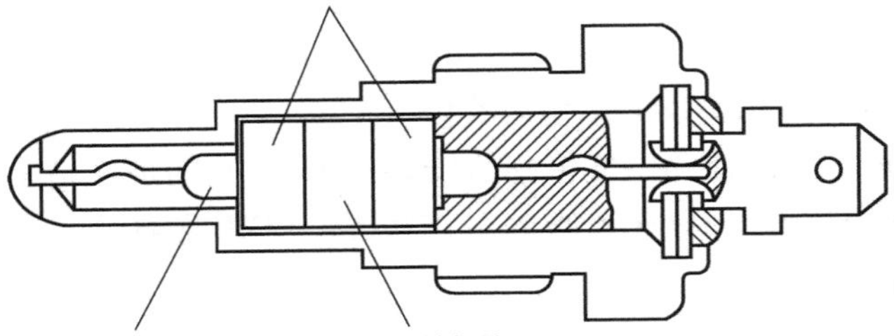

图11-61 热敏铁氧体温度传感器的结构

3）石蜡式气体温度传感器的结构与检修

石蜡式气体温度传感器用于化油器式发动机上，低温时作为发动机进气温度调节装置用传感器（HAI传感器），高温时作为发动机怠速修正用传感器（HIC传感器）。石蜡式气体温度传感器的结构如图11-62所示。

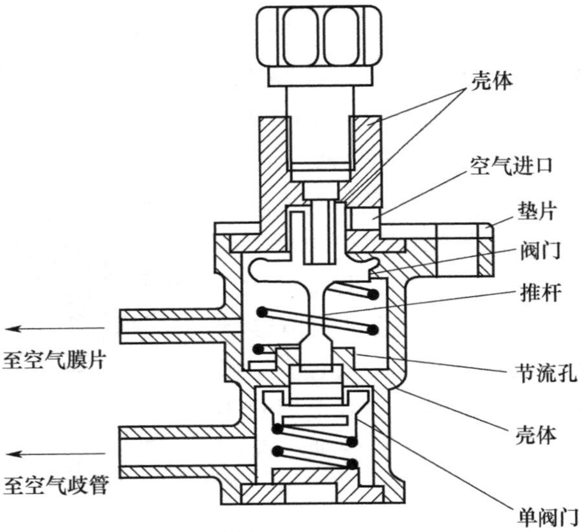

图11-62 石蜡式气体温度传感器的结构

石蜡式气体温度传感器是利用石蜡作为检测元件，当温度升高时，石蜡膨胀，推动活塞运动，在规定温度时，关闭或开启阀门。此外，随着温度的升高，节流孔的截面积也在发生变化。石蜡式气体温度传感器的调节器作用是：在寒冷的季节，测量空气滤清器内的进气温度，控制进气温度调节装置的真空膜片负压，保持合适的进气温度；在高温怠速状态时，将化油器的旁通管直通大气，保证进气歧管内混合气的最佳空燃比。

检查石蜡式气体温度传感器时，主要看该传感器在不同温度环境下的工作情况。如应用在丰田 2E-LU 汽车上的石蜡式气体温度传感器，当温度低于 25 ℃时，石蜡收缩，推动气阀（ITC 阀）活塞上移，关闭阀门，隔断大气通道；当温度处于 25 ~ 55 ℃时，石蜡膨胀，阀门渐开，引入大气；当温度高于 55 ℃时，随着温度的升高，阀门开度会增大，以确保最佳的混合比。

11.2.4　转速传感器的应用

在汽车上，转速传感器用以测量发动机的转速、车轮的转速，从而推算出车速。转速传感器可分为脉冲检波式、电磁式、光电式、外附型盘形信号板式等几种。

车速传感器用以测量汽车行驶速度，以便使发动机的控制、自动启动、ABS、牵引力控制系统（TRC）、活动悬架、导航系统等装置能正常工作。它主要有簧片开关式、磁阻元件式、光电式等几种传感器。另外，检测角速度用的传感器有振动型、音叉型等几种。根据车辆不同，所采取的结构形式也不完全一样。

1. 车速传感器

目前汽车上都装有发动机的控制、自动启动、制动防抱死装置（ABS）、牵引力控制系统（TRC）、自动门锁、活动悬架、导航系统和电位计等装置。这些装置需要车速信号才能正常工作。如图 11-63 所示，车速传感器是用安装在车轮轮毂上的转速传感器来间接测量车速的。车速传感器可以安装在速度表的软轴上。因此，车速传感器有磁电式、光电式、磁阻式等。

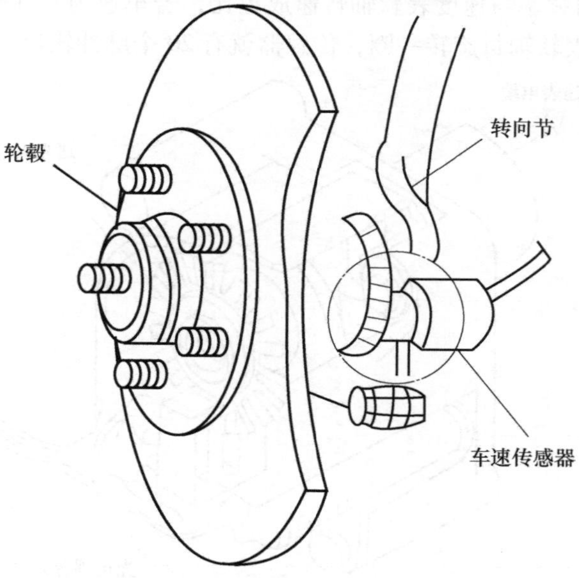

图 11-63　车速传感器的安装位置图

1）磁阻式车速传感器

如图11-64所示，磁阻式车速传感器主要由环状磁铁与内装磁阻元件（MRE）的混合集成电路（IC）组成。环状多极磁铁随驱动轴旋转时，磁阻元件把车速转换为电阻值的变化，通过处理电路变成电信号。

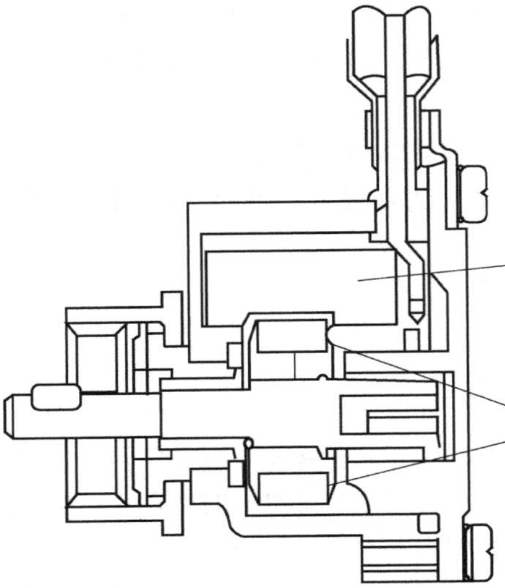

图11-64　磁阻式车速传感器

检修磁阻式车速传感器时，可在用手转动传感器转子的同时，用万用表直流电压挡检测传感器的输出端子，正常情况下，应有脉冲电压信号输出，否则，应当更换该传感器。

2）光电式车速传感器

图11-65所示为光电式车速传感器的结构图。它用于数字式速度表上，由发光二极管（LED）、光敏元件、光电耦合元件及由钢丝软轴驱动的速度表和遮光板（叶轮）构成。光电式车速传感器的输出频率与速度表软轴转速成正比，若车速为60 km/h，速度表软轴的转速为637 r/min，速度表软轴每旋转一圈，传感器就有20个脉冲输出。

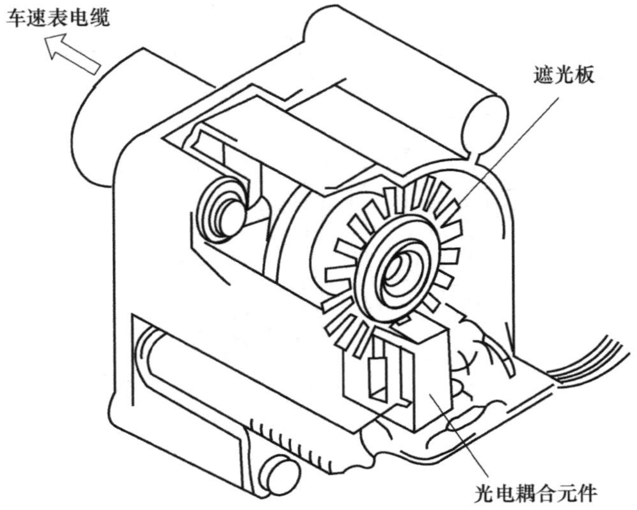

图11-65　光电式车速传感器的结构

2. 角速度传感器

1）振动型角速度传感器

振动型角速度传感器是用以检测车体转弯时旋转角速度的，在新技术中（VSC、VSA、VDC、ASC 等）是不可缺少的。

振动型角速度传感器的结构原理如图 11-66 所示，两个压电元件装在四方柱体的相邻两面上。若给压电元件加交流电压，压电元件便驱动该传感器振子振动。当对振动着的旋转柱体加以旋转时，两相邻面压电元件输出的交流电压信号将产生相位差，测量这个相位差便可得到旋转角速度。

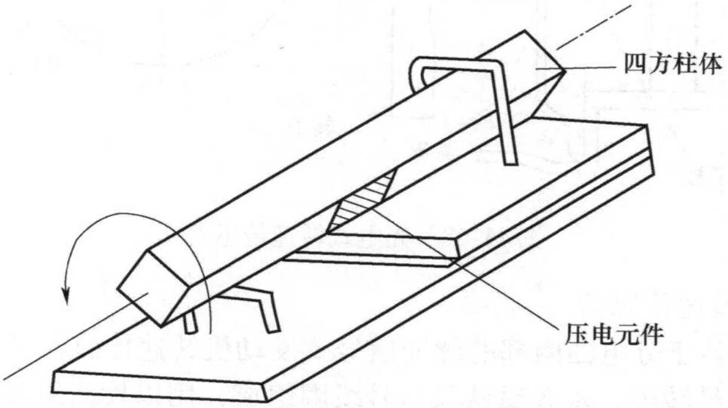

图 11-66　振动型角速度传感器的结构原理

2）音叉型角速度传感器

音叉型传感器的构造如图 11-67 所示。在音叉上黏结有两个压电陶瓷片，一个用于驱动振动；另一个用于检测。在驱动用压电陶瓷片上加上交流电压以驱动振子产生振动。车辆转弯时，在振子周围形成惯性力引起检测用压电陶瓷片变形，根据其输出信号的相位差可以确定角速度。

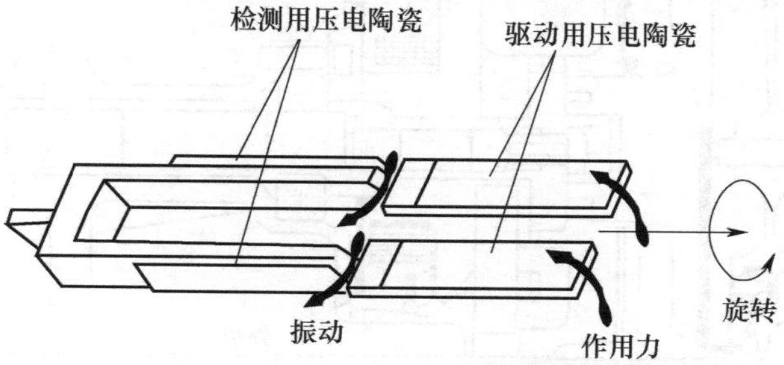

图 11-67　音叉型角速度传感器的构造

与振动型角速度传感器一样，音叉型角速度传感器可适用于各种旋转控制（4 轮转向、4 轮驱动、AmsN 悬架控制）或汽车导航系统。

3. 转速传感器的结构与检修

1）光电式转速传感器

光电式转速传感器的结构如图 11-68 所示，它通常装在分电器上，并设有与分电器同轴旋转的且被发光二极管和光敏二极管夹持的转子板，转子板上开有检测角度信号的 360 个齿隙和用于检测基准信号的与气缸数相同的检测窗。发动机旋转时，根据发光二极管向光敏二极管发出的光，通过旋转的检测窗，可使光敏二极管导通（ON）或截止（OFF），变换为脉冲信号送入计算机。

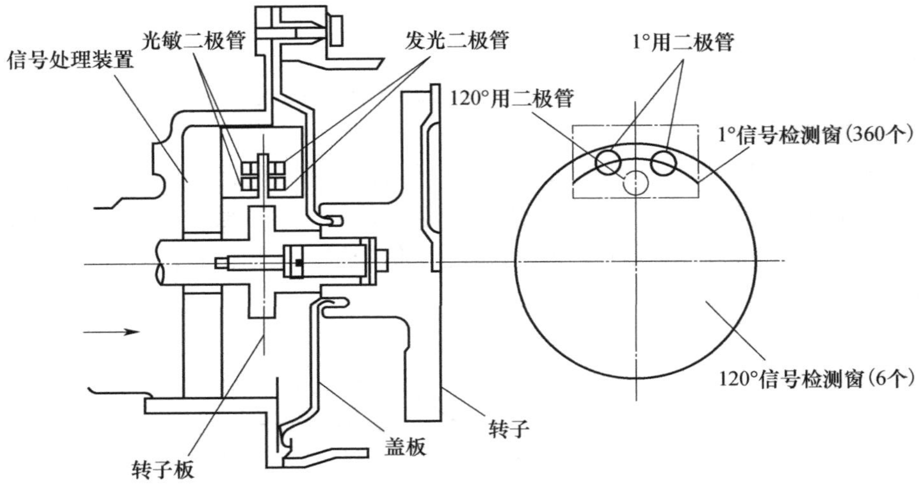

图 11-68 光电式转速传感器

2）脉冲信号式转速传感器

图 11-69 所示为装于分电器内部的脉冲信号式发动机转速传感器结构图。这种传感器由安装在分电器内的信号转子、永久磁铁及信号线圈组成，用以检测发动机的曲轴角位置，一般用在汽油机上。

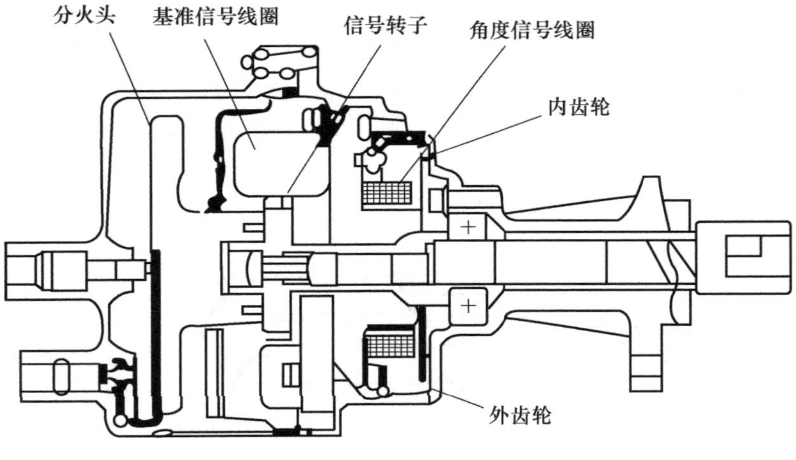

图 11-69 脉冲信号式转速传感器的结构

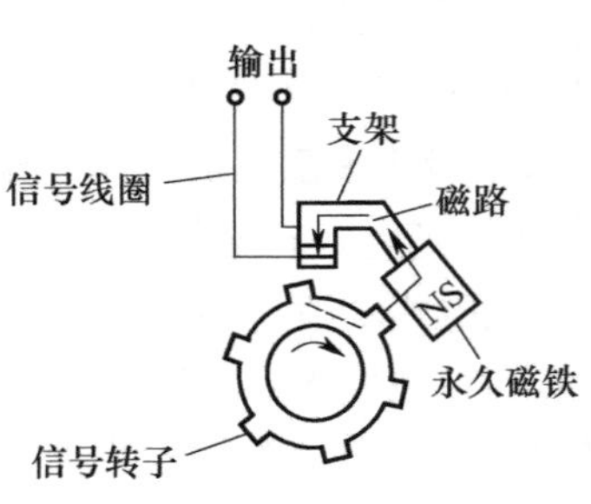

图 11-70 脉冲信号发生装置原理图

脉冲信号发生装置的原理图如图 11-70 所示。在信号转子的周边有若干凸起部位，转子的凸起部位经过信号线圈时，通过信号线圈的磁通也发生变化，按照电磁感应原理，在信号线圈两端产生感应电压。该电压是接近正弦波的交流电压信号，通过整形可得到计数脉冲。若转子有 24 个凸起，则分电器旋转一圈，就产生 24 个脉冲。因为分电器的转速是发动机转速的 1/2，每个脉冲信号代表的曲轴角为 $360° \div (24/2) = 30°$。

11.2.5　加速度和振动传感器的应用

目前，汽车中广泛采用了安全气囊系统、汽车防抱死（ABS）、底盘控制等装置。对这些装置的有效控制，要应用加速度（碰撞）和振动（爆震）传感器。

1. 碰撞传感器

碰撞传感器是一种加速度传感器，在汽车安全气囊系统中检测碰撞强度，以便及时启动安全气囊。汽车中的加速度传感器主要有钢球式、半导体式、水银式和光电式。

1）光电式加速度传感器

图 11-71 所示为光电式加速度传感器的结构原理图。传感器由两只光敏三极管、两只发光二极管、一块透光板和信号处理电路等构成。透光板起到遮光和透光的作用。当透光板上的齿扇处于光敏三极管和发光二极管之间时遮光，光敏三极管截止；当透光板上的开口处于光敏三极管和发光二极管之间时透光，光敏三极管导通。

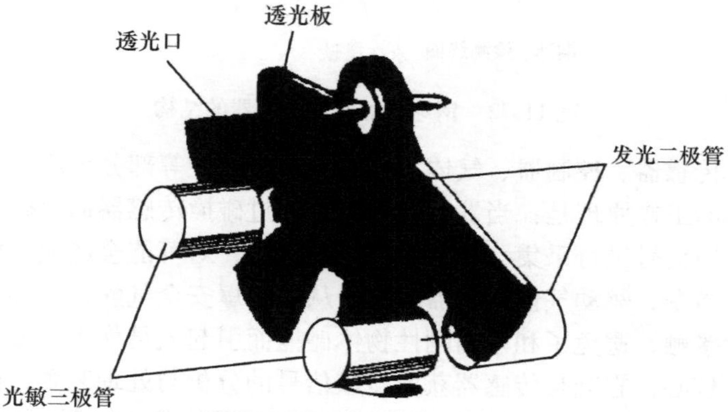

图 11-71　光电式加速度传感器的结构

汽车匀速行驶时，透光板不工作，光电式加速度传感器没有信号输出；当汽车加、减速时，透光板沿汽车纵向方向上摆动，加速度大小不同，透光板的摆动角度就不同，两只光敏三极管的导通和截止的状态也不同。加速度越大，透光板摆动的角度也越大。微机（ECU）根据两只光敏三极管的导通和截止时输出的信号，可判断出路面的状况，从而采取相应的措施。

2）钢球式加速度传感器

图 11-72 所示为钢球式加速度传感器的结构。它由精密钢球、一对永久磁铁、差动变压器和轭铁等构成。精密钢球置于耐热树脂的球套中，球套中滴有硅油，起到防锈和润滑的作用；在检测线圈的外侧与球套轴垂直的方向上设置一对永久磁铁，在这一对永久磁铁的外侧覆盖着轭铁，起到屏蔽的作用；永久磁铁对钢球起支撑作用。当球套随汽车产生轴向加速度时，钢球的位置便发生改变，利用检测线圈检测钢球的位置变化，作为测得的加速度。

钢球式加速度传感器的主要特点是：构造简单，精度高；适用性广；耐环境性（振动、高温）优良；具有两个独立的电器回路，因此也能用在副驾驶座安全气囊上。

3）安全气囊控制器

安全气囊系统是被动安全技术的一种，它是在车辆发生碰撞后，用来保护司机和乘员安

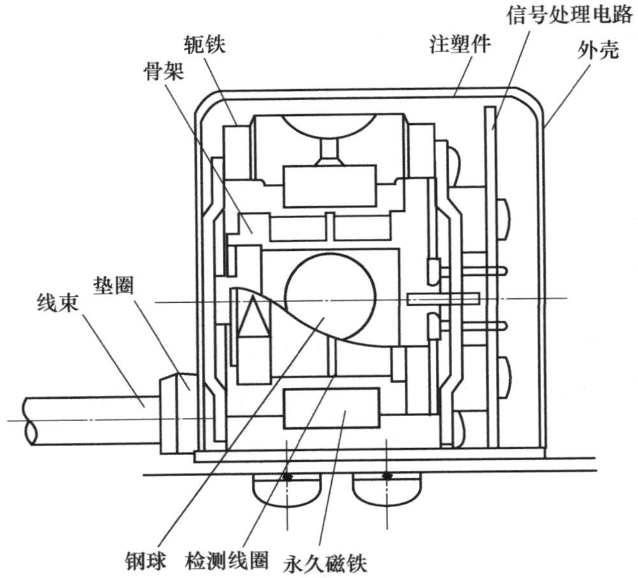

图 11-72 钢球式加速度传感器的结构

全的系统，由碰撞传感器、控制器、气体发生器和气囊组件等部分组成。

安全气囊系统的工作原理是：当发生撞车时，通过碰撞传感器捕获碰撞信号，安全气囊控制器对捕获的碰撞信号进行采集、分析、判断及处理，对可能会造成司机和乘员安全的碰撞适时地发出点火指令，驱动气体发生器点火，从而引爆安全气囊，这样，司机和乘员通过和柔性的安全气囊接触，避免了和车内刚性物体碰撞而引起人员伤害。安全气囊控制器是整个安全气囊系统的核心，它既是传感器获取碰撞信号的分析与处理装置，同时也是点火指令发出与否的判断装置；除此之外，它还能够准确判断碰撞强度，引爆车速、准确判断点火时刻、抗干扰能力等。

图 11-73 是丰田“滑翔机牌”车碰撞传感器的构造图，它由旋转触点、偏心转子、偏心

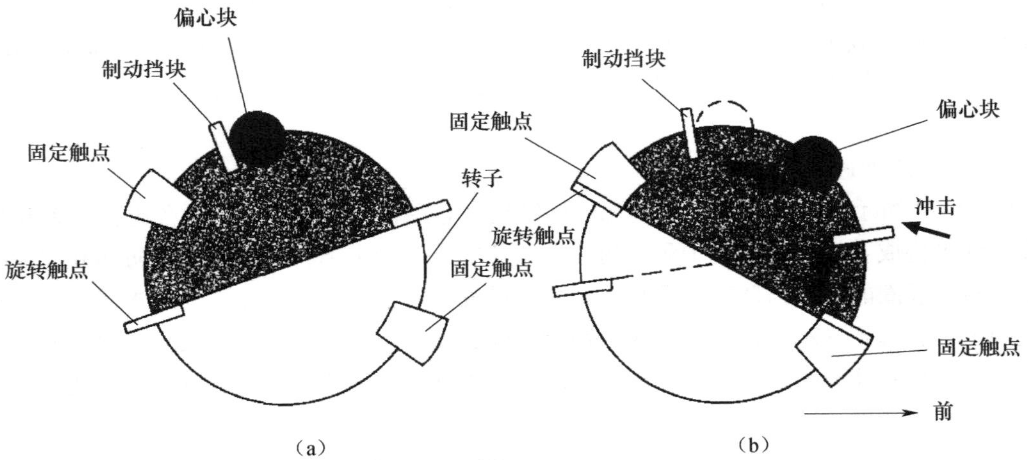

图 11-73 丰田“滑翔机牌”车碰撞传感器的结构

（a）不工作时；（b）工作时

块、弹簧和固定触点等组成。当碰撞传感器工作时，安全气囊控制器一方面接收并处理碰撞传感器获取的碰撞信号；另一方面，碰撞信号经过算法处理后，安全气囊控制器做出是否发出点火信号的判断，并根据判断结果发出相关指令，对气囊点火装置和安全带张紧装置等发出执行信号。

2. 爆震传感器

当汽油发动机工作在爆震极限附近时，其效率最高，消耗最小。如果超过该极限值，则会产生过多的爆震燃烧，引起发动机彻底损坏。因此可采用爆震（爆击或爆燃）传感器来检测发动机的工作状态，通过计算机控制板输出信号来调整发动机点火提前角，尽可能使发动机工作在爆震极限边缘。

发动机爆震检测方法有气缸压力法、发动机机体振动法和燃料噪声法。其中发动机机体振动法是目前常用的方法。采用发动机机体振动法检测的爆震传感器有共振型和非共振型两大类。共振型又分为磁致伸缩式和压电式两种，非共振型仅有压电式爆震传感器。目前常见的爆震传感器是压电式加速度传感器，它具有成本低、鲁棒性、无磨损和可靠的特点，且特性稳定，不需要电源。

1）共振型压电式爆震传感器

共振型压电式爆震传感器的结构如图 11-74 所示，它主要由与爆震几乎相同共振频率的振动板以及紧密贴合在振动板上的压电元件组成。共振型压电式爆震传感器安装在发动机外壳上，爆震时发生共振，输出信号最大，无须滤波器即可判别爆震是否产生。

2）非共振型压电式爆震传感器

如图 11-75 所示，非共振型压电式爆震传感器安装在发动机的缸体上，以接收加速度信号的方式可以检测发动机出现的所有振动。这种传感器的频谱宽，能检测所有发动机振动频率，但幅频特性较为平坦，必须通过滤波器才能识别爆震。在不同的发动机上，只需调整爆

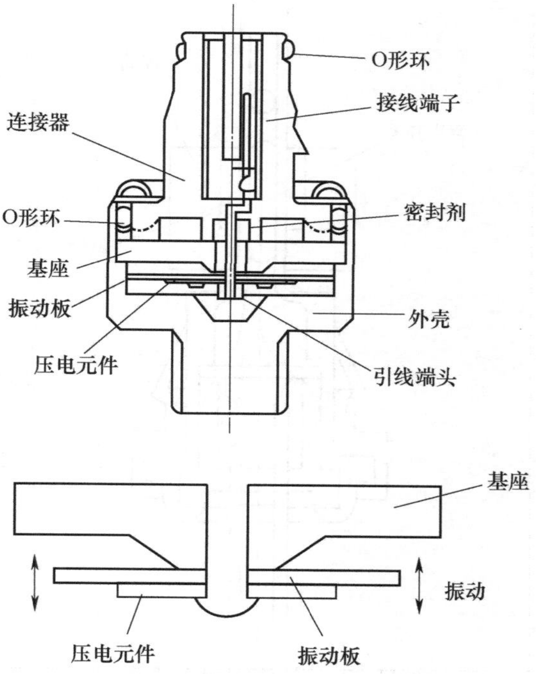

图 11-74　共振型压电式爆震传感器的结构

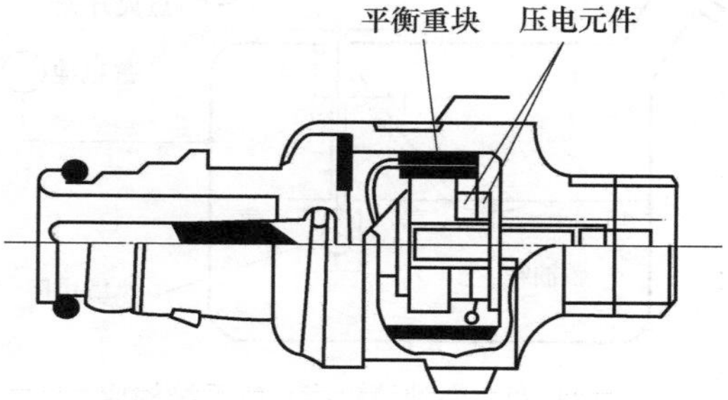

图 11-75　非共振型压电式爆震传感器

震滤波器的频率便可使用，不需更换传感器。

11.2.6 位置传感器的应用

在汽车上应用的位置传感器有液位传感器、车辆高度传感器及转向传感器、座椅位置传感器、方位传感器、曲轴位置传感器和凸轮轴位置传感器等。

1. 液位传感器

汽车上使用的液位传感器分模拟型和开关型两类。模拟型液位传感器主要用于检测燃油箱的油量，有浮子式、电热式、电容式等；开关型液位传感器用于测量制动液液位、清洗液液位、冷却水液位，有热敏电阻式、浮子式和簧片开关式。

1）热敏电阻式液位传感器

热敏电阻式液位传感器构成的燃油液位指示灯系统如图 11-76 所示，它可用于检测汽油、柴油的液面高度。当给热敏电阻加以电压时，热敏电阻通过电流发热。

液位高时，热敏电阻浸于油液中，因为散热良好，热敏电阻的温度不上升，电阻值大，指示灯灭；而当燃油量减少时，热敏电阻露在空气中，散热性变差，温度升高，电阻值下降，指示灯亮。这样，通过电路中电流的大小发生变化，灯光或亮或灭，以此来判断燃油量的多少。

2）浮筒簧片开关式液位传感器

浮筒簧片开关式液位传感器的结构如图 11-77 所示，在内部装有簧片开关的树脂套管外侧，装着镶有磁铁的浮筒，通过浮筒的上下浮动，使簧片开关接通（ON）或断开（OFF），以此来判断液面是高于标准面或低于标准面。这种传感器实际用于风窗玻璃清洗液、水箱内液体存量的检测。

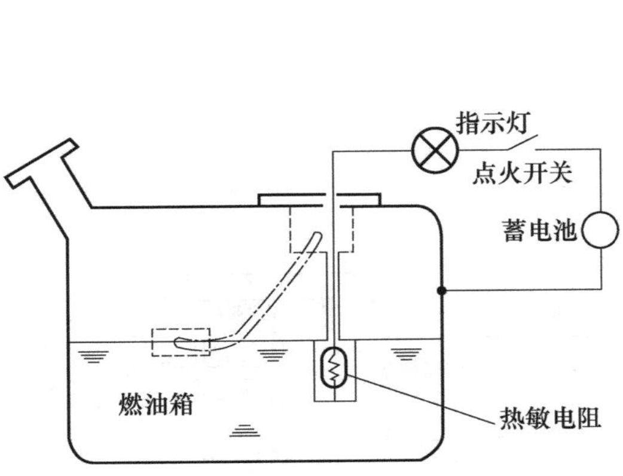

图 11-76 燃油液位指示灯系统构成

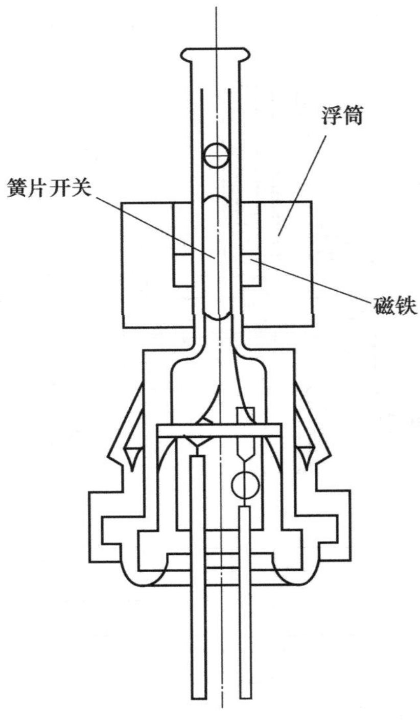

图 11-77 浮筒簧片开关式液位传感器的结构

利用同样的原理，制动主缸用液位传感器的构造如图 11-78 所示，根据检测位置，浮筒的位置可做上下变化。检测发动机润滑油液面高度的簧片开关式液位传感器的构造如图 11-79 所示。

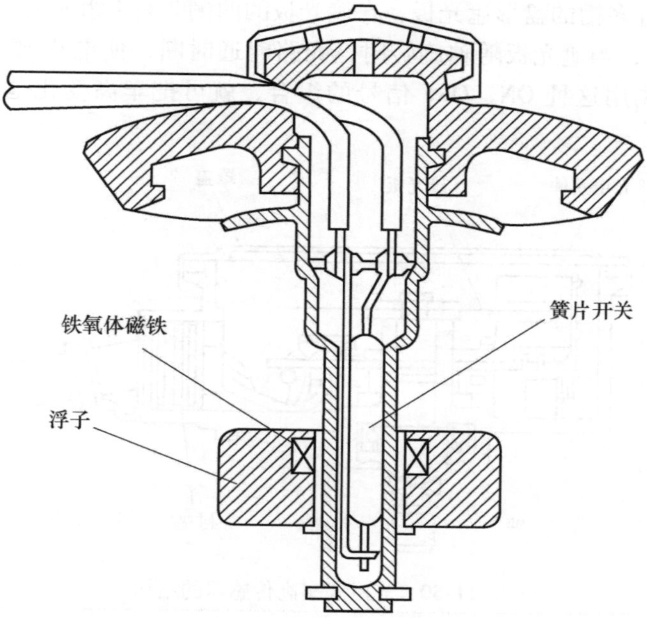

图 11-78　制动主缸用液位传感器的构造

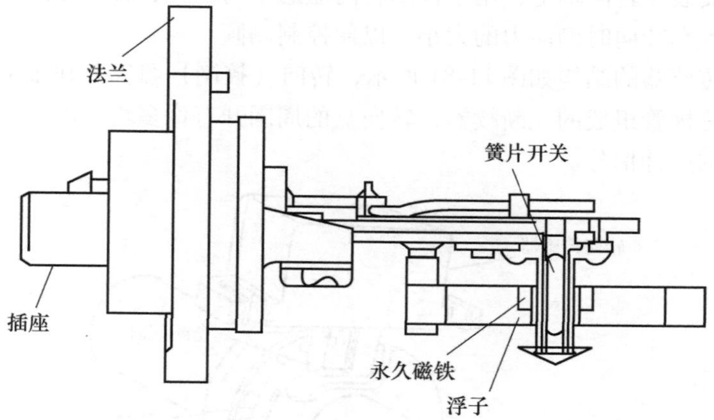

图 11-79　簧片开关式液位传感器的结构

2. 车高与转向传感器

在电控主动悬架系统中，ECU 根据车身高度、车速、转向角及速率、制动等信号控制悬架的执行机构，改变悬架的刚度、减振器阻尼力及车身高度等参数，使汽车具有良好的乘坐舒适性和操作稳定性，而且该传感器还可根据乘员和货物的增减自动调整车高。因此，车高传感器和转向传感器是主动悬架系统中两种十分重要的传感器，目前在现代汽车上用得最多的是光电式的。实际上，车高传感器就是一种转角传感器，通过拉紧螺栓和连杆机构把悬架臂的高低位置变换成传感器轴的旋转角。

1）光电式车高传感器

光电式车高传感器的结构如图11-80所示，它的旋转轴由悬架臂通过连杆带动旋转，在轴上装有一个开有许多槽的盘形遮光板，在遮光板的两侧装有4组光电元件（由发光二极管和光敏三极管组成），当遮光板随轴旋转时，光路时通时断，使电路输出接通（ON）或断开（OFF）信号，利用这种ON、OFF信号的组合，就可把车高变化范围分多个区域进行检测。

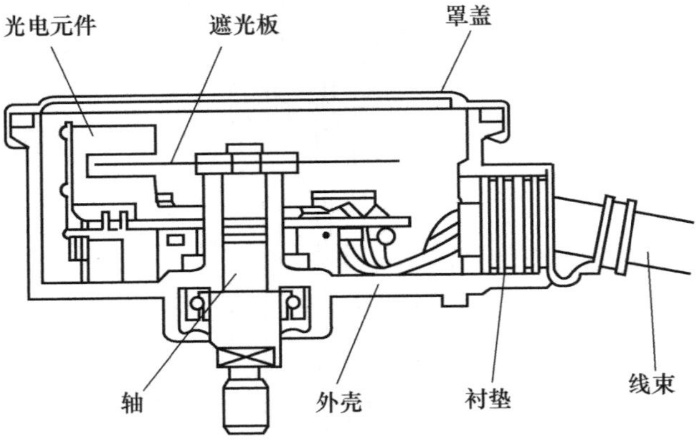

图11-80　光电式车高传感器的结构

2）光电式转向传感器

转向传感器安装在转向轴上，用于检测转向盘的中间位置、转动方向、转动角度和转动速度，用以判断汽车转向时侧向力的大小，以便控制侧倾。

光电式转向传感器的结构如图11-81所示，转向（控制）盘安装在轴上，两侧是两组发光二极管及光敏三极管组成的光断续器，转向盘的周围开有许多均匀的缺口，可将转向盘位置变换成通、断的脉冲信号。

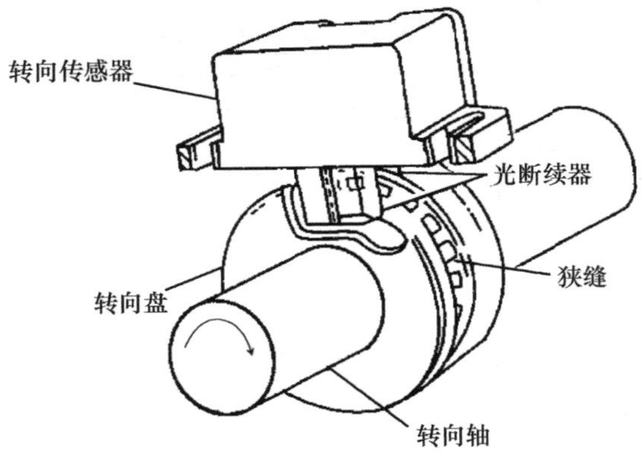

图11-81　光电式转向传感器的结构

（1）转向识别：由图11-81可知，在汽车转向轴上的转向盘上有一定数量的窄槽，转向盘的两端分别有两个发光二极管和两个光敏三极管，组成两对光电耦合器（信号发生器）。当转动转向盘时，转向轴带动转向盘旋转，当转到窄槽处时，光敏三极管感受到发光二极管发出的光，输出“ON”信号；当转向盘转到除窄槽以外的其他位置时，光敏三极管感受不到发光二极管的光线，输出“OFF”信号。因此随着转向盘的转动，两个光电耦合器的输出端就形成“ON/OFF”的变换。

光电式转向传感器在结构设计上，使两光敏晶体管导通或截止产生的脉冲信号的相位差为 90°，通过脉冲波形的状态来识别旋转方向。图 11-82 所示为转向传感器的特性图。当车辆直线行驶时，输出信号 A 处于 OFF 状态的中间位置。当信号 A 由 OFF 状态转变为 ON 状态时，若信号 B 处于 ON 状态，则判断为左转向；若信号 B 处于 OFF 状态，则判断为右转向。

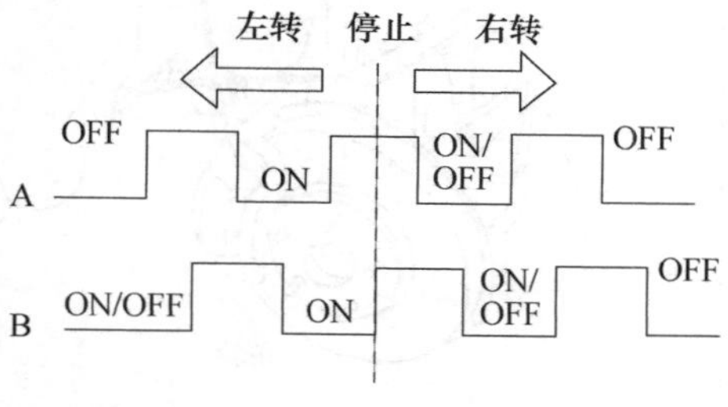

图 11-82　转向传感器的输出特性

汽车转向传感器的作用是将转向盘的转动角度转化为电信号，进而控制车辆的转向系统。因此，对于汽车的转向安全和稳定性至关重要。在检测汽车转向传感器时，需要检查转向盘上的窄槽和光电耦合器是否正常工作，以确保其能够准确地输出“ON/OFF”信号。同时，还需要检查传感器的连接线路是否正常，以确保其能够正常地将信号传递给车辆的转向系统。如果发现转向传感器出现故障，需要及时更换以确保车辆的转向系统正常工作。

（2）转速识别：根据光敏三极管导通或截止的速度，可检测出转向器的速度。

3）霍尔式角度传感器

如图 11-83 所示，霍尔式角度传感器由固定的霍尔元件随轴旋转的磁铁组成，可以把轴在 90°范围内的旋转角度转换成模拟电压。

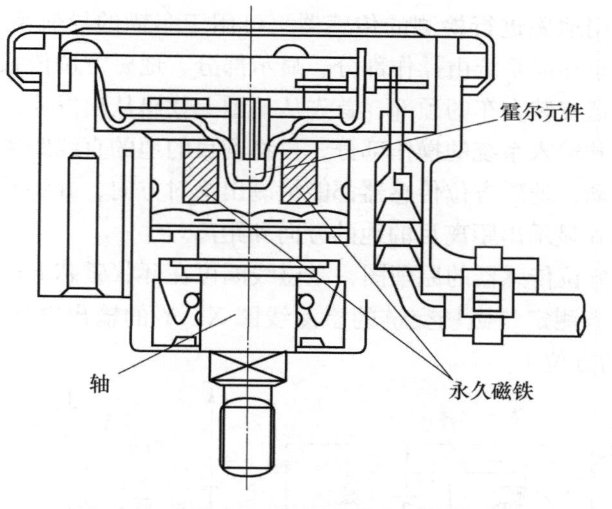

图 11-83　霍尔式角度传感器的结构

霍尔式角度传感器作为车高传感器使用时的安装位置如图 11-84 所示。

4）防滴型转角传感器

防滴型转角传感器的结构如图 11-85 所示，该传感器的驱动杆安装在后轮转向机构上，随着驱动杆的旋转，多触点滑动触片在电阻膜上滑动，连续地检测出后轮转向角。防滴型转角传感器的输出电压与转角呈线性关系。

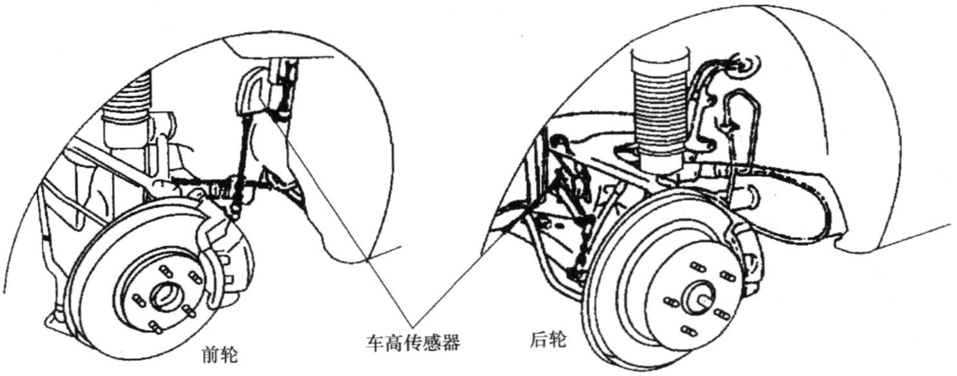

图 11-84　霍尔式角度传感器用作车高传感器的安装位置

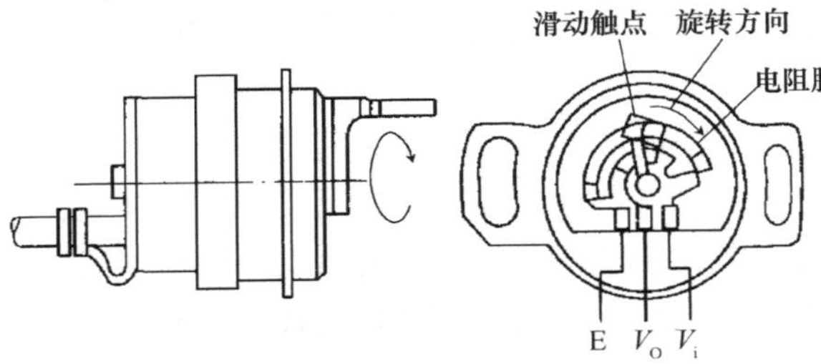

图 11-85　防滴型转角传感器的结构

3. 方位传感器

方位传感器是利用地磁进行检测的传感器，可用于车辆的导航系统，以指示方向的偏差。例如丰田皇冠轿车导向系统由操作部分、显示部分、地磁方位传感器和行驶距离传感器等组成，将方位传感器安装在车的顶部，首先从地图上找出从出发地到目的地的东西方向距离和南北方向距离，并输入系统的操作部分，再将到目的地的直线距离输入到微机中，无论车辆在哪个方向上移动，地磁方位传感器都能检测出绝对方向，并将其显示在仪表盘上，而且通过微机进行计算并显示出距离目的地的方向和距离。

图 11-86 所示为方位传感器的原理图，激磁线圈可在环状磁芯上产生方向、强度呈周期性变化的交变磁场，若测定与磁场交链的检测线圈 X、Y 的输出电压 U_X 和 U_Y，就可得出图 11-86（b）所示的方位了。

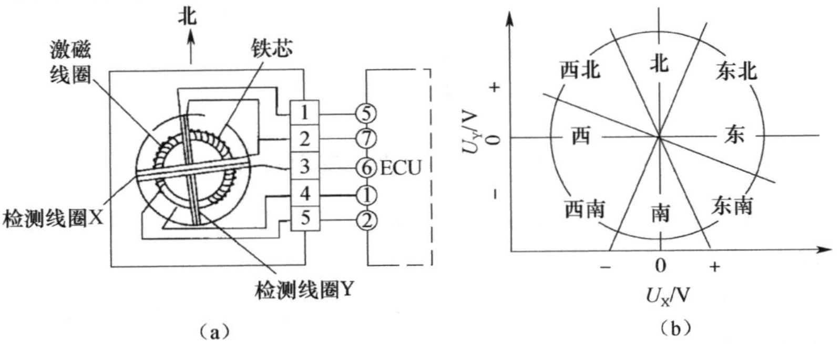

图 11-86　方位传感器的原理图

（a）方位传感器；（b）方位判断

4. 霍尔式座椅位置传感器

霍尔式座椅位置传感器用于微机控制的动力座椅上，微机预先记忆座椅的位置状态（前后直立位置、斜躺角度和滑动位置等），再设定电钮操作，用微机自动调节座椅状态。

图 11-87 所示为霍尔式座椅位置传感器的结构图，其中座位滑移传感器、前后直立传感器安装在壳内的涡轮上，由霍尔元件和永久磁铁组成。斜躺位置传感器也是由霍尔元件和永久磁铁组成的，它安装在斜躺电动机壳内的螺旋齿轮上。

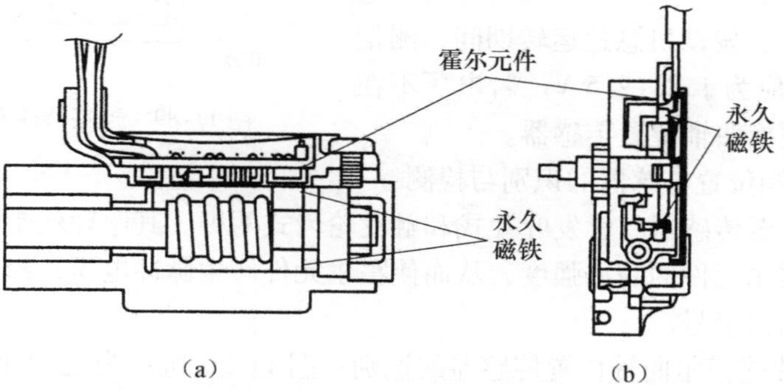

图 11-87　霍尔式座椅位置传感器的结构

（a）靠背位置传感器；（b）座位滑移与前后直立传感器

5. 曲轴和凸轮轴位置传感器

曲轴位置传感器控制发动机点火正时、确认曲轴位置的信号源。曲轴位置传感器用于检测活塞上止点信号和曲轴转角信号，它也是测量发动机转速的信号源。在现代电控发动机上，曲轴位置传感器和发动机转速传感器制成一体，安装在曲轴前端、分电器内或飞轮上。曲轴位置传感器的结构形式有光电式、霍尔式和磁脉冲式 3 种。

1）光电式曲轴位置传感器的识别与检测

日产公司采用的光电式曲轴位置传感器安装在分电器内，如图 11-88 所示。它由信号发生器和带缝隙、光孔的信号盘组成。信号盘安装在分电器轴上，随着分电器轴一起转动，它的外围均布有 360 条缝隙，这些缝隙就是光孔，产生 1°信号。对于六缸发动机，在信号盘外围稍靠内的圆上，间隔 60°分布 6 个光孔，产生 120°曲轴转角信号，其中有一个较宽的光孔是产生第 1 缸上止点对应的 120°信号缝隙。

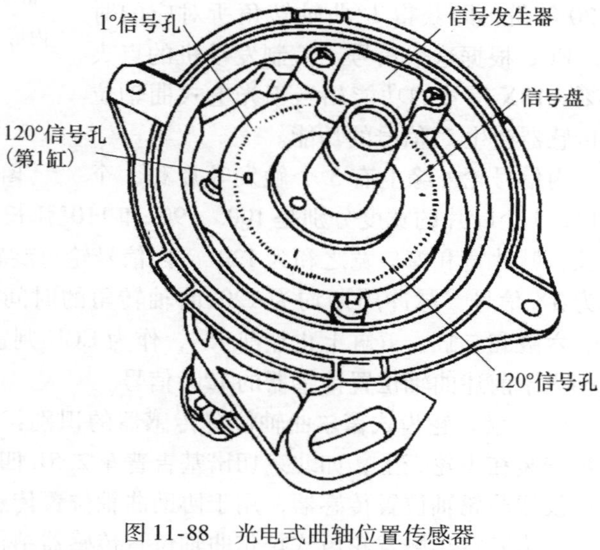

图 11-88　光电式曲轴位置传感器

光电式曲轴位置传感器的检测主要是检查连接线束和输出信号。图 11-89 所示为现代（SONATA）汽车曲轴位置传感器连接器插头的端子位置。

（1）线束的检查：检查时应脱开曲轴位置传感器连接器插头，打开点火开关，但不启动发动机。用万用表测量线束侧4端与接地间电压应为12 V，2端和3端与接地间电压应为4.8～5.2 V；1端与接地间电阻应为0 Ω。

（2）输出信号的检查：将万用表电压挡连接在传感器侧3和1端子上，发动机启动后，电压应为0.2～1.2 V；发动机怠速运转期间，测量2和1端子间电压应为1.8～2.5 V。若电压不在规定范围，则应更换曲轴位置传感器。

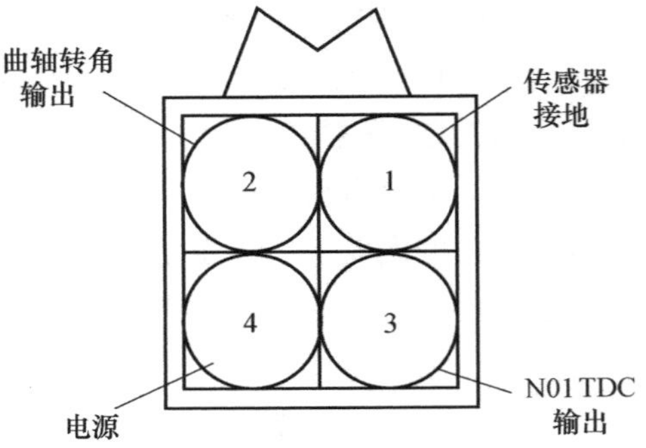

图11-89　连接器插头端子位置图

2）霍尔式曲轴位置传感器的识别与检测

霍尔式曲轴位置传感器有触发叶片式和触发轮齿式两种。其原理就是利用触发叶片或触发轮齿改变通过霍尔元件的磁场强度，从而使霍尔元件产生脉冲电压，经放大整形后即为曲轴位置传感器的输出信号。

（1）触发叶片式霍尔曲轴位置传感器的识别：图11-90所示为美国通用公司（GM）采用的触发叶片式霍尔曲轴位置传感器结构图，它被安装在曲轴前端。在发动机曲轴带轮前端安装着内外两个带触发叶片的信号轮，与曲轴一起转动。

外信号轮边缘上均匀分布着18个触发叶片和18个窗口，每个触发叶片和窗口的宽度为10°弧长。外信号轮每旋转一周，其侧面的霍尔信号发生器产生18个脉冲信号，称为18X信号。一个脉冲周期相当于曲轴旋转20°转角的时间，ECU再将一个脉冲周期均分20等份，即获得1°曲轴转角所对应的时间。ECU根据这个信号，控制发动机的点火时刻。18X信号的功能相当于光电式曲轴位置传感器产生1°信号的功能。

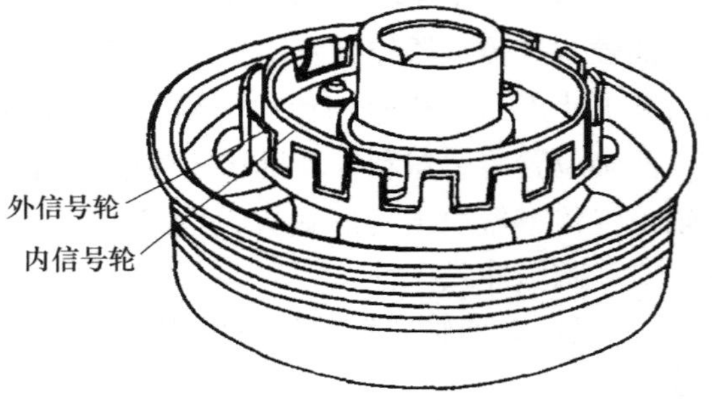

图11-90　触发叶片式霍尔曲轴位置传感器

内信号轮外缘上有3个触发叶片和3个窗口，3个叶片的宽度分别是100°、90°和110°弧长。3个窗口的宽度分别为20°、30°和10°弧长，叶片宽和窗口宽之和为120°。内信号轮每旋转一周产生3个宽度不同的电脉冲信号，称为3X信号，脉冲周期均为120°曲轴转角的时间，脉冲信号分别产生于一缸、四缸，三缸、六缸和二缸、五缸上止点前75°，作为ECU判别气缸和计算点火时刻的基准信号。此信号相当于前述曲轴位置传感器的120°信号。

（2）触发轮齿式霍尔曲轴位置传感器的识别：采用触发轮齿式霍尔曲轴位置传感器时它被安装在飞轮壳上，如北京切诺基吉普车2.5L四缸发动机和4.0L六缸发动机，在分电器内还设置凸轮轴位置传感器，用于协助曲轴位置传感器判缸。

切诺基汽车触发轮齿式霍尔曲轴位置传感器结构示意图如图11-91所示。四缸机所用的曲轴位置传感器与六缸机所用的稍有不同。在2.5L四缸机的飞轮上有8个槽，分为两组，4个槽为一组，两组相隔180°，每组中的每个槽相隔20°。在4.0L六缸机的飞轮上有12个槽，4个槽为一组，分为3组，每组相隔120°，每组中的每个槽也相隔20°。

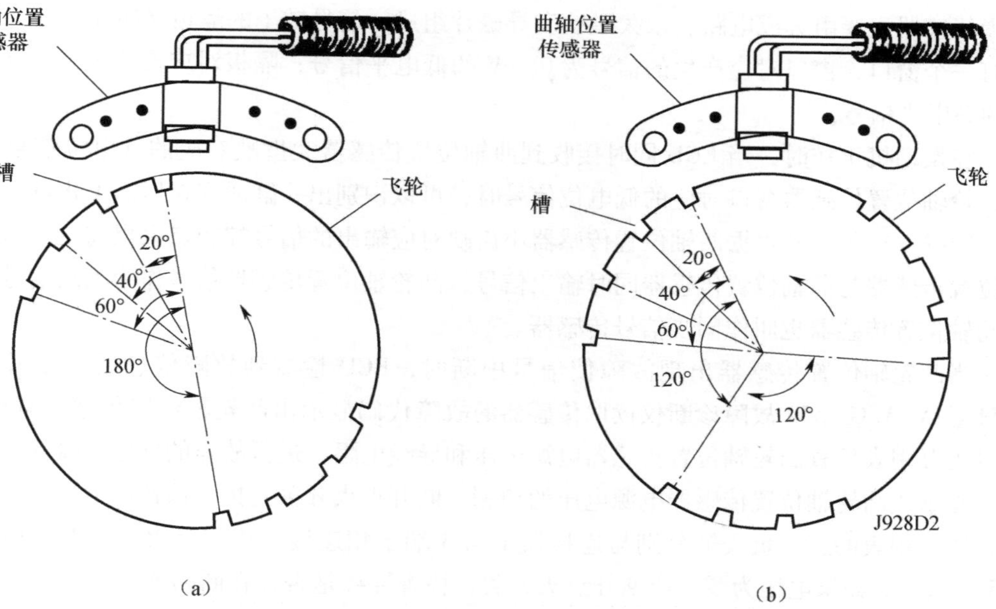

图 11-91　触发轮齿式霍尔曲轴位置传感器的结构
（a）2.5L 发动机；（b）4.0L 发动机

（3）霍尔式曲轴位置传感器的检测：霍尔式曲轴位置传感器的检测主要是电源电压、信号输出电压和连接导线电阻的检测。北京切诺基汽车霍尔式曲轴位置传感器与 ECU 的 3 个连接端子为电源（8 V）、CPS 信号和地，传感器端对应为 A、B、C，ECU 板对应为 7、24 和 4。

电压检测：打开点火开关，电源电压应为 8 V；在发动机运转时，信号电压应在 0.3 ~ 5 V 范围变化，电压呈脉冲变化，最高为 5 V，最低为 0.3 V。如果无脉冲电压输出，说明该传感器损坏。

电阻检测：关闭点火开关，拔下曲轴位置传感器导线连接器，测量该传感器的 A – B 或 A – C 间电阻，均应为∞，否则应更换传感器。

3）霍尔式凸轮轴位置传感器的识别与检测

霍尔式凸轮轴位置传感器安装在凸轮轴前端，它用于产生判缸信号。

对于捷达 GT、GTX 和桑塔纳 2000GSi 型轿车霍尔式凸轮轴位置传感器的识别与检测：捷达 GT、GTX 和桑塔纳 2000GSi 型轿车采用的霍尔式凸轮轴位置传感器安装在发动机进气凸轮的一端，如图 11-92 所示。它主要由霍尔式传感器和信号转子组成。

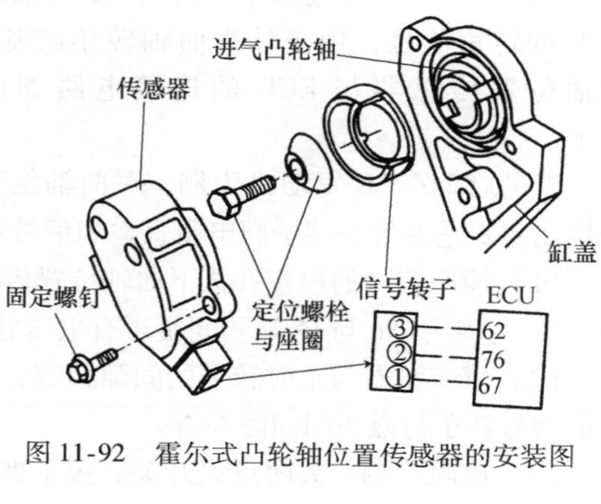

图 11-92　霍尔式凸轮轴位置传感器的安装图

信号转子或叫作触发叶轮，安装在进气凸轮上，用螺栓和座圈固定。霍尔式凸轮轴位置传感器主要由集成电路、永久磁铁和导磁片组成。信号转子的隔板又叫作叶片，在隔板上有一个窗口，窗口对应产生的信号为 0.1 V 的低电平信号；隔板对应产生的信号为约 4.0 V 的高电平信号。

在发动机工作时，当 ECU 同时接收到曲轴位置传感器大齿缺对应的低电位信号（15°）和凸轮轴位置传感器窗口对应的低电位信号时，可以识别出一缸活塞在压缩上止点、四缸活塞处于排气行程，并根据曲轴位置传感器小齿缺对应输出的信号控制点火提前角。由于凸轮轴位置传感器与曲轴位置传感器同时输出信号，凸轮轴位置传感器信号作为判缸信号，所以凸轮轴位置传感器也叫作同步信号传感器。

当凸轮轴位置传感器出现故障使信号中断时，ECU 检测到故障信息后，使用 V. A. G 1551 或 V. A. G 1552 故障诊断仪读取传感器的故障代码显示出凸轮轴位置传感器有故障时，可以用万用表检查凸轮轴位置传感器电源电压和导线电阻，进行故障的判定和排除。

霍尔式凸轮轴位置传感器电源电压的检测：断开点火开关，拔下该传感器导线连接器插头，用万用表的正、负表笔分别与连接器 1 与 3 端子相连接，接通点火开关时，电压应为 4.5 V 以上。如果电压为零，应断开点火开关，检查导线是否存在断路或短路，或检查 ECU 故障。

导线短路检测：用万用表电阻挡检查霍尔式凸轮轴位置传感器连接器端子 1 与 2 和 3 端子间的电阻，或检查 ECU 的 62 端子与 76 和 67 端子间的电阻，均应为无穷大。否则说明导线存在短路。

导线断路检测：用万用表的电阻挡分别检查霍尔式凸轮轴位置传感器与 ECU 的 1 与 67 端子、2 与 76 端子和 3 与 62 端子间的电阻值，均应不大于 1.5 Ω。否则为接触不良或导线断路。

4）丰田公司的转子磁脉冲式曲轴位置传感器的识别

转子磁脉冲式曲轴位置传感器安装在分电器内部，分上下两部分。上部分的信号转子周边有两个检测线圈，产生 G_1、G_2 信号，用于判缸和检测活塞上止点；下部分的信号转子周边有一个检测线圈产生 Ne 信号，每 30°一个脉冲，经电路 30 倍细分，可输出 1°的转角信号，用于计算曲轴转角的基准信号。曲轴位置传感器与 ECU 的连接电路如图 11-93 所示。

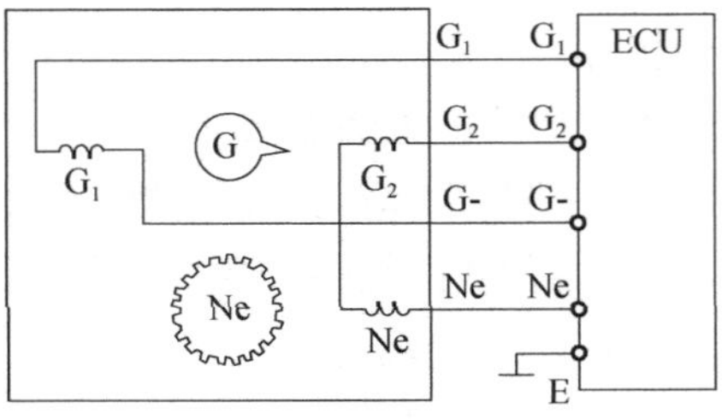

图 11-93 曲轴位置传感器与 ECU 的连接电路

以皇冠 2JZ-GE 发动机为例，对曲轴位置传感器的检测主要是测量各端子间电阻、输出信号及信号转子凸齿与感应线圈间间隙等。

（1）输出信号的检查：拔下曲轴位置传感器上的连接器，当发动机运转时，检测 G_1 与 G-、G_2 与 G-、Ne 与 G-端子间是否有电压脉冲信号输出。若无，则应更换该传感器。

（2）感应线圈与正时转子的间隙检查：同上述日产公司的轮齿磁脉冲式曲轴位置传感器的信号转子与磁头间间隙检查。

（3）电阻检测：关闭点火开关，拔下曲轴位置传感器连接器插头，测量各端子间的电阻值，冷态电阻值应符合：G_1 与 G-为 125 ~ 200 Ω，G_2 与 G-为 125 ~ 200 Ω，Ne 与 G-为

155 ~ 250 Ω；热态电阻值应符合：G_1 与 G-为 160 ~ 235 Ω，G_2 与 G-为 160 ~ 235 Ω，Ne 与 G-为 190 ~ 290 Ω。

11.2.7　传感器在汽车中的其他应用

1. 压电式传感器的应用

（1）雨滴传感器：雨滴传感器用于雨滴传感刮水系统上，安装在车身外部，用来检测降雨量，控制器将根据降雨量自动设定雨刮器的间歇时间来控制刮水电动机。按照检测原理，雨滴传感器可分为利用雨滴冲击能量变化的压电式、静电电容变化的电容式和雨滴光量变化的光电式 3 种。

压电式雨滴传感器的构造如图 11-94 所示，主要由振动板、压电元件、放大电路、阻尼橡胶和壳体等构成。其中，振动板感知雨滴冲击能量，并按固有频率进行振动；压电元件将振动板的振动变形转换成电压信号。电压信号的范围为 0.5 ~ 300 mV，其大小与加到振动板上的雨滴冲击能量成正比。

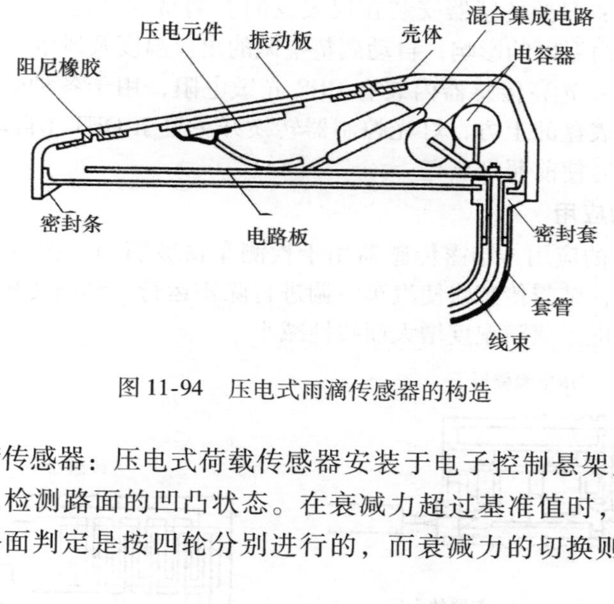

图 11-94　压电式雨滴传感器的构造

（2）压电式载荷传感器：压电式荷载传感器安装于电子控制悬架系统减振器拉杆内，用来测定衰减力，以检测路面的凹凸状态。在衰减力超过基准值时，由微机控制将衰减力切换为软工况。路面判定是按四轮分别进行的，而衰减力的切换则是按前后轮分别进行的。

压力式载荷传感器的压电元件是钛酸铅压电陶瓷，其结构如图 11-95 所示。衰减力的切换是随路面的状况而变化的，在平坦的路面上，路面的微小凹凸就会有灵敏的反应；在很差的路面上，难于进入柔软的状态，所以，在各种路面状态下，都能有最适宜的操纵性和舒适性。

2. 超声波传感器的应用

测量距离的传感器可分为采用三角法测距的光学传感器和超声波传感器两种，汽车上一般采用超声波传感器。

（1）短距离用超声波传感器：短距离用超声波传感器的结构如图 11-96 所示，是一种单探头结构，该传感器安装在车体四角靠下，用来检测距车体 50 cm 之内有无物体。当检测到 50 cm 以内的障碍物时，通过发光二极管（LED）和蜂鸣器告知驾驶员，若 50 cm 以内有障碍物，则蜂鸣器发出断续声；若 20 cm 以内有障碍物，则发出连续的警报声。

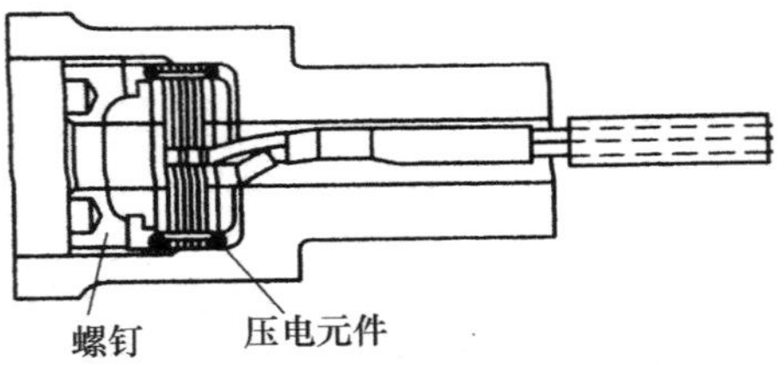

图 11-95　压电式载荷传感器的结构

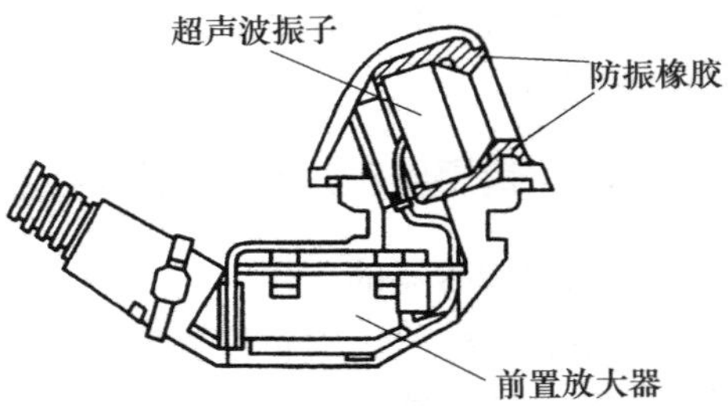

图 11-96　短距离用超声波传感器的结构

（2）中距离用超声波传感器：中距离用超声波传感器也是单探头结构，如图 11-97 所示。这种传感器用于检测 2 m 以内有无障碍物，检测距车辆 2 m 以内的障碍物，由蜂鸣器告知，在 2 m 以内蜂鸣器发出缓慢的断续声，在 1 m 以内发出较快的断续声，0.5 m 以内发出连续的声音。中距离用超声波传感器安装在车的后方，构成倒车声呐系统。

3. 光电传感器的应用

（1）日照传感器：日照传感器安装在仪表盘的上侧易受日光照射的地方，利用光敏二极管检测日照量对车内温度的影响，自动调整空调的出风温度及风量。

（2）光亮传感器：光亮传感器内装有 CDS 光敏电阻，用于各种灯具的亮熄自动控制。灯具控制器安装在仪表盘的上方，灯光控制器转换开关置于 OUT（自动）位置，傍晚时使尾灯点亮；天色更暗时使前照灯点亮。

4. 湿度传感器的应用

（1）结露传感器的应用：结露传感器用于检测车窗玻璃的结露情况。当车窗玻璃湿度较大处于结露状态时，结露传感器使汽车空调进行除霜运行。结露传感器的结构如图 11-98 所示。结露传感器的电阻值随湿度增大而线性减小。

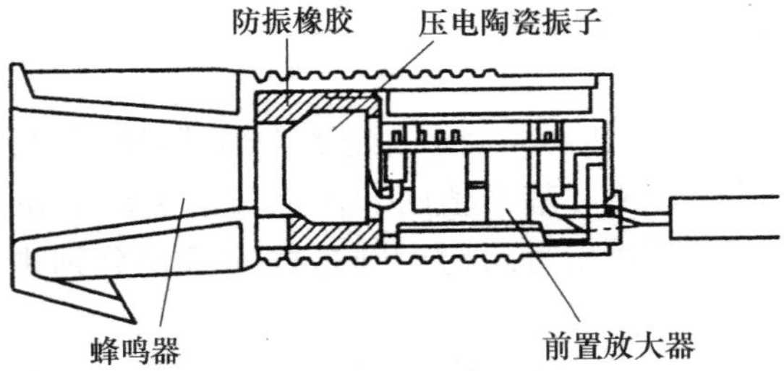

图 11-97　中距离用超声波传感器的结构

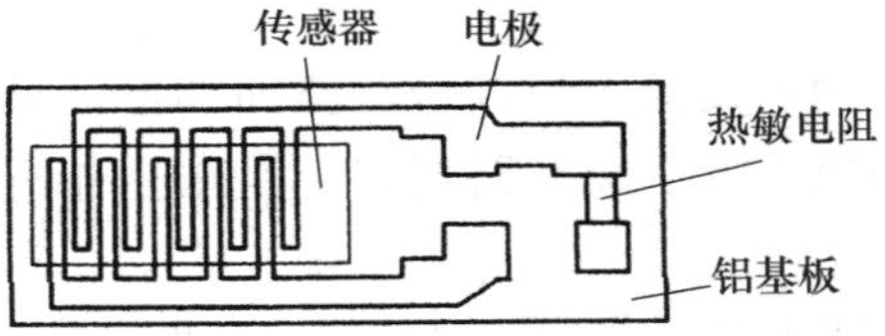

图 11-98　结露传感器的结构

（2）热敏电阻式湿度传感器的应用：湿度传感器主要用于汽车挡风玻璃的防霜、化油器进气部位湿度的测定及自动空调系统中车厢内湿度的测定。由于热敏电阻式湿度传感器的电阻温度特性，使用时需要进行温度补偿，才能提高测试精度。

11.3　传感器技术在工业场景中的应用

传感器技术可适用于各种工业场景，如能源、石油、化工、冶金、电力、机械制造、汽车等工业制造过程中的各类场景中，泛指在工业制造过程中能将感受的力、热、光、磁、声、湿、电、环境等被测量转换成电信号输出的器件与装置。除 11.2 小节讲述的传感器在工业场景现代汽车中的应用外，本小节会继续讲述传感器技术在其他工业场景中的应用。

11.3.1 智能型浮筒液位计

浮筒液位计是根据阿基米德定律和磁耦合原理设计的液位测量仪表，其广泛应用在工业场景中，如石油、化工、冶金、制药等领域可用浮筒液位计进行液位精准测量。该类传感器仪表可以通过 LCD 液晶屏现场显示液位，也可以将液位信号转换成 4 ~ 20 mA 的电流信号远传给控制室，具有 HART 通信功能，可以接成单点或多点与主机通信。本小节以上海信东仪器仪表有限公司 FST – 3000 系列智能型扭矩管式浮筒液位计为代表进行展开。

1. 智能型浮筒液位计的工作原理

智能型浮筒液位计的原理为浸在液体中的浮筒受到向下重力、向上的浮力和向上的扭力管弹力的作用，当这三个力平衡时，浮筒就静止在某一位置；当液位变化时，浮筒所受的浮力也发生变化，力的平衡状态被打破，引起扭力管弹力的变化，使扭力管扭动，达到新的力平衡。扭力管带动传感器产生角位移，经过信号处理电路，产生随液位变化的电信号。图 11-99 为 FST – 3000 系列智能型扭矩管式浮筒液位计实物图。

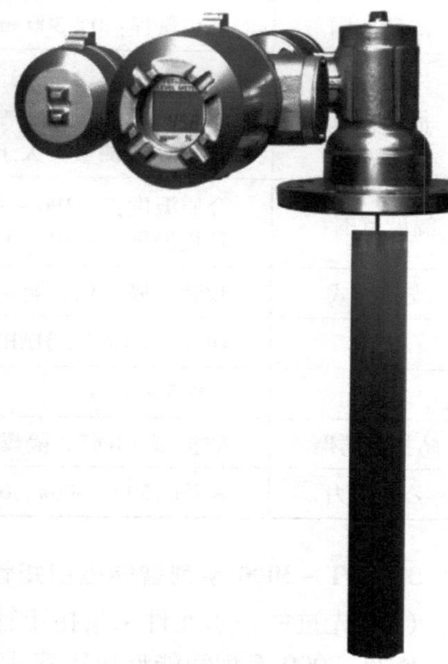

图 11-99 FST – 3000 系列智能型扭矩管式浮筒液位计实物图

FST – 3000 系列智能型扭矩管式浮筒液位计用于测量时，当液位为零液位时，扭力管受浮筒重力产生的力矩最大，角位移（扭矩管转角）处于“零”度，当液位上升到最高时，扭矩管受到的浮力最大（这时扭力最小），在这个过程中浮筒产生的线位移（上下行程）为 2 ~ 3 mm，扭矩管产生一个扭转角 Φ（0.75° ~ 1.5°），与扭矩管中轴相连接的霍尔元件产生的感应电动势经变送单元处理后转换成 4 ~ 20 mA 电流信号输出，FST – 3000 系列智能型扭矩管式浮筒液位计具体的测量功能分类如图 11-100 所示。

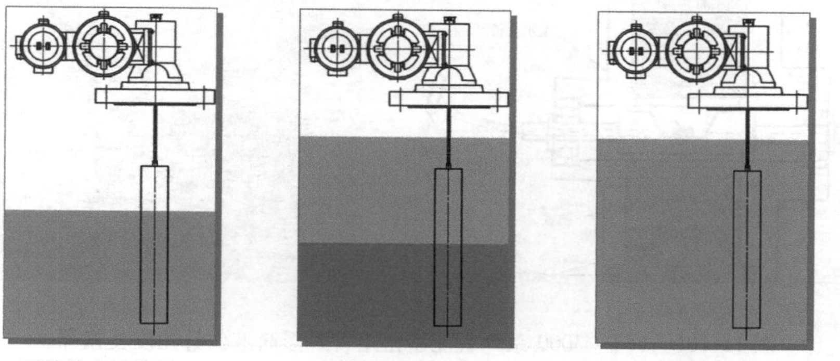

图 11-100 FST – 3000 系列智能型扭矩管式浮筒液位计具体的测量功能分类

2. FST－3000 系列智能型扭矩管式浮筒液位计的标准规格

FST－3000 系列智能型扭矩管式浮筒液位计的检测形式是扭矩管式浮筒，其标准规格如表 11-5 所示。

表 11-5　FST－3000 系列智能型扭矩管式浮筒液位计的标准规格

类别	参数
测量范围	最小量程：0～300 mm；最大量程：0～3 000 mm
液体密度	（1）液面测量：0.2～1.5 g/m^3 （2）界面测量：两种液体密度差大于 0.1 g/m^3 （3）密度测量：大于 0.2 g/m^3
温度范围：	介质温度：－196～＋400 ℃ 环境温度：－40～＋80 ℃（本安 60 ℃）
安装方式	顶装、底－顶、侧－侧、底－侧、侧－顶等
输出	DC 4～20 mA，HART 协议
精度	±0.5% F.S.
防护及防爆	防护型：IP65；隔爆型：Exd ⅡCT6；本安型：Ex ia ⅡCT6
公称压力	ANSI 150#、300#、600#、900#、1500#和 2500#（900#以上磅级系原装进口）

3. FST－3000 系列智能型扭矩管式浮筒液位计的功能特点

（1）先进的霍尔元件采集扭矩管扭转角度。

FST－3000 系列智能型扭矩管式浮筒液位计内部采用了霍尔效应，即当电流恒定通过霍尔元件，当磁场垂直通过霍尔元件时，产生感应电动势，因此当霍尔元件在磁场中偏转，磁场强度发生变化时，会引起感应电动势改变，从而快速实现测量时的角度变换。本浮筒液位计采用一体化金属密封结构，既有效保护霍尔元件，又便于维修更换。图 11-101（a）为 FST－3000 系列智能型扭矩管式浮筒液位计角度变换器结构示意图，图 11-101（b）为 FST－3000 系列智能型扭矩管式浮筒液位计角度变换器实物图。

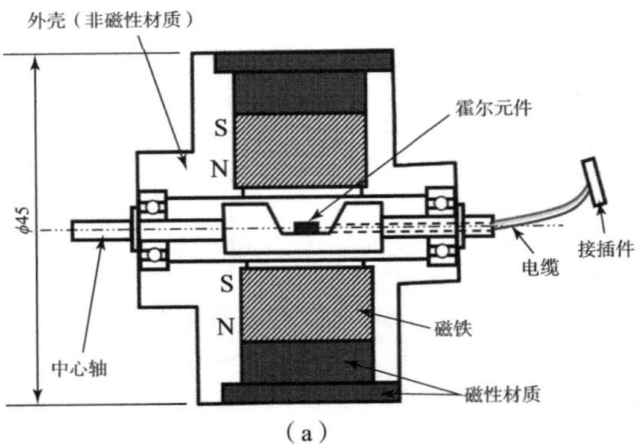

（a）

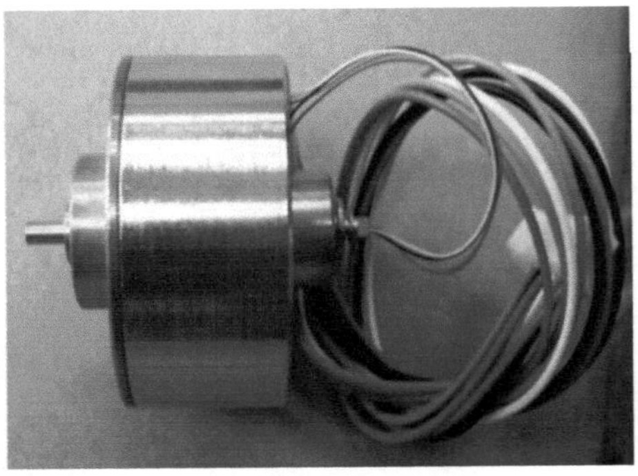

（b）

图 11-101　FST－3000 系列智能型扭矩管式浮筒液位计角度变换器

（a）角度变换器结构示意图；（b）角度变换器实物图

（2）可在现场调整参数。

FST－3000 系列智能型扭矩管式浮筒液位计无须手持终端，可以实现设备的设置有密度修改、零点调整、测量范围调整、电流输出方向、指示单位修改和故障设定。设备也可以在危险场合进行在线数据设定和修改。图 11-102 为 FST－3000 系列智能型扭矩管式浮筒液位计在现场调整参数显示界面。

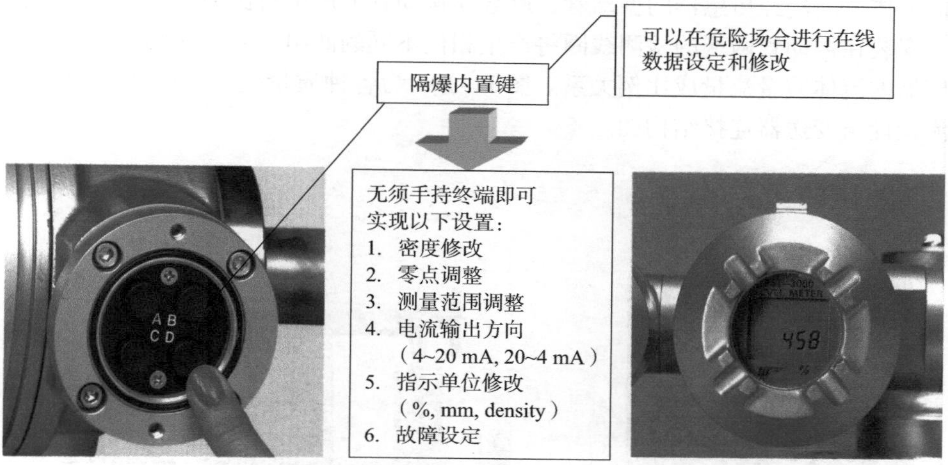

图 11-102　FST－3000 系列智能型扭矩管式浮筒液位计可在现场调整参数显示界面

（3）严谨的参数标定方式及扭矩管保护结构。

FST－3000 系列智能型扭矩管式浮筒液位计有严谨的参数标定方式，可通过调整上下限制动器，保证扭矩管的转角在量程的－10%～110%行程范围内。图 11-103 为 FST－3000 系列智能型扭矩管式浮筒液位计的严谨参数标定显示。

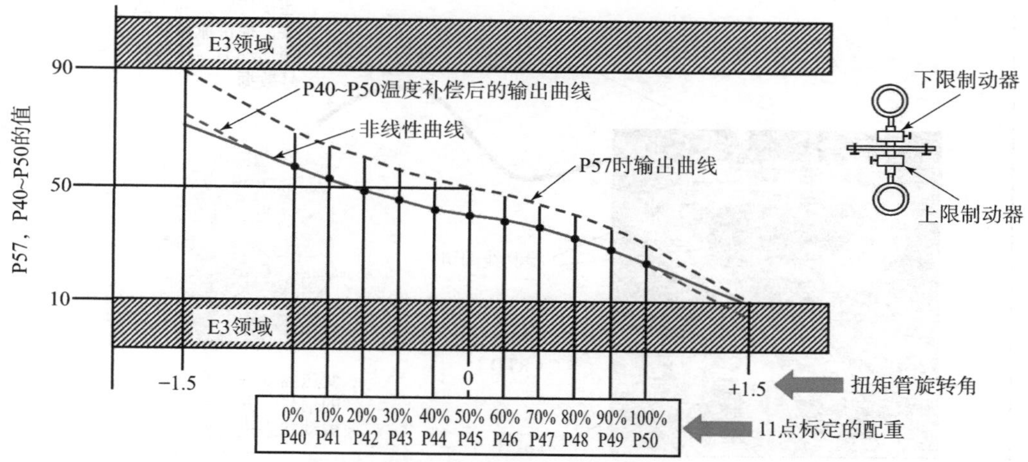

图 11-103　FST－3000 系列智能型扭矩管式浮筒液位计的严谨参数标定显示

11.3.2　质量流量计

质量流量计在工业领域中，主要用于液体或气体的流量测量和控制。在石油、化工、电力、钢铁、冶金、制药等行业都有广泛的应用。如在石油行业中，质量流量计可用于石油生产中的注水、采油液、管道输送等流量测量和控制；在化工领域，质量流量计被广泛应用于酸碱液、化工原料、反应物和成品的流量测量和控制。

质量流量计以科氏力为基础，在传感器内部有两根平行的流量管，中部装有驱动线圈，两端装有检测线圈，变送器提供的激励电压加到驱动线圈上时，振动管做往复周期振动，工业过程的流体介质流经传感器的振动管，就会在振动管上产生科氏力效应，使两根振动管扭转振动，安装在振动管两端的检测线圈将产生相位不同的两组信号，这两个信号的相位差与流经传感器的流体质量流量成比例关系。图 11-104 为各种质量流量计的实物图，图 11-105 为质量流量计与变送器连接结构图。

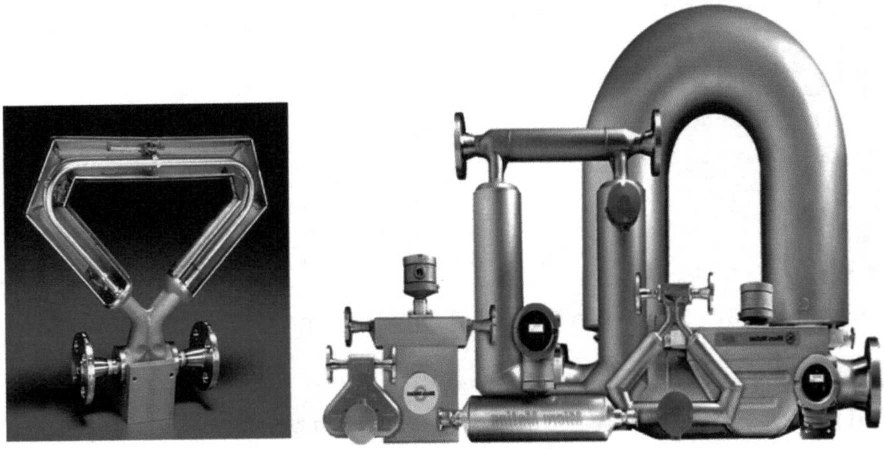

图 11-104　各种质量流量计的实物图

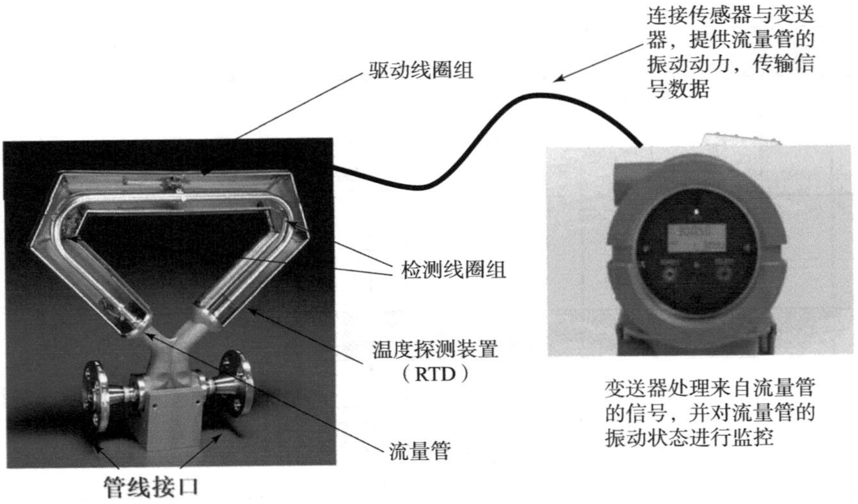

图 11-105　质量流量计与变送器连接结构图

将质量流量计连接到微机控制系统上，主控系统能解算出流经振动管的质量流量。不同的介质流经传感器时，振动管的主振频率不同，据此解算出介质密度。同时安装在传感器振动管上的铂电阻可间接测量介质的温度。

11.3.3　物位计

物位测量通常指对工业生产过程中封闭式或敞开容器中物料（固体或液位）的高度进行检测。如果是对物料高度进行连续的检测，称为连续测量；如果只对物料高度是否到达某一位置进行检测称为限位测量，通常把完成这种测量任务的仪表叫作物位计。

物位计是一种新型的电容式连续测量物位仪表，由于采用射频技术和微机技术解决了传统电容式物位计温漂大、标定难、怕黏附的难题，它广泛应用于各行业中液体及固体料仓物位的连续测量，特别是作高温、强腐蚀、强黏附、粉尘大的环境下进行测量，选择物位计是最适合的。图 11-106 为物位计实物图。

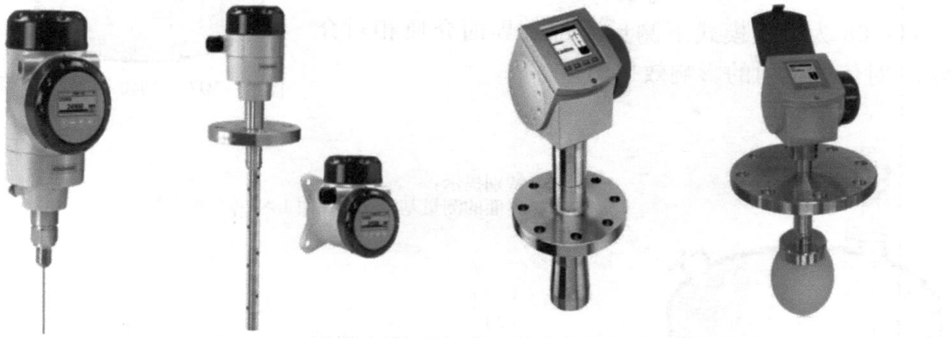

图 11-106　物位计实物图

物位测量中的微波一般是定向发射的，通常用波束角来定量表示微波发射和接收的方向性。波束角和天线类型有关，也和使用的微波频率有关。对于常用的圆锥形喇叭天线来说，微波的频率越高，波束的聚焦性能越好，即波束角小，在实际使用中这是十分重要的。低频微波物位计有较宽的波束，如果安装不得当，将会收到内部结构产生的较多的虚假回波。

微波物位计使用的微波频率有三个频段：C 波段（5.8 ~ 6.3 GHz）、X 波段（9 ~ 10.5 GHz）、K 波段。现今的高频雷达一般为工作在 K 波段（24 ~ 26 GHz）的雷达物位计，雷达的工作频率越高其电磁波波长越短，越容易在倾斜的固体表面有更好的反射，并具有较窄的波束宽度，可有效避开障碍物，高的频率还可使雷达使用更小的天线。但微波频率在 X 波段时雷达由于没有明显的应用特点，逐渐在雷达物位技术发展中趋于淘汰。使用 C 波段的低频雷达物位计用于测量固体，但由于其较低的频率、较长的波长，其发射波不容易被漫反射，在高粉尘工况下会导致很多的二次或多次回波，干扰和噪声很大，因此固体粉料测量中该类雷达物位计逐渐被淘汰。

物位计有直接模式、罐底跟踪模式和自动模式。其中直接模式是根据物位计中的微脉冲被发射并沿着天线传播，脉冲在介质（液体或固体）表面被反射，天线的长度覆盖待测的量程，再通过测量脉冲传输所花费的时间而得到距离。对于大的介电常数介质（通常含水介质）使用直接模式。图 11-107 为物位计直接测量示意图。

根据图 11-107，物位计直接测量的计算方法如下：

$$C_0 = 3 \times 10^8 \text{ m/s}$$
$$D = C_0 \times t/2$$
$$L = H - D$$

在物位测量时，介质相对介电常数 ε_r 的变化对信号反射具有一定影响。ε_r 是指两极间充满某种均匀电介质时的电容 C 与两极板间为真空时的电容 C_0 的比值，$\varepsilon_r = C/C_0$。其中，反射强度取决于被测产品的相对介电常数，相对介电常数越高，反射强度越大。电磁波的传播速度公式如下：

$$V = \frac{C_0}{\sqrt{\varepsilon_r}}$$

图 11-108 为直接模式下测量液位及界面介质相对介电常数 ε_r 对信号反射的影响效果图。

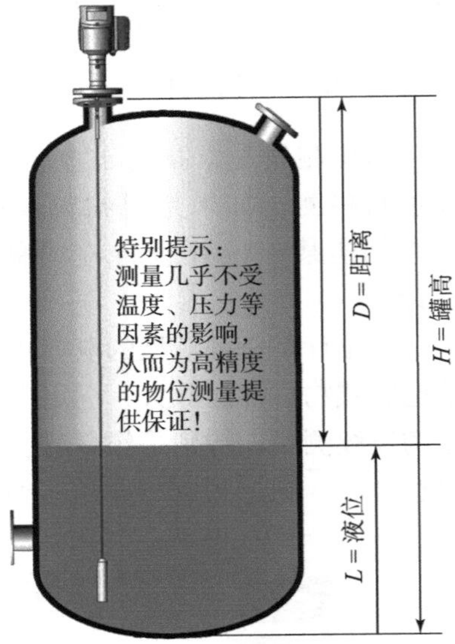

图 11-107　物位计直接测量示意图

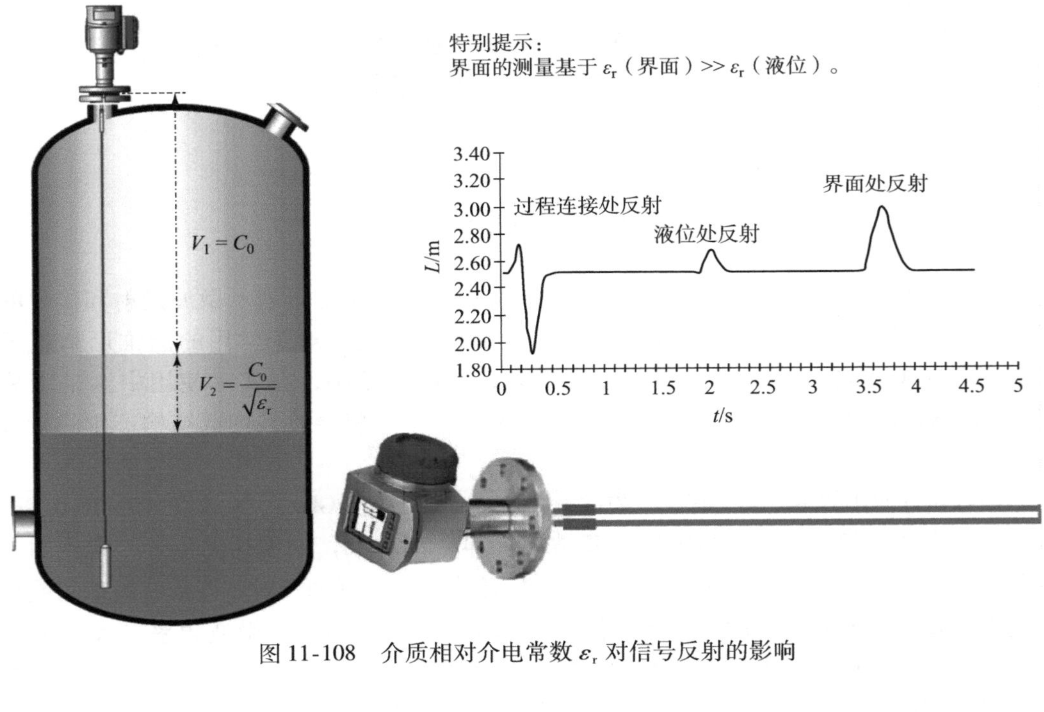

图 11-108　介质相对介电常数 ε_r 对信号反射的影响

11.4　传感器使用的几项关键技术

11.4.1　传感器的匹配技术

传感器种类繁多，其输出阻抗也不一样。有的传感器的输出阻抗特别大，如压电式陶瓷传感器，其输出阻抗高达 100 MΩ；有的传感器的阻抗较小，如电位器式传感器，总电阻为 1.5 kΩ；有的传感器更小，其输出阻抗只有几欧。对于高阻抗的传感器，通常采用场效应管或运算放大器来实现匹配。对阻抗特别低的传感器，在交变信号输入时，往往采用变压器匹配。本节根据各种不同的传感器，将其阻抗匹配的技术问题归纳为如下几种，供设计传感器系统的工程技术人员参考。

1. 变压器匹配

使用变压器与传感器低阻抗输出的交变信号匹配是十分方便有效的。这种匹配方法在一定的带宽范围内，能实现无畸变地输出电信号，具体电路应该根据传感器输出信号的情况而定。

2. 高输入阻抗放大器匹配

在实际应用中，很多传感器，例如压电式传感器、光电二极管等的输出阻抗都很高。要能高精度地测量，传感器和输入电路必须很好地匹配。也就是说，与传感器连接的测量电路的输入阻抗要很高，一般都要在兆欧以上。由于场效应管和集成运算放大器的输入阻抗非常高，所以这些传感器通常要采用场效应管或集成运算放大器实现阻抗的信号放大。本节通过两个例子，说明高阻抗匹配的方法。

1）场效应管阻抗匹配电路

场效应管阻抗匹配电路一般可采用图 11-109（a）和（b）所示的电路。图 11-109（a）所示电路为一个跟随电路，虽然场效应管电路可以用自生偏置来获得静态工作电压，但是为了使之能工作在线性区，通常用分压电路来获取静态工作电压。图 11-109（a）中就是采用 R_2 和 R_3 分压器而降低场效应管的输入阻抗。因为该电路是跟随器，场效应管 FET 的源级电压和栅极电压大小近似相等，相位相同。

另外，交变信号 u_i 通过电容 C_1 耦合到电阻 R_1 的一端，因为场效应管的源级和栅极电压近似相等，所以，这个信号通过自举电容 C_2 耦合到电阻 R_1 的另一端。这样，R_1 两端的电压接近相同，所以，流入 R_1 的电流很小。于是，保证了场效应管的输入阻抗不因增加了分压电阻而有所降低。

为了获得好的自举效果，自举电容 C_2 必须取得足够大。通常 R_1 两端电压的相位相差应小于 0.6°，因此要求 C_2 的容抗 $1/(\omega C_2)$ 与 $R_2//R_3$ 的比值应小于 1%。

如果只考虑提高输入阻抗的问题，可以不采用图 11-109（a）所示的电路，只要将电阻 R_1 选足够大的值（一般选在兆欧数量级以上），那么就可以采用图 11-109（b）所示的普通场效应管电路。但当 R_1 很大时，自身的稳定性变差，噪声变大，这样有点得不偿失。

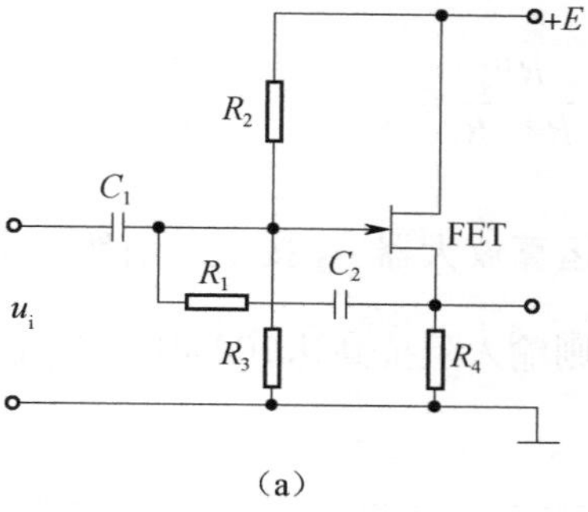

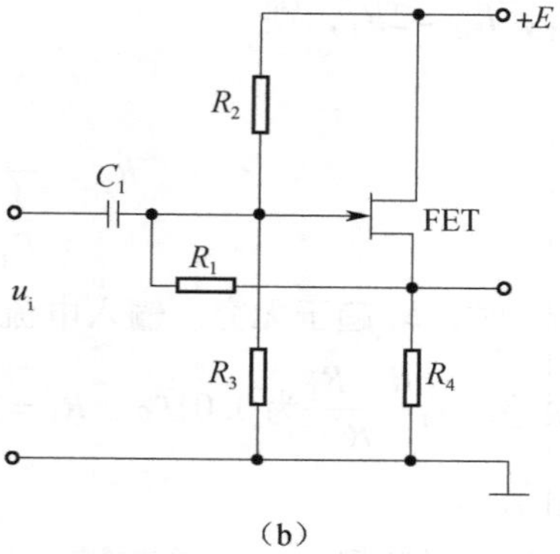

图 11-109 高输入阻抗放大器

（a）场效应管的自举反馈电路；（b）普通效应管电路

2）运算放大器电路

在实际应用中，采用集成运算放大器作输入阻抗匹配是较为简便和理想的。其电路结构如图 11-110 所示。图中运算放大器 A_1 和 A_2 为理想运放。根据运算放大器虚地原理，A_1 的“－”端电位与“＋”端电位相同，而从“－”到“＋”端的电流为零。放大器 A_2 的情况与 A_1 类同。这样，就有

$$I_{i1} = \frac{U_i - 0}{R_1} = \frac{0 - U_o}{R_{f1}} \tag{11-1}$$

$$U_o = -\frac{R_{f1}U_i}{R_1} \tag{11-2}$$

$$I_{i2} = \frac{U_o - 0}{R_2} = \frac{0 - U_{o1}}{R_{f2}} \tag{11-3}$$

$$U_{o1} = \frac{R_{f2}R_{f1}U_i}{R_1R_2} \tag{11-4}$$

$$I_{o2} = \frac{U_{o1} - U_i}{R} = \frac{R_{f1}R_{f2} - R_1R_2}{R_1R_2R}U_i \tag{11-5}$$

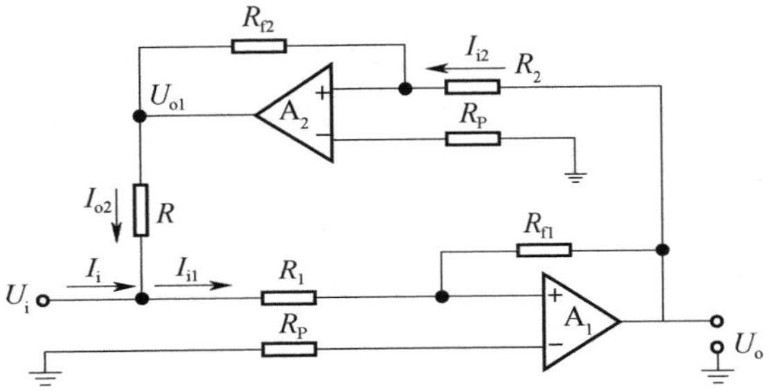

图 11-110　自举型高输入阻抗放大器

因此，其输入阻抗为

$$R_i = \frac{U_i}{I_i} = \frac{1}{\dfrac{1}{R_1} - \dfrac{R_{f1}R_{f2} - R_1R_2}{R_1R_2R}} \tag{11-6}$$

若令 $R_{f1} = R_2$，$R_{f2} = 2R_1$，则

$$R_i = \frac{1}{\dfrac{1}{R_1} - \dfrac{1}{R}} = \frac{RR_1}{R - R_1} \tag{11-7}$$

当 $R = R_1$ 时，R_i 趋于无穷。输入电流 I_i 则由运算放大器 A_2 提供。当然，实际应用时，R 和 R_1 有误差。若$\frac{R - R_1}{R}$为0.01%，$R_1 = 10\ \text{k}\Omega$，则输入阻抗高达 100 MΩ，这是前面介绍的电路达不到的。

3. 电荷放大器匹配

电荷放大器就是放大电荷的电路，其输出电压正比于输入电荷。它要求放大器的阻抗非常高，以致电荷损失极少。该电路通常利用高增益放大器和绝缘性能很好的电容来实现。这

里不做详细介绍，本节只是将此归纳为输入阻抗的匹配方法而提及。

11.4.2　抗干扰的处理方法

传感器使用场合是多种多样的。有些是在教研室中使用，相对而言，使用环境比较优越，往往不须做严格的抗干扰处理，但是，如果要使传感器做精密的测量，还要做一些处理。有不少传感器使用的环境十分恶劣，例如在强辐射、强电场和强磁场等环境中使用，在设计传感器系统时，若不精心进行抗干扰处理，传感器的准确测量是无法保证的。归纳起来，干扰可能来自外部的电磁干扰，可能来自供电电路，也可能是器件自身的性能引起的。因此，在传感器电路设计中，往往从以下 3 个方面采用抗干扰措施。

1. 从元器件方面采取措施

由元器件引起的干扰通常是由制造元件的材料、结构、工艺和自热程度决定的。

电阻的干扰来自电阻的电感、电容效应以及电阻本身的热噪声，而且不同的电阻效果也不相同。

例如，一个阻值为 R 的实芯电阻，等效于电阻 R、寄生电容 C、寄生电感 L 的串并联，如图 11-111 所示。一般来说，寄生电容为 0.1 ~ 0.3 pF，寄生电感为 5 ~ 8 mH。在频率高于 1 MHz 时，上述的寄生电容和电感就不可忽视了。在高频情况下，往往在阻值低时，以寄生电感为主；在阻值高时，以寄生电容为主。

又如电阻为 R 的线绕电阻，也等效于电阻 R、寄生电容 C、电感 L 的串并联，其等效电路如图 11-112 所示。其寄生电容 C 和电感 L 的值往往由绕线工艺决定。倘若采用双绕线方法，虽然寄生电感可以减小，但寄生电容却会增大。

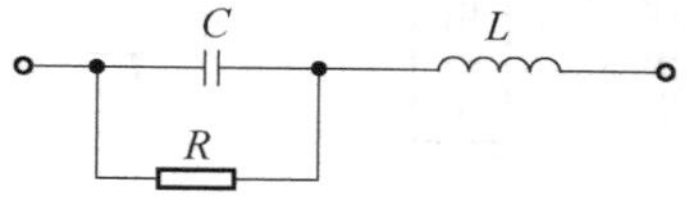

图 11-111　实芯电阻的等效电阻

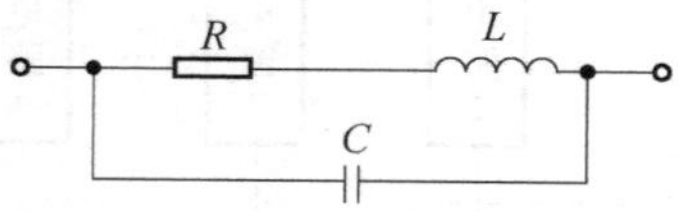

图 11-112　线绕电阻的等效电路

各种电阻工作时，均会产生热噪声，热噪声电压可以表示为

$$U_T = (4kRTB)^{\frac{1}{2}} \tag{11-8}$$

式中　R——电阻的阻值；

k——波尔兹曼常数，$k = 1.374 \times 10^{-23}$ J/K；

T——绝对温度（K）；

B——噪声带宽（Hz）。

如果某一阻值 $R = 500$ kΩ、$B = 1$ MHz 、$T = 20$ ℃ $= 293$ K，则 $U_T = 90$ μV。如果信号为微伏量级，则信号会被噪声淹没。在使用传感器时，必须综合考虑元器件的上述情况对测量产生的影响，否则会得不到正确的测量结果。

电容器类型较多，例如纸质电容器、聚酯树脂电容器、云母电容器、陶瓷电容器、钽电容器等，它们都可以用图 11-113 所示等效电路来表示。

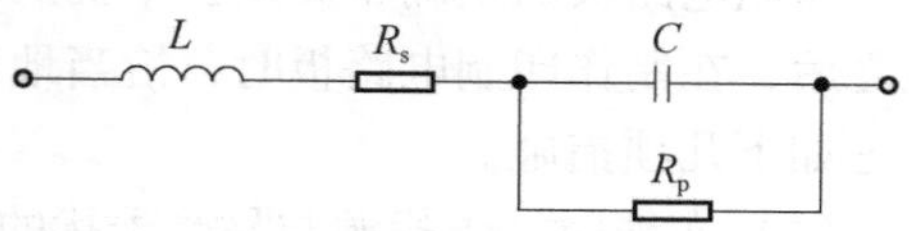

图 11-113　电容器的等效电路

电容器的旁路电阻 R_p 是由介质在电场中的泄漏电流造成的；电感 L 主要由内部电极电感和外部

引线电感组成。电阻和电容的存在，会影响电路的时间常数。频率高时，电感效果会增强，在某一频率点会形成共振，使电容器失去效用。电容工作的下限频率由其容量决定，容量越大，工作频率下限越低。在选用电容器时，必须考虑电容器适用的工作频率。

由于电容的结构和介质不同，图 11-113 所示的电感 L 与串联电阻 R_s 及旁路电阻 R_p 是不相同的。所以，在实际电路设计中，需要根据具体要求选择合适的电容器。

电感器常用于高频振荡、滤波、延时功能中。电感器既是一个干扰源，同时也是抑制干扰的重要元件。

电感器工作时，它发出的磁力线会影响周边电路，同时电感器也容易接收外来电磁干扰。因此，应该尽量采用闭环型的电感器。

2. 电源的去耦处理

电源是所有电路的能源。如果电源有干扰存在，其干扰电压必然施加在所有电路上，因此，供电电源与使用电路间必须采用去耦电路，使干扰信号消除或减弱。

电源与电路的关系可用图 11-114（a）所示的框图表示

$$I = I_1 + I_2 + \cdots + I_n \tag{11-9}$$

从图 11-114（a）中可以看出，电源存在干扰电压 U_s 或某电路存在干扰时，必然会在电阻 R_s 上产生干扰电压，影响电路的正常工作，因此可以采用图 11-114（b）所示的去耦电路解决这一个干扰。

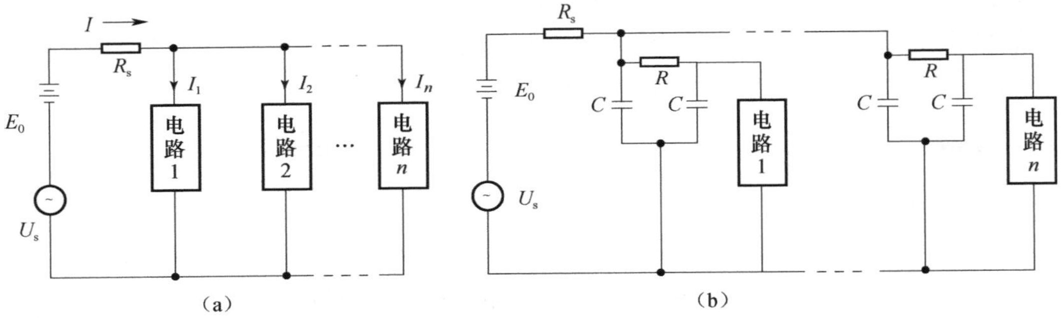

图 11-114　电源与电路间的去耦措施

（a）电源供电电路示意图；（b）*RC* 去耦电路

RC 去耦电路是一种简单易行的方法。该 *RC* 去耦电容既能对电源干扰电压 U_s 进行有效抑制，又能消除各电路间的耦合。去耦电路中也可用电感 L 代替电阻 R，然而它们各有优缺点：电阻会消耗能量，降低供电电压；电感虽然不会明显降低电压，但它两端有辐射噪声，会对其他电路产生干扰。因此，应根据具体情况选择使用。

3. 印制电路板的正确布局

印制电路板的正确布局是去干扰的一种有效方法。在正确选择了元器件，采用了若干措施之后，在制作印制电路板时，恰当地设计电路板也很重要。通常在电路板布局设计时，要考虑如下几项措施。

（1）布线时，干扰源与易受干扰的元件要尽可能远离。

（2）模拟电路与数字逻辑电路应尽可能分开，且两者不共地线。

（3）非辐射元件或单级元件应尽可能靠近，以减少公共地阻抗。

（4）高速元器件应尽可能缩小所占布线面积，且采用最短的布线。

（5）应尽可能避免窄长的平行线，当不得不采用平行线时，可用地线隔开。

（6）电源线和电线的线径不得小于 1 mm，地线可适当加粗。

（7）当频率低于 1 MHz 时，可采用单点接地；当频率为 1 ~ 10 MHz 时，如果地线长度小于 20 mm，则可采用单点接地，否则应采用多点接地；当频率高于 10 MHz 时，应采用多点接地。

（8）当线条需要转弯时，或用圆弧连接，或两个方向都应安装在接地平面内。

（9）如果采用多层板，则元件和连接器都应安装在接地平面内。

（10）电源和地的布局，应减小耦合回路和电源与地间的分布阻抗。在电源进线处应布线滤波网络。

思考与练习

1. 试列举家用电冰箱和洗衣机中所使用的传感器及其用途。
2. 说明安全防范防盗报警系统的组成和功能。
3. 红外探测器和微波探测器各对哪些移动方向的活动体最敏感？
4. 安装超声波探测器时应注意哪些事项？
5. 说明光电式烟雾传感器的原理。
6. 三元复合探测器是如何组成的？
7. 说明压力传感器在汽车中的应用、安装位置和检修方法。
8. 说明转速传感器在汽车中的应用、安装位置和检修方法。
9. 说明加速度传感器在汽车中的应用、安装位置和检修方法。

第12章

传感器及其应用技术实验

【课程教学内容与要求】

（1）教学内容：电阻应变片的认识与粘贴技术、电涡流式传感器的原理及应用实验、霍尔式传感器的原理及应用实验、光电式传感器的原理及应用实验和温度传感器的原理及应用实验。

（2）教学重点：霍尔式传感器实验和光电传感器实验。

（3）基本要求：了解电阻应变片的认识与粘贴技术，掌握电涡流式传感器实验、霍尔式传感器实验、光电式传感器实验和温度传感器实验。

12.1　电阻应变片的认识与粘贴技术

一、实验目的

（1）了解应变片的测量原理、结构、种类。

（2）掌握应变片的粘贴技术及质量检查与防潮方法。

二、实验原理

在机械工程测试技术中，广泛应用电阻应变片，因为它能准确地测量各种力参数。对于应变片的正确选取和粘贴质量的好坏，将直接影响应变片的性能和测量的准确性。

1）应变片的分类

应变片可分为金属式和半导体式两大类。

金属式应变片：丝式、箔式、薄膜式应变片；

半导体式应变片：薄膜式、扩散式应变片。

根据基底材料不同又可分为纸基、胶基和金属片基应变片等。

2）基底材料

基底材料要满足如下要求：机械强度高，粘贴容易，电绝缘性好，热稳定性好，抗潮湿性能好，挠性好（能够粘贴在曲率半径很小的曲面上），无滞后和蠕变。

（1）胶基：是由有机聚合材料的薄片作为基底的，该基底应变片称为胶基应变片。

（2）酚醛、环氧树脂基底（箔式片居多）：它具有良好的耐热和防潮性能，使用温度可达到180 ℃，并且长时间稳定性好。

（3）聚酰亚胺基底：使用温度为 -260 ~ 400 ℃，绝缘性能好，因此可以做得很薄，通常为 0.025 mm，该基底应变片的柔韧性好。

（4）石棉、玻璃纤维增强塑料作基底，主要在高温下使用。

3）敏感元件材料

对敏感材料的要求：灵敏度系数 K 在尽可能大的应变范围内是常数；K 尽可能大；具有足够的热稳定性；电阻系数 ρ 高且受温度变化的影响小；在一定的电阻值要求下，电阻系数越高，电阻丝的长度越短，因此可以减小电阻应变片的尺寸。

康铜是用得最广泛的电阻应变片敏感材料，康铜的 K 值对应变的稳定性非常好，不但在弹性变形的范围内 K 保持常数，在进入塑性范围后 K 仍基本上保持常数，故测量范围大。康铜具有足够小的电阻温度系数，使测量时因温度变化而引起的误差较小；康铜的电阻系数 ρ 很大，便于做成电阻值大而尺寸小的电阻应变片。我国制造的电阻应变片绝大部分以康铜为敏感材料。除康铜外还有镍铬铁合金、镍铬合金等。

4）应变片的主要参数

（1）几何尺寸：基长 l 为沿敏感栅金属丝轴线方向上能承受应变的有效长度，基宽 b 为与金属丝轴线垂直方向上敏感外侧之间的距离。

（2）电阻值：它是指应变片在既没有粘贴，又不受外力作用的条件下，在室温中测量的原始电阻值。目前应变片的规格已成为标准系列化，我国生产的应变片名义阻值一般为 120 Ω，此外，还有 60 Ω、80 Ω、240 Ω 等。

（3）灵敏度 S：当应变片粘贴在试件上之后，在沿应变片轴线方向的单向载荷作用下，应变片的电阻变化率与被敏感栅覆盖下的试件表面上的轴向应变的比值称为应变片的灵敏度 S。

$$S = \frac{\Delta R}{R} \Big/ \varepsilon \tag{12-1}$$

（4）绝缘电阻：指敏感栅与被测试件之间的绝缘电阻值。

（5）允许电流：当应变片接入测量电路后，敏感栅中流过一定的电流，使应变片产生温升，一般在静态测量中允许电流为 25 mA，在动态测量中允许电流为 75 ~ 100 mA。

三、实验仪器和设备

试件	1 个	数字万用表	1 块
应变片	1 枚	惠斯顿电桥	1 台
KH -501（502）胶	1 瓶	划线针	1 把
丙酮（滴瓶装）	1 瓶	放大镜	1 支
镊子	1 把	脱脂棉	若干
小螺丝刀	1 把	聚四氟乙烯薄膜	若干
钢板尺	1 把	细砂布	若干
高度尺	1 把	应变片样本	1 册

四、实验内容及步骤

仔细观察电阻应变片的样品，区别纸基、胶基等应变片及其结构，特别注意应变片在粘贴时的正反面区别。

1）应变片的选择

（1）根据试件大小、工作温度和受力情况，选取合适的应变片。

（2）用 5 ~ 10 倍的放大镜选择没有短路、断路、气泡等缺陷，并且要求表面平整、丝栅排列均匀的应变片。

（3）量出所选取应变片的阻值，使阻值相近的应变片放在一起，应保证同组各应变片的阻值差不超过 0.5 Ω，这样在测量时容易调整平衡。

2）试件的表面处理与划线

（1）预清洗：根据试件的表面状况进行预清洗，一般采用有机溶剂脱脂除渍。

（2）除锈、粗化：一般多采用砂布打磨法，除掉试件表面的锈渍使其露出新鲜的金属表层，以便使胶液充分浸润以提高粘贴强度。用细砂布沿着与所测应变片轴线呈 45°方向交叉轻度打磨，使试件表面呈细密、均匀新鲜的交叉网纹状，这样有利于充分传递应变，打磨面要大于应变片的面积，如图 12-1 所示。

（3）划定位基准线：根据应变片尺寸，利用钢板尺、高度尺、划线针或硬质铅笔划出确定应变片粘贴位置的定位基准线。划线时，不要划到应变片覆盖范围内，如图 12-2 所示。

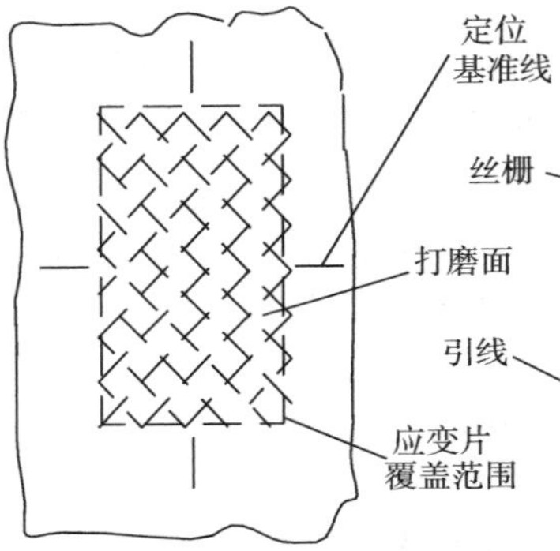

图 12-1 试件的打磨与定位

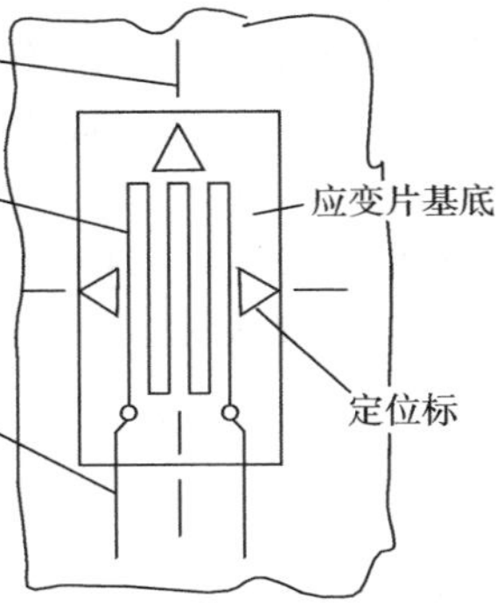

图 12-2 粘贴应变片后的试件

（4）清洗：一般采用纯度较高的无水乙醇、丙酮等，用尖镊子夹持脱脂棉球蘸少量的丙酮粗略地洗去打磨粉粒，然后用无污染的脱脂棉球蘸丙酮仔细地从里向外擦拭粘贴表面，擦一次后转换一个侧面再擦，棉球四面都用过后，更换新棉球用同样的方法再擦洗，直到没有污物和油渍为止。应变片背面也要轻轻擦拭干净，干燥后待用。

3）粘贴

在无灰尘的条件下，用清洗过的小螺丝刀蘸取少量 KH－501（或 502）胶液，在清洗好的试件粘贴表面和应变片背面单方向涂上薄而均匀的一层胶液（单方向涂抹，以防产生气泡），放置少许时间，待涂胶的试件和应变片上胶液溶剂挥发还带有黏性时，将应变片涂胶一面与试件表面贴合，并注意应变片的定位标应与试件上的定位基准线对齐。在贴好的应变片上覆盖一层聚四氟乙烯薄膜，用手指单方向轻轻按压，将余胶和气泡挤出压平。手指按压时不要相对试件错动，按压 3 ~ 5 min 后，放在室温下固化待用。

4）接桥

（1）对干燥固化后的应变片用数字万用表检查有无短路、断路现象，并测出应变片与试件之间的绝缘电阻，其阻值测量范围为 20 ~ 500 MΩ。本实验属于短期测量，达到 20 ~ 100 MΩ 以上即可。低于 20 MΩ 将会严重影响到稳定性，达不到要求的应当重新贴片。

（2）检查无误后，按图 12-3 焊接成半桥或全桥。

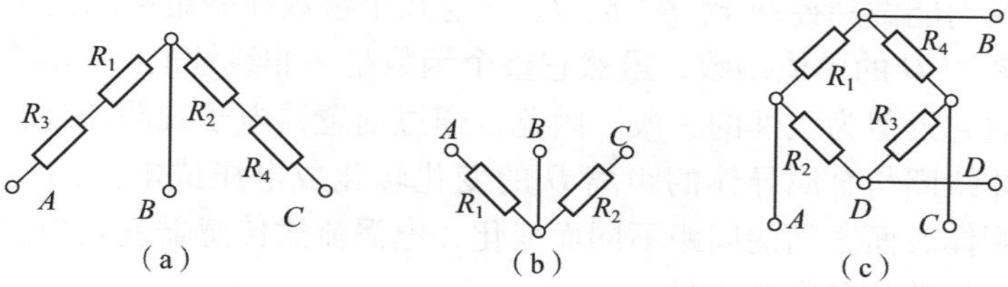

图 12-3　三种不同接桥的电路
（a）串联半桥；（b）半桥；（c）全桥

（3）用万用表检查绝缘及通路情况。

（4）用惠斯顿电桥或数字万用表测量两臂（半桥：*AB*、*BC*）或两对角（全桥：*AC*、*BD*），检查其阻值是否大致相等，最好不超过 0.5 Ω，否则应变仪不易调平衡。

五、密封、防潮

密封、防潮措施是为了保护粘贴后的应变片避免受到机械损坏，在使用过程中注意其应不受环境温度变化的影响，保持良好的绝缘性能。用石蜡涂料（石蜡 40% ~45%、松香 30% ~35%、凡士林 15%、机油少许），或其他密封涂料涂于试件表面，起到防水、防潮、绝缘作用。

12.2　电涡流式传感器的原理及应用实验

一、实验目的

（1）掌握涡流效应原理。

（2）掌握电涡流式传感器的测量方法。

二、实验原理

（1）电涡流式传感器就是能静态和动态地非接触、高线性度、高分辨率地测量被测金属导体距探头表面的距离。它是一种非接触的线性化计量工具。电涡流式位移传感器能准确测量被测体（必须是金属导体）与探头端面之间的静态和动态距离及其变化。

（2）探头、延伸电缆、前置器以及被测体构成基本工作系统。前置器中高频振荡电流通过延伸电缆流入探头线圈，在探头头部的线圈中产生交变的磁场。如果在这一交变磁场的有效范围内没有金属材料靠近，则这一磁场能量会全部损失；当有被测金属体靠近这一磁场时，则在此金属表面会产生感应电流，电磁学上称之为电涡流，与此同时，该电涡流场也会产生一个方向与头部线圈方向相反的交变磁场，由于其反作用，使头部线圈高频电流的幅度和相位得到改变，这一变化与金属体磁导率、电导率、线圈的几何形状、几何尺寸、电流频率以及头部线圈到金属导体表面的距离等参数有关。

通常假定金属导体材质均匀且性能是线性和各向同性的，则线圈和金属导体系统的物理性质可由金属导体的电导率 σ、磁导率 ξ、尺寸因子 τ、头部体线圈与金属导体表面的距离 D、电流强度 I 和频率 ω 参数来描述，因此线圈特征阻抗可用 $Z=F(\tau, \xi, \sigma, D, I, \omega)$ 函数来表示。通常我们能做到控制 τ、ξ、σ、I、ω 这几个参数在一定范围内不变，则线圈的特征阻抗 Z 就成为距离 D 的单值函数，虽然它整个函数是一非线性的，其函数特征为“S”形曲线，但可以选取它近似为线性的一段。因此，通过前置器电子线路的处理，将线圈阻抗 Z 的变化，即头部体线圈与金属导体的距离 D 的变化转化成电压或电流的变化。输出信号的大小随探头到被测体表面之间的间距不同而变化，电涡流式传感器就是根据这一原理实现对金属物体的位移、振动等参数的测量。

（3）涡流检测不需要改变试件的形状，也不会影响试件的使用性能，因此，是一种无损评定试件有关性能和发现试件有无缺陷等的检测方法。涡流检测只适用于能产生涡流的导电材料。同时，由于涡流是电磁感应产生的，在检测时，不必要求线圈与试件紧密接触，也不必在线圈和试件之间充填黏结剂，从而容易实现自动化检验。对管、棒、丝材表面缺陷，涡流检查法有很高的速度和效率。

涡流及其反作用磁场对代表金属试件的物理和工艺性能的多种参数有反应，因此涡流检测法是一种多用途的试验方法。然而，正是由于对多种试验参数有敏感反应，也就会给试验结果带来干扰信息，影响检测的正确进行。

涡流检测设备可用于各种金属管、棒、线、丝材的在线、离线探伤。在探伤过程中，能同时兼顾长通伤、缓变伤等长缺陷和短小缺陷（如通孔）；能够有效抑制管道在线、离线检测时的某些干扰信号（如材质不均、晃动等），对金属管道内外壁缺陷检测都具有较高的灵敏度；还可用于机械零部件混料分选，渗碳深度和热处理状态评价、硬度测量等。

三、实验仪器

电涡流式传感器、电涡流式传感器实验模块、测速电机、电压/频率表、示波器。

四、实验内容与步骤

（1）观察电涡流式传感器的外形。

（2）按照使用说明书安装电涡流式传感器。

（3）观察电涡流式传感器的输出信号，并采集数据。

（4）静态校准。按图 12-4 接好线路，调整被测片与涡流线圈的距离。使系统发生振荡（用计算机分析系统监视）。在示波器上读出峰 - 峰值，在毫伏表上读出平均值，每隔 0. 25 mm 读一次数，直到线性严重破坏为止，即静态校准。

根据以上数据，找出电涡流式传感器与被测体间的最佳工作距离和起始点。

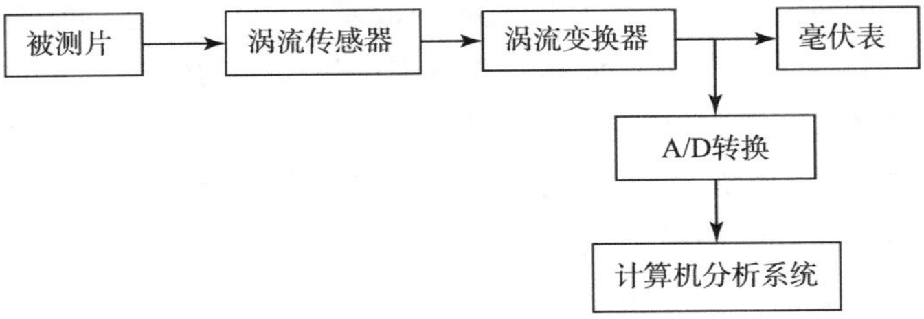

图 12-4　电涡流式传感器系统示意图

（5）被测体对传感器特性的影响。根据图 12-4，分别用铝、铜、铁被测片重复实验内容，分析比较所得结果。

（6）电涡流式振幅测量系统。按图 12-5 接线，用激振器激励平行梁振动，在激振频率为 15 Hz、20 Hz、30 Hz 处分别记录对应的输出峰－峰值，并根据前面得到的校准曲线计算出对应的振动幅度。

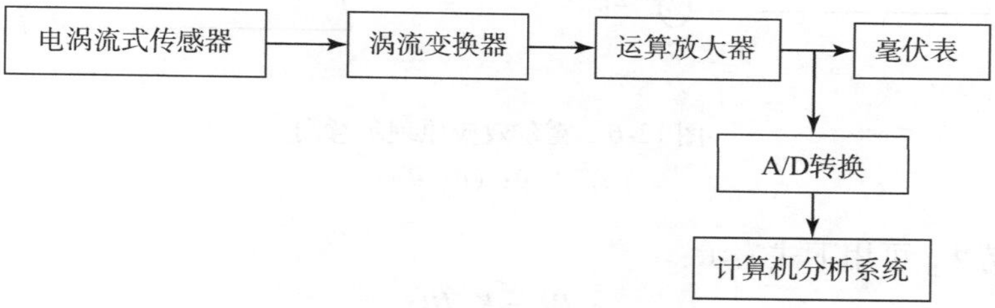

图 12-5　电涡流式振幅测量系统

12.3　霍尔式传感器的原理及应用实验

一、实验目的

（1）掌握霍尔效应原理及霍尔元件有关参数的含义和作用。

（2）测绘霍尔元件的 $U_H - I_S$、$U_H - I_M$ 曲线，了解霍尔电动势差 U_H 与霍尔元件工作电流 I_S、磁感应强度 B 及励磁电流 I_M 之间的关系。

（3）利用霍尔效应测量磁感应强度 B 及磁场分布。

二、实验原理

霍尔效应是导电材料中的电流与磁场相互作用而产生电动势的效应。1879 年美国霍普金斯大学研究生霍尔在研究金属导电机理时发现了这种电磁现象，故称霍尔效应。后来曾有人利用霍尔效应制成测量磁场的磁传感器，但因金属的霍尔效应太弱而未能得到实际应用。随着半导体材料和制造工艺的发展，人们又利用半导体材料制成霍尔元件，由于它的霍尔效应显著而得到实用和发展，现在广泛用于非电量的测量、电动控制、电磁测量和计算装置方面。在电流体中的霍尔效应也是目前在研究中的“磁流体发电”的理论基础。近年来，霍尔效应实验不断有新发现。在磁场、磁路等磁现象的研究和应用中，霍尔效应及其元件是不可缺少的，利用它观测磁场具有直观、干扰小、灵敏度高、效果明显等优点。

霍尔效应从本质上讲，是运动的带电粒子在磁场中受洛仑兹力的作用而引起的偏转。当带电粒子（电子或空穴）被约束在固体材料中时，这种偏转就导致在垂直电流和磁场的方向上产生正负电荷在不同侧的聚积，从而形成附加的横向电场。将半导体薄片置于磁场中，当它的电流方向与磁场方向不一致时，半导体薄片上平行于电流和磁场方向的两个面之间产生电动势，这种现象称为霍尔效应，该电动势称为霍尔电动势，半导体薄片称为霍尔元件。如图 12-6 所示，在垂直于外磁场 B 的方向上放置半导体薄片，当有电流 I 流过薄片时，在垂直于电流和磁场方向上将产生霍尔电动势 E_H。作用在半导体薄片上的磁场强度 B 越强，霍尔电动势 E_H 也就越高。

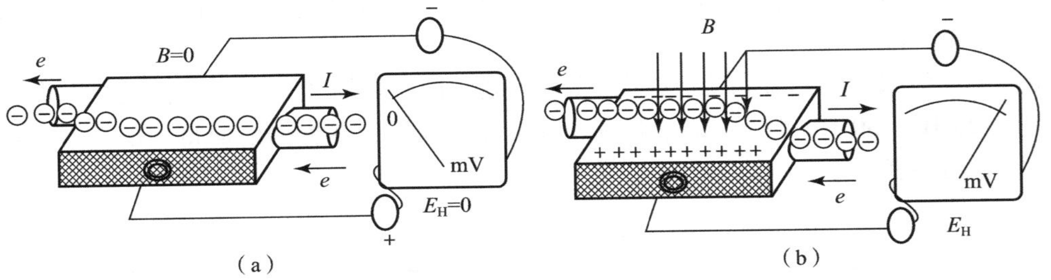

图 12-6　霍尔效应原理示意图

（a） $B=0$；（b） $B\neq0$

霍尔电动势 E_H 可用下式表示：

$$E_H = K_H IB \tag{12-2}$$

式中，K_H 为霍尔器件的灵敏度系数，它表示霍尔器件在单位磁感应强度和单位激励电流作用下霍尔电动势的大小。

霍尔元件测量磁场的基本电路，如图 12-7 所示，将霍尔元件置于待测磁场的相应位置，并使元件平面与磁感应强度 B 垂直，在其控制端输入恒定的工作电流 I_S，霍尔元件的霍尔电动势输出端接毫伏表，以测量霍尔电压 U_H 的值。

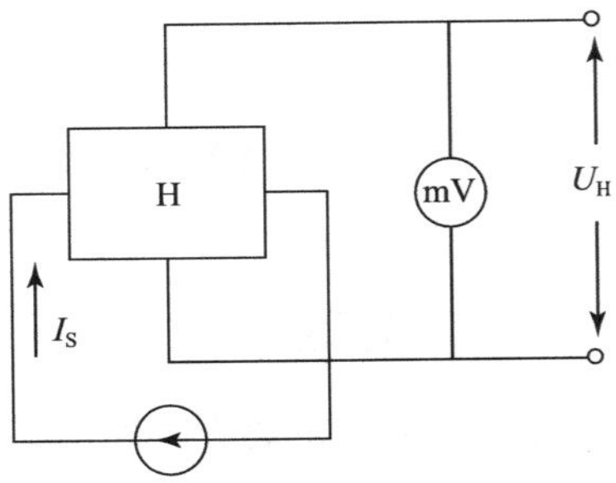

图 12-7　霍尔元件的基本测量电路

三、实验仪器

DH4512 型霍尔效应实验仪。

四、实验内容与步骤

（1） 观察霍尔式传感器的外形。

（2） 按仪器面板上的文字和符号提示将 DH4512 型霍尔效应测试仪与 DH4512 型霍尔效应实验架正确连接。

①将 DH4512 型霍尔效应测试仪面板右下方的励磁电流 I_M 的直流恒流源输出端（0 ~ 0.5 A），接 DH4512 型霍尔效应实验架上的 I_M 磁场励磁电流的输入端（将红接线柱与红接线柱对应相连，黑接线柱与黑接线柱对应相连）。

②DH4512 型霍尔效应测试仪左下方供给霍尔元件工作电流 I_S 的直流恒流源（0 ~ 3 mA）输出端，接 DH4512 型霍尔效应实验架上 I_S 霍尔片工作电流输入端（将红接线柱与红接线柱对应相连，黑接线柱与黑接线柱对应相连）。

③DH4512 型霍尔效应测试仪的 U_H、U_σ 测量端，接 DH4512 型霍尔效应实验架中部的 U_H、U_σ 输出端。

注意：以上三组线千万不能接错，以免烧坏元件。

④用一边是分开的接线插、一边是双芯插头的控制连接线与 DH4512 型霍尔效应测试仪背部的插孔相连接（红色插头与红色插座相连，黑色插头与黑色插座相连）。

（3） 研究霍尔效应与霍尔元件特性。

①测量霍尔元件的零位（不等位）电压 U_0 和不等位电阻 R_0。

②将 DH4512 型霍尔效应测试仪和 DH4512 型霍尔效应实验架的转换开关切换至 U_H，用

连接线将中间的霍尔电压输入端短接，调节调零旋钮使电压表显示 0.00 mV。

③将 I_M 电流调节到最小。

④调节霍尔片工作电流 $I_S = 3.00$ mA，利用 I_S 换向开关改变霍尔片工作电流输入方向，分别测出零位霍尔电压 U_{01}、U_{02}，并计算不等位电阻：

$$R_{01} = \frac{U_{01}}{I_S},\ R_{02} = \frac{U_{02}}{I_S} \tag{12-3}$$

（4）测量霍尔电压 U_H 与工作电流 I_S 的关系。

①先将 I_S、I_M 都调零，调节中间的霍尔电压表，使其显示为 0 mV。

②将霍尔元件移至线圈中心，调节 $I_M = 500$ mA，调节 $I_S = 0.5$ mA，按表中 I_S、I_M 的正负情况切换 DH4512 型霍尔效应实验架上的方向，分别测量霍尔电压 U_H 值（U_1、U_2、U_3、U_4）并填入表 12-1 中。以后 I_S 每次递增 0.50 mA，测量各 U_1、U_2、U_3、U_4 值。绘出 $I_S - U_H$ 曲线，验证其线性关系。

表 12-1　$U_H - I_S$ 曲线测量数据（$I_M = 500$ mA，$B = 11.25$ T）

I_S/mA	U_1/mV	U_2/mV	U_3/mV	U_4/mV	$U_H = \frac{U_1 - U_2 + U_3 - U_4}{4}$/mV
	$+I_S + I_M$	$+I_S - I_M$	$-I_S - I_M$	$-I_S + I_M$	
0.50					
1.00					
1.50					
2.00					
2.50					
3.00					

（5）测量霍尔电压 U_H 与励磁电流 I_M 的关系。

先将 I_M、I_S 调零，调节 I_S 至 3.00 mA。

①调节 $I_M = 100$ mA、150 mA、200 mA、…、500 mA（间隔为 50 mA），分别测量霍尔电压 U_H 值，并填入表 12-2 中。

②根据表 12-2 中所测得的数据，绘出 $U_H - I_M$ 曲线，验证其线性关系的范围，分析当 I_M 达到一定值以后，$U_H - I_M$ 直线斜率变化的原因。

表 12-2　$U_H - I_M$ 曲线测量数据（$I_S = 3.00$ mA）

I_M/mA	U_1/mV	U_2/mV	U_3/mV	U_4/mV	$U_H = \frac{U_1 - U_2 + U_3 - U_4}{4}$/mV
	$+I_S + I_M$	$+I_S - I_M$	$-I_S - I_M$	$-I_S + I_M$	
100					
150					
200					
…					
500					

（6）测量通电圆线圈中磁感应强度 B 的分布。

实验时，将 DH4512 型霍尔效应测试仪和 DH4512 型霍尔效应实验架的转换开关切换至 U_H。

①先将 I_M、I_S 调零，调节中间的霍尔电压表，使其显示为 0 mV。

②将霍尔元件置于通电圆线圈中心，调节 $I_M = 500$ mA，调节 $I_S = 3.00$ mA，测量相应的 U_H。

③将霍尔元件从中心向边缘移动，每隔 5 mm 选一个点测出相应的 U_H 值，并填入表 12-3 中。

④根据以上所测 U_H 值，由公式：

$$U_H = K_H I_S B$$

得到

$$B = \frac{U_H}{K_H I_S}$$

计算出各点的磁感应强度，并绘出 $B-X$ 图，得出通电圆线圈内 B 的分布。

表 12-3　$U_H - X$ 曲线测量数据（$I_S = 3.00$ mA　$I_M = 500$ mA）

X/mm	U_1/mV	U_2/mV	U_3/mV	U_4/mV	$U_H = \frac{U_1 - U_2 + U_3 - U_4}{4}$/mV
	$+I_S \ +I_M$	$+I_S \ -I_M \ -I_M$	$-I_S \ -I_M \ -I_M$	$-I_S \ +I_M \ +I_M$	
0					
5					
10					
15					
20					

12.4　光电式传感器的原理及应用实验

一、实验目的

（1）了解光敏电阻的基本特性。

（2）测出光敏电阻的伏安特性，绘制伏安特性曲线。

（3）测出光敏电阻的光照特性，绘制光照特性曲线。

二、实验原理

光电式传感器是将光信号转换为电信号的传感器，也称为光敏传感器，它可用于检测直接引起光强度变化的非电量，如光强、光照度、辐射测温、气体成分分析等；也可用来检测能转换成光量变化的其他非电量，如零件直径、表面粗糙度、位移、速度、加速度及物体形状、工作状态识别等。光电式传感器具有非接触、响应快、性能可靠等特点，因而在工业自动控制及智能机器人中得到广泛应用。

1. 光敏电阻的伏安特性

光敏传感器在一定的入射光强照度下，光敏元件的电流 I 与所加电压 U 之间的关系称为光敏电阻的伏安特性。改变照度则可以得到一组伏安特性曲线，它是光敏传感器应用设计时选择电参数的重要依据。某种光敏电阻的伏安特性曲线如图 12-8 所示。

从光敏电阻的伏安特性可以看出，光敏电阻类似一个纯电阻，其伏安特性线性良好，在一定照度下，电压越大光电流越大，但必须考虑光敏电阻的最大耗散功率，超过额定电压和最大电流都可能导致光敏电阻的永久性损坏。

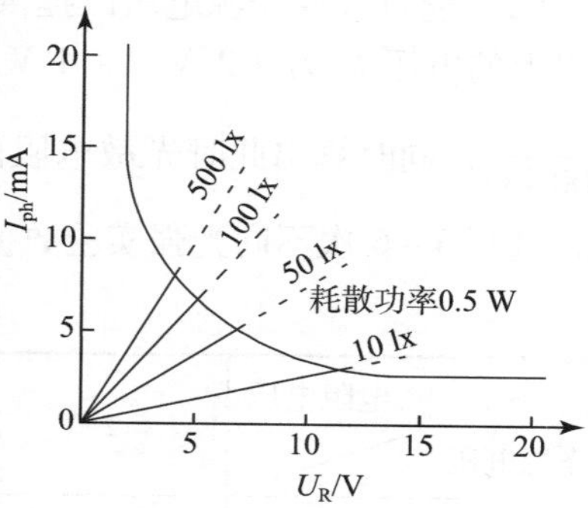

图 12-8　光敏电阻的伏安特性曲线

2. 光敏电阻的光照特性

光敏传感器的光谱灵敏度与入射光强之间的关系称为光照特性，有时将光敏传感器的输出电压或电流与入射光强之间的关系也称为光照特性，它也是光敏传感器应用设计时选择参数的重要依据之一。某种光敏电阻的光照特性如图 12-9 所示。

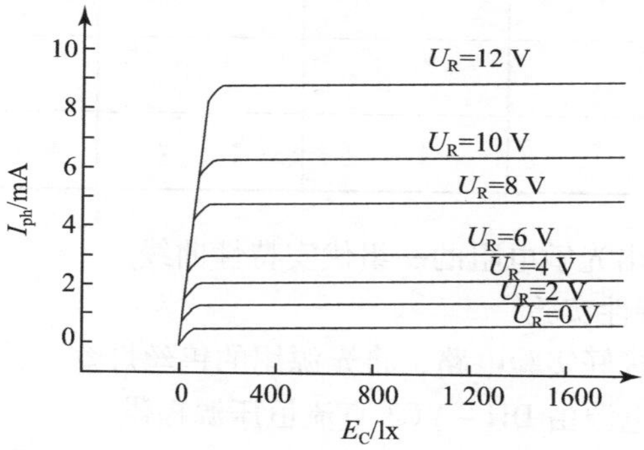

图 12-9　光敏电阻的光照特性曲线

从光敏电阻的光照特性可以看出，光敏电阻的光照特性呈非线性，一般不适合作为线性检测元件。

三、实验仪器

光敏电阻、DH－VC3 直流恒压源、九孔板实验箱、数字电压表、电阻、导线。

四、实验内容与步骤

1）观察光敏传感器的外形

实验中对应的光照强度均为相对光强，可以通过改变点光源电压或改变点光源到各光敏传感器之间的距离来调节相对光强。光源电压的调节范围在 0～12 V，光源和光敏传感器之间的距离调节范围为 5～230 mm。

2）光敏电阻的伏安特性实验

（1）按原理图 12-10 接好实验电路，将光源用的钨

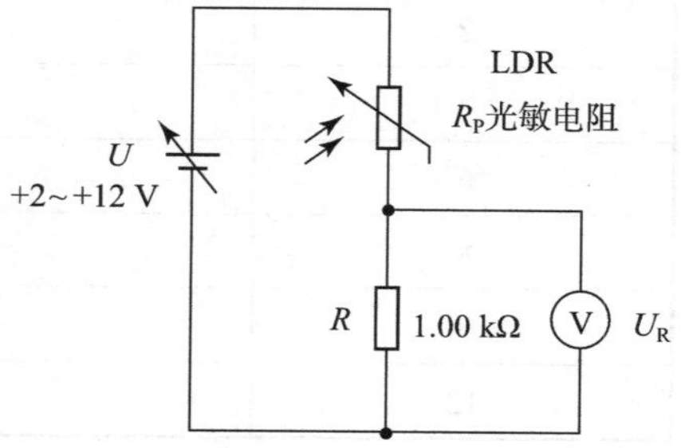

图 12-10　光敏电阻特性测试电路

丝灯盒、检测用的光敏电阻盒、电阻盒置于暗箱九孔插板中，电源由 DH－VC3 直流恒压源提供，光源电压为 0～12 V（可调）。

（2）通过改变光源电压以提供一定的光强，每次在一定的光照条件下，测出加在光敏电阻上的电压 U 为 +2 V、+4 V、+6 V、+8 V、+10 V 时 5 个光电流数据，即 $I_{ph}=\frac{U_R}{1.00\ k\Omega}$，同时算出此时光敏电阻的阻值 $R_P=\frac{U-U_R}{I_{ph}}$。以后逐步调大相对光强重复上述实验，进行 5～6 次不同光强实验数据测量，将实验数据填入表 12-4 中。

表 12-4　光敏电阻电流数据　　V

光源电压＼电阻电压	2	4	6	8	10
2					
4					
6					
8					
10					
12					

（3）根据实验数据画出光敏电阻的一组伏安特性曲线。

3）光敏电阻的光照特性实验

（1）按原理图 12-10 接好实验电路，将光源用的钨丝灯盒、检测用的光敏电阻盒、电阻盒置于暗箱九孔插板中，电源由 DH－VC3 直流恒压源提供。

（2）从 $U=0$ V 开始到 $U=12$ V，每次在一定的外加电压下测出光敏电阻在相对光照强度下从“弱光”到逐步增强的光电流数据，即 $I_{ph}=\frac{U_R}{1.00\ k\Omega}$，同时算出此时光敏电阻的阻值，即 $R_P=\frac{U-U_R}{I_{ph}}$，将实验数据填入表 12-5 中。

表 12-5　外加电压逐渐增大时所得的实验数据

外加电压 U/V	U_R/V	I_{ph}/A	I_P/A
2			
4			
6			
8			
10			
12			

（3）根据实验数据画出光敏电阻的一组光照特性曲线。

12.5　温度传感器的原理及应用实验

一、实验目的

（1）研究 Pt100 铂电阻、Cu50 铜电阻和热敏电阻（NTC 和 PTC）的温度特性及其测温原理。

（2）研究比较不同温度传感器的温度特性及其测温原理。

二、实验原理

热敏电阻是对温度敏感的电阻的总称，是一种电阻元件，即电阻值随温度变化的电阻。一般分为两种基本类型：负温度系数热敏电阻 NTC 和正温度系数热敏电阻 PTC。NTC 热敏电阻表现为随温度的上升，其电阻值下降；而 PTC 热敏电阻正好相反。

1. Pt100 铂电阻的测温原理

金属铂（Pt）的电阻值随温度变化而变化，并且具有很好的重现性和稳定性，利用铂的此种物理特性制成的传感器称为铂电阻温度传感器，通常使用的铂电阻温度传感器零度阻值为 100 Ω，电阻变化率为 0.385 1 Ω/℃。铂电阻温度传感器精度高，稳定性好，应用温度范围广，是中低温区（−200～650 ℃）最常用的一种温度检测器，不仅广泛应用于工业测温，而且被制成各种标准温度计（涵盖国家和世界基准温度）供计量和校准使用。

按 IEC 751 国际标准，温度系数 TCR = 0.003 851，Pt100（R_0 = 100 Ω）、Pt1000（R_0 = 1 000 Ω）为统一设计型铂电阻。

$$\mathrm{TCR} = (R_{100} - R_0)/(R_0 \times 100) \tag{12-4}$$

100 ℃时标准电阻值 R_{100} = 138.51 Ω。1 000 ℃时标准电阻值 R_{1000} = 1 385.1 Ω。

Pt100 铂电阻的阻值随温度变化而变化的计算公式为

$$-200\ ℃ < t < 0\ ℃ \quad R_t = R_0[1 + At + Bt^2 + C(t-100)t^3] \tag{12-5}$$

$$0\ ℃ < t < 850\ ℃ \quad R_t = R_0(1 + At + Bt^2) \tag{12-6}$$

式中，R_t 为在 t ℃时的电阻值；R_0 在 0 ℃时的电阻值；A、B、C 的系数各为：$A = 3.908\ 02 \times 10^{-3}$ ℃$^{-1}$，$B = -5.802 \times 10^{-7}$ ℃$^{-2}$，$C = -4.273\ 50 \times 10^{-12}$ ℃$^{-3}$。

三线制接法要求引出的三根导线截面积和长度均相同，测量铂电阻的电路一般是不平衡电桥，铂电阻作为电桥的一个桥臂电阻，将导线一根接到电桥的电源端，其余两根分别接到铂电阻所在的桥臂及与其相邻的桥臂上，当桥路平衡时，通过计算可知：

$$R_t = \frac{R_1 R_3}{R_2} + \frac{rR_1}{R_2} - r \tag{12-7}$$

当 $R_1 = R_2$ 时，导线电阻的变化对测量结果没有任何影响，这样就消除了导线线路电阻带来的测量误差，但是必须为全等臂电桥，否则不可能完全消除导线电阻的影响，但分析可见，采用三线制会大大减小导线电阻带来的附加误差，工业上一般都采用三线制接法。

2. 热敏电阻温度特性原理

热敏电阻是阻值对温度变化非常敏感的一种半导体电阻，它有负温度系数和正温度系数两种。负温度系数的热敏电阻（NTC）的电阻率随着温度的升高而下降（一般是按指数规律）；而正温度系数热敏电阻（PTC）的电阻率随着温度的升高而升高；金属的电阻率则是随温度的升高而缓慢上升的。热敏电阻对于温度的反应要比金属电阻灵敏得多，热敏电阻的体积也可以做得很小，用它来制成的半导体温度计，已广泛地使用在自动控制和科学仪器中，并在物理、化学和生物学研究等方面得到了广泛的应用。

在一定的温度范围内，半导体的电阻率 ρ 和温度 T 之间有如下关系：

$$\rho = A_1 e^{B/T} \tag{12-8}$$

式中，A_1 和 B 是与材料物理性质有关的常数；T 为绝对温度。对于截面均匀的热敏电阻，其阻值 R_T 可用下式表示：

$$R_T = \rho \frac{l}{S} \tag{12-9}$$

式中，R_T 的单位为 Ω；ρ 的单位为 Ω · cm；l 为两电极间的距离，单位为 cm；S 为电阻的横截面积，单位为 cm^2。将式（12-8）代入式（12-9），令 $A = A_1 \frac{l}{S}$，于是可得

$$R_T = A e^{B/T} \tag{12-10}$$

在实验中测得各个温度 T 的 R_T 值后，即可通过作图求出 B 和 A 值，代入式（12-10），即可得到 R_T 的表达式。式中 R_T 为在温度 T(K) 时的电阻值（Ω），A 为在某温度时的电阻值（Ω），B 为常数（K），其值与半导体材料的成分和制造方法有关。

3. Cu50 铜电阻温度特性原理

铜电阻是利用物质在温度变化时本身电阻也随着发生变化的特性来测量温度的。将铜电阻作为感温元件均匀地双绕在绝缘材料制成的骨架上，当被测介质中有温度梯度存在时，所测得的温度是感温元件所在范围内介质层中的平均温度。

三、实验仪器

九孔板、DH－VC1 直流恒压源恒流源、DH－SJ 型温度传感器实验装置、数字万用表、电阻箱。

四、实验内容与步骤

（1）观察温度传感器的外形。

（2）用万用表直接测量。

实验中对应的光照强度均为相对光强，可以通过改变点光源电压或改变点光源到各光敏传感器之间的距离来调节相对光强。光源电压的调节范围在 0 ~ 12 V，光源和光敏传感器之间的距离调节范围为 5 ~ 230 mm。

①将温度传感器直接插在 DH－SJ 型温度传感器实验装置的恒温炉中。在温度传感器的输出端用数字万用表直接测量其电阻值。本实验的热敏电阻 NTC 温度传感器在 25 ℃的阻值为 5 kΩ；PTC 温度传感器在 25 ℃的阻值为 350 Ω。

②在不同的温度下，观察 Pt100 铂电阻、热敏电阻（NTC 和 PTC）和 Cu50 铜电阻阻值的变化，从室温到 120 ℃（注：PTC 温度实验从室温到 100 ℃），每隔 5 ℃（或自定度数）测一个数据，将测量数据逐一记录在表格内。

③以温标为横轴，以阻值为纵轴，按等精度作图的方法，用所测的各对应数据作出 $R_T - t$

曲线。

④分析比较它们的温度特性。

注意：正温度系数热敏电阻（PTC）随温度的变化成指数函数变化，在 80 ℃以下时阻值变化比较平滑，而在 80 ℃以上时变化非常快。整体成指数上升曲线。

（3）数据记录与处理。

①在不同的温度下，观察 Pt100 铂电阻、热敏电阻（NTC 和 PTC）和 Cu50 铜电阻阻值的变化，从室温到 120 ℃（注：PTC 温度实验从室温到 100 ℃），每隔 5 ℃（或自定度数）测一个数据，将测量数据逐一记录在表 12-6 ~ 表 12-9 中。

表 12-6　Pt100 铂电阻数据记录　　室温______℃

序号	1	2	3	4	5	6	7	8	9	10
温度/℃										
R/Ω										
序号	11	12	13	14	15	16	17	18	19	20
温度/℃										
R/Ω										

表 12-7　NTC 负温度系数热敏电阻数据记录　　室温______℃

序号	1	2	3	4	5	6	7	8	9	10
温度/℃										
R/Ω										
序号	11	12	13	14	15	16	17	18	19	20
温度/℃										
R/Ω										

表 12-8　PTC 正温度系数热敏电阻数据记录　　室温______℃

序号	1	2	3	4	5	6	7	8	9	10
温度/℃										
R/Ω										
序号	11	12	13	14	15	16	17	18	19	20
温度/℃										
R/Ω										

表 12-9　Cu50 铜电阻数据记录　　室温______℃

序号	1	2	3	4	5	6	7	8	9	10
温度/℃										
R/Ω										
序号	11	12	13	14	15	16	17	18	19	20
温度/℃										
R/Ω										

②根据①中表格所记测的实际对应数据，作出 $R_T - t$ 曲线，其中坐标轴是以温标为横轴，以阻值为纵轴，按等精度方法作图。

③根据①中表格所记测的实际对应数据和②中的坐标图进行实际数据分析，比较它们的温度特性，以及采用不同温度传感器的测温原理。

附录　Pt100 温度传感器分度表

温度/℃	0	1	2	3	4	5	6	7	8	9
	电阻值/Ω									
-200	18.52									
-190	22.83	22.40	21.97	21.54	21.11	20.68	20.25	19.82	19.38	18.95
-180	27.10	26.67	26.24	25.82	25.39	24.97	24.54	24.11	23.68	23.25
-170	31.34	30.91	30.49	30.07	29.64	29.22	28.80	28.37	27.95	27.52
-160	35.54	35.12	34.70	34.28	33.86	33.44	33.02	32.60	32.18	31.76
-150	39.72	39.31	38.89	38.47	38.05	37.64	37.22	36.80	36.38	35.96
-140	43.88	43.46	43.05	42.63	42.22	41.80	41.39	40.97	40.56	40.14
-130	48.00	47.59	47.18	46.77	46.36	45.94	45.53	45.12	44.70	44.29
-120	52.11	51.70	51.29	50.88	50.47	50.06	49.65	49.24	48.83	48.42
-110	56.19	55.79	55.38	54.97	54.56	54.15	53.75	53.34	52.93	52.52
-100	60.26	59.85	59.44	59.04	58.63	58.23	57.82	57.41	57.01	56.60
-90	64.30	63.90	63.49	63.09	62.68	62.28	61.88	61.47	61.07	60.66
-80	68.33	67.92	67.52	67.12	116.72	66.31	65.91	65.51	65.11	64.70
-70	72.33	71.93	71.53	71.13	70.73	70.33	69.93	69.53	69.13	68.73
-60	76.33	75.93	75.53	75.13	74.73	74.33	73.93	73.53	73.13	72.73
-50	80.31	79.91	79.51	79.11	78.72	78.32	77.92	77.52	77.12	76.73
-40	84.27	83.87	83.48	83.08	82.69	82.29	81.89	81.50	81.10	80.70
-30	88.22	87.83	87.43	87.84	86.64	86.25	85.85	85.46	85.06	84.67
-20	92.16	91.77	91.37	90.98	90.59	90.19	89.80	89.40	89.01	88.62
-10	96.09	95.69	95.30	94.91	94.52	94.12	93.73	93.34	92.95	92.55
0	100.00	99.61	99.22	98.83	98.44	98.04	97.65	97.26	96.87	96.48
0	100.00	100.39	100.78	101.17	101.56	101.95	102.34	102.73	103.12	103.51
10	103.90	104.29	104.68	105.07	105.46	105.85	106.24	106.63	107.02	107.40
20	107.79	108.18	108.57	108.96	109.35	109.73	110.12	110.51	110.90	111.29
30	111.67	112.06	112.45	112.83	113.22	113.61	114.00	114.38	114.77	115.15
40	115.54	115.93	116.31	116.70	117.08	117.47	117.86	118.24	118.63	119.01
50	119.40	119.78	120.17	120.55	120.94	121.32	121.71	122.09	122.47	122.86

续表

温度/℃	0	1	2	3	4	5	6	7	8	9
	电阻值/Ω									
60	123. 24	123. 63	124. 01	124. 39	124. 78	125. 16	125. 54	125. 93	126. 31	126. 69
70	127. 09	127. 46	127. 84	128. 22	128. 61	128. 99	129. 37	129. 75	130. 13	130. 52
80	130. 90	131. 28	131. 66	132. 04	132. 42	132. 80	133. 18	133. 57	133. 95	134. 33
90	134. 71	135. 09	135. 47	135. 85	136. 23	136. 61	136. 99	137. 37	137. 75	138. 13
100	138. 51	138. 88	139. 26	139. 64	140. 02	140. 40	140. 78	141. 16	141. 54	141. 91
110	142. 29	142. 67	143. 05	143. 43	143. 80	144. 18	144. 56	144. 94	145. 31	145. 69
120	146. 07	146. 44	146. 82	147. 20	147. 57	147. 95	148. 33	148. 70	149. 08	149. 46
130	141. 83	150. 21	150. 58	150. 96	151. 33	151. 71	152. 08	152. 46	152. 83	153. 21
140	153. 58	153. 96	154. 33	154. 71	155. 08	155. 46	155. 83	156. 20	156. 58	156. 95
150	157. 33	157. 70	158. 07	158. 45	158. 82	159. 19	159. 56	159. 94	160. 31	160. 68
160	161. 05	161. 43	161. 80	162. 17	162. 54	162. 91	163. 29	163. 66	164. 03	164. 40
170	164. 77	165. 14	165. 51	165. 89	166. 26	166. 63	167. 00	167. 37	167. 74	168. 11
180	168. 48	168. 85	169. 22	169. 59	169. 96	170. 33	170. 70	171. 07	171. 43	171. 80
190	172. 17	172. 54	172. 91	173. 28	173. 65	174. 02	174. 38	174. 75	175. 12	175. 49
200	175. 86	176. 22	176. 59	176. 96	177. 33	177. 69	178. 06	178. 43	178. 79	179. 16
210	179. 53	179. 89	180. 26	180. 63	180. 99	181. 36	181. 72	182. 09	182. 46	182. 82
220	183. 19	183. 55	183. 92	184. 28	184. 65	185. 01	185. 38	185. 74	186. 11	186. 47
230	186. 84	187. 20	187. 56	187. 93	188. 29	188. 66	189. 02	189. 38	189. 75	190. 11
240	190. 47	190. 84	191. 20	191. 56	191. 92	192. 29	192. 65	193. 01	193. 37	193. 74
250	194. 10	194. 46	194. 82	195. 18	195. 55	195. 91	196. 27	196. 63	196. 99	197. 35
260	197. 71	198. 07	198. 43	198. 79	199. 15	199. 51	199. 87	200. 23	200. 59	200. 95
270	201. 31	201. 67	202. 03	202. 39	202. 75	203. 11	203. 47	203. 83	204. 19	204. 55
280	204. 90	205. 26	205. 62	205. 98	206. 34	206. 70	207. 05	207. 41	207. 77	208. 13
290	208. 48	208. 84	209. 20	209. 56	209. 91	210. 27	210. 63	210. 98	211. 34	211. 70
300	212. 05	212. 41	212. 76	213. 12	213. 48	213. 83	214. 19	214. 54	214. 90	215. 25
310	215. 61	215. 96	216. 32	216. 67	217. 03	217. 38	217. 74	218. 09	218. 44	218. 80
320	219. 15	219. 51	219. 86	220. 21	220. 57	220. 92	221. 27	221. 63	221. 98	222. 33
330	222. 68	223. 04	223. 39	223. 74	224. 09	224. 45	224. 80	225. 15	225. 50	225. 85
340	226. 21	226. 56	226. 91	227. 26	227. 61	227. 96	228. 31	228. 66	229. 02	229. 37
350	229. 72	230. 07	230. 42	230. 77	231. 12	231. 47	231. 82	232. 17	232. 52	232. 87
360	233. 21	233. 56	233. 91	234. 26	234. 61	234. 96	235. 31	235. 66	236. 00	236. 35

续表

温度/℃	0	1	2	3	4	5	6	7	8	9
	电阻值/Ω									
370	236. 70	237. 05	237. 40	237. 74	238. 09	238. 44	238. 79	239. 13	239. 48	239. 83
380	240. 18	240. 52	240. 87	241. 22	241. 56	241. 91	242. 26	242. 60	242. 95	243. 29
390	243. 64	243. 99	244. 33	244. 68	245. 02	245. 37	245. 71	246. 06	246. 40	246. 75
400	247. 09	247. 44	247. 78	248. 13	248. 47	248. 81	249. 16	249. 50	245. 85	250. 19
410	250. 53	250. 88	251. 22	251. 56	251. 91	252. 25	252. 59	252. 93	253. 28	253. 62
420	253. 96	254. 30	254. 65	254. 99	255. 33	255. 67	256. 01	256. 35	256. 70	257. 04
430	257. 38	257. 72	258. 06	258. 40	258. 74	259. 08	259. 42	259. 76	260. 10	260. 44
440	260. 78	261. 12	261. 46	261. 80	262. 14	262. 48	262. 82	263. 16	263. 50	263. 84
450	264. 18	264. 52	264. 86	265. 20	265. 53	265. 87	266. 21	266. 55	266. 89	267. 22
460	267. 56	267. 90	268. 24	268. 57	268. 91	2&1. 25	269. 59	269. 92	270. 26	270. 60
470	270. 93	271. 27	271. 61	271. 94	272. 28	272. 61	272. 95	273. 29	273. 62	273. 96
480	274. 29	274. 63	274. 96	275. 30	275. 63	275. 97	276. 30	276. 64	276. 97	277. 31
490	277. 64	277. 98	278. 31	278. 64	278. 98	279. 31	279. 64	279. 98	280. 31	280. 64
500	280. 98	281. 31	281. 64	281. 98	282. 31	282. 64	282. 97	283. 31	283. 64	283. 97
510	284. 30	284. 63	284. 97	285. 30	285. 63	285. 96	286. 29	286. 62	286. 85	287. 29
520	287. 62	287. 95	288. 28	288. 61	288. 94	289. 27	289. 60	289. 93	290. 26	290. 59
530	290. 92	291. 25	291. 58	291. 91	292. 24	292. 56	292. 89	293. 22	293. 55	293. 88
540	294. 21	294. 54	294. 86	295. 19	295. 52	295. 85	296. 18	296. 50	296. 83	297. 16
550	297. 49	297. 81	298. 14	298. 47	298. 80	299. 12	299. 45	299. 78	300. 10	300. 43
560	300. 75	301. 08	301. 41	301. 73	302. 06	302. 38	302. 71	303. 03	303. 36	303. 69
570	304. 01	304. 34	304. 66	304. 98	305. 31	305. 63	305. 96	306. 28	306. 61	306. 93
580	307. 25	307. 58	307. 90	308. 23	308. 55	308. 87	309. 20	309. 52	309. 84	310. 16
590	310. 49	310. 81	311. 13	311. 45	311. 78	312. 10	312. 42	312. 74	313. 06	313. 39
600	313. 71	314. 03	314. 35	314. 67	314. 99	315. 31	315. 64	315. 96	316. 28	316. 60
610	316. 92	317. 24	317. 56	317. 88	318. 20	318. 52	318. 84	319. 16	319. 48	319. 80
620	320. 12	320. 43	320. 75	321. 07	321. 39	321. 71	322. 03	322. 35	322. 67	322. 98
630	323. 30	323. 62	323. 94	324. 26	324. 57	324. 89	325. 21	325. 53	325. 84	326. 16
640	326. 48	326. 79	327. 11	327. 43	327. 74	328. 06	328. 38	328. 69	329. 31	329. 32

参考文献

[1] 雅各布．现代传感器手册：原理、设计及应用［M］．5 版．北京：机械工业出版社，2020.

[2] 戴蓉，刘波峰．传感器原理与工程应用［M］．2 版．北京：电子工业出版社，2021.

[3] 陈雯柏，李邓化，何斌，等．智能传感器技术［M］．北京：清华大学出版社，2022.

[4] 张培．传感器原理与应用［M］．西安：西安电子科技大学出版社，2023.

[5] 陈庆．传感器原理与应用［M］．北京：清华大学出版社，2021.

[6] 王元庆．先进传感器：原理、技术与应用［M］．北京：清华大学出版社，2023.

[7] 张洪润，孙悦，张亚凡．传感技术与应用教程［M］．2 版．北京：清华大学出版社，2009.

[8] 胡向东，刘京诚，余成波，等．传感器与检测技术［M］．北京：机械工业出版社，2009.

[9] 张洪润，等．传感器应用设计 300 例（上、下册）［M］．北京：北京航空航天大学出版社，2008.

[10] 郁有文，常健，程继红．传感器原理及工程应用［M］．3 版．西安：西安电子科技大学出版社，2008.

[11] 刘伟．传感器原理及实用技术［M］．2 版．北京：电子工业出版社，2009.

[12] 陈圣林，侯成晶．传感器技术及应用电路［M］．北京：中国电力出版社，2009.

[13] 吴建平．传感器原理及应用［M］．北京：机械工业出版社，2009.

[14] 王煜东．传感器应用电路 400 例［M］．北京：中国电力出版社，2008.

[15] 吕泉．现代传感器原理及应用［M］．北京：清华大学出版社，2006.